クロスセクショナル統計シリーズ

5

# 行動科学の統計学

## 社会調査のデータ分析

永吉希久子
［著］

照井伸彦・小谷元子・赤間陽二・花輪公雄
［編］

共立出版

# 本シリーズの刊行にあたって

現代社会では，各種センサーによるデータがネットワークを経由して収集・アーカイブされることにより，データの量と種類とが爆発的と表現できるほど急激に増加している．このデータを取り巻く環境の劇変を背景として，学問領域では既存理論の検証や新理論の構築のための分析手法が格段に進展し，実務（応用）領域においては政策評価や行動予測のための分析が従来にも増して重要になってきている．その共通の方法が統計学である．

さらに，コンピュータの発達とともに計算環境がより一層身近なものとなり，高度な統計分析手法が机の上で手軽に実行できるようになったことも現代社会の特徴である．これら多様な分析手法を適切に使いこなすためには，統計的方法の性質を理解したうえで，分析目的に応じた手法を選択・適用し，なおかつその結果を正しく解釈しなければならない．

本シリーズでは，統計学の考え方や各種分析方法の基礎理論からはじめ，さまざまな分野で行われている最新の統計分析を領域横断的―クロスセクショナル―に鳥瞰する．各々の学問分野で取り上げられている「統計学」を論ずることは，統計分析の理解や経験を深めるばかりでなく，対象に関する異なる視点の獲得や理論・分析法の新しい組合せの発見など，学際的研究の広がりも期待できるものとなろう．

本シリーズの執筆陣には，東北大学において教育研究に携わる研究者を中心として配置した．すなわち，読者層を共通に想定しながら総合大学の利点を生かしたクロスセクショナルなチーム編成をとっている点が本シリーズを特徴づけている．

また，本シリーズでは，統計学の基礎から最先端の理論や適用例まで，幅広く扱っていることも特徴的である．さまざまな経験と興味を持つ読者の方々に，本シリーズをお届けしたい．そして「クロスセクショナル統計」を楽しんでいただけることを，編集委員一同願っている．

編集委員会　照井 伸彦
小谷 元子
赤間 陽二
花輪 公雄

# はじめに

本書は『クロスセクショナル統計学シリーズ』の1冊で，社会調査データを用いた計量研究を行うための統計手法についての入門書である．本書の特徴は，① 実際の社会調査データを用いて，分析手法だけでなく，結果の解釈の仕方についても説明している点，② 各分析手法について，無料のソフトウェアであるRを用いた分析の方法を解説している点，③ 練習問題や参考文献によって，自分で知識を身につけることができるようにした点にある．15章立ての構成は，大学での半期の授業で扱う内容，特に，社会調査士資格認定のE科目で扱う内容を念頭においている．しかし，各章を読み，実際にRを使って自分自身で勉強を進めても，社会調査データを用いた分析を行うための一通りの知識を身につけることができるように構成されている．

本書では行動科学や社会学における題材を用いて，社会調査データの分析法を説明する．このため，分析モデルや分析結果の解釈もこれらの学問分野を背景としている．一方で本書では，データの基本的な見方や，平均・分散といった記述統計量からマルチレベル分析といった最新の分析手法まで，さまざまな学問分野で用いることのできる手法を網羅的に扱う．よって，行動科学や社会学を専門としない方にも，社会調査データ分析の入門書としてご活用いただける．

近年では，東京大学のSSJデータアーカイブや立教大学の社会調査データアーカイブRUDA，海外ではドイツのGESISなど，データアーカイブを通じた社会調査データの収集・保管・公開が進められている．また，本書で使用したRをはじめ，無料で使用できる統計分析のツールもある．大規模な社会調査データを用いた分析を行う可能性は，格段に広がっているといえるだろう．

他方で，心理学や政治学，経済学と比べると，社会調査のデータを用いた統計分析について書いた網羅的な入門書は必ずしも多くはない．本書を通じ，無料のソフトウェアによる社会調査データの分析方法を学ぶことで，この可能性を多くの方に生かしていただければと思う．

本書が想定する第一の読者は，卒業論文で社会調査データの統計分析を行いたい大学生や，これから統計を用いた社会調査データの分析を行ってみたいと思っている研究者である．一方で各章では，基本的な分析手法の知識がある人にとっても活用できるよう，平均の検定における等分散性をめぐる議論（第 6 章)，回帰分析における媒介効果の検定や頑健標準誤差の考え方（第 11 章)，マルチレベル分析（第 15 章）など，発展的な知識にも触れている．ただし，初学者向けに，網羅的に分析手法の解説を行うことを重視したため，各分析手法についての詳しい内容が知りたい場合は，各章に挙げた参考文献を参照してほしい．

最後に，東北学院大学の神林博史先生と東北大学文学研究科博士後期課程（日本学術振興会）の毛塚和宏さんには，執筆当初から本書の内容について，多岐にわたるコメントをいただいた．特に毛塚さんには，細かい数式や書式，わかりやすい図の作成から，数学的な解説の部分まで，多大な貢献をいただいている．お二人がいなければ，本書は完成しなかっただろう．深い感謝の意を表したい．また，査読を引き受けていただき，内容の改善に向けた指摘をしていただいた東京大学の藤原 翔さんに，心から感謝申し上げる．最後に，『クロスセクショナル統計シリーズ』編集委員の皆様と共立出版の山内千尋さんは，執筆が遅れただけでなく，当初の企画の内容から外れてしまった本書を許容していただき，改善に向けた方向づけを行ってくださった．記して感謝したい．なお，いただいた指摘に十分に対応できていない点もあり，そのために至らない箇所があるのはすべて筆者の能力不足によるものである．本書が統計分析をやってみたいと思う方の助けになれば筆者にとっての何よりの喜びである．本書を通じて，多くの方が公開された社会調査データを活用した分析を行い，社会についての理解を深めるような研究が広がっていくことを願っている．

2016 年 7 月　　　　著　者

# 目　次

# 1

# 行動科学における社会調査データ分析

## 1.1　行動科学とは何か

本書では，**行動科学**における社会調査データの分析方法を説明する．社会調査データの具体的な分析方法の前に，本章第1〜3節では，行動科学における社会調査データ分析の意義について解説する．社会調査データの分析方法にのみ関心のある読者は，1.4節から読み進めてほしい．

「行動科学」といわれて，読者のみなさんはどのような研究を思い浮かべるだろうか.「行動」を「科学」するのだから，人の行動をビデオに録画して観察するのではないかと思う方もいるかもしれない．あるいは，脳波を測ったり，筋肉の動きを調べたりする研究を思い浮かべる方もいるだろう．行動科学は新しい研究分野であり，その範囲は広い．一般には，**心理学**や**脳科学**，**文化人類学**，**社会学**など多くの既存の研究分野にまたがる，人や動物の「行動」を対象とした研究のことを指す．

したがって，本来「行動科学の統計学」とは，「社会学の統計学」や「心理学の統計学」，はたまた「脳科学の統計学」をも含むものである．しかし，これらの領域で用いられる統計の技法はそれぞれ異なっており，1冊の本にまとめきれるものではなく，本書と同じクロスセクショナル統計シリーズからそれぞれの領域における統計学をまとめた本が出版される予定である．そこで本書では，「個人の行動あるいは意識をキー概念として，人間や社会のさまざまな現象を解明する学問」（原，1998）としての行動科学に焦点をあて，そこで用いられる統計の分析手法を紹介する．

このように行動科学を定義したときに重要なのは，「**個人の行動**」と「**人間や社会のさまざまな現象**」の関連を調べるという点である．では，個人の行動は，人間や社会の現象とどのように関連するのだろうか．

この関連は，人ごみのなかを歩くときのことを考えてみるとわかりやすい．人ごみでは，人々はばらばらに歩いているように見える．しかし，しばらく観察するとそこに人の流れが存在することに気づく．人々の目的地は違えど，進みたい方向は数パターンに分けられる．したがって，好き勝手に歩くよりも，自分と似た方向に向かう人の後ろを歩けば歩きやすい．そうして人が周囲の人の動きを見ながら，歩きやすいラインを選んだことの累積が，人の流れを生んだと考えられる．つまり，個人の行動の集積（同じ方向に歩く）が，全体としての流れ（一方向への人の流れ）を生んだのである．こうして流れができあがった道で逆方向に向かう流れのなかに友人がいるのを見つけ，そちらに向かおうとしたらどうなるだろうか．人の流れが邪魔で，なかなか望んだ方向へ進めないのではないだろうか．そのうちに友人を見つけても，そちらに行くことはできないと諦めてしまうこともあるだろう．いったん流れが生まれてしまえば，個人がそれに逆らって行動することは難しくなる．つまり，全体としての流れは，個人の行動を制約したり，促進したりするのである．

さらに，人の流れがルールによって定められたものだったらどうだろう．花火大会など混雑する場所では，あらかじめコーンが立てられたりテープが張られたりしていることがあるだろう．この場合，流れに逆らって歩くこと自体の困難さに加えて，ルールを破ることへの心理的抵抗もある．場合によっては罰金などのペナルティーが存在するかもしれず，決められたコース以外は選びにくい．このようなルールは，1つの**社会制度**だといえるだろう．社会制度とは，学校や会社のような組織，宗教・文化をはじめとする価値や信念の体系，社会のなかにあるさまざまな明文化された，あるいは，暗黙に存在するルールの総称である．こうしたシステムは，強い力で人々の行動や意識を方向づけている．

このような社会と個人の関連は，図 1.1 のように表すことができる．個人の行動の集積が社会現象を生む．そして，いったん生じた社会のあり方は，個人の行動や意識を，特定の方向へと方向づけるのである．

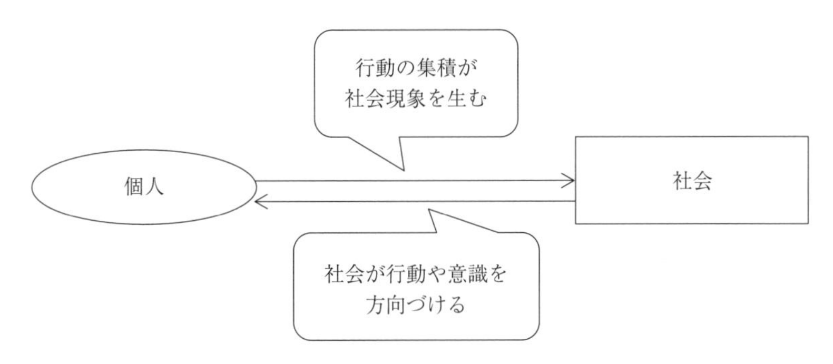


**図 1.1** 行動科学における個人と社会の関連についての考え方

行動科学の社会調査データの分析では，データをもとにして，ある社会や集団の特性をあぶりだす．それによって，さまざまな社会現象が生じるメカニズムについて，個人のどのような行動の集積によって生じたのか，あるいは，個人の意識がどのように社会（制度）によって方向づけられたのか，ということを検証するのである．

## 1.2 行動科学と社会調査

行動科学では，社会と個人の関連を検証するための方法の 1 つとして，**社会調査**を用いる[1)]．社会調査をやや難しい言葉で定義すれば，「社会または社会集団の特徴を記述したり説明したりするために，主として現地調査によって直接データを収集し，得られたデータを分析・処理する過程のこと」（原・海野，2004，第 3 章）を指す．つまり社会調査は，社会やそこで暮らす集団としての人々の特徴を知ることを目的に行われるものである．このようにいうと，自分とは縁遠いものと思うかもしれない．しかし，社会調査から得られる情報は，私たちの身の回りにあふれている．「現代の日本では少子高齢化が進んでいる」，「最近の若者は恋愛に消極的らしい」，「非正規雇用の割合が増加している」など，メディアのなかだけでなく，日常の会話でも，社会が今どうなっているのかが話のタネになる機会は多いだろう．こうした「社会が今どうなっているのか」に

[1)] ほかにも行動科学では，個人と社会の関連について検証するために，数理モデルやシミュレーションなどの手法を用いる．数理モデルやシミュレーションについては，日本数理社会学会 (2004) や数土・今田 (2005) などの本がある．

ついての知識は，社会調査を通じて得られるものである．ただし，社会の状況を正確に映し出すようなデータを得るためには，適切な手続きのもとで社会調査を行う必要がある．この点については，第3章で扱う．

ところで，社会調査データを構成するのは，個々の人々（企業調査ならば企業，世帯調査なら世帯）である．このような，個々人のデータの分析を通じて社会全体のことを知ろうとする立場は，社会学の言葉でいえば「方法論的個人主義」といえる．では，個々人のデータから，どのようにして社会や集団全体のことを知ることができるのか．

第一の方法は，データの分布を見ることである．ここでは，データの記述統計量（第2章）が問題となる．たとえば，データをもとに日本における年齢や雇用形態の分布を知ることができる．それによって，高齢者の人口が社会のなかでどのぐらいの割合を占めているのかや，正規雇用，非正規雇用，自営業それぞれの割合など，社会の特徴を知ることができる．

しかし，個人と社会の関係をより深く知るためには，記述統計量だけでは十分でない．個人のある属性や特性（年齢や性別，雇用形態など）と，その人の他の属性や特性との関連を調べる必要がある．このとき，個人の属性や特性のなかでも，職業や学歴，収入，家族構成などの「**社会的属性**」に着目することが多い．社会的属性は，個人と社会の関連を明らかにするという社会調査データの分析の目的にとって必要不可欠な情報である．なぜなら，ある人の社会的属性は，その人の社会における位置づけを表しており，この社会における位置づけの違いが，個々人の生活状況からものの考え方に至るまでの差を生んでいるからである．

たとえば，「学歴」という社会的属性とボランティア活動への参加の有無の関連を調べたところ，「学歴の高い人はボランティア活動に参加しやすい（三谷，2014）」という傾向が見られたとする．このことについてさらに調べると，以下のような個人と社会の関連が見えてくる．学歴が高い人がボランティア活動に参加しやすいのは，学歴が高いことが，社会的なことへの関心や経済的な余裕，活動を行ううえで必要となる能力，参加を促すネットワークなどに結びついているからである．つまり，社会への関心や有形無形の資源を，低学歴者よりも高学歴者に多く配分するような仕組みが社会にあるからこそ，学歴とボランティア活動への参加しやすさに関連が生じることになる．言い換えれば，ボランティア活動という個人の行動が，社会の仕組みから影響を受けていることが示された．このように，社会的属性が個人の状況，意識や行動に与える影響を分析することで，社会が個人に与える影響を知ることができる．

さらに近年では，第 15 章で紹介する**マルチレベル分析**などの統計的手法の発達により，個人の所属する集団や地域といったマクロレベルの特徴（たとえば学校や都道府県，国の状況）が，個人の状況，意識や行動に与える影響を厳密に分析することができるようになった．この場合には，個人についての情報を含む社会調査データと，都道府県や国の情報を含むデータを組み合わせて分析を行う．経済協力開発機構 (OECD) や，世界銀行 (World Bank)，国際通貨基金 (IMF) などの国際的な機関が，国ごとの経済状況や社会状況，政策のあり方などについての集計データを作成し，データベース上で公開している．また，都道府県や市区町村の状況についてのデータも，総務省統計局による「政府統計の総合窓口 e-stat」を通じて簡単に手に入るようになっており，マルチレベル分析を行うための環境は整っている．

本書では，社会調査データのうち，調査票（アンケート）を用いた大規模な量的調査によって得られる**量的データ**を扱い，その分析手法について解説する．量的データとは，年齢や身長，失業率，試験の点数など，数字で表現されたデータである．ただし，量的データにはこれらの数字そのものが意味をもつようなデータだけでなく，「賛成が 1，やや賛成が 2，やや反対が 3，反対が 4」などの形で，質的な内容が数値で表現されたデータも含まれる．どのような内容のものであれ，それが数値の形をとっていれば，量的データと呼ぶことができる．量的データに対し**質的データ**とは，インタビューの内容や新聞記事，あるいは現場で見たことをまとめたフィールド・ノートなど，文字や映像などの形で表現されたデータのことを指す[2)]．

量的調査の代表としては，国勢調査や社会生活基本調査などの政府統計のほ

[2)] 文章のデータであっても，ある単語（私，愛，インターネットなど）が何回出てきたかの出現数や，ある単語とある単語が同時に出る回数などの形でまとめられれば，それは量的データであるといえる．テキストデータを量的に分析する手法については本書では扱わない．興味のある方は，樋口 (2014) などを参考にしてほしい．

かに,「社会階層と社会移動調査（SSM 調査）[3]」や「日本版総合的社会調査 (JGSS)[4]」が挙げられる．SSM 調査や JGSS はともに日本全国に暮らす市民を対象とした調査であり，非常に価値のあるデータだといえる．ほかにも今日ではさまざまな全国規模の社会調査が実施されており，そのデータの一部はデータアーカイブを通じて研究者や学生に公開されている．かつては社会調査の定義には「現地調査によって直接データを収集」することが含まれていたが，近年ではデータアーカイブを利用して，ほかの研究者が収集したデータを用いた**二次分析**を行う機会も増えている．統計的分析に耐え得る精度をもった大規模な社会調査を個人で実施することは容易ではなく，目的にかなうデータがあるならば，公開されたデータを用いた二次分析を行うことも有効であろう．本書でも，SSM 調査をはじめとした公開データの二次分析によって，さまざまな分析例を提示している．

## 1.3　社会調査と実験

社会調査以外に，人間の行動や心理の特徴を説明するためのデータを得る手法として，実験が挙げられる．実験では厳密に条件設定を行い，ある条件におかれた群とそうでない群（統制群）の比較を行うことで，特定の行動や心理状態を生じさせる要因を厳密に検証することができる．それでは，実験データではなく社会調査データを分析する意義はどこにあるのか．第一に，社会現象自体の情報を得たい場合には，社会調査を実施する必要がある．正規雇用と非正規雇用の間にどの程度の賃金の差があるのか，それは両者の年齢や性別，労働時間，学歴等によって説明できるのか，といったことは，実際の社会についてのデータを集めることなく検証することはできない．第二に，私たちが関心をもつ社会現象には，実験では条件設定ができない場合がある．たとえば，結婚をすると幸福度が上がるのかどうかを知りたいとしよう．調査対象者を 2 群に

---

[3] SSM 調査は，1955 年から 10 年ごとに実施されている社会調査であり，社会階層間の不平等・格差と，階層間の社会移動を主要なテーマとしている．2005 年調査の結果については，佐藤・尾嶋 (2011) を参照のこと．

[4] JGSS は，2000 年から大阪商業大学 JGSS 研究センターが継続的に実施している社会調査である．回答者の基本属性や政治意識等に加え，調査年ごとに時事的な設問が設けられており，幅広い項目が扱われている．詳しくは，谷岡ほか (2008) などを参照のこと．

分けて，一方には結婚してもらい，他方には結婚をしないようにして，1 年後に幸福度を比べるといった実験は，倫理的に実施できないだろう．ある人の学歴や就労状態，居住する地域，婚姻関係などが生み出す意識や行動の差については，実際の社会についてのデータを収集・分析することによって解明しなければならない[5)]．

実験と社会調査では，収集されるデータの特性にも違いがある．社会調査は数百人以上の人が対象になることが多く，データに含まれる人数も大きなものになる．また，社会現象は多くの要因が関連する複雑なメカニズムによって生じていると想定されるため，データにはさまざまな要因についての情報が含まれる．こうした点は，比較的小規模な人を対象に，影響を与える要因を限定したうえで実施されている実験データとの違いといえる．データの特性の違いは，用いる分析手法の違いにもつながる．本書における分析手法の解説は，実験データではなく社会調査データの分析を念頭においたものである．

## 1.4 社会調査のデータの形式

行動科学で用いる社会調査のデータとは，どのような形をしているのだろうか．もちろん個々の調査によって特性はあるものの，そのほとんどがある一定の形式をとっている．図 1.2 の仮想の調査票をもとに見ていこう．

これを見てまず気づくことは，社会調査における質問が多様な形式をとっていることだろう．問 1 では自分の性別について「男」か「女」かで答え，問 2 では年齢を数値で答える．問 3 では，婚姻形態を 1〜3 の 3 つの分類（カテゴリ）から選択し，問 4 では平均と比べた世帯収入について 1〜5 の 5 つのカテゴリから選択している．

行動科学で用いるデータは量的データである．したがって，こうした多様な形式で行われた質問は，データとして入力される際にはすべて「数値」として扱われる．この仮想調査をもとにしたデータの入力例を表 1.1 に示した．

---

5) 結婚の効果を知るためには，同じ対象者に追跡調査を行って，結婚前と結婚後の両方の幸福度を調べた特殊な調査（パネルまたは縦断調査）データを分析する必要がある．また，特定の地域に対してのみある制度を導入し，その制度を導入していない地域との比較を通じて制度の効果を検証する自然実験に，近年関心が集まっている．自然実験は，実験と社会調査の中間的な調査法であるといえるだろう．

問1 あなたは男性ですか，女性ですか.

1. 男性 2. 女性

問2 あなたは現在何歳ですか.

（満） 歳

問3 あなたは現在，配偶者（夫または妻）の方がいらっしゃいますか.（○はひとつ）

1. いる（事実婚を含む） 2. 現在はいない（離別・死別）
3. 結婚したことがない（未婚）

問4 世間一般と比べて，あなたのお宅（生計をともにしている家族）の世帯収入はどれくらいですか．あてはまる番号に○をつけてください．（○はひとつ）

1. 平均よりかなり少ない 2. 平均より少ない 3. ほぼ平均
4. 平均より多い 5. 平均よりかなり多い

**図 1.2** 仮想の調査票

表の1行目は，それぞれがどの質問への回答であるのかを示し[6]，2行目以降は各調査対象者の回答を数値として入力している．つまり，2行目以降はそれぞれの**行**が1人の対象者を表しており，各**列**はそれぞれの質問への回答を表している．このように，行が対象者，列が各質問への回答を示すのが標準的なデータの形式である．2行目の対象者を見ると，対象者番号は1番，女性で28歳，現在配偶者がおり，世帯収入は「平均よりかなり多い」と感じている．3行目の対象者は対象者番号が2番，男性で74歳，配偶者と離別または死別しており，世帯収入は「平均より少ない」と感じていることがわかる．

[6] 通常は統計分析のためのソフトウェアで分析を行う便宜上，各質問の名前は半角英数字を用いて入力することが多い．たとえば，対象者番号はid，問1はq1といった形で入力する．

**表 1.1**　仮想調査をもとにした仮想データ

| | 対象者番号 (ID) | 問1 (q1) | 問2 (q2) | 問3 (q3) | 問4 (q4) |
|---|---|---|---|---|---|
| 1行目 ➡ | 1 | 2 | 28 | 1 | 5 |
| 2行目 ➡ | 2 | 1 | 74 | 2 | 2 |
| 3行目 ➡ | 3 | 1 | 44 | 3 | 3 |
| 4行目 ➡ | 4 | 1 | 83 | 2 | 1 |
| | 5 | 1 | 70 | 1 | 5 |
| | 6 | 2 | 46 | 1 | 4 |
| | 7 | 2 | 82 | 1 | 2 |
| | 8 | 1 | 37 | 1 | 3 |
| | 9 | 1 | 38 | 3 | 1 |
| | 10 | 1 | 85 | 2 | 2 |
| | ⬆ 1列目 | ⬆ 2列目 | ⬆ 3列目 | | |

## 1.5　ケースと変数

表 1.1 で，各行が示す対象者一人ひとりを「**ケース**」，各列が示す質問一つひとつを「**変数**」と呼ぶ．「ケース」とはデータを構成する単位であり，国ごとの経済状況や人口などを集めたデータであれば国が「ケース」に，都道府県ごとの平均年齢や失業率などを集めたデータであれば都道府県が「ケース」になる．データに含まれるケースの数を，**サンプル・サイズ**とも呼ぶ．以後，本書ではケース数を表現するため，サンプル・サイズという語を用いる．

「変数」とは，ケースによって異なる値を示すような特性のことを指す．上の例では，性別，年齢，配偶者の有無，世間一般と比べた世帯収入などは，すべて人によって変化し得るものであるため，変数と呼ぶことができる．

## 1.6　変数の種類

各変数に対する各ケースの値は，データ上，数値として扱われることが多い．しかし，すべて数値で表現されるということは，すべての変数を同じように扱うことができるということではない．質問の仕方によって変数の性質は異なっており，性質に合わせた扱いが必要になるからだ．具体的には，変数は「**カテゴリ変数（質的変数）**」と「**連続変数（量的変数）**」に分けることができる．それぞれの変数の特徴について見ていこう．

### 1.6.1　カテゴリ変数（質的変数）

カテゴリ変数とは，性別，配偶関係など，数値がカテゴリの区別のために便宜上与えられているだけで，数値自体に実質的な意味がない変数である．この場合，数値を足したり引いたり割ったりする四則演算に意味はない．表 1.1 の例でいえば，4 番の人の性別の値は「1」であり，7 番の人の性別の値は「2」であるが，その差は 1 といえるだろうか．このような計算に意味がないことはすぐにわかるだろう．仮想の調査票において男性の性別が「1」，女性が「2」となっていたのは，あくまでも便宜それぞれの数値を与えただけである．男性が「4」で女性が「8」でも，男性が「-1」で女性が「5」でも特に問題はない．つまり，値そのものに意味がないのである．

行動科学では，社会的属性についての情報を含んだデータを用いると述べた．この社会的属性は，カテゴリ変数で示されることが少なくない．たとえば，正規雇用，非正規雇用，経営者，自営業といった就労形態や，医者，弁護士，事務員などの職業，住んでいる都道府県などは，すべて与えられた数値に実質的な意味がないカテゴリ変数ということができる．

### 1.6.2　連続変数（量的変数）

これに対し，連続変数とは，年齢や身長，収入といった，連続的な値からなる変数である．連続的な値であるということは，20 歳と 3 か月（20.25 歳），172.3cm といった小数点の値をとり得る．また，数値を四則演算することによって得られた値にも，15 歳差，収入が 1.5 倍など，実質的な意味がある．表 1.1 の例でいえば，対象者番号 4 番の人と，7 番の人の年齢の値はそれぞれ 83 と 82 であり，その差は 1（歳）といえる．つまり，連続変数とは，その値を用いた四則演算の結果得られた数値にも，意味がある変数だといえる[7]．

### 1.6.3 順序づけ可能なカテゴリ変数と順序づけできないカテゴリ変数

では，表 1.1 の問 4「世間一般と比較した場合の世帯収入」についてはどのように考えればよいだろうか．「1. 平均よりかなり少ない」，「2. 平均より少ない」，「3. ほぼ平均」，「4. 平均より多い」，「5. 平均よりかなり多い」という各選択肢の値は，「平均よりかなり少ない」と「平均より少ない」を比べて後者は前者の 2 倍ということはできないし，両者の差にも実質的な意味はない．したがって，連続変数であるとはいえない．その一方で，1〜5 の数値は，値が大きくなるほど世間一般と比べた場合の世帯収入をより多く感じているという特徴がある．言い換えれば，この変数の値は順序を示すものだといえる．こうした，連続変数ではないが，値が順序を示す変数を「**順序づけ可能なカテゴリ（質的）変数**」と呼ぶ[8]．

一方で，性別や血液型といった変数は，1「男性」，2「女性」や，1「A 型」，2「B 型」，3「O 型」，4「AB 型」となっていたとしても，この数値の順が何かを意味しているわけではない．したがって，これらの変数は「**順序づけできないカテゴリ（質的）変数**」となる．これらの変数の特徴をまとめると表 1.2 のようになる．

変数の種類を分けることが重要なのは，それによって用いるべき分析手法が異なってくるからである．個々の分析手法には，扱いやすい変数の種類がある．変数の性質を見誤って不適切な分析手法を用いると，場合によっては意味をなさない分析結果となる可能性もある．

個々の変数の種類を見きわめ，適切な分析手法を用いるのは，分析者自身である．なぜなら，これらの変数の性質の違いは「質問の仕方と値の関係」からし

---

[7] 連続変数のなかでも，数値の差にのみ意味があり，割り算や掛け算に意味がない間隔尺度と，割り算や掛け算に意味のある比率尺度がある．たとえば，気温が摂氏 10 度であるとき，摂氏 20 度の 2 分の 1 とはいえないが，10 度差があるとはいえる（間隔尺度）．これに対し，体重が 100 キロの人と 50 キロの人を比べると，前者は後者の 2 倍の体重だといえる（比率尺度）．

[8] ただし，実際には順序づけ可能な質的変数と量的変数の区別はあいまいな場合がある．ときに「賛成」，「やや賛成」，「どちらともいえない」，「やや反対」，「反対」というような，5 点尺度以上で意識について尋ねた順序づけ可能なカテゴリ変数は，それぞれのカテゴリの間を等間隔として捉え，連続変数として扱うことも少なくない．

表 1.2　変数の種類とその特徴

| 変数の種類 | 特徴 | 例 |
|---|---|---|
| 連続（量的）変数 | 連続的な値をとる．小数点やマイナスをとり得る．四則演算[9]の結果求められる値に実質的な意味がある． | 年齢，収入，教育を受けた年数，友人の数，気温，知能指数など． |
| 順序づけできないカテゴリ（質的）変数 | 数値はカテゴリの違いを示す便宜的なものであり，四則演算の結果求められる値に実質的な意味はない． | 性別，職業，支持する政党など． |
| 順序づけ可能なカテゴリ（質的）変数 | 数値は順序を示しており，四則演算の結果求められる値に実質的な意味はないが，相対的な大小関係は示すことができる． | 順位，「賛成」，「やや賛成」，「やや反対」，「反対」などの選択肢で尋ねた政策への態度など． |

か判断できず，データ上はすべて同じ「数値」であるからだ．1～4の値をとる変数が分析の対象となっていたとして，それが血液型を示すカテゴリ変数なのか，昨日の食事回数を示す連続変数なのか，統計ソフトウェアには判断できない．そのため，血液型の平均値など，実際には意味のないものであっても，統計ソフトウェアを用いれば何らかの分析結果が出力されてしまう．適切な統計手法を見誤れば，無意味な分析から誤った考察をしかねない．このようなことがないように，分析者自身が変数の性質を見分け，それぞれに合った手法を用いて分析を行う必要がある．

## 1.7　統計ソフトウェア R について

本書で紹介するような行動科学の統計手法の多くは，複雑な計算を必要とし，電卓を使って計算することは困難である．そのため，行動科学での計量研究では，統計ソフトウェアを用いて分析を行うのが一般的である．今日では，ユーザーフレンドリーな統計分析用のソフトウェアが多数販売されているが，総じて個人で購入するには高額である．

そのようななか，フリーの統計分析ソフトウェアとして注目されているのが，**R** である．R は無料であり，自分のパソコンに気軽に導入することができる．また，世界中の開発者が新たな分析手法を用いるための**パッケージ**を開発し，

[9] 摂氏の気温や知能指数のような間隔尺度については，割り算はできない．

無料で配布しているため，幅広い分析手法を利用できるというメリットもある．市販のソフトウェアと比べユーザーフレンドリーとは言い難いが，それが結果として「よくわからないけれど，ボタンを押したら結果が出た」という事態を生じにくくさせている点も，メリットといえる．

本書では，各章の最後に R を用いた分析方法について解説し，R を用いることを前提とした練習問題も掲載している．また，R のインストール方法や社会調査データの分析において必要となるデータの整形の行い方については，巻末の付録で解説する．R は Windows や Mac，Linux に対応しているが，本書は Windows の使用を前提として書かれている．また，本書は R の解説書ではないため，R の原理や基本的な操作，R の優れた特性の 1 つであるグラフィックスの作成などについては詳しく説明していない．今日では，一般的な使用法から個別のトピック（個々の分析手法やグラフィックスなど）についてのものまで数多くの書籍が出版されているのに加え，RjpWiki(http://www.okadajp.org/RWiki/?RjpWiki) をはじめとして，使用法を解説したウェブサイトも多く存在するので，これらを適宜参照してほしい．R は頻繁にバージョンアップされており，それに応じてパッケージもバージョンアップされている．R のバージョンとパッケージのバージョンが合っていないとエラーが出る場合もある．その際には，R を最新のものにアップデートするなどして，対応してほしい．

**【R におけるデータの読み込み】**

本書では解説に用いるデータを表の形で掲載している．R がそれらのデータを読み込めるように Excel 等に打ち込んで，**csv 形式（カンマ区切り）**で保存する必要がある[10]．保存する際に「csv 形式」を選ぶことのできるソフトウェアを用いた場合は，それを選択すると自動的に csv 形式で保存される．このような保存ができない場合は，テキストファイルにカンマ区切りでデータを打ち込み，拡張子を csv として保存すればよい．たとえば，表 1.1 を csv 形式にすると以下のようになる．

---

10) R ではほかにも，タブ区切りのデータや，SPSS，STATA などのソフトウェアで保存されたデータを読み込むこともできる．詳しくは 16，17 頁を参照のこと．

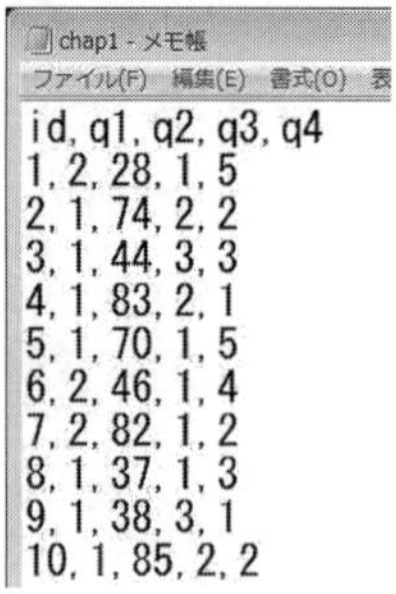

```
chap1 - メモ帳
ファイル(F)  編集(E)  書式(O)  表
id,q1,q2,q3,q4
1,2,28,1,5
2,1,74,2,2
3,1,44,3,3
4,1,83,2,1
5,1,70,1,5
6,2,46,1,4
7,2,82,1,2
8,1,37,1,3
9,1,38,3,1
10,1,85,2,2
```

各行は維持される一方，個々の列はカンマ(,)で区切られている．ただし，全角と半角が混ざっていると，データの読み込みに支障が出る恐れがあるため，変数名を変更している．このデータを「chap1.csv」という名前で保存しておこう．

このデータをRで読み込むためには，以下のような手順が必要になる．まず，「ファイル」→「ディレクトリの変更」でデータを保存したファイルがあるフォルダ（**ディレクトリ**）を選択する．あるいは，Rの**コンソール画面**（Rを起動した際に最初に開く画面）に，setwd（指定したいフォルダのパス）を書くことによっても選択できる．たとえば，CドライブのRというフォルダを指定したい場合には，

```
> setwd("C:/ R")
```

と書く．これにより，Rがどこからデータを探せばよいかがわかるようになる．

また，自分が現在使用しているディレクトリを確認したい場合は，getwdコマンドを使用する．コンソール画面に以下のように書くと，現在使用しているディレクトリを教えてくれる．

```
> getwd()
```

ここまで準備ができたら，データを読み込むことになる．データの読み込みをはじめ，Rを使用したデータ処理や分析には，**スクリプトファイル**を使用するのが便利である．スクリプトファイルとは，Rのコマンドを書き込み，保存することのできるファイルである．

もちろん，コンソール画面にコマンドを書き込むことでも分析を行うことが

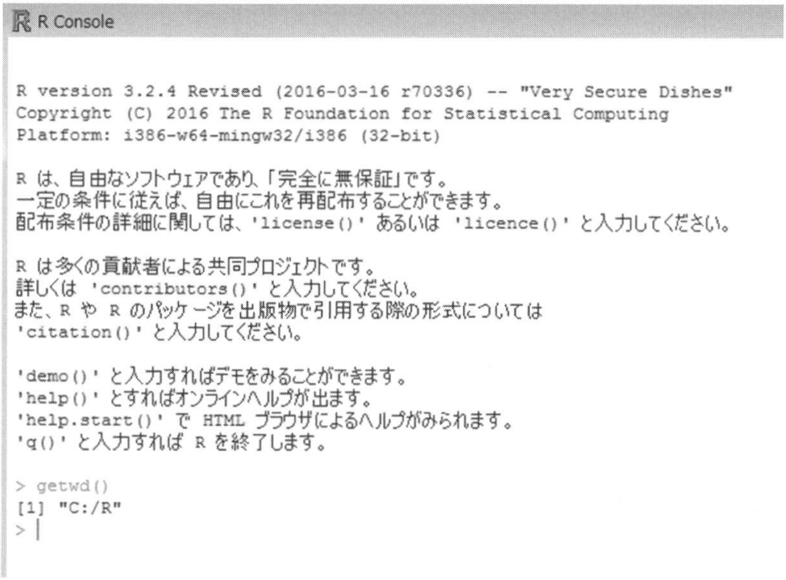

```
R Console

R version 3.2.4 Revised (2016-03-16 r70336) -- "Very Secure Dishes"
Copyright (C) 2016 The R Foundation for Statistical Computing
Platform: i386-w64-mingw32/i386 (32-bit)

R は、自由なソフトウェアであり、「完全に無保証」です。
一定の条件に従えば、自由にこれを再配布することができます。
配布条件の詳細に関しては、'license()' あるいは 'licence()' と入力してください。

R は多くの貢献者による共同プロジェクトです。
詳しくは 'contributors()' と入力してください。
また、R や R のパッケージを出版物で引用する際の形式については
'citation()' と入力してください。

'demo()' と入力すればデモをみることができます。
'help()' とすればオンラインヘルプが出ます。
'help.start()' で HTML ブラウザによるヘルプがみられます。
'q()' と入力すれば R を終了します。

> getwd()
[1] "C:/R"
> |
```

できる．たとえば，コンソール画面に 3+2 と書き込むと，次頁の図のように 5 という答えを返してくれる．

このコンソール画面は，ちょっとした計算をしたいときには便利だが，多くのコマンドを一度に眺めるのには向かないため，複雑なコマンドを書いたり，ある日の分析を後日再び行いたいといったような場合には不便である．そのため，スクリプトファイルにコマンドを書き込んで分析を行ったほうがよい．

「ファイル」→「新しいスクリプト」でスクリプトファイルを作成する．csv 形式で保存したデータを読み込むには，下記のようなコマンドをスクリプトに書き込む．read.csv とは，csv データを読み込むためのコマンドである．この後に続く括弧内で"データ名"として，読み込むデータを指定する．header=TRUE とは，csv データの 1 行目を変数名として使用するということを示しており，もし使用するデータの 1 行目が変数名ではない場合には，header=FALSE となる．このコマンドを実行することにより，表 1.1 のデータは d1 として保存される．コマンドの実行には，コマンドの文末にカーソルを合わせる，あるいは，ドラッグによりコマンドを選択したうえで，キーボードのコントロールと R を同時に

```
R Console

R version 3.2.4 Revised (2016-03-16 r70336) -- "Very Secure Dishes"
Copyright (C) 2016 The R Foundation for Statistical Computing
Platform: i386-w64-mingw32/i386 (32-bit)

R は、自由なソフトウェアであり、「完全に無保証」です。
一定の条件に従えば、自由にこれを再配布することができます。
配布条件の詳細に関しては、'license()' あるいは 'licence()' と入力してください。

R は多くの貢献者による共同プロジェクトです。
詳しくは 'contributors()' と入力してください。
また、R や R のパッケージを出版物で引用する際の形式については
'citation()' と入力してください。

'demo()' と入力すればデモをみることができます。
'help()' とすればオンラインヘルプが出ます。
'help.start()' で HTML ブラウザによるヘルプがみられます。
'q()' と入力すれば R を終了します。

> getwd()
[1] "C:/R"
> 3+2
[1] 5
>
```

押す (Ctrl+R).

```
> d1 <- read.csv("chap1.csv", header=TRUE)
```

R では，csv 形式以外にも，さまざまな形式のデータの読み込みが可能である．テキスト形式でのデータを読み込む場合には`read.csv`の代わりに`read.table`,

```
C:¥Users¥Nagayoshi¥Dropbox¥Article¥統計本¥1章用 - Rエディタ
#表1.1のcsv形式での読み込み
d1 <- read.csv("chap1.csv", header=TRUE)

#テキスト形式の場合
d1 <- read.table("chap1.txt", header=TRUE)

#タブ区切りの場合
d1 <- read.delim("chap1.txt", header=TRUE)
summary(d1)

#SPSSデータの場合
library(foreign)
d1 <- read.spss("chap1.sav", to.data.frame=TRUE)

#STATAデータの場合
library(foreign)
d1 <- read.dta("chap1.dta")
```

タブ区切りのデータを読み込むときには read.delim となる．

さらに，SPSS や STATA といった他のソフトウェアのデータも foreign というパッケージを用いることで使用可能である．これらのデータを用いる際には，library(foreign) というコマンドを走らせた後に，read.spss，read.dta というコマンドで読み込むことになる．

データがうまく読み込めたか，確認してみよう．データの概要を出力するには，summary コマンドを用いる．ここでは d1 という名前で保存したデータの概要を出力したいので，スクリプトに summary(d1) と打ち，実行すると，次のように結果が出力される．これを見ると，各変数の記述統計（最小値，第 1 四分位点，中央値，平均値，第 3 四分位点，最大値）が出力されていることがわかるだろう．

```
> summary(d1)
       id               q1             q2              q3             q4
 Min.   : 1.00   Min.   :1.00   Min.   :28.0   Min.   :1.0   Min.   :1.00
 1st Qu.: 3.25   1st Qu.:1.00   1st Qu.:39.5   1st Qu.:1.0   1st Qu.:2.00
 Median : 5.50   Median :1.00   Median :58.0   Median :1.5   Median :2.50
 Mean   : 5.50   Mean   :1.30   Mean   :58.7   Mean   :1.7   Mean   :2.80
 3rd Qu.: 7.75   3rd Qu.:1.75   3rd Qu.:80.0   3rd Qu.:2.0   3rd Qu.:3.75
 Max.   :10.00   Max.   :2.00   Max.   :85.0   Max.   :3.0   Max.   :5.00
```

しかし，よく見ると，ここでは連続変数に適用すべき分析法がカテゴリ変数についても適用されている．すべてのデータが数値として入力されているため，それがカテゴリ変数だとはソフトウェアが理解していないからだ．次章で詳しく見るように，カテゴリ変数なのか連続変数なのかの違いによって，記述統計をどのような指標で示すかが異なってくる．このため，カテゴリ変数については，そのように定義する必要がある．よって，as.factor コマンドを用いてカテゴリ変数を指定する．

```
> d1$q1 <- as.factor(d1$q1)
```

と入力することで，データ d1 の変数 q1 をカテゴリ変数に指定できる．逆にある変数を連続変数に変換したい場合には，as.numeric コマンドを用いることで連続変数に変換することができる．ちなみに，R では**データ名 $ 変数名**という形で用いる変数を表す.

q1 と同様に, q3 もカテゴリ変数に変換したうえで, 再び summary コマンドを用いてデータの概要を見てみると, 以下のようになる. これを見ると, カテゴリ変数については, 各カテゴリの度数が示されているのがわかる.

```
> summary(d1)
       id         q1         q2        q3        q4
 Min.   : 1.00   1:7   Min.   :28.0   1:5   Min.   :1.00
 1st Qu.: 3.25   2:3   1st Qu.:39.5   2:3   1st Qu.:2.00
 Median : 5.50         Median :58.0   3:2   Median :2.50
 Mean   : 5.50         Mean   :58.7         Mean   :2.80
 3rd Qu.: 7.75         3rd Qu.:80.0         3rd Qu.:3.75
 Max.   :10.00         Max.   :85.0         Max.   :5.00
```

R を終了する前に, スクリプトを保存しておいたほうがよい. これによって, 次回同じコマンドを使って分析を再現することができる. また, 終了前には作業スペースを保存するかどうかを尋ねられる. この際,「はい」を選ぶと, 自分が定義したオブジェクト（新たに作ったデータや変数など）が保存される. たとえば, 上の分析では chap1.csv のデータを d1 としたが, **作業スペース**を保存すると d1 が保存されることになる. 作業スペースは作業ディレクトリのなかの.RData ファイルに保存されるとともに, 履歴が.Rhistory として保存される. そして, 次回の起動時に自動的に読み込まれる.

**問題 1.1** 表は，10 人を対象にした仮想の社会調査のデータである．各変数は，対象者番号 (ID)，満年齢 (age)，性別 (sex：男性 =1，女性 =2)，教育を受けた年数 (eduy)，居住形態 (house：一戸建て =1，持ち家のマンション・アパート =2，賃貸のマンション =3) を意味している．この仮想データを csv 形式で保存したうえで，R に d1_2 として保存し，データの概要を出力しなさい．

**表** 仮想の社会調査データ

| ID | age | sex | eduy | house |
|---|---|---|---|---|
| 1 | 55 | 1 | 9 | 3 |
| 2 | 33 | 1 | 12 | 3 |
| 3 | 46 | 2 | 12 | 1 |
| 4 | 36 | 1 | 14 | 3 |
| 5 | 31 | 2 | 12 | 3 |
| 6 | 27 | 1 | 18 | 2 |
| 7 | 56 | 1 | 12 | 2 |
| 8 | 46 | 1 | 14 | 2 |
| 9 | 35 | 1 | 18 | 3 |
| 10 | 47 | 1 | 18 | 1 |

## 参考文献

佐藤嘉倫・尾嶋史章 編：現代の階層社会 1 格差と多様性，東京大学出版会 (2011)，330 p
数土直紀・今田高俊：数理社会学入門，勁草書房 (2005)，234 p
谷岡一郎・仁田道夫・岩井紀子 編：日本人の意識と行動，東京大学出版会 (2008)，483 p
日本数理社会学会 監修：社会を“モデル”でみる—数理社会学への招待，勁草書房 (2004)，240 p
原 純輔：行動科学とはどのような学問か，東北大学行動科学研究室同窓会通信，**2**: 15-17(1998)
原 純輔・海野道郎：社会調査演習 第 2 版，東京大学出版会 (2004)，221 p
樋口耕一：社会調査のための計量テキスト分析，ナカニシヤ出版 (2014)，233 p
三谷はるよ：『市民活動参加者の脱階層化』命題の検証，社会学評論，**65**: 32-46 (2014)

# 2
# 記述統計量

## 2.1　記述統計量とは何か

第 1 章で確認したとおり，データは数字の羅列として表現される．しかし，集めたデータを漠然と眺めているだけでは，そのデータのもつ情報を把握することは難しい．行動科学で用いられる社会調査データは 1000 以上のサンプル・サイズをもつことが多い．当然ながら 1000 以上の数字の列を見ていても，データがどのような情報をもっているのかはわからない．しかし，そのような膨大なサンプル・サイズのデータに対しても，ある変数の値はどこに集中しているのか，どの値をとることが多いのか，といった変数のとる値のパターンをつかむ必要がある．変数のもつ特徴を明らかにする基本的な値を，「**記述統計量**」という．記述統計量とは，その変数のもつ特徴を表現する（= 記述する）値である．この章では，いくつかの記述統計量を紹介し，その特徴を説明する．

ただし，前章の最後に見たように，どのような記述統計量を用いると変数の特徴を適切に示すことができるのかは，変数の種類によって異なる．

## 2.2　連続変数の記述統計量

表 2.1 は，架空の 2 つの国，A 国と B 国の市民 10 人の所得データである．所得は連続的な値をとり，四則演算に意味のある変数なので，連続変数であると見なせる．では，このデータがもつ情報を私たちがすぐに把握できるように要約するにはどうすればよいだろうか．

表 **2.1**　A 国と B 国の市民 10 人の所得の仮想データ（単位：万円）

| | A 国 | B 国 |
|---|---|---|
| 1 | 150 | 487 |
| 2 | 213 | 493 |
| 3 | 221 | 494 |
| 4 | 284 | 497 |
| 5 | 314 | 496 |
| 6 | 240 | 502 |
| 7 | 609 | 502 |
| 8 | 612 | 502 |
| 9 | 703 | 516 |
| 10 | 1660 | 517 |

### 2.2.1　代表値

連続変数の主要な記述統計量として，**代表値**が挙げられる．代表値とは，変数の中心に関する統計量のことで，**平均値**，**中央値**，**最頻値**の 3 つがある．これらの 3 つの代表値は，それぞれ異なる考え方に基づいて，連続変数の「中心」を示している．

#### (1) 平均値

最も有名なのは，「平均値」(mean) であろう．平均値とは，変数の値のデータ全体での合計をサンプル・サイズで割ったものであり，普段の生活やニュースでも登場する．A 国の平均所得を求めて計算方法を確認しておこう．

$$
\begin{aligned}
\bar{x}_{\mathrm{A}} &= (\text{所得のデータ全体の合計}) \div (\text{サンプル・サイズ}) \qquad \cdots\text{平均値の公式} \\
&= \frac{150+213+221+284+314+240+609+612+703+1660}{10} \cdots \text{値を代入} \\
&= 500.60
\end{aligned}
$$

このデータにおける A 国の所得の平均は，500.60 万円であることがわかる．

式で表せば，変数 $x$ の平均値 $\bar{x}$ は以下のように求められる．ただし，$n$ はサンプル・サイズ（データに含まれるケースの数），$x_i$ はケース $i$ の $x$ の値を意味する．

$$
\bar{x} = \frac{1}{n}\sum_{i=1}^{n} x_i \tag{2.1}
$$

実は，平均はデータの「**重心**」として解釈することができる．表2.1のA国の最初の5人について見てみよう．5人の所得を1つの軸に並べると，図2.1のようになる．このとき，平均値 (236.40) を支点として，各点に1キロの重りをつけたとすれば，以下のように左右の釣り合いがとれている．

平均より左側の平均からの距離 × 重さの合計

$$(236.40 - 150) \times 1 + (236.40 - 213) \times 1 + (236.40 - 221) \times 1 = 125.20$$

平均より左側の平均からの距離 × 重さの合計

$$(284 - 236.40) \times 1 + (314 - 236.40) \times 1 = 125.20$$

このように，平均値は重心と一致する．

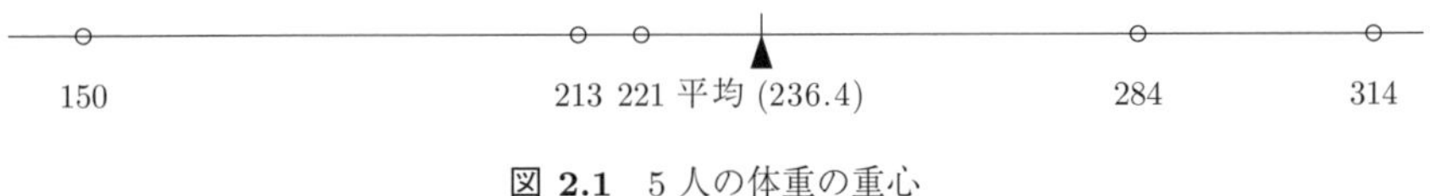


**図 2.1**　5人の体重の重心

B国のデータにおける所得の平均値を求めると，以下のようにA国と同じ500.60万円になる．

$$\begin{aligned}\bar{x}_{\mathrm{B}} &= \frac{487 + 493 + 494 + 497 + 496 + 502 + 502 + 502 + 516 + 517}{10} \\ &= 500.60\end{aligned}$$

表2.1を見ると，A国とB国の市民の所得は随分違っているように見えたが，平均値を見ると2国は同じである．では，A国とB国の市民の所得は同じように「**分布している**」といえるだろうか．

「**分布**」とは，変数のある値をとるケースが，どの程度存在するのかを示す情報を指す．表2.1の例でいえば，A国のデータでは600万円以上の所得をもつ市民は4人，600万円未満が6人，B国では600万円以上の所得をもつ市民は0人，600万円未満は10人，という情報は，600万円を境としてそれぞれ何人いるのかを示す分布である．

平均は最も一般的な記述統計量であるが，データの特徴を示すのに不適切な場合がある．それはデータの分布を見た際に，極端に大きい値や小さい値といった「**外れ値**」が存在する場合である．たとえば，A 国のデータから 10 番目の 1660 万円の人を除いて平均値を求めると，平均は 371.78 万円まで低下する．つまり，極端に所得の高い 10 番目の人が，全体の平均を引き上げているのである（図 2.2）．

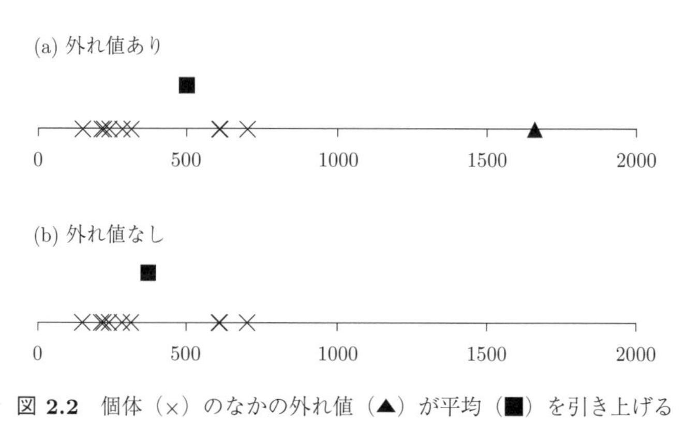


**図 2.2**　個体（×）のなかの外れ値（▲）が平均（■）を引き上げる

**(2) 中央値**

中央値とは，ケースを値の大きさに応じて小さいほうから順に並べたときに，ちょうど真ん中のケースがとる値である．再び表 2.1 の A 国について見てみよう．A 国市民のデータを値の小さいほうから順に並べると次のようになる．

150　213　221　240　284　314　609　612　703　1660

ケースは全部で 10 であるため，ちょうど真ん中にあたる人はいない．この場合には，真ん中を挟んだ前後の人の値の平均値を中央値とする．したがって，5 人目の 284 万円と，6 人目の 314 万円の平均値である 299.00 万円が A 国の所得の中央値となる．A 国の所得の中央値は，平均値の 500.60 万円を大きく下回っていることがわかる．これに対し，B 国の所得の中央値は次のように 497 万円と 502 万円の平均値なので 499.50 万円であり，平均値の 500.60 万円との間に 1 万円程度の差しかない.

487　493　494　496　497　502　502　502　516　517

平均値で見ると，A 国と B 国の対象者の所得は同じであったが，中央値で見ると，B 国は A 国よりも 200 万円ほど高い．これは，中央値が大小関係の順番によって決まることによる．中央値は順番によって決まるため，外れ値があったとしても，上位・下位の順番に影響を与えるだけで，中位の順位に影響を与えない．このように，中央値には外れ値に影響を受けにくいという特徴がある．先ほどと同様に，A 国から 10 番目の人を抜いた場合を考えてみよう．全部で 9 人なので，中央値は小さいほうから順に並べて 5 人目の人の値である．したがって，中央値は 284 万円となる．これは，10 番目を加えた場合の 299 万円と大きく異ならない.

### (3) 最頻値

最頻値とは，データのなかで最も出現する頻度が高い値のことを指す．B 国のデータを見ると，502 万円の人が 3 人存在する．他の値については一度しか出現していないため，この値が最頻値だといえる．一方，A 国のデータについて見ると，どの値も一度しか出現しておらず，最頻値と呼べる値は存在しない．最頻値も中央値と同様に外れ値の影響を受けにくい．また，今回の A 国のデータがそうであったように，最頻値にはそれにあたる値がない場合がある.

3 つの代表値の特徴をまとめると，表 2.2 のようになる.

**表 2.2**　代表値の特徴

| | 意味 | 特徴 |
|---|---|---|
| 平均値 | データの重心 | 外れ値の影響を受けやすい |
| 中央値 | データの「真ん中」に位置するケースの値 | 外れ値の影響を受けにくい |
| 最頻値 | データのなかで最も出現数の多い値 | 外れ値の影響を受けにくい<br>存在しない場合がある |

### 2.2.2 変数のばらつきを示す値

代表値の比較から，A 国と B 国の対象者の所得は平均値では同じだが，中央値から見ると B 国の対象者は A 国の対象者よりも所得が高いことがわかった．A 国では外れ値にあたるきわめて所得の高い対象者が，全体の平均を押し上げていたのだ．

この外れ値の存在は，A 国と B 国の対象者の所得についての他の特徴を示している．その特徴とは，変数の「**ばらつき**」についてのものである．「ばらつき」とは，ある変数の値の分布の幅広さを指す．ばらつきが大きいとは，各個体のとる変数の値が多様であることを，ばらつきが小さいとは，各個体のとる変数の値の多様性が小さいこと示している（図 2.3）．

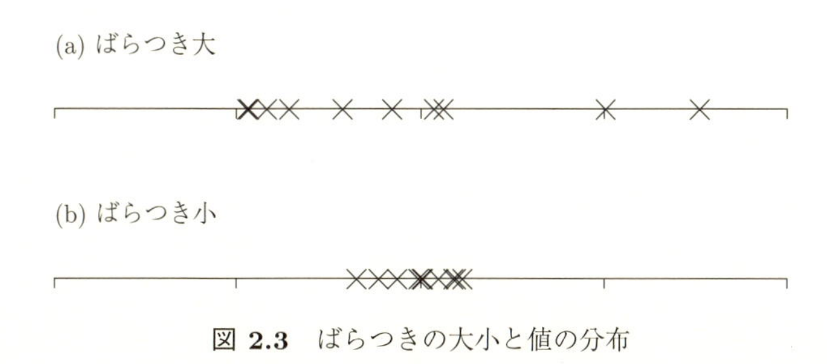


**図 2.3** ばらつきの大小と値の分布

変数のばらつきを示す指標は，連続変数の特徴を表す指標として代表値に並び重要である．変数のばらつきを示す指標として，ここでは「**最大値・最小値・範囲**」，「**分位点**」，「**分散・標準偏差**」を見ていく．

#### (1) 最大値・最小値・範囲

ある変数の最大値と最小値は，その変数の値が含まれる範囲を示している．この意味で，最大値と最小値は，変数のばらつきを示す指標であるといえる．表 2.1 を見ると，A 国の所得の最小値は 150 万円，最大値は 1660 万円である．この最大値から最小値を引いた値を，データの「範囲」と呼ぶ．A 国においては，所得の範囲は 1510 万となる．これに対し，B 国の所得の最小値は 487 万円，最大値は 517 万円であり，所得の範囲は 30 万と A 国と比べて非常に狭い．

このように最小値と最大値，データの範囲は，変数のばらつきを示す指標となる（図2.4）．

しかし，最小値と最大値では，データ全体のなかの2つの値しか考慮されないため，その他のケースの値については反映されない．また，データのなかの最も大きい値と小さい値をもとに計算しているため，外れ値の影響を受けやすい．

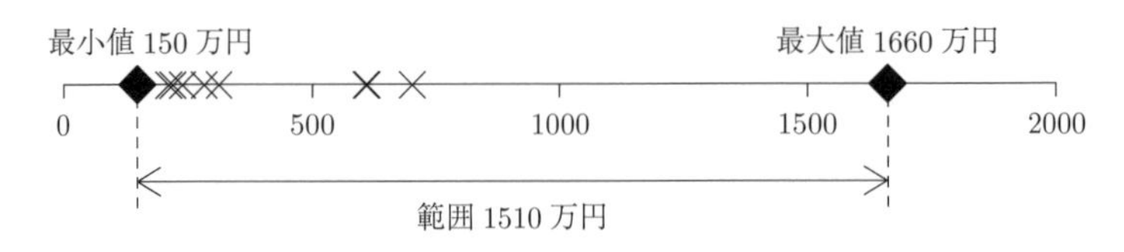


**図 2.4**　最大値・最小値・範囲

**(2) 分位数**

分位数は，ケースを値の小さい順から並べたうえで，一定間隔で区切ったときの境となる値のことを指す．一般には，ケースを10等分にする十分位数や，4等分にする四分位数が用いられることが多い．

四分位数について見た場合，下位25%を区切る点を**第1四分位数**，50%を区切る点を**第2四分位数**，75%を区切る点を**第3四分位数**と呼ぶ．そして，第3四分位数から第1四分位数を引いた値を「**四分位範囲**」と呼ぶ．

先ほどの表2.1を再び見てみよう．まず第2四分位数を求める．第2四分位数は，ちょうど50%の点なので，

$$第2四分位数：(1+10)\div 2 = 5.50 人目$$

の値となる．第1四分位数は，50%の点と1人目のちょうど中間の点，第3四分位数は，50%の点と10人目のちょうど中間の点なので，以下の位置の人の値にあたる．

$$第1四分位数：(1+5.5)\div 2 = 3.25 人目の値$$
$$第3四分位数：(5.5+10)\div 2 = 7.75 人目の値$$

では，A国についてそれぞれの四分位数を求めていこう．第2四分位数の値

150　213　221　240　284　314　609　612　703　1660

↑第 1 四分位数（221 と 240 の間）　↑第 2 四分位数（284 と 314 の間）　↑第 3 四分位数（609 と 612 の間）

**図 2.5**　小さい順に並べ替えた A 国の対象者の所得と四分位数の区切り

は，5 人目と 6 人目の値の平均値なので，以下のように求められる．

$$第2四分位数：(284 + 314) \div 2 = 299.00$$

第 2 四分位数は，ちょうど真ん中のケースの値であるので，中央値と一致する．

第 1 四分位数は，3 人目の値に，3 人目と 4 人目の値の間隔の 0.25 倍を加えたもの，第 3 四分位数は，7 人目の値に，7 人目と 8 人目の値の間隔の 0.75 倍を加えたものとなるので，以下の値をとる[1]．

$$第1四分位数：221 + (240 - 221) \times 0.25 = 225.75$$
$$第3四分位数：609 + (612 - 609) \times 0.75 = 611.25$$

したがって，A 国の四分位範囲は 611.25 − 225.75 = 385.50 である．四分位範囲は 25%，75%の値をもとに計算するため，外れ値の影響を受けにくい（図 2.6）．

同様に，B 国の四分位範囲を求める．第 1 四分位数と第 3 四分位数を求めると，以下のようになる．

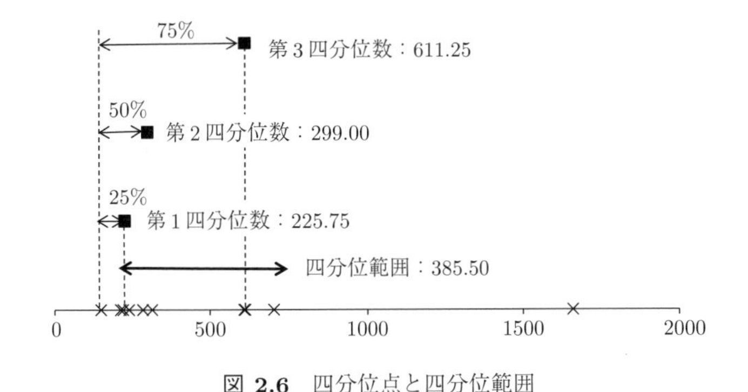


**図 2.6**　四分位点と四分位範囲

[1] 四分位数の計算方法はいくつかの種類がある．ここでの計算方法は R や Excel での計算方法と一致する．

$$\text{第 1 四分位数：} 494 + (496 - 494) \times 0.25 = 494.50$$
$$\text{第 3 四分位数：} 502 + (502 - 502) \times 0.75 = 502.00$$

したがって，四分位範囲は，$502 - 494.50 = 107.50$ である．四分位範囲で見た場合にも，データの範囲で見たときと同様，A 国の対象者の所得は B 国の対象者の所得よりもばらついているといえる．

### (3) 分散と標準偏差

範囲や分位数はデータの値の順位に基づいた値である．これに対し，各ケースの平均値からの距離（差）をもとに，変数のばらつきを示す指標として，分散がある．分散は，平均値からの距離差の平方の平均値であり，次の式で求められる．ここで，$n$ はデータに含まれるサンプル・サイズ，$x_i$ はケース $i$ の変数 $x$ の値，$\bar{x}$ は $x$ の平均値である．

$$s^2 = \frac{1}{n}\sum_{i=1}^{n}(x_i - \bar{x})^2 \tag{2.2}$$

式 (2.2) のなかの $(x_i - \bar{x})$ の部分は，各対象者の $x$ の値から，その平均 $(\bar{x})$ を引いた値である．この値のことを，「(平均からの) **偏差**」と呼ぶ．

A 国の対象者の所得の分散を求めてみよう．まず，式 (2.2) の分散の公式の分子の部分を計算する．分子は，偏差の 2 乗（**偏差平方**）の合計である．A 国のデータにおける所得の平均は 500.60 なので，これをもとに各対象者の所得から平均所得を引いた偏差を求める．たとえば，1 人目の対象者の場合，所得は 150 万円なので，偏差は以下のようになる．

$$150 - 500.60 = -350.60$$

同様に 10 人目の対象者まで偏差を求めると，表 2.3 のようになる．

図 2.7 で示したように，偏差は正の値も負の値もとるため，単純に合計すると 0 になってしまう（平均が重心と一致することを思い出そう）．そこで，偏差を 2 乗した偏差平方を用いることで，全体のばらつきを合計することができる[2]．表 2.3 には，偏差平方を計算したものも記載されている．

[2] この問題については，平均からの距離の絶対値をとることによっても解決可能である．この平均からの距離の絶対値の平均をとった値を，「平均偏差」と呼ぶ．しかし，平均偏差を用いる

**表 2.3**　A 国の所得の偏差と偏差の 2 乗の計算

| | A 国 | 偏差 | 偏差の 2 乗 |
|---|---|---|---|
| 1 | 150 | -350.60 | 122920.36 |
| 2 | 213 | -287.60 | 82713.76 |
| 3 | 221 | -279.60 | 78176.16 |
| 4 | 284 | -216.60 | 46915.56 |
| 5 | 314 | -186.60 | 34819.56 |
| 6 | 240 | -260.60 | 67912.36 |
| 7 | 609 | 108.40 | 11750.56 |
| 8 | 612 | 111.40 | 12409.96 |
| 9 | 703 | 202.40 | 40965.76 |
| 10 | 1660 | 1159.40 | 1344208.36 |
| 平均 | 500.60 | 0.00 | 184279.24 |

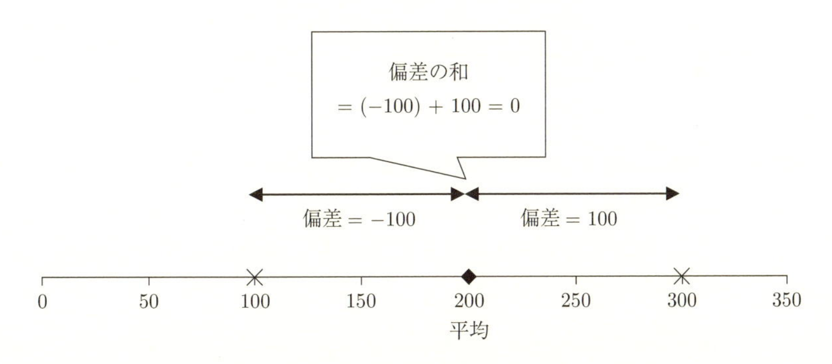


**図 2.7**　偏差と偏差の和の関連

分散は，偏差平方の合計をサンプル・サイズで割ったもの，すなわち，偏差平方の平均値にあたる．表 2.3 を用いれば，A 国の対象者の所得の分散は，次のように求められる．

$$
\begin{aligned}
s^2 &= \sum_{i=1}^{n} \frac{(x_i - \bar{x})^2}{n} && \cdots \text{分散の公式} \\
&= \frac{122920.36 + 82713.76 + \cdots + 1344208.36}{10} && \cdots \text{表 2.3 の値の代入} \\
&= 184279.24
\end{aligned}
$$

と，平均値からの距離をもとにしたばらつきが，他の値からの距離をもとにしたばらつきよりも大きくなってしまう場合があり，データのばらつきを測る指標として望ましくない．このため，データのばらつきを示す指標として用いられることは少ない．詳しくは，ボーンシュテット＆ノーキ (1990)，第 3 章を参照のこと．

分散は偏差を 2 乗したものなので，単位も 2 乗されており，そのままでは平均と比較することができない．そこで，この値の正の平方根をとり，単位をもとに戻したものが標準偏差である．A 国の所得の標準偏差は以下のように求められる．

$$s = \sqrt{184279.24} = 429.28$$

B 国についても同様に計算すると，B 国の分散は 832.40，標準偏差は 28.85 となる．A 国と比較すれば，B 国は標準偏差が小さいことがわかる．

ただし，分散や標準偏差は平均値をもとに計算を行うため，外れ値の影響を受けやすい．

これらの記述統計量を見ると，A 国と B 国の所得の平均値は同じであるが，A 国は所得の散らばりが大きく，極端に所得の高い人を除けば，他の人の所得の平均値は B 国を下回る．一方，B 国は散らばりが小さい．したがって，A 国は所得の格差が大きく，B 国は比較的均質だといえるだろう．このように，代表値と散らばりの指標をあわせて見ることで，変数の分布の特徴を知ることができる．実際，A 国において外れ値を除いた標準偏差は 196.98 であり，大きく変化していることが確認できる．

## 2.3　カテゴリ変数の記述統計量

カテゴリ変数の記述統計量は，連続変数の記述統計量とは求め方が異なる．カテゴリ変数の特徴は，四則演算した値に実質的な意味がないことであった．したがって，カテゴリ変数について平均や分散を求めても，記述統計量としての役割は果たさない．たとえば，「1. 男性」，「2. 女性」の平均値をとっても，その値が変数の特徴を示しているとはいえない．

カテゴリ変数の記述統計量は，各カテゴリをとるケースの数（**度数**）の分布を示した**度数分布表**を用いて示す．たとえば，先ほどの A 国のケース 10 人の性別が表 2.4 のようになっていたとする．

表 2.4 のデータをもとに，各性別の度数をまとめると，男性が 6 人，女性が 4 人となるので，表 2.5 のようになる．この表 2.5 が度数分布表になる．度数分布表には，各カテゴリの度数に加え，各カテゴリの度数の全体に対する**割合**（**相**

**表 2.4**　A 国対象者の性別

| | A 国 |
|---|---|
| 1 | 男性 |
| 2 | 女性 |
| 3 | 女性 |
| 4 | 男性 |
| 5 | 男性 |
| 6 | 男性 |
| 7 | 女性 |
| 8 | 男性 |
| 9 | 男性 |
| 10 | 女性 |

**表 2.5**　A 国データの性別の度数分布表

| | 度数 | 割合 | 累積割合 |
|---|---|---|---|
| 男性 | 6 | 60% | 60% |
| 女性 | 4 | 40% | 100% |
| 合計 | 10 | 100% | |

**対割合**）と**累積割合**が記載される．表 2.4 では，男性が 10 人中 6 人，女性が 4 人なので，男性の割合は 60%，女性の割合は 40%となる．累積割合は当該のカテゴリまでの割合の合計を示している．

表 2.5 を見ると，A 国では男性の数が 6 人となり，女性よりも多くなっている．この場合，A 国の性別の最頻値は「男性」である．このように，最頻値はカテゴリ変数の特性を示す記述統計量としても用いることができる．一方，平均値はカテゴリ変数には妥当ではなく，中央値は順序づけのあるカテゴリ変数にのみ用いることができる．

## 2.4　記述統計のグラフ化

記述統計はグラフを用いて示すことによって，視覚的に情報を得ることが可能になる．ここでは，記述統計を示すグラフとして**ヒストグラム**，**箱ひげ図**，**棒グラフ**，**帯グラフ**を紹介する．

### (1) ヒストグラム

ヒストグラムとは，連続変数について，度数の分布を示すものである．ヒストグラムを作成するためにはまず，度数分布表を作る必要がある．そのために，連続変数の値をいくつかのカテゴリに区切り，各カテゴリの度数を調べる．この連続変数を区切って作成したカテゴリのことを，「**階級**」と呼ぶ．

たとえば，A 国の所得を 500 万円区切りにしたうえで，各カテゴリの度数を度数分布表で示すと，表 2.6 のようになる．表 2.6 では，4 つの階級に分かれており（階級数は 4），500 万円未満は 6 人，500 万円以上 1000 万円未満は 3 人，1500 万円以上が 1 人になる．

**表 2.6**　A 国所得の度数分布表

| | 度数 | 割合 | 累積割合 |
|---|---|---|---|
| 500 万円未満 | 6 | 60% | 60% |
| 500〜1000 万円未満 | 3 | 30% | 90% |
| 1000〜1500 万円未満 | 0 | 0% | 90% |
| 1500 万円以上 | 1 | 10% | 100% |
| 合計 | 10 | 100% | |

表 2.6 をもとにヒストグラムを描くと，図 2.8 になる．ヒストグラムを見ると，A 国の所得の分布が所得の少ないほうに偏っており，1500 万円以上の 1 人が外れ値となっていることが一目でわかる．

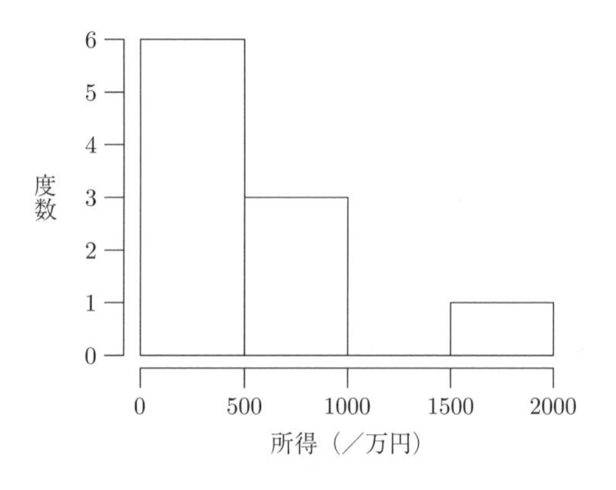


**図 2.8**　A 国の所得のヒストグラム

**(2) 箱ひげ図**

連続変数の記述統計量のうち，四分位数をもとに作図したものが箱ひげ図である．A 国と B 国の所得の分布を箱ひげ図で比較した図 2.9 を見てみよう．

箱ひげ図では，四分位範囲が箱の長さで表現されている．つまり，箱の下端

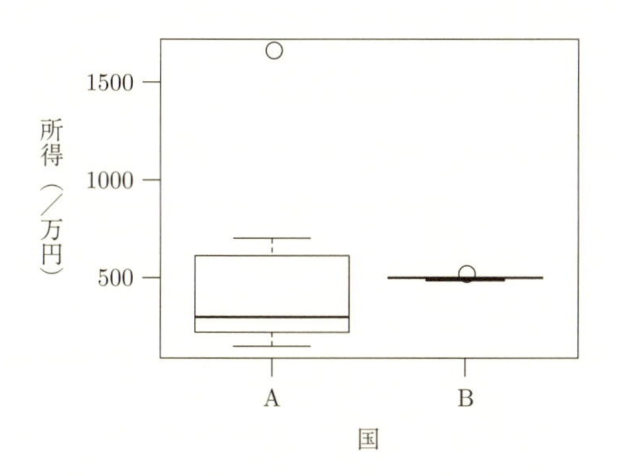


**図 2.9**　A 国，B 国の所得の分布の箱ひげ図

が第 1 四分位数を，箱の上端が第 3 四分位数を示している．そして，箱のなかにある太線が中央値（＝第 2 四分位数）を表現している．

箱の上下に伸びる線の範囲は，四分位範囲の 1.5 倍までの間の最大値と最小値を示している[3)]．たとえば，A 国の場合，四分位範囲は 385.50 万円であった．したがって，A 国の箱ひげ図の線の下端は，$225.75 - 385.50 \times 1.5 = -352.50$ 万円より大きくなる最小の値を示す．A 国の所得の最小値は 150 万円なので，線の下端は 150 万円となっている．一方，線の上端は，$611.25 + 385.50 \times 1.5 = 1189.50$ 万円より小さい最大値となる．A 国の所得の最大値は 1660 万円であるが，これは線の上端の範囲を超えてしまっている．線の上端の上限（1189.50 万円）を上回らない範囲での最大の値は 703 万円であるので，これが線の上端となる．線の範囲を超える最大値や，線の範囲を下回る最小値は，線の上下に外れ値として○で表現される．図 2.9 では，A 国の 1660 万円の人が図の上部に○で表現されているのがわかるだろう．

箱ひげ図を見ると，変数の散らばりが視覚的に伝わりやすい．図 2.9 では，A 国の所得の分散が大きく，1500 万円以上の外れ値が存在するとともに，B 国の所得の分散がきわめて小さいことがわかるだろう．

---

3) ひげの長さは，全体での最大値と最小値など，他の定義が用いられることもある．そのため，箱ひげ図を見る場合には，ひげの長さがどのように定義されているかを確認しておく必要がある．

### (3) 棒グラフ

カテゴリ変数については，ヒストグラムや箱ひげ図を示すことができない．そこで，カテゴリ変数の記述統計量をグラフで示すときには，棒グラフや帯グラフを利用する．ここでは，棒グラフについて見る．棒グラフを利用した場合，度数（または割合）を縦軸に，変数の値を横軸にとる．

表 2.4 の度数分布表をもとに棒グラフを作成すると，図 2.10 のようになる．このグラフを見ると，男性が女性よりも度数がやや多いことがわかる．

帯グラフでは，全体に対する各カテゴリの割合を視覚的に示すことができる．図 2.11 では，A 国の性別の分布について，帯グラフで示している．帯グラフを用いた場合には，棒グラフを用いた場合よりも，男女の割合の違いがわかりやすくなっている．

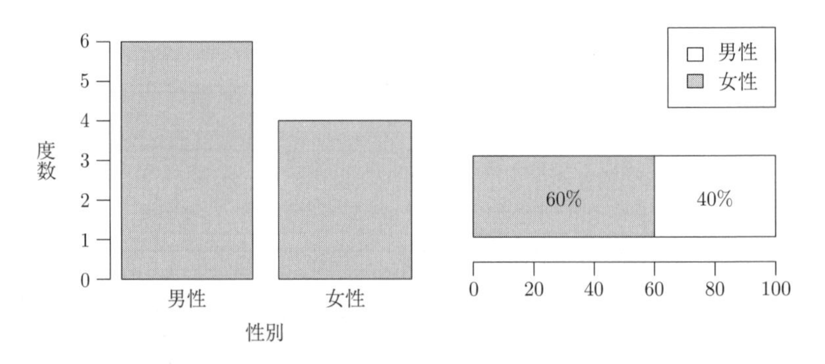


**図 2.10**　A 国の性別の分布についての棒グラフ

**図 2.11**　A 国の性別の分布についての帯グラフ

**【R を用いた分析】**

R で記述統計量を求める際には，前章で扱った `summary` コマンドを用いることができる．

表 2.1 をデータセットの形に並び替えた表 2.7 を csv ファイル (chap2.csv) に保存して，分析してみよう．ただし，表 2.7 のデータでは，`nation` が A 国は「1」，B 国は「2」，`gender` が性別が男性の場合「1」，女性の場合「2」となっている．

**表 2.7** 仮想の A 国，B 国における所得と性別分布のデータ

| income | nation | gender |
|---|---|---|
| 150 | 1 | 1 |
| 213 | 1 | 2 |
| 221 | 1 | 2 |
| 284 | 1 | 1 |
| 314 | 1 | 1 |
| 240 | 1 | 1 |
| 609 | 1 | 2 |
| 612 | 1 | 1 |
| 703 | 1 | 1 |
| 1660 | 1 | 2 |
| 487 | 2 | 2 |
| 493 | 2 | 2 |
| 494 | 2 | 2 |
| 497 | 2 | 1 |
| 496 | 2 | 2 |
| 502 | 2 | 1 |
| 502 | 2 | 1 |
| 502 | 2 | 1 |
| 516 | 2 | 2 |
| 517 | 2 | 2 |

```
> d2 <- read.csv("chap2.csv", header=TRUE)
```

ここで，`nation` と `gender` はカテゴリ変数なので，カテゴリ変数であることを指定しておこう．

```
> d2$gender <- as.factor(d2$gender)
```

```
> d2$nation <- as.factor(d2$nation)
```

分析しやすいように，A国のデータのみを取り出してみる．データの一部分だけを取り出して新たなデータセットを作るには，subsetコマンドが有効である．subset（もとのデータ名，条件式）と指定することにより，条件式にあてはまるデータのみを取り出してくれる．

```
> d2A <- subset(d2, nation==1)
> summary(d2A)
```

```
> summary(d2A)
     income         nation gender
 Min.   : 150.0   1:10   1:6
 1st Qu.: 225.8   2: 0   2:4
 Median : 299.0
 Mean   : 500.6
 3rd Qu.: 611.2
 Max.   :1660.0
```

summaryコマンドで記述統計を出力すると，上記のように，連続変数であるincomeについては，最小値(Min)，第1四分位数(1st Qu)，中央値(Median)，平均値(Mean)，第3四分位数(3rd Qu)，最大値(Max)が示される．また，質的変数であるnationとgenderについてはそれぞれのカテゴリの度数が出力される．

標準偏差と分散については，varコマンドとsdコマンドで出力できる．

```
> var(d2A$income)
> sd(d2A$income)
```

```
> var(d2A$income)
[1] 204754.7
> sd(d2A$income)
[1] 452.4983
```

ここでの出力結果は，2.2節で計算した結果と異なっている．これは，Rのvarコマンドやsdコマンドで出力される分散や標準偏差が，母集団から抽出された標本から母集団の分散を推定するための「**不偏分散**」や「**不偏標準偏差**」を出力するコマンドだからである（不偏分散や不偏標準偏差については 3.6 節を参照）.

不偏分散は，偏差の 2 乗の和をサンプル・サイズ $n$ で割る代わりに，$n-1$ で割った値である．したがって，2.2 節で見た分散を求めたい場合は，`var` コマンドで出力される値を $n$ で割って，$n-1$ を掛ければよい．`data.frame` 形式で保存されたデータにおいて，サンプル・サイズはデータの行の長さと一致する．そこで，ベクトルの長さを出力する `length` コマンドを用いて，サンプル・サイズを計算できる．これを用いると，分散は以下の式で求めることができる．

```
> var(d2A$income)*((length(d2A$income)-1)/length(d2A$income))
```

```
> var(d2A$income)*((length(d2A$income)-1)/length(d2A$income))
[1] 184279.2
```

また，標準偏差を求めたい場合には，下記のように，分散の正の平方根（`sqrt` コマンドで求められる）をとればよい．

```
> sqrt(var(d2A$income)*((length(d2A$income)-1)/length(d2A$income)))
```

```
> sqrt(var(d2A$income)*((length(d2A$income)-1)/length(d2A$income)))
[1] 429.2776
```

次に，カテゴリ変数 `gender` について，度数分布表を作成してみよう．まず，`table` 関数を使って，度数のみの度数分布表を作成し，この度数分布表を `x` として保存しておこう．

```
> x <- table(d2A$gender)
```

```
> x

1 2
6 4
```

保存された度数分布表 x をもとにして，prop.table コマンドを用いて相対度数を計算する．こうして作成した相対度数の表を x2 として保存しておこう．

```
> x2 <- prop.table(x)
```

```
> x2

  1   2
0.6 0.4
```

累積割合を計算するためには，cumsum 関数を用いる．cumsum 関数で x2 の累積割合を計算したうえで，x3 として保存する．

```
> x3 <- cumsum(x2)
```

度数分布 x，相対度数 x2，累積割合 x3 の 3 つの表を 1 つの表にまとめる．これには，ベクトル同士を横に結合するための cbind 関数を用いる．括弧内に統合したい要素を並べることにより，横に表を結合してくれる．この表を c として保存しておこう．

```
> c <- cbind(x, x2, x3)
```

```
> c
  x  x2  x3
1 6 0.6 0.6
2 4 0.4 1.0
```

度数分布表の下部には，それぞれの列の合計を記した行がある．これを作成するためには，addmargins コマンドを使用すればよい．addmargins コマンドでは，括弧内に合計を計算したい表を入れる．今回は各列の合計のみを計算したいので，表を指定した後で，1 と記入している[4]．行の合計も作成したい場合には，表のみを指定すればよい．

[4] 行の合計のみを計算したい場合は，addmargins(c,2) と指定する．

```
> addmargins(c,1)
```

```
> addmargins(c, 1)
     x  x2  x3
1    6 0.6 0.6
2    4 0.4 1.0
Sum 10 1.0 1.6
```

この手続きでは，累積度数 (x3) についても合計が計算されてしまう．そこで，この手続きで作成した表をもとに論文等に用いる表を作成する場合には，累積度数の合計（上の例では 1.6）にあたる部分は空欄にしておく．

このように，R では行動科学で一般的に用いられる形の度数分布表を作成するにはやや手間がかかる．

一方で，グラフの作成は比較的容易にできる．たとえば，A 国の所得のヒストグラムを作成したい場合，以下のように入力するだけで，図 2.8 と同じヒストグラムを作成することができる．

```
> hist(d2A$income)
```

グラフ内の要素の変更は，括弧内で指定することで可能である．$x$ 軸，$y$ 軸にそれぞれラベルをつけたい場合には `xlab="x 軸名"`，`ylab="y 軸名"` とすることで指定できる．また，タイトルをつけたい場合は，括弧内で `main="タイトル"` という形で指定すればよい[5]．$x$ 軸の範囲，$y$ 軸の範囲はそれぞれ `xlim=c(最小値, 最大値)`，`ylim=c(最小値, 最大値)` で指定できる．$x$ の区切り幅は R が自動的に設定するが，変更することも可能である．

箱ひげ図を作成したい場合には，`plot` 関数を用いて書くことができる．たとえば，図 2.9 のように国ごとの所得を比較する箱ひげ図を作成する場合，以下のコマンドで描くことができる．

```
> plot(d2$income~d2$nation)
```

[5] $x$ 軸や $y$ 軸のラベル，タイトルを表示したくない場合には，`hist(d2A$income, main=NULL, xlab=NULL, ylab=NULL)` のように指定すればよい．

括弧内では2つの変数が指定されているが，このうち~の前には分布を示したい変数（この場合，所得）を，後にはカテゴリを示す変数（この場合，国）を書く．軸にラベルをつけたり，タイトルをつけたりしたい場合には，ヒストグラムと同様にすればよい．A国，B国というカテゴリラベルをつけたい場合には，names=c("カテゴリラベル", "カテゴリラベル") で指定する．

カテゴリ変数の度数分布を示す棒グラフを作成する場合にも，plot 関数が利用できる．この際，names.arg=c("カテゴリラベル", "カテゴリラベル") を用いて指定することで，値にラベルをつけることができる．

```
> plot(d2A$gender, xlab="性別", ylab="度数", names.arg=c("男性", "女性"))
```

**問題 2.1**　表 2.7 の B 国のデータを取り出し，所得と性別の記述統計量を求めなさい．

**問題 2.2**　表 2.7 の B 国のデータをもとに，収入のヒストグラム，性別の度数分布を示す棒グラフを作成しなさい．また，所得分布を示す箱ひげ図を男女別に作成しなさい．

## 参考文献

ボーンシュテット GW, ノーキ D：社会統計学，ハーベスト社 (1990)，429 p

# 3 母集団と標本

## 3.1 標本をどう抽出するか

第2章では，記述統計量を用いてデータの特徴を示す方法を見た．記述統計量を調べることによって，対象とする集団の特徴を知ることができる．しかし，行動科学の計量分析では，自分が関心をもつ対象となる集団全員のデータを得ることは難しい．たとえば，日本人の幸福度を知りたいとしよう．日本の人口は2014年11月時点でおよそ1億2780万人である．日本人全員の幸福度の平均を知ろうとすれば，1億人以上の人全員の幸福度について聞いたうえに，全員の幸福度の回答をデータとして入力して，平均を計算可能な形にしなければならない．また，それだけの膨大なデータを処理できる高性能コンピューターも必要になる．つまり，関心のある集団全体（これを**母集団**という）に対して調査を行う**全数（悉皆）調査**には，莫大なコストがかかるのである[1]．そこで，母集団全体ではなく，母集団のなかの一部の人（**標本**）を取り出して，その人たちを対象にした**標本調査**を行うことが一般的である．

しかし，一部の人のみを対象とした標本調査で母集団のことがわかるのだろうか．次のようなシナリオで考えてみよう．中学校1年生のAさんは，かねてから，友達のBさんが犬を飼っていることをうらやましく思っていたが，友達のCさんとDさんも犬を飼っていることを知った．家に帰ると，Aさんは早速

[1] もちろん，母集団の人数が少ない場合（たとえば学校の1クラスなど）は，全数調査をすべきである．

親に向かって「みんな犬を飼っているから私も欲しい」と犬をねだった．すると，「みんななんて飼ってないでしょう．誰のことをいってるの」とつれない返事をされてしまう．そこでAさんは「Bさんも，Cさんも，Dさんも飼っているよ」と伝えたが，「たった3人飼ってるだけで，みんななんていわないの」と怒られてしまった．Aさんの失敗は，自分の身近な3人の例（標本）から，「みんな」(母集団＝日本社会）のことをいおうとしたことにある．つまり，標本があまりにも少ない場合には，母集団のことを推測することはできない．

さて，まだ諦められないAさんは親を説得しようと，日曜日の公園に出向いた．Aさんは1日公園のベンチに座り，公園に来る人のうち，どのくらいが犬を連れているか調べることにした．Aさんは苦労の末，公園に来た100人のうち，80人もの人が犬を連れている，という結果を手に入れた．これなら十分に「みんな」といえるだろうと考えたAさんは，家に帰ってこのことを親に伝えた．しかし，逆に「全国犬猫飼育実態調査[2]」という調査の結果を見せられ，犬を飼っている世帯は日本全国で15.8%しかいないことを伝えられてしまう．「みんなが飼っているから犬を飼う」ことが認められるかどうかはともかく，Aさんの「日曜日の公園調査」は失敗してしまったようである．つまり，標本の数を多く集めても，正確な推定ができない場合があるのだ．十分な標本があるにもかかわらず正確な推定ができないのは，偏りなく母集団を代表する標本を得られていないことに由来する．Aさんの調査は，「日曜日の公園に来る人」という限られた人を対象にしていた．日曜日の公園には，犬を散歩させに来る人が多い．その一方で，犬を飼っていない人は，レストランに行ったり，ショッピングに行ったり，あるいは，1日家で過ごしているかもしれない．つまり，Aさんはほかの場所よりも犬を飼っている人が多い場所で調査を行ってしまったのである．その結果，母集団よりも犬を飼っている人が多い標本を得てしまった．このように，標本から母集団の特徴を推定するためには，偏りが生じないよう，母集団からまんべんなく個人を抽出した標本を得る必要がある．

抽出された標本が母集団の特徴を偏りなく示していることを，「**代表性**」が

---

[2] 一般社団法人ペットフード協会が2004年から毎年実施している調査．日本全国の20～69歳のインターネットモニターを対象に行っている．サンプル・サイズは年によって異なり，2013年には50265ケースから回答を得ている．

あるという．そして，母集団からまんべんなく，偏りのないように標本を抽出する，すなわち代表性の高い標本を抽出するための手法として，「**無作為抽出**」(**ランダムサンプリング**) が行われる．無作為抽出を行うということは，「母集団のすべての対象者が選ばれる確率が等しくなるような方法で，対象者を選ぶ」ということである．「無作為に選ぶ」とは「適当に選ぶ」ことではないことに注意しよう．平日の日中の繁華街で「適当に」道行く人に質問を行ったとしても，それは「無作為に」質問を行ったことにはならない．平日の日中の繁華街にいる人は，その周辺地域に居住している，平日がお休みで，休みのときに外に出て遊ぶ傾向のある人に偏る．つまり，自分では「作為なく」対象者を選んだとしても，実際には偏った人が集まってしまうことが十分にあり得る．A さんの「日曜日の公園調査」では，犬を飼っている人が対象者として選ばれやすい状況だった．「平日の繁華街調査」では，「平日が休みの周辺地域居住者で，休みの日に外で遊ぶライフスタイルの人」が選ばれやすい状況だった．これらの方法では，無作為抽出とはいえないことがわかるだろう．無作為抽出を行うためには，厳密な方法に則る必要がある．本書ではその方法について詳しく論じることはしないので，社会調査法の書籍を参考にしてほしい[3)]．

## 3.2　セレクション・バイアス

無作為抽出によって標本を抽出し，調査を行っていれば，母集団を推定するのに有効な情報が得られるはずである．しかし，無作為抽出を行ったとしても母集団を正確に推定することができない場合もある．たとえば，2005 年に行われた「社会階層と社会移動調査」(SSM2005)[4)] における持ち家率は 80.67 % である (表 3.1)．SSM2005 は日本全国を対象として，対象者を無作為抽出法によって選んでいる．したがって，対象者に偏りは生じておらず，母集団の持ち家率を正確に代表できているはずである．しかし，同じ 2005 年に行われた全数調査である国勢調査[5)] の結果を見ると，持ち家率は 61.00% と低い．ではなぜ SSM2005 で

---

3) 無作為抽出法については，轟・杉野 (2013) などを参照のこと．

4) SSM2005 データの利用については，2015SSM データ管理委員会の許可を得ている．

5) 国勢調査にも回答していない世帯は存在するが，その割合は 2005 年調査で 4.4% にとどまる（総務省：平成 17 年国勢調査の聞き取り調査等の状況及び「国勢調査の実施に関する有識者座談会」における検討状況 (2006)）．

**表 3.1**　SSM2005 と国勢調査における住宅の種類の分布
出典：SSM2005，平成 17 年国勢調査

| | SSM2005 | 2005 年 国勢調査 |
|---|---|---|
| 持ち家 | 80.67 | 61.00 |
| 民間の借家 | 12.14 | 26.51 |
| 公団の借家 | 1.71 | 2.04 |
| 公営の借家 | 3.24 | 4.43 |
| その他 | 2.25 | 6.03 |
| 合計 | 100.00 | 100.00 |
| $n$ | 5,684 | 49,062,530 |

は，国勢調査よりも持ち家率が 19.67 ポイントも上回ってしまったのだろうか．

2 つの調査で持ち家率に差が生じた理由の 1 つは，「**セレクション・バイアス**」と呼ばれるものである[6]．調査を依頼された人のすべてが調査に回答するとは限らない．調査を頼まれたとき，ちょうど忙しいから答えられないという人もいれば，個人情報を聞かれることへの不信感から答えたくないという人もいるだろう．一般に調査に協力する人の割合（**有効回収率**）は，対象者として選ばれた人のうち，面接調査であれば 5〜7 割程度，郵送調査であれば 5 割程度である[7]．調査に協力しない人がランダムに現れれば問題ないが，調査に協力するかどうかに，属性や意識による系統的なパターンが存在し，結果的に得られた標本に偏りが生じる場合がある．このように調査協力をするかどうかに，属性や意識による偏りが生じた結果に発生するバイアスを「**セルフ・セレクション・バイアス（自己選択バイアス）**」と呼ぶ．協力意向によるもの以外にも，転居等で調査が実施できないなどの状況がランダムでなく起きている場合には，セレクション・バイアスが生じる．

訪問面接調査として行われた SSM2005 の回収率は 44.1%であったため，対象者として選ばれた人の 56%程度は回答しなかったことになる[8]．回答しなかった人と，回答した人の間で，持ち家かどうかの分布に差があれば，持ち家率に

[6] 2005 年 SSM 調査は，20〜69 歳の日本国籍者を対象としているのに対し，国勢調査はすべての世帯を対象にしているという差がある．しかし，年齢が高いほど持ち家率が上がることを考慮すれば，SSM 調査の対象者が 69 歳までに限定されていることは，持ち家率の高さの説明としては適切ではないだろう．

[7] 調査法による回収率の違いについては，荒ほか (2010) や，轟・杉野 (2013) を参照のこと．

[8] 2005 年社会階層と社会移動調査研究会：2005 年 SSM 日本調査コード・ブック，2005 年社会階層と社会移動調査研究会 (2007)

セレクション・バイアスが生じ得る．持ち家であれば，対象者として抽出されてから実際に調査が行われるまでの期間に転居するようなことが少なく，その分調査に協力しやすくなるだろう．また，賃貸で暮らす若い世代で在宅率が低かったり，単身世帯では家族を通じて依頼をすることが困難であることも，影響しているかもしれない[9]．この結果，持ち家の人のほうが調査に協力しやすく，全数調査の国勢調査よりも持ち家率が高くなってしまったと考えられる．

セレクション・バイアスについては，近年さまざまな補正の方法が開発されている．何よりも，自分の手元にあるデータにセレクション・バイアスが生じていないかについて，少なくとも年齢や性別などに関しては，国勢調査をはじめとした政府統計の結果と度数分布表を比較し，確認しておくことが重要である．国勢調査は全数調査であるため，市区町村や産業別などで細かくデータを分けた場合でも，標本誤差が生じない．この点から，セレクション・バイアスの有無の確認には国勢調査との比較が有効である．

## 3.3 中心極限定理とは

無作為抽出によって偏りのない十分なサンプル・サイズの標本を集めることができれば，その標本をもとにして母集団の特徴を推測することができる．母集団の特徴を推測するための分析手法を「**推測統計**」と呼ぶ．

なぜ，標本から母集団のことを推測することが可能なのだろうか．これは「**中心極限定理**」によるものである．中心極限定理とは，「標本の規模が十分に大きければ，標本平均 $(\bar{X})$ の分布は平均 $\mu$，分散 $\sigma^2/n$ の正規分布に従う[10]」というものである．「正規分布」については，次の 3.4 節で説明するのでひとまずおいておくが，$\mu$ は母集団での平均（母平均），$\sigma^2$ は母集団での分散（母分散），$n$ はサンプル・サイズを指す．中心極限定理は，前述の定義が示すように，母集団から抽出した標本の平均の分布についてのものである．もしも何回も母集団から標本を抽出し，調査を行えるとしたら，$k$ 回目に抽出された標本に関して，

---

9) 前田 (2005) によれば，面接調査法では郵送調査法と比べ，一戸建てで回収率が高まることが指摘されている．SSM2005 は面接調査（一部留置調査）であるため，住居形態の偏りが生じたと考えられる．

10) ある確率変数（ここでは $\bar{X}$）が平均 $\mu$，分散 $\sigma^2/n$ の正規分布に従うことを，$\bar{X} \sim N(\mu \frac{a^2}{n})$ のように表現することもある．

変数 $x$ は平均値 $\bar{X}_k$ をとる．毎回同じ対象者が選ばれるわけではないので，平均値 $\bar{X}_k$ の値も毎回異なる．つまり，標本平均 $\bar{X}_k$ の値も分布をもつのである．

中心極限定理の考えを図で表したのが，図 3.1 である．ここでは，同じ母集団から何度も標本が抽出されている．そして，それぞれの標本に対して，平均値 $\bar{x}$ を計算する．この標本平均 $(\bar{X})$ を集めて，さらにその平均をとると，母集団の平均値 $\mu$ と一致し，またその分布は分散 $\sigma^2/n$ の正規分布になっている．これが，中心極限定理が意味することである．

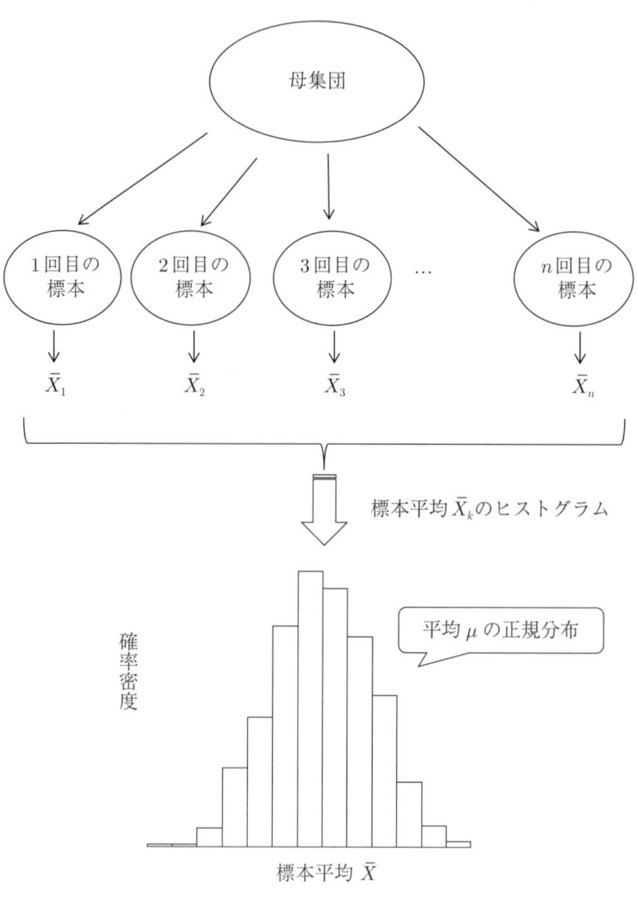


**図 3.1**　中心極限定理の考え方

## 3.4 正規分布

中心極限定理とは,「標本の規模が十分に大きければ,標本平均の分布は平均 $\mu$,分散 $\sigma^2/n$ の正規分布に従う」ことであった.では,「正規分布に従う」とはどういうことなのだろう.

**正規分布**は,推測統計学において非常に重要な役割を果たす「**確率分布**」の1つである.変数がある値をとるかどうかが確率的に変化するとき,その変数は**確率変数**であるという.社会調査のあるサンプルが女性なのか,男性なのか,何歳の人なのかなどは,確率的に変化して決まるので,標本調査における変数は確率変数になる.そして,確率分布とは,確率変数における値と確率の対応のことを指す.たとえば,サイコロの各目が出る確率はそれぞれ 1/6 である.図 3.2 はサイコロを仮に 100 万回振った場合の,各目の出現頻度の分布を示したものである.この場合,サイコロの各目が出る確率の確率分布は,どの目についてもほぼ一様の分布になっていることがわかるだろう.

正規分布は,このような値と確率の対応関係を示す分布の1つである.正規分布は,その平均を $\mu$,分散 $\sigma^2$ とするとき,

$$f(x) = \frac{1}{\sqrt{2\pi\sigma^2}}\exp\left(-\frac{(x-\mu)^2}{2\sigma^2}\right) \tag{3.1}$$

という形で定義される[11].

正規分布は,平均を軸として左右対称の形をしており,釣鐘のような形をしていることが特徴となる.ただし,正規分布の形状は,平均と分散の形によって異なる.図 3.3 は,異なる平均と分散をもつ3つの正規分布を示している.横軸に $x$ の値をとり,縦軸は式 (3.1) で与えられる $f(x)$ を示している.また,実線は平均 0,分散 1 の正規分布を,破線は平均 1,分散 2 の正規分布を,点線は平均 $-1$,分散 3 の正規分布をそれぞれ表している.図 3.3 を見ると,分散が大きくなればなるほど,平坦なカーブを描くことがわかる.

こうしたさまざまな正規分布のなかで,平均 0,分散 1 の正規分布(図 3.3 の実線)を特に「**標準正規分布**」と呼ぶ.標準正規分布に特別な呼び名があるのは,それが正規分布のなかでも特に重要なものだからだ.3.5 節では,なぜ標準

[11] $\pi$ は円周率を表し,$\exp(x)$ はネイピア数 $e(=2.71828\cdots)$ を底にとる指数 $e^x$ を表す.

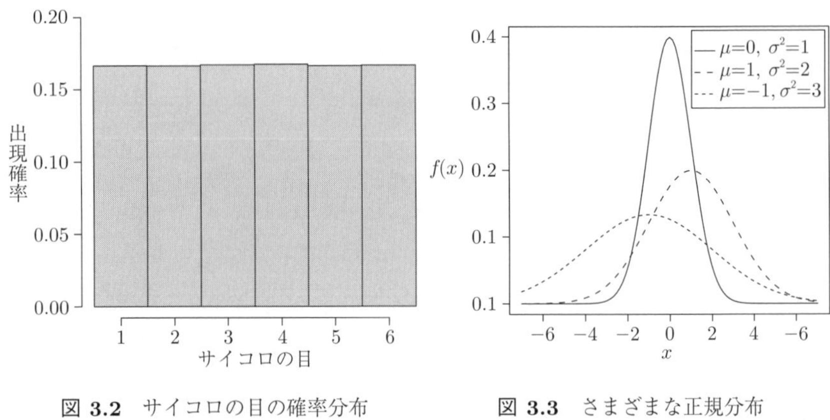


**図 3.2**　サイコロの目の確率分布　　**図 3.3**　さまざまな正規分布

正規分布が重要なのかについて説明する．

## 3.5　正規分布と確率

正規分布は変数の値と確率の対応関係を示す確率分布の 1 つであるが，式 (3.1) の $f(x)$ は，$x$ がある値をとるときの「確率」ではない．図 3.4 を見てみよう．

$x$ は連続的な値をとる連続変数であり，縦軸は $x$ の値に対応する $f(x)$ の値を示している．$x$ は連続的な値をとるので，その値を小数点以下まで細かく区切っ

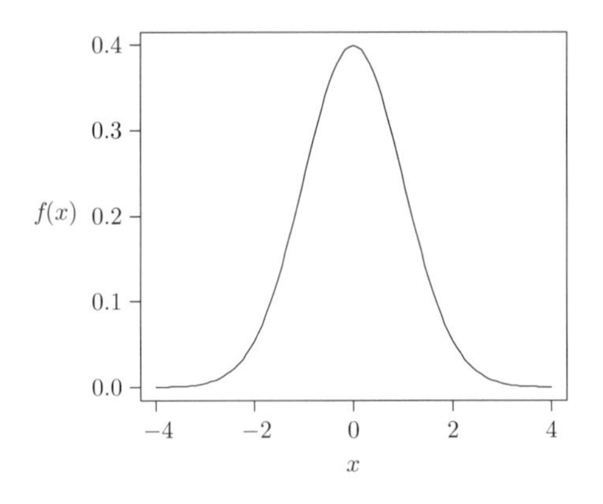


**図 3.4**　標準正規分布

ていくことができる．この場合，$x$ がある値をぴったりとる確率は 0 である．このため，$x$ がある値をとる確率を考える際には，$x$ が 160〜165 の間に入る確率，というように「範囲」で確率を捉える必要がある．これは，$x$ を連続変数として捉えた場合に，$x$ がある値をとる確率ではなく，$x$ がある範囲に入る「**確率密度**」を考えるということである．この場合，グラフの曲線について，$x = 0$ よりも上にある**領域の面積**が確率を示すことになる．言い換えれば，$x$ が $a$ から $b$ までの間の値をとる確率 $P\,(a < x \le b)$ は，以下の式で表すことができる．

$$P\,(a < x \le b) = \int_a^b f\,(x)\,dx \tag{3.2}$$

この変数の値と確率の関係を表す関数 $f(x)$ は**確率密度関数**と呼ばれており，このように積分することによって確率を表現することができる．確率密度関数の重要な特徴の 1 つは「全領域にわたって積分すると 1 になる」ということである．

$$P\,(-\infty < x < \infty) = \int_{-\infty}^{\infty} f\,(x)\,dx = 1$$

すなわち，どのような値であれ，何らかの $x$ の値が出る確率（全事象）が 1 になる，ということを表している．この特徴によって，面積をそのまま確率として視覚的にも解釈することができる．

図 3.4 をもう一度見てみよう．標準正規分布の平均値は 0 であった．図 3.4 では，その周辺で山が上に大きくなっている．面積が確率密度を指すので，$x$ が平均 $(= 0)$ の周囲の範囲に含まれる確率が最も高く，平均から離れるにつれて，その値周辺の範囲に含まれる確率が下がっていくことがわかるだろう．

標準正規分布と確率の関連を示したのが，図 3.5 である．図 3.5 に示されているように，平均値が $-1$〜1 の範囲（すなわち平均から 1 標準偏差離れた範囲）に入る確率は約 68 %，平均値が $-2$〜2 の範囲（すなわち平均から 2 標準偏差離れた範囲）に入る確率は約 95%，平均値が $-3$〜3 の範囲（すなわち平均から 3 標準偏差離れた範囲）に入る確率は約 99.7%になる．

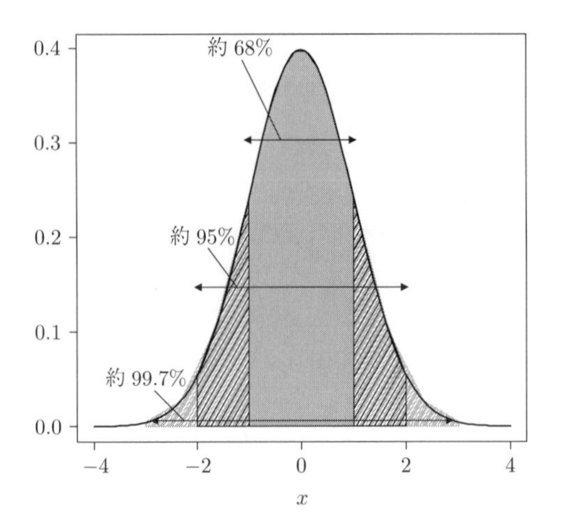


図 **3.5**　標準正規分布の面積と確率の関係

## 3.6　区間推定と点推定

確率分布がわかれば，確率変数がある値をとる確率，あるいは，ある範囲に含まれる確率密度を知ることができる．これが，標本から母集団の特性を推定することができる理由となる．標本を用いて母集団の平均や分散を推定するときには，標本抽出の際に誤差が発生するため，ぴったりと推定することは難しい．しかし，「ある範囲に○%程度の確率で入っている」ことはわかる．これが「**区間推定**」という考え方である．

区間推定に対し，母集団の特性を「点」で推定しようとする，つまり母集団の平均や分散，あるカテゴリをとる比率をぴったり推定しようとする推定法を「**点推定**」と呼ぶ．点推定では，平均と比率については，標本の値をそのまま母集団の値として見なす．しかし，分散については，標本分散をそのまま使うのではなく，式 (3.3) によって不偏分散を求めて，推定する．

$$\hat{\sigma}^2 = \frac{1}{n-1}\sum_{i=1}^{n}(x_i - \bar{x})^2 \tag{3.3}$$

不偏分散では標本分散と異なり，$n$ ではなく，$n-1$ で割っていることに注意が必要である．これは，母集団の分散よりも標本の分散が小さくなることを考慮してのものである．サンプル・サイズが十分に大きいときには，不偏分散は母集団における分散と一致する．

点推定と区間推定を比べた場合，母集団の特性をぴったり推定できる点推定法のほうが効率的な推定方法であるように思えるかもしれない．しかし，実際には，標本平均が母集団の平均と一致するとは考えにくい．また，点推定で得られた推定値がどの程度確かなものといえるのかもわからない．そのため，点推定ではなく区間推定を用いるのが一般的である．

## 3.7　母集団の平均を推定する（サンプル・サイズが大きい場合）

では，区間推定を用いて母集団の平均を推定してみよう．表 3.2 は日本全国に暮らす 20〜89 歳の男女を対象にした日本版総合的社会調査の 2010 年調査 (JGSS-2010) のデータにおける，1 日のテレビ視聴時間の記述統計を示したものである．この調査の対象者のなかでは，テレビ視聴時間の平均は 3.57 時間となっている．では，ここから推定される母集団（日本全国に居住する 20〜89 歳の男女）のテレビ視聴時間の平均値は，どの程度なのだろう．

**表 3.2**　20〜89 歳のテレビ視聴時間の記述統計
出典：日本版総合的社会調査 (JGSS-2010) データ

| 最小値 | 最大値 | 平均値 | 標準偏差 | $n$ |
|---|---|---|---|---|
| 0 | 20 | 3.57 | 2.24 | 4972 |

標準正規分布のグラフを思い出してほしい．標準正規分布のグラフをもとにすると，ある確率で変数の値が入るであろう範囲を求めることができた．この特徴を利用し，標本平均をもとに母平均を推定する場合には，標本平均を基準として母平均が入っているであろう範囲を求めることになる．

したがって，まず考えないといけないことは，母平均が入るであろう範囲をどの程度の確率で設定するかである．この一定の確率で母集団における値（今回の場合，母平均）が入る範囲のことを「**信頼区間**」(confidence interval) と呼ぶ．標準正規分布のグラフからわかるように，範囲を狭くすれば，その部分に対応する面積は小さくなる．言い換えれば，値が入る範囲をより厳密に求めようとすると，母集団における値がそこに入る確率は下がってしまう．つまり，推定が間違っている可能性が上昇してしまう．推定がはずれてしまうことを避けるためには，信頼区間を広げれば解決するように思う．たとえば，信頼区間を100%にすれば，母平均がそこからはずれる可能性を排除できる．しかし，この場合，値の範囲は $-\infty < \mu < \infty$ になるので，推定が意味をなさない．したがって，信頼区間の確率は100%よりも小さくする必要がある．一般には，同様の調査を複数回行った場合，90%の確率で母集団における値を含む範囲（**90%信頼区間**），95%の確率で含む範囲（**95%信頼区間**），99%の確率で含む範囲（**99%信頼区間**）が用いられる．ここでは95%信頼区間を用いて，母平均を推定する．

図3.5の標準正規分布のもとでは，平均から1.96標準偏差離れたところまでの範囲に入る確率が95%となる．したがって，95%信頼区間を求めるためには，平均から標準偏差の1.96倍離れたところの値を求めればよい．そこで，母平均の95%信頼区間は以下のように求めることができる．

$$\bar{X} - 1.96 \times \frac{\sigma}{\sqrt{n}} \leq \mu \leq \bar{X} + 1.96 \times \frac{\sigma}{\sqrt{n}} \tag{3.4}$$

ここで，$n$ はサンプル・サイズ，$\sigma$ は母標準偏差である．しかし，行動科学における計量分析において，母標準偏差がわかっていることはほとんどない．そこで，母標準偏差 $\sigma$ の代わりに標本の不偏分散に基づく標準偏差 $s$ を用いた以下の式で計算する．

$$\bar{X} - 1.96 \times \frac{s}{\sqrt{n}} \leq \mu \leq \bar{X} + 1.96 \times \frac{s}{\sqrt{n}} \tag{3.5}$$

ただし，サンプル・サイズが少ない場合（30未満の場合）には，他の式を用いる必要がある．この理由と方法については，3.8節で詳しく説明する．

上記の式(3.5)に表3.2の数値をあてはめると，次のようになる．

$$\bar{X} - 1.96 \times \frac{s}{\sqrt{n}} \leq \mu \leq \bar{X} + 1.96 \times \frac{s}{\sqrt{n}} \quad \cdots \text{信頼区間の公式}$$

$$3.57 - 1.96 \times \frac{2.24}{\sqrt{4972}} \leq \mu \leq 3.57 + 1.96 \times \frac{2.24}{\sqrt{4972}} \cdots \text{表 3.2 の数値を代入}$$

$$3.51 \leq \mu \leq 3.63$$

ここから，母集団でのテレビ視聴時間の平均値 $\mu$ の 95%信頼区間は，$3.51 \leq \mu \leq 3.63$ の範囲になることがわかる．つまり，日本の成人は平均して 3.5〜3.6 時間テレビを見ていると考えられる．

上記の計算は 95%信頼区間についてのものであったが，一般に信頼区間は次の式で求めることができる．

$$\bar{X} - z \times \frac{s}{\sqrt{n}} \leq \mu \leq \bar{X} + z \times \frac{s}{\sqrt{n}} \quad (3.6)$$

この式の $z$ は，ある確率に対応する正規分布の $x$ 軸の値であり，99%信頼区間の場合には約 2.58，90%信頼区間の場合には約 1.65 になる．それぞれの値は，巻末に掲載した正規分布表（付表 A）から求めることができる．

## 3.8 母集団の平均を推定する（サンプル・サイズが小さい場合）

サンプル・サイズが 30 未満など小さい場合には，正規分布を用いた母平均の信頼区間の計算を行うことはできない．中心極限定理は，大きなサンプルのデータを前提としたうえで，その平均値の分布は正規分布に近づくと考えていた．したがって，サンプル・サイズが十分に大きくない場合には，正規分布を仮定することができない．そこでサンプル・サイズが小さい場合には，正規分布の代わりに $t$ **分布**を前提として推定を行う．

$t$ 分布は正規分布と異なり，サンプル・サイズの影響を受けて分布の形状が変わる．図 3.6 は正規分布とサンプル・サイズが 2，5，30 の $t$ 分布を示したものである．これを見ると，$t$ 分布はサンプル・サイズが増えるほど分布が急になり，山が高くなっていくことがわかる．また，分布の裾にあたる部分の確率密度が，正規分布の場合よりも厚くなっている．そして，サンプル・サイズが 30 になったところで，正規分布にほぼ一致する．このため，サンプル・サイズが 30 以上のときは正規分布を用いて計算が可能なのである．

$t$ 分布を用いた信頼区間の計算式は，式 (3.7) のように，先ほどの正規分布を用いた計算式 (3.6) のなかの $z$ にあたる部分が $t$ に代わっただけである．$t$ 分布も正規分布のときと同様に，面積をもとに確率を計算することができる．このため，平均から $t$ だけ離れた範囲に，どれだけの確率で母平均が入るかを求めることができるのである．

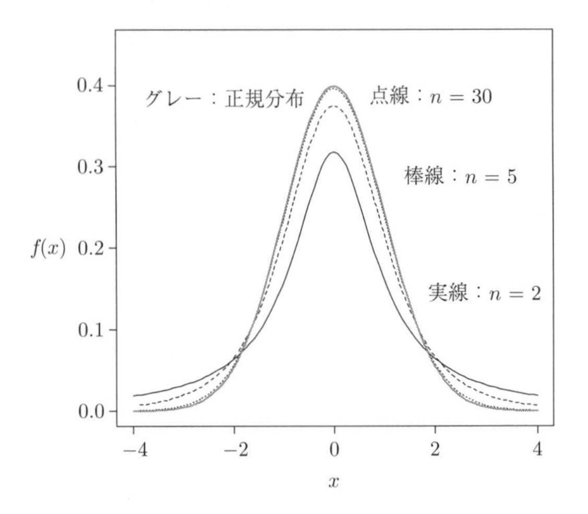


**図 3.6**　正規分布とサンプル・サイズの異なる $t$ 分布

$$\bar{X} - t \times \frac{s}{\sqrt{n}} \leq \mu \leq \bar{X} + t \times \frac{s}{\sqrt{n}} \tag{3.7}$$

それぞれの確率に対応する $t$ の値は巻末に示した $t$ 分布表（付表 C）で調べることができる．ただし，$t$ 分布はサンプル・サイズによって形状が異なるため，$t$ の値を調べる際には「**自由度**」を考慮する必要がある．

自由度とは，定まっておらず自由に動かすことのできる値の総数である．母平均の推定における自由度の計算について，具体的に考えてみよう．A さん，B さん，C さん，D さんの 4 人の年齢をそれぞれ $x_{\rm A}$，$x_{\rm B}$，$x_{\rm C}$，$x_{\rm D}$ としよう．この 4 人それぞれの年齢はわからないが，その平均 $(\bar{x})$ が 19.5 歳であることがわかっている．つまり，

$$\bar{x} = \frac{x_{\rm A} + x_{\rm B} + x_{\rm C} + x_{\rm D}}{4} = 19.5$$

となる．したがって，

$$x_{\rm A} + x_{\rm B} + x_{\rm C} + x_{\rm D} = 19.5 \times 4 = 78$$

であることがわかる．もしも A さんが 19 歳，B さんが 18 歳，C さんが 22 歳であるとすると，これらの値を代入して，

$$19 + 18 + 22 + x_D = 78$$
$$x_D = 78 - 19 - 18 - 22 = 19$$

となるため，D さんの年齢は 19 歳に決まる．このように，標本平均 ($\bar{x}$) がわかっている場合には，最後の 1 人の $x$ の値は，他の $n-1$ 人の $x$ の値が決まった時点で決まってしまうのである．

以上のように，母平均の信頼区間を求める際の自由度は $n-1$ になり，自由度 $n-1$ のときの $t$ 値の値をもとに計算を行うことになる．

## 3.9　標準誤差

ところで，先ほどの計算式において，$s/\sqrt{n}$ という値が出てきた．これは「**標準誤差**」(standard error) と呼ばれる値である．標準誤差とは，**標本分布**の標準偏差のことを指す．標本は母集団の一部を抽出したものである．したがって，標本から得られる値と，母集団における真の値の間にはズレが生じる．30 人のクラスを母集団として，サンプル・サイズが 5 となるような標本を 3 組（標本 A，B，C）抽出し，それぞれについて身長の平均値を調べたとする．すると，それぞれの標本から得られる身長の平均値 ($\overline{X}_A$，$\overline{X}_B$，$\overline{X}_C$) は異なっているだろう．つまり，各標本から得られる身長の平均 ($\overline{X}_i$) という統計量は，一定の分布をもつことになる．このような標本抽出にともなう統計量の分布のことを，標本分布という[12]．そして，標本分布における統計量の散らばりが標準誤差である．標準誤差は統計分析の表のなかでは $S.E.$ と略して示されることも多い．

標準誤差は標準偏差をサンプル・サイズの正の平方根で割っているので，サンプル・サイズが多ければ多いほど値は小さくなる．これは，サンプル・サイズの多いデータほど，誤差の少ない標本の統計量（標本統計量）が得られることを示している．

では，標準誤差を 2 分の 1 にするためには，サンプルをどの程度増やせばよいのだろうか．もとのサンプル・サイズを $n_1$，増やした後のサンプル・サイズを $n_2$ とし，$n_2$ における標準誤差を $n_1$ における標準誤差の半分にするためには，

$$\frac{s}{\sqrt{n_2}} = \frac{1}{2} \times \frac{s}{\sqrt{n_1}} = \frac{\mathrm{s}}{\sqrt{4\mathrm{n}_1}} \iff n_2 = 4n_1$$

[12] 詳しくは，ボーンシュテット&ノーキ (1990)，第 4 章を参照．

となる．したがって，標準誤差を2分の1にするためには，4倍のサンプルが必要となる．同様に，標準誤差を4分の1にするためには16倍，10分の1にするためには100倍のサンプルが必要となる．

**【Rを用いた区間推定】**

Rでは，母平均がある値となる確率を求める統計的検定（第4章で詳しく説明する）を用いて区間推定を行う．具体的には，`t.test` 関数を用いて計算を行うことができる．ここでは，次の例をもとに計算してみよう．ある大学で学生の睡眠時間 (`sl_time`) と勉強時間 (`st_time`) についての調査を行ったとする．大学の学生から無作為に抽出された10人に対し調査を行った結果，表3.3のようになった．これをもとにすると，この大学の学生全体（母集団）の平均睡眠時間の95%信頼区間は，どのようになるだろうか．

このデータを「chap3.csv」としてcsv形式で保存したうえで，Rで `d3` として保存する．

```
> d3 <- read.csv("chap3.csv", header=TRUE)
```

`t.test` 関数では括弧内で平均を求めたい変数を指定したうえで，`mu=` の後に想定される母平均を入れる．すると，ここで指定した母平均であった場合に現在のような標本平均の値が得られる確率（第4章で詳しく説明する）と，95%信頼区間を求めてくれる．ここでは，分析に用いる変数は `d3` の `sl_time`，母平均

**表 3.3**　ある大学における学生10人の平日の睡眠時間（仮想データ）

| name | sl_time | st_time |
|---|---|---|
| Aさん | 8 | 3 |
| Bさん | 6 | 1 |
| Cさん | 7 | 0 |
| Dさん | 9 | 1.5 |
| Eさん | 7 | 4 |
| Fさん | 7 | 0.5 |
| Gさん | 8 | 2 |
| Hさん | 6 | 5 |
| Iさん | 6 | 0 |
| Jさん | 3 | 0.5 |

を 7 と想定すると，次のようにコマンドを書くことができる．

```
> t.test(d3$sl_time, mu=7)
```

これを実行すると，以下のように結果が求められる．結果の前半部分は次章で説明する内容となるので，ここでは 95%信頼区間が $5.53 \leq \mu \leq 7.87$ と計算されていることのみを確認しておこう．

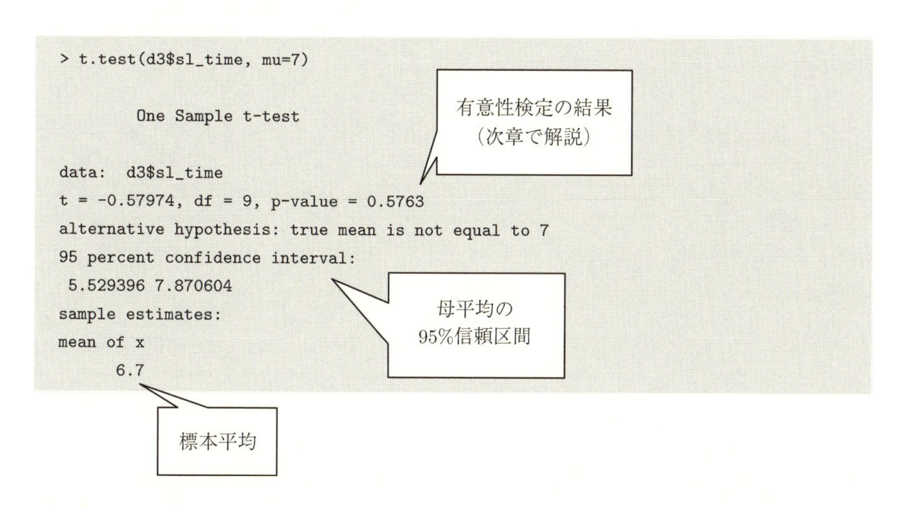


**問題 3.1**　ある企業で働く従業員から 100 人を無作為に抽出し，1 か月の労働時間を調べたところ，表のような記述統計量が得られた．これをもとに，この企業の労働時間の 95%信頼区間を計算しなさい．

**表**　ある企業で働く従業員の 1 か月の労働時間の記述統計量（仮想データ）

| 平均値 | 標準偏差 | n |
|---|---|---|
| 187.59 | 41.13 | 100 |

**問題 3.2**　表 3.3 の A 大学の学生 10 人の勉強時間をもとに，この大学の学生全体の勉強時間の平均値（母平均）の 95%信頼区間を，R を用いて推定しなさい．

## 参考文献

荒牧 央・小野寺典子・河野 啓 他：世論調査における調査方式の比較研究，NHK 放送文化研究所年報，105-175(2010)

轟 亮・杉野 勇：入門・社会調査法 第 2 版，法律文化社 (2013)，245 p

ボーンシュテット GW, ノーキ D：社会統計学，ハーベスト社 (1990)，429 p

前田忠彦：郵送調査法の特徴に関する一研究—面接調査法との比較を中心として，統計数理，**53**: 57-81(2005)

# 4 仮説と統計的検定

## 4.1 計量分析の第一歩—仮説を立てる

計量分析における重要な手順として，「仮説を立てる」ことが挙げられる．「仮説」とは，研究のなかで明らかにしたい問いに対する暫定的な答えである．行動科学の計量分析は多くの場合，この暫定的な答えが現実に対して妥当であるのかを確かめること，すなわち「仮説の検証」を目的として行われる．「どのような仮説を検証するか」に基づいて，適切なデータや分析手法などが変わる．そのため，行動科学の計量分析にとって仮説を立てることは非常に重要である．

仮説には「**理論仮説**」と「**作業仮説**」がある．理論仮説とは，抽象的，一般的なレベルでの仮説である．たとえば，行動科学における主要な理論の1つに「脱物質主義」の理論がある．これはアメリカの政治学者 R. イングルハートが提唱した理論である (Inglehart, 1977=1978)．イングルハートは，近代化と脱近代化の過程において，経済が発展し経済的な豊かさが獲得されていくなかで，人々の価値観が，経済的な安定性や身体的安全を重視する物質主義的な価値観から，自己表現を重視する脱物質主義的な価値観へと変化していくと考えた．すなわち第一次産業が中心の農業社会から第二次産業が中心の工業社会，そして第三次産業（サービス産業）が中心の脱工業化社会への移行の過程で達成された，経済的な豊かさの獲得や生活水準，教育水準の向上は，宗教や国家といった伝統的な権威の力を弱め，多様な価値への寛容性や，自己表現の欲求，環境を重視するような意識を育む．以上から，脱物質主義の理論は，次のような理論仮説を提示している.

理論仮説：近代化が進展した社会ほど，人々の価値観が，自己表現を重視した脱物質主義的な価値観になる.

この仮説は，そのまま妥当性を検証することができない．なぜなら,「近代化」や「脱物質主義的な価値観」ということが何を意味するのか，具体的に定義されていないからである.「近代化が進展した社会」を経済的な豊かさの程度で捉えるのか，サービス産業を中心とした社会への移行として捉えるのかによって,「近代化」と「脱物質的な価値観」の関連は異なり得る．図 4.1 は，2012 年にお

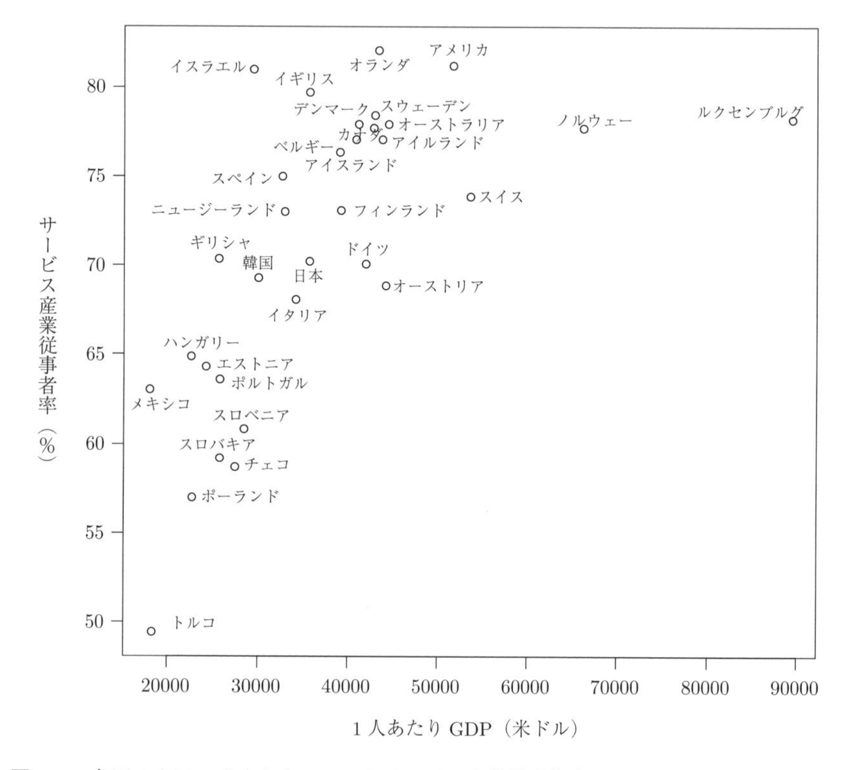


**図 4.1**　各国の人口 1 人あたり GDP とサービス産業従事者率
出典：OECD.StatExtracts における “Annual labor force statistics” と “Economic Outlook” のデータをもとに作成.

ける人口 1 人あたり国内総生産 (GDP) とサービス産業従事者の労働者全体における割合をもとに，各国をプロットしたものである．これを見ると，1 人あたり GDP の高い国ではサービス産業従事者率が高い傾向が確認できる．しかし，同程度のサービス産業従事者率であっても，ルクセンブルグとノルウェー，デンマークでは，人口 1 人あたり GDP に大きな差があることがわかる．また，トルコとメキシコでは人口 1 人あたり GDP は同程度だが，サービス産業従事者の割合は 10 ポイント程度異なっている．ここからも，サービス産業の発展と経済的な豊かさは関連が強いものの，イコールではないことがうかがえる．

したがって，上記の理論仮説を検証するためには，理論仮説のなかに現れる抽象的な概念を，測定可能になるように，具体的かつ限定的に定義する必要がある．このために立てられるのが**作業仮説（操作仮説）**である．作業仮説とは，具体的な変数を用いて検証可能な仮説のことを指す．理論仮説に出てくる抽象的な概念を「**構成概念**」，それを検証可能な形にした，具体的な指標によって定義される概念を「**操作概念**」と呼ぶ．そして，「構成概念」を具体的な指標の形で定義し直し，「操作概念」へと置き換えることを，概念を「**操作化**」するという（図 4.2）．

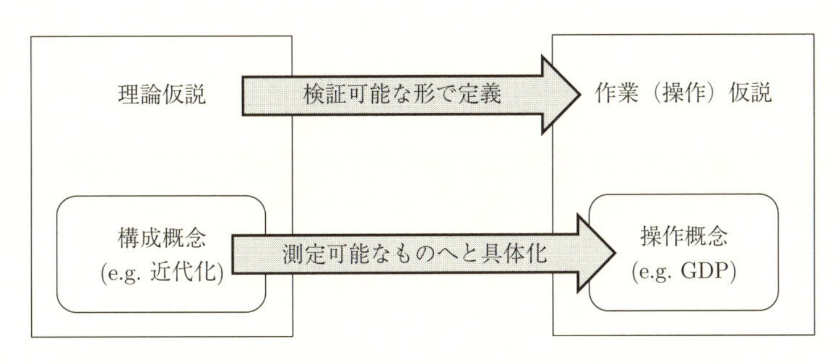


**図 4.2** 理論仮説と作業仮説，構成概念と操作概念の関連

先ほどのイングルハートの理論仮説は，たとえば次のように操作化が可能である．「近代化」を経済的豊かさの程度が高まることとして操作化し，「脱物質主義的な価値観」を「生活の質を重視する価値観」として操作化することで，

作業仮説A：国の経済的豊かさの程度が高まるにつれて，生活の質を重視する傾向が強まる．

という作業仮説を立てることができる．

もちろん，理論仮説は1つの作業仮説で表現できない場合もあるだろう．その場合は，1つの理論仮説に対し，複数の作業仮説を立てることになる．たとえば，経済的な豊かさが増すことだけでなく，サービス産業化も重要な近代化の側面であると考えることもできるだろう．この場合，

作業仮説B：サービス産業化が進んでいる国ほど，生活の質を重視する傾向が強まる．

という作業仮説を付け加えることで，理論仮説をより広い観点から検証することができる．

このように，作業仮説を立てる際には，理論的な概念をどのような指標で表現することが適切なのか，理論のなかで想定されているメカニズムについて厳密に考えることが求められる．作業仮説Aでは，次のようなメカニズムが想定されている．

**作業仮説Aで想定されるメカニズム**

一定程度の経済的な豊かさが達成されると，人々は物質的な豊かさや効率性を重視しなくなり，生活の質の向上へと関心が移行する．

というメカニズムが想定されている．そこで，「経済的な豊かさ」を測る指標として，国の経済発展の度合いを示す「人口1人あたりGDP」を用いることが妥当であると考えることができる．また，作業仮説Bでは以下のようなメカニズムがベースになっている．

**作業仮説Bで想定されるメカニズム**

第二次産業を中心とした社会から第三次産業を中心とした社会へと移行することにより，効率性よりもライフスタイルや価値観の多様性に関心が向けられるようになるため，生活の質を重視する傾向が強まる．

この場合は,「第三次産業を中心とした社会」を測る指標として,第三次産業に従事する人の割合を指標として用いることが妥当となるだろう.

指標化の際には,自分の測りたいものが確かに測れているという「**妥当性**」と,何度測っても,誰が測っても,同じ結果が安定して得られるという「**信頼性**」が問題になる.もしも自分のリサーチ・クエスチョンについて,すでに計量的な研究がなされているのであれば,そうした先行研究での指標化の仕方を参考にすべきであろう.さらに,意識に関する変数については,心理学をはじめとした分野で妥当かつ信頼性の高い指標を開発するための研究が長年にわたって積み上げられている.これらの研究から得られた知見を参考にし,妥当性や信頼性が確認されている変数を用いることで,よりよい仮説の検証が可能になる.

ただし,自分で調査を行うのではなく,既存の調査データを用いて分析を行う際には,用いることのできる変数の範囲に制約が生じやすいことにも注意が必要である.分析に用いたいと思った変数がデータに含まれていないことが少なからずあるからだ.

また,作業仮説 A は「国の経済的豊かさの程度が高まるにつれて,生活の質を重視する傾向が強まる」という形で立てられていた.このように,想定される変数間の関連がどのようになるのか,すなわち一方が変化することで,他方はどのように変化するのか,具体的に示すことが重要である.

逆にいえば,「2 変数の間に関連がある」だけでは,理論仮説においても作業仮説においても十分ではない.「国の経済的豊かさの程度と生活の質を重視する傾向に関連がある」という表現は,次の 2 つの可能性を含んでいる.

① 国の経済的豊かさの程度が高まるにつれて,生活の質を重視する傾向が<u>強まる</u>.

② 国の経済的豊かさの程度が高まるにつれて,生活の質を重視する傾向が<u>弱まる</u>.

しかし,当然ながら上記の 2 つの可能性において,想定されているメカニズムは全く異なる.第 1 章で述べたように,行動科学はさまざまな社会現象が生じるメカニズムを考える学問である.したがって,単に「関連がある」ことを検証するのではなく,その現象が生じるメカニズムまで踏み込んで仮説を立てる必要がある.「○○だと××が高まる」や「○○な人は，△△な人に比べ，××の程度が低い」など，具体的にどのような関連を想定していて，どのような結果が出れば仮説が支持されたといえるかがわかるような形で，変数間の関連を表現すべきである.

## 4.2　説明的仮説と記述的仮説

ここまで見てきたように，仮説を立てることは，分析を行ううえで非常に重要である．では，研究のスタートとなる理論仮説はどのように立てればよいのだろうか．理論仮説は，そもそも分析を行うきっかけとなった問い（リサーチ・クエスチョン）について，よく考えることから出てくる．行動科学では，社会（2人以上の人の間）で起きている現象に関連することであれば，どのような問いでもリサーチ・クエスチョンとなり得る．なぜなら人と人の相互作用のなかで起こることは，個人を越えた「社会」の影響を受けて生じているからだ．脱物質主義の理論の例では，先進諸国における価値観の変化はなぜ起きたのかということがリサーチ・クエスチョンとなっていた．もっと身近な例，たとえば文系学科では理系学科に比べて女性の割合が高いのはなぜか，あるいは，国会議員には親も国会議員という人が多くいるように見えるがそれはなぜか，というようなことも十分重要なリサーチ・クエスチョンとなるだろう．こうした問いについて，なぜそれが起こっているのか，先行研究をもとに，よく考えることによって,「なぜ」に対する仮の答えに辿り着くことができるだろう．それが理論仮説となるのだ.

このような「**なぜ**」についての問いは，ある現象が生じるメカニズムについての「**説明的な問い**」であり，それに対する仮の答えは「**説明的仮説**」だといえる．これに対し，現象そのものについてよくわかっていない段階では,「どのように」なっているのかについての問いが立てられる場合もあるだろう．上に挙げた例でいえば，国会議員の親の職業の分布はどうなっているのか，文系と理系で男女比はどうなっているのかといった現状を把握することが,「なぜ」についての問いを立てるスタートになる．このように「**どのように**」なっているのかについての問いは「**記述的な問い**」であり，それに対する仮の答えは「記述的仮説」と呼ばれる．

## 4.3　統計的検定の考え方

ここまでのステップにおいて，理論仮説をもとに作業仮説を立てた．次のステップは，この仮説が現実に妥当といえるのか，実際のデータをもとにして検証することである．計量研究においては，**統計的検定**を用いた仮説の検証という方法がとられる．統計的検定とは，標本の観測値から導かれた結論が母集団においても妥当である（真である），という推測の確からしさを検討することである．前章では，標本の平均をもとにして母集団の平均を推定する方法を解説したが，標本の値をもとに，母集団における値を推測するのが推定であり，標本の値から導かれた結論の母集団における妥当性を問うのが検定であるといえる．

次章以降で詳しく見ていくように，どのような計算をもとにして統計的検定を行うのかは分析手法によって異なる．しかし，その基本的な手続きは共通している（図 4.3）．本章の以降では，順にその手続きを見ていこう．

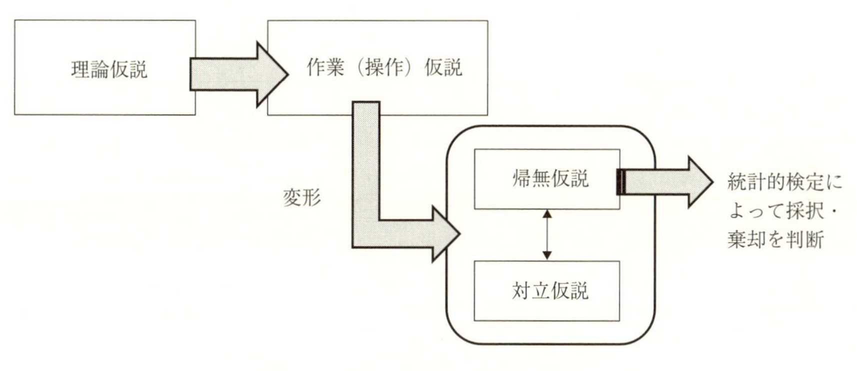


**図 4.3**　仮説の構築，検証の手続き

### 4.3.1　帰無仮説と対立仮説

仮説検定の第一のステップは，「**帰無仮説**」を立てることである．仮説の立て方については，4.1 節，4.2 節でも取り上げた．これらの節で見た仮説，つまり

実際に検証したい作業仮説は,「**対立仮説**」と呼ばれる. これに対し,「帰無仮説」は,「対立仮説」とは相反する仮説であり, 統計的仮説検定では帰無仮説を**棄却する**（仮説を間違っていると考える）ことによって, 自分がもともと検証したかった対立仮説を**採択する**（仮説を正しいと考える）という手続きをとる. 帰無仮説と対立仮説のもう1つの特徴は, 帰無仮説が特定の状態を指すような条件の厳しい仮説であるのに対し, 対立仮説は「帰無仮説が成り立たない」ということによってのみ定義される条件の緩い仮説だという点である.

次のような例を見てみよう. Aさんが友人と話していたところ, 20代男性のなかで恋人のいる人の割合はどのぐらいかという話題になった. 友人は, 7割は恋人がいるに違いないというが, Aさんはそんなに割合は高くないはずと考えた. ここでは2つの仮説を立てることができる.

友人の仮説：日本に居住する20代未婚男性における恋人のいる人の割合は70%である ($\pi = 0.7$).

Aさんの仮説：日本に居住する20代未婚男性における恋人のいる人の割合は70%ではない ($\pi \neq 0.7$).

これらの2つの仮説はともに, 日本に居住する20代未婚男性という母集団に関するものであることに注意しよう. 統計的検定が対象とする仮説は, 母集団に関するものになる.

この2つの仮説のうち, 友人の仮説が帰無仮説となり, Aさんの仮説が対立仮説となる. なぜなら友人の仮説のほうが母比率が0.7であるという1つの状態を指し, $\pi = 0.7$以外の状況を認めないような「厳しい仮説」であり, Aさんの仮説は友人の仮説とは両立しないような排反の状態にある仮説であるとともに,「母比率が0.7ではない」という「条件の緩い」仮説だからだ.

統計的仮説検定においては, 帰無仮説である友人の仮説の妥当性を検証することにより, Aさんの仮説が成り立つかを調べる. なぜAさんの仮説を直接検証せず, 帰無仮説を検証するのか. その理由は対立仮説の「条件の緩さ」にある. 母比率が0.7と一致するかという条件の厳しい仮説は, 一致するか否かを調べればよいので, 検証可能である. 一方で, 母比率が0.7以外の値をとる場合, 母比率のあり方は無数にある. それは0.3かもしれないし, 0.2かもしれない．そのようなあらゆる可能性について，すべて妥当かどうか検証することは不可能である．ゆえに，白黒はっきりつく帰無仮説を検証することで，対立仮説の妥当性を検討するのである．

ところで，仮説は hypothesis の頭文字をとって，$H_1$，$H_2$ のように表記されることがある．また，帰無仮説は実際に検証したい仮説ではなく，棄却するために立てる仮説であり，0 番目の仮説，すなわち $H_0$ として表記されることが多い．したがって，上の友人の仮説と A さんの仮説は，次のようにも表記できる．

$H_0$：日本に居住する 20 代未婚男性における恋人のいる人の割合は 70%である ($\pi = 0.7$).

$H_1$：日本に居住する 20 代未婚男性における恋人のいる人の割合は 70%ではない ($\pi \neq 0.7$).

### 4.3.2 母比率に関する帰無仮説の検証

統計的な仮説検定においては，上記の仮説が妥当だった場合に，無作為抽出から得られた標本がある値をとる確率がどの程度かということを調べることにより，仮説を検証する．もしその確率がきわめて低い場合には，「仮説が妥当だったとしたら，標本がこのような値をとるはずがないのだから，仮説が誤っていたのだ」と考え，その仮説を棄却する．

上の例をもとに具体的に見ていこう．A さんが調べてみると，ある社会調査では，20 代未婚男性（調査対象者は 500 人）のなかで恋人のいる割合は 24%だという結果が出ていた[1]．この調査結果が示す恋人のいる割合 (24%) は，帰無仮説の想定（恋人のいる割合は 7 割）とは大きくずれている．では，帰無仮説が想定するように，恋人のいる割合が 7 割であるときに，たまたま恋人のいる割合が 24%となる確率はどの程度なのだろうか．以下の式で「$z$ 値」を求めることによって，この確率を算出することができる．

---

[1] リクルートマーケティングパートナーズが 2014 年に行った「恋愛観調査 2014」では，20 代未婚男性 458 人のうち，恋人がいる割合は 23.6%であった．ただし，この調査はインターネットモニターを対象とした調査であり，対象者は首都圏，東海地方，関西地方に在住の人に限られている．そのため，日本全国の未婚の 20 代男性を代表するサンプルとはいえないことに注意が必要である．

$$z = \frac{p - \pi}{\sqrt{\frac{\pi(1-\pi)}{n}}} \tag{4.1}$$

ただし，$p$ は標本における比率（ここでは 0.24），$\pi$ は母比率（帰無仮説では 0.7），$n$ は標本数（ここでは 500）である．ちなみに，$\sqrt{\pi(1-\pi)}$ は母比率の標準偏差を意味している．式 (4.1) では，この母比率の標準偏差をサンプル・サイズで割って求められる標準誤差を用いて，母比率と標本における比率の差を割っていることになる．

ところで，この $z$ 値は母平均の信頼区間を求めた際の

$$\bar{x} - z \times \frac{\sigma}{\sqrt{n}} \leq \ \mu \ \leq \bar{x} + z \times \frac{\sigma}{\sqrt{n}} \tag{4.2}$$

の $z$ の値と同じものである．$z$ 値は標準偏差を考慮したうえでの，確率に基づく標本における値のゆれを表現したものである．このため，$z$ 値が，標本と母集団における値の差をもとにした検定でも登場することは不思議ではない．

今，帰無仮説のもとで調査結果から得られた値を式にあてはめて計算すると，$z$ 値は以下のように求められる．

$$\begin{aligned} z &= \frac{p - \pi}{\sqrt{\frac{\pi(1-\pi)}{n}}} && \cdots z \text{ 値の公式} \\ &= \frac{p - 0.7}{\sqrt{\frac{0.7(1-0.7)}{n}}} && \cdots \text{帰無仮説の反映} \ (\pi = 0.7) \\ &= \frac{0.24 - 0.7}{\sqrt{\frac{0.7(1-0.7)}{500}}} = -22.4457\cdots && \cdots \text{データの値の代入} \end{aligned}$$

第 3 章で見たように，$z$ は標準正規分布に従う値である．式 (4.1) をよく見ると，分子は標本比率と母比率の差である．もし帰無仮説が妥当であれば，分子の値は 0 に近づく（したがって，$z$ の値も 0 に近づく）はずである．ここで図 4.4 の標準正規分布を見てみると，$z = 0$ のところが最も高く，0 から遠ざかるにつれて下がる形の分布になっていることがわかる．つまり，$z$ の絶対値が大きくなればなるほど，仮説で想定された母比率が妥当であるという想定下では，今あるような標本比率の値を得るということが起こりにくいことを示している．

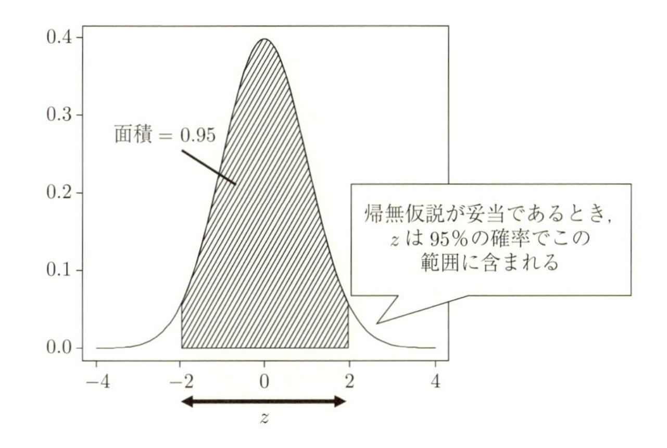


**図 4.4** 標準正規分布における有意水準 5%の場合の $z$ の採択域

図 4.4 の斜線部の面積は 0.95 であり，この斜線部に対応する $z$ の値は，仮説の母比率が妥当であった場合に，今のような標本比率が得られる確率が 95%となる範囲を示している．このとき，$z$ の値は $-1.96$〜$1.96$ の値をとる．つまり，仮説が妥当であるとすると，式 (4.1) で求めた $z$ は，同様の調査を 100 回やれば 95 回の確率で $-1.96 \leq z \leq 1.96$ の範囲に入る．逆にいえば，たまたま今回の調査で $z$ がこの範囲をはずれた確率は，5%しかないことになる．ところが，上で求めた $z$ の値は $-22.45$ となり，$-1.96$ を下回っている．つまり，仮説が正しければほとんど起こらないであろうことが，今回の標本では起こっているのである．標本が無作為抽出によって適切に抽出されているのであれば，標本は母集団を代表するものになっている．したがって，標本から得られた分析結果が仮説のもとでほとんど起こらない値をとっている場合には，仮説のほうが間違っていたと判断する．今回の場合，20 代未婚男性の恋人がいる割合は 7 割であるという友人の仮説は支持されない．このように，仮説が妥当であるとはいえない場合，仮説は「**棄却される**」という．そして，20 代未婚男性の恋人がいる割合は 7 割ではないという対立仮説が「**支持（採択）された**」といい，対立仮説のほうが妥当であると判断する．

$z$ のように，統計的検定に用いるための統計量のことを，「検定統計量」と呼ぶ．用いる分析方法によって，検定統計量は $z$ のほかにもさまざまなものが存

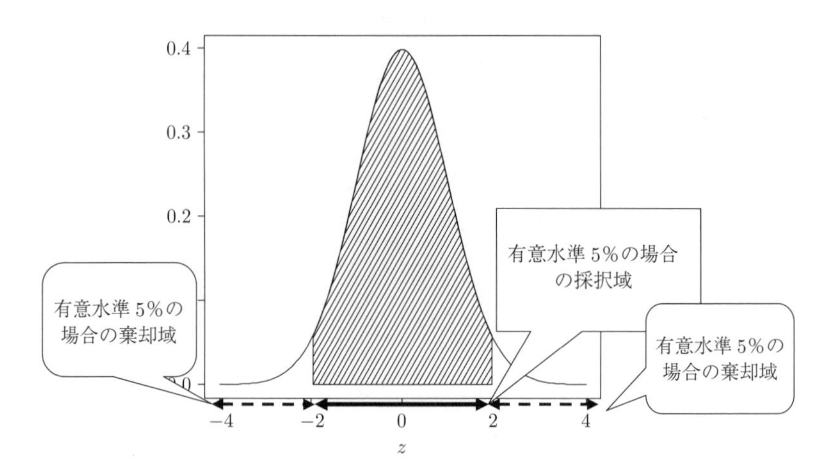


**図 4.5**　標準正規分布における有意水準 5%の場合の $z$ の棄却域と採択域

在する．たとえば，第 3 章で見た $t$ 値なども，こうした統計量の 1 つである．それぞれの統計量の分布の形や計算方法については，第 5 章以降の各章で見ていくが，これらの統計量を用いた統計的検定の考え方は共通している．統計的検定では，（母集団についての）仮説が妥当であった場合，標本から求められる検定統計量が得られるような確率はどの程度かを，それぞれの統計量についての確率密度関数をもとに計算する．その検定統計量が一定の範囲の外にあれば，「仮説が妥当であった場合に，今のような統計量が得られることはまれなので，もともと立てた仮説は妥当ではないのだろう」と考え，仮説を棄却する．逆に，一定の範囲のなかにあれば，「仮説が妥当であった場合に，今のような統計量が得られることはよくあることなので，仮説は妥当だったのだろう」と考える．このように，仮説が妥当ではないといえなかった場合，仮説は採択される．仮説が棄却されるときの統計量の範囲のことを**棄却域**（図 4.5 の破線部分），採択されるときの統計量の範囲のことを**採択域**（図 4.5 の実線部分）と呼ぶ．棄却域と採択域の境目となる統計量の値（上の例の場合 $z = \pm 1.96$）のことを，「**限界値**」と呼ぶ．

## 4.4 有意水準とは何か

4.3 節での検定では,「仮説で想定された母比率が正しい場合に，今あるような標本比率の値が得られる確率」を考慮して，それが非常に小さい場合に仮説を棄却していた．この「帰無仮説が成り立っているにもかかわらず，たまたま現在のような標本値が得られる確率」を，**有意確率**と呼ぶ．有意確率が一定の水準を下回っている場合（つまり，たまたま現在のような標本値が得られる確率が一定の水準よりも小さい場合）に，帰無仮説は棄却される．この「一定の水準」のことを「**有意水準**」と呼ぶ．無作為に抽出した標本であっても，実際の母集団と同じではない以上，誤差は存在する．このような場合に，母集団についての仮説が妥当だったとしても，標本をもとにした推定を行った結果として，仮説が棄却されてしまう可能性もある．このような「たまたま」偏った標本が得られた結果として間違って帰無仮説を棄却してしまう確率をどの程度まで許すのか．その基準となる確率を意味するのが有意水準である．

ある有意水準のもとで帰無仮説が棄却された場合,「**統計的に有意**」な結果が得られたという表現がなされることがある．ここでの「統計的に有意」とは,「一定の有意水準のもとで帰無仮説が棄却される」ことを意味しているにすぎない．したがって,「統計的に有意」であることは，その結果が重要であることを意味しているわけではないことは念頭においておく必要がある[2])．

では，有意水準はどのように決まるのか．一般に行動科学の研究では，有意水準は 5%や 1%とされることが多い．有意水準 5%というのは，母集団で帰無仮説が成り立っている場合に，そこから 100 回標本をとったら 5 回はそうした値がたまたま得られるかもしれない，という基準を意味する．つまり，たまたま出た結果である確率が 100 回中 5 回（つまり 20 回中 1 回）ならば十分に小さいと考えて，この基準を採用しているのである．有意水準をどの程度に設定するのかについては，慣習によるところが大きく，絶対的な基準があるわけでは

---

[2]) Gelman & Stern(2006) によれば，統計的に有意な効果が見られる変数と見られない変数の間の効果の差がほとんどない場合もある．したがって，統計的検定の結果のみではなく，効果の大きさにも目を向ける必要がある．近年では，心理学の学術誌である *Basic and Applied Social Psychology* 誌が有意確率（$p$ 値）を用いた有意性検定の使用を禁止する方針を打ち出したことが話題になった．しかし，多くの社会科学の有意確率を用いて統計的検定の結果を記載するのが一般的である．

ない．有意水準 0.1%を採用する場合もあれば，10%でも「統計的に有意」と見なす場合もある．

## 4.5　第一種の過誤と第二種の過誤

母集団から無作為抽出したデータから得られた統計量が「たまたま生じた結果」であることから免れられない以上，帰無仮説の棄却には間違いである可能性が常にともなう．ここでの「間違い方」には 2 つの種類がある．1 つは「第一種の過誤」と呼ばれるものであり，妥当であった帰無仮説を棄却してしまうという間違いである．先に述べたように，有意水準を 5%とするということは，母集団で帰無仮説が成り立っているにもかかわらず，得られた標本では棄却されてしまう 5%の可能性を無視するということを意味する．この 5%に該当する場合には，第一種の過誤が生じていることになる．この第一種の過誤が生じる確率は $\alpha$ と示される．

逆に，妥当でない帰無仮説を採択してしまう間違いを「第二種の過誤」という．実際には母集団において帰無仮説が成り立っていなかったにもかかわらず，得られた標本ではその帰無仮説が棄却できなかった場合，第二種の過誤が生じていることになる．この第二種の過誤が生じる確率は $\beta$ と示される．第二種の過誤をおかすことなく，誤った帰無仮説を正しく棄却できる確率 $1-\beta$ のことを，検定力と呼ぶ[3]（表 4.1）．

**表 4.1**　第一種の過誤と第二種の過誤の関係

| | | 標本で得られた結果をもとに，帰無仮説を | |
|---|---|---|---|
| | | 棄却する | 棄却しない |
| 母集団において帰無仮説は | 正しい | 第一種の過誤 ($\alpha$) | 正しい判断 ($1-\alpha$) |
| | 正しくない | 正しい判断 ($1-\beta$) | 第二種の過誤 ($\beta$) |

第一種の過誤と第二種の過誤は，$\alpha = 1-\beta$ という単純な関係にあるわけではない．しかし，両者は裏表の関係にあり，第一種の過誤を防ぐために有意水準

[3] 検定力については，山田ほか (2008) に詳しい説明がある．

を5%から0.1%へと厳しくすれば，正しい帰無仮説（棄却してはいけない帰無仮説）が棄却される確率は低下する．しかしそのことは同時に，正しくない帰無仮説（棄却すべき帰無仮説）を棄却しない可能性を高めることになる．つまり，第二種の過誤が生じやすくなる．

検定力（第二種の過誤をおかすことなく，誤った帰無仮説を正しく棄却できる確率）は，有意水準，効果量[4)]（効果の大きさ），サンプル・サイズによって影響を受け，これら3つが大きいほど，検定力は大きくなる．したがって，第二種の過誤をおかす危険性を上げることなく，第一種の過誤を生じにくくするために有効なのは，標本の大きさを大きくすることである．この場合，推定を行う際の誤差が小さくなり，第一種の過誤が起きる確率を下げつつも，第二種の過誤が大きくなることを防ぐことができる．

いずれにせよ，仮説の検定には常に第一種の過誤と第二種の過誤の問題がつきまとう．分析結果を見る際には，それが「たまたま」生じた可能性をともなうものであり，対立仮説の採択は「帰無仮説が妥当であるとはいえない」という形での消極的な支持であることを忘れないようにしたい．

## 4.6 片側検定と両側検定

4.3節では，Aさんの仮説の妥当性を検証するため，「日本に居住する20代男性の恋人のいる割合は70%である ($\pi = 0.7$)」という帰無仮説に対し，「日本に居住する20代男性の恋人のいる割合は70%ではない ($\pi \neq 0.7$)」という対立仮説を立てた．しかし，Aさんのもともとの意見は「そんなに割合は高くないはず」であった．その場合，単に「日本に居住する20代男性の恋人のいる割合は70%ではない」というだけではなく，

$H_1$：日本に居住する20代男性の恋人のいる割合は70%より低い ($\pi < 0.7$).

という対立仮説を立てられるかもしれない．このように，母集団における割合が70%よりも大きいという可能性を排除したうえで，帰無仮説について統計的検定を行う際には，帰無仮説が棄却される $z$ の値の範囲がこれまでとは異なる．

4) 効果量には，$t$ 検定についての Cohen's $d$，カイ二乗検定における Cramer's $V$ などがある．詳しくは，水本・竹内 (2008) を参照のこと．

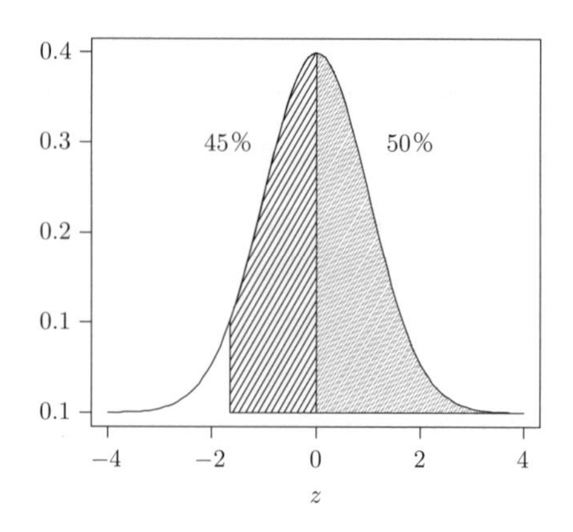


**図 4.6**　標準正規分布における片側検定での有意確率 95%となる $z$ の値の範囲

というのも，ここで検討の対象となるのは，標本から得られた割合をもとにした場合に，母集団における割合が仮説で想定されるよりも小さくなるかどうかということである．したがって，

$$z = \frac{p - \pi}{\sqrt{\frac{\pi(1-\pi)}{n}}}$$

の分子部分は負になるはずであり，正の値をとることは想定されない．

このことを標準正規分布の図をもとに考えてみよう．$z$ が正の値をとることは考慮されないため，図 4.6 の右半分（灰色の部分）はそもそも考慮の対象とはならない．仮に，4.3 節と同様に図 4.4 を用いて分析すると，$z$ の値は負になるので，左側のどこかの値になるはずである．しかし，左側の白色領域は $5 \div 2 = 2.5$% 分の領域でしかない．すなわち，有意水準を 2.5%として検定しているのと同じである．

もし有意水準を 5%とするのであれば，帰無仮説の棄却域は，図 4.6 において $z$ が白の部分に入る場合のみであり，$z < -1.65$ となる．一方，$H_1 : \pi \neq 0.7$ を対立仮説としたとき，$z$ の 95%信頼区間は $-1.96 \leq z \leq 1.96$ の範囲であった．したがって，有意水準を 5%とした場合の帰無仮説の棄却域は $1.96 < z$，$z < -1.96$ である．$z$ が負の値をとる場合のことだけを考慮すれば，$H_1 : \pi < 0.7$ とした場合の棄却域のほうが広いことがわかる．つまり，$H_1 : \pi < 0.7$ とした場合のほ

うがより帰無仮説を棄却しやすくなる．このように，帰無仮説よりも値が大きい（小さい）場合のみを考慮する統計的検定のことを「**片側検定**」と呼ぶ．これに対し，帰無仮説よりも値が大きい場合と小さい場合を両方考慮する統計的検定のことを，「**両側検定**」と呼ぶ．

行動科学における研究で片側検定を用いることはまれである．片側検定は，値の大小についての事前の予測が正確であれば，誤った帰無仮説をより棄却しやすくなり，変数間の関連を検出しやすくなる．しかし，行動科学の研究においては，こうした事前の予測を正確に行うことは困難である．もし値の大小についての事前の予測が誤っていれば，本来は正しかった帰無仮説を棄却してしまうという第一種の過誤が生じやすくなり，正しい検定ができなくなる．そのため，値の大小について，事前に強い根拠のもとでの予測ができる場合を除いて，通常は両側検定を用いる．

**【R を用いた母平均の検定】**

R を用いた母平均についての検定は，第 3 章で扱った区間推定と同じ方法で行うことができる．表 4.2 は第 3 章で扱ったある大学における学生 10 人の平日の睡眠時間と学習時間の仮想データである．これを用いて，

$H_0$：学生の平日の平均睡眠時間は 7 時間である ($\mu = 7$).
$H_1$：学生の平日の平均睡眠時間は 7 時間ではない ($\mu \neq 7$).

という仮説を検証しよう．

まず表 4.2 のデータを「chap4.csv」として csv 形式で保存したうえで，R で `d4` として保存する．

```
> d4 <- read.csv("chap4.csv", header=TRUE)
```

第 3 章で見たように，`t.test` 関数では括弧内で平均を求めたい変数を指定したうえで，`mu=` の後に想定される母平均を入れる．ここでは，分析に用いる変数は `d4` の `sl_time`，想定する母平均は 7 であるので，次のようにコマンドを書くことができる．

**表 4.2** ある大学における学生 10 人の平日の睡眠時間と学習時間（仮想データ）

| Name | sl_time | st_time |
|---|---|---|
| A さん | 8 | 3.5 |
| B さん | 6 | 1.2 |
| C さん | 7 | 0 |
| D さん | 9 | 1.5 |
| E さん | 7 | 4 |
| F さん | 7 | 0.6 |
| G さん | 8 | 2 |
| H さん | 6 | 5 |
| I さん | 6 | 0 |
| J さん | 3 | 0.7 |

```
> t.test(d4$sl_time, mu=7)
```

これを実行すると，第 3 章と同様，次のような結果が得られる．第 3 章では割愛した部分，結果の最初の 2 行を見てほしい．この部分に検定の結果が示されている．ここでは標本数が 10 と小さいため，$t$ 検定を用いているが，基本的な考え方は標準正規分布表を用いたときと同じである．

結果を見ると，$t$ の値は $t - 0.57974$ であり，帰無仮説が正しいときにこの標本から得られたような平均値となる有意確率 (`p-value`) は 0.5763 であることがわかる．つまり，有意水準を 5%とするのであれば，帰無仮説は棄却できない．したがって，「学生の平日の平均睡眠時間は 7 時間である」という帰無仮説が間違っているとはいえない．

ここで，第 3 章で見た 95%信頼区間の値に注目してみよう．95%信頼区間の範囲は，$5.53 \leq \bar{\mu} \leq 7.87$ となっており，7 が信頼区間のなかに含まれている．このように，信頼区間の間に帰無仮説で想定される値が入っている場合には，帰無仮説はその有意水準で成り立っている．このため，信頼区間を見ることによっても，統計的検定の結果を知ることができる．

```
> t.test(d4$sl_time, mu=7)

        One Sample t-test

data:  d4$sl_time
```

統計的検定の結果

```
t = -0.57974, df = 9, p-value = 0.5763
alternative hypothesis: true mean is not equal to 7
95 percent confidence interval:
 5.529396 7.870604
sample estimates:
mean of x
      6.7
```

R では，統計的検定のデフォルトの設定が両側検定である．ここで，対立仮説を「$H_1$：学生の平日の平均睡眠時間は 7 時間より短い ($\bar{\mu} < 7$)」としたうえで，片側検定を行うとする．この場合には，t.test の括弧内に alternative="less" と記す．

```
> t.test(d4$sl_time, mu=7, alternative="less")
```

結果は次のようになる．$t$ 値は先ほどの分析と同じであるが，有意確率が変わっていることがわかるだろう．ただし，この場合も帰無仮説を棄却できない．

```
> t.test(d4$sl_time, mu=7, alternative="less")

        One Sample t-test

data:  d4$sl_time
t = -0.57974, df = 9, p-value = 0.2882
alternative hypothesis: true mean is less than 7
95 percent confidence interval:
     -Inf 7.648586
sample estimates:
mean of x
      6.7
```

「$H_1$：学生の平日の平均睡眠時間は 7 時間より長い ($\bar{\mu} > 7$)」のように，値が大きいことを前提とした片側検定を行いたい場合には，alternative="greater" となる．

**問題 4.1**　全国大学生活協同組合が実施した 2013 年の「第 49 回学生生活実態調査」によれば，大学生の 1 日の平均学習時間は 50.2 分（0.83 時間）である．表 4.2 の学習時間のデータ（仮想データ）をもとに，帰無仮説「この大学の平均学習時間は 0.83 時間である」と対立仮説「この大学の平均学習時間は 0.83 時間ではない」について有意水準 5%で検定を行い，結果からいえることを説明しなさい．

**問題 4.2**　表 4.2 の学習時間のデータをもとに，帰無仮説「母集団での平均学習時間は 0.83 時間である」と対立仮説「母集団での平均学習時間は 0.83 時間より長い」について有意水準 5%で検定を行い，結果からいえることを説明しなさい．

## 参考文献

Gelman, A., Stern, H.: The difference between “significant” and “not significant” is not itself statistically significant, *American Statistician*, **60**: 328-331 (2006)

Inglehart, R. 著，三宅一郎・金丸輝男・富沢 克 訳：静かなる革命（原著：*The Silent Revolution*, 1977)，東洋経済新報社 (1978)，444 p

水本 篤・竹内 理：研究論文における効果量の報告のために—基礎概念と注意点，関西英語教育学会紀要，**31**: 57-66(2008)

山田剛史・杉澤武俊・村井潤一郎：R によるやさしい統計学，オーム社 (2008)，404 p

# 5

# クロス集計表

## 5.1　2変数間の関係を探る

第4章までは，ある1つの変数についての記述統計や，平均値の検定を行ってきた．しかし，行動科学の計量分析では2つ以上の変数の間の関連が焦点となる．たとえば，第4章で見た仮説（「国の経済的豊かさの程度が高まるにつれて，生活の質を重視する傾向が強まる」）においても，「国の経済的豊かさ」と「生活の質を重視する傾向」という2つの変数の関連が焦点となっていた．

これら2つの変数は，単に相互に関連するというだけではない．多くの場合，図5.1で示したように，2つの変数の間に，一方が「**原因**」，他方が「**結果**」となる「**因果関係**」が想定される．このように因果関係が想定される2変数のうち，「原因」にあたる変数を「**独立変数** (independent variable)」または「**説明変数** (explanatory variable)」と呼ぶ．一方，「結果」にあたる変数は，「**従属変数** (dependent variable)」または「**被説明変数** (explained variable)」と呼ばれる．

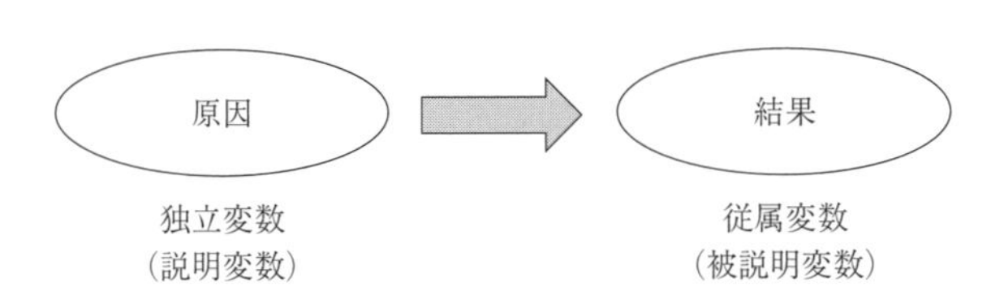


**図 5.1**　因果関係と変数の名前

2変数の関連を検証するための分析手法にはさまざまなものがあり，どのような分析手法を用いるのが適切であるかは，変数の種類（カテゴリ変数か連続変数か）によって異なる．本章では，さまざまな手法のうち，カテゴリ変数間の関連を分析するための手法である「**クロス集計表**」を扱う．

本章では具体例として，**雇用形態**（**非正規雇用**か**正規雇用**か）と**職業訓練機会**の関連を取り上げる．1990年代以降の日本においては，パートやアルバイトといった非正規雇用の増加が問題となっている．図5.2は，雇用者における非正規雇用（日雇い・臨時雇用）率の1968年から2012年の推移を示したものである．図5.2を見ると，1990年代後半以降，非正規雇用率が急速に高まっていることがわかる．

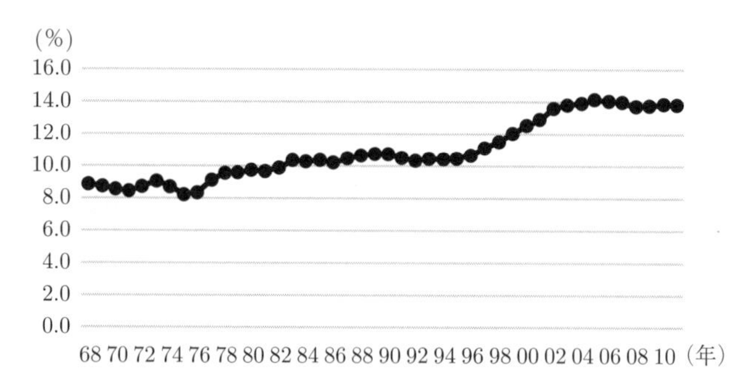


**図5.2**　雇用者における非正規雇用率の推移
出典：労働力調査長期時系列データ（総務省統計局）

1990年代初頭までは，自由を重視する「新しい働き方」として肯定的に捉えられていた非正規雇用であったが，今日では社会問題として扱われるようになった．この背景には，賃金や福利厚生（家賃補助や各種保険，年金などの非金銭的報酬）などの面における，正規雇用との間にある格差の問題がある．さらに，いったん非正規で雇用されると，その後，転職などによって正規で雇用されることが困難であるため，賃金や福利厚生の差は年齢を重ねるにつれ蓄積され，ついには大きな格差になる．こうした正規雇用／非正規雇用間のさまざまな格差のなかで，職業訓練機会の格差は，特に重要である．一般に労働者は，職業訓練によって新たなスキルを身につけることで，自らの労働者としての価値を高めることができる．もし，非正規雇用者が正規雇用者に比べ，職業訓練の機会を企業から提供されることが少ないのであれば，その後の正規雇用への移行を阻む原因の1つとなるだろう．そこで，正規雇用と非正規雇用の間で職業訓練機会に格差があるのか，「働き方とライフスタイルの変化に関する全国調査[1)]」の20〜34歳のデータ（東大社研・若年パネル調査）をもとに調べてみる．この調査では，雇用形態（正規雇用か非正規雇用か）と職業訓練の機会（仕事を通じて職業能力を高める機会があるかどうかを「かなりあてはまる」,「ある程度あてはまる」,「あまりあてはまらない」,「あてはまらない」の4カテゴリで尋ねている）はともにカテゴリ変数であるため，両者の関連を調べるには，クロス集計表を用いた分析が適している．

## 5.2 クロス集計表の作り方

クロス集計表とは，2つのカテゴリ変数の分布を組み合わせて表示したものである．若年パネル調査のデータをもとにすると，雇用形態と職業訓練機会の関連を調べるクロス集計表は表5.1のように作成できる．

クロス集計表のなかで，数値の入っている枠のことを「**セル**」と呼ぶ．また，表の横方向のセルの並びを「**行**」，縦方向のセルの並びを「**列**」と呼ぶ．表5.1について見ると，1行1列目のセルには「正規雇用」で職業訓練の機会があるということについて「かなりあてはまる」人の度数が記入されている．このように各セルには，2つの変数を組み合わせてできたカテゴリに該当する人の度数が示されている．この表を見ると，たとえば「正規雇用」で「かなりあてはまる」人は346人,「非正規雇用」で「かなりあてはまる」人は95人であることがわかる．

表5.1のクロス集計表では，行に雇用形態が，列に職業訓練機会が入ってい

---

1) 「働き方とライフスタイルの変化に関する全国調査」は，日本全国に居住する20〜40歳の男女に対して，東京大学社会科学研究所が実施した調査である．調査は20〜34歳を対象とした若年パネル調査と，35〜40歳を対象とした壮年パネル調査に分けられている．本章ではこのうち，若年パネル調査のデータのみを使用している．データの利用に関しては，東京大学社会科学研究所付属社会調査・データアーカイブ研究センターSSJデータアーカイブから個票データの提供を受けた．

**表 5.1**　雇用形態と職業訓練機会のクロス集計表
出典：東大社研・若年パネル調査 (wave1)



| | かなり あてはまる | ある程度 あてはまる | あまり あてはまらない | あてはまらない | 合計 |
|---|---|---|---|---|---|
| 正規雇用 | 346 | 742 | 336 | 192 | 1616 |
| 非正規雇用 | 95 | 233 | 159 | 144 | 631 |
| 合計 | 441 | 975 | 495 | 336 | 2247 |




| | かなり あてはまる | ある程度 あてはまる | あまり あてはまらない | あてはまらない | 合計 |
|---|---|---|---|---|---|
| 正規雇用 | 346 | 742 | 336 | 192 | 1616 |
| 非正規雇用 | 95 | 233 | 159 | 144 | 631 |
| 合計 | 441 | 975 | 495 | 336 | 2247 |


る．2つの変数のうち，どちらを行に入れ，どちらを列に入れるかということは，2つの変数の間で想定する因果関係によって決める．一般にクロス集計表を作成するときには，行の側に「独立変数」を，列の側に「従属変数」を入れる．つまり，影響を与える側の変数を行にし，影響を受ける側の変数を列にする．雇用形態と職業訓練の機会の関連について考えると，雇用形態によって職業訓練の機会が異なる，つまり雇用形態を原因として，職業訓練の機会の差という結果が生まれていると考えているので，雇用形態が行，職業訓練機会が列になっている．

表の最も下の行および右の列には，それぞれ列や行の合計にあたる数値が記入されている．これらの数値は，「**周辺度数**」と呼ばれる．また，表の下の端に示された周辺度数を特に「**列周辺度数**」，表の右端に示された周辺度数を「**行周辺度数**」と呼ぶ．列周辺度数には，各列（「かなりあてはまる」や「ある程度あてはまる」など）について，各行の数値（「正規雇用」と「非正規雇用」）を合計した値が記入されている．したがって，列周辺度数は列に入っている変数の度数分布と一致する．表 5.1 からは，若年パネル調査のデータにおいて，職業訓練機会があるという意見について「かなりあてはまる」と答えた人が 441 人，

「ある程度あてはまる」と答えた人が975人いることがわかる．一方，行周辺度数には，各行（「正規雇用」と「非正規雇用」）について，各列の数値（「かなりあてはまる」，「ある程度あてはまる」，「あまりあてはまらない」，「あてはまらない」）を合計した値が記入されている．行周辺度数は行に入っている変数の度数分布と一致する．表5.1からは，このデータでは正規雇用者は1616人，非正規雇用者は631人いることがわかる．これらの周辺度数の値を合計すると，**総度数**になる．今回のデータでは，総度数は2247人になっている．

## 5.3　クロス集計表から関連を調べる

表5.1を見ると，職業訓練機会があるということについて「かなりあてはまる」と答えている人の度数は正規雇用で346人，非正規雇用では95人となっている．つまり，職業訓練機会のある人の人数は，正規雇用のほうが，非正規雇用の3倍以上になっている．このことから，正規雇用は非正規雇用よりも仕事を通じた職業訓練の機会が多いといえるだろうか．少し考えればそうはいえないとわかるだろう．そもそもこのデータでは，正規雇用の人数は非正規雇用の人数の2.5倍以上いる．したがって，正規雇用のほうが非正規雇用よりも職業訓練の機会が多い，ということがなくとも，「かなりあてはまる」と答える人の人数は正規雇用のほうが多くなって当然である．そのため，単純に各セルの度数を比較するだけでは，雇用形態と職業訓練の受けやすさの関連を確かめることはできない．では，どのようにすれば，関連が調べられるのだろうか．

ここで用いられるのが，各セルの度数を行周辺度数で割った**行パーセント**である．表5.2は，表5.1をもとに行パーセントを計算したものである．各セルの行パーセントを横（行）方向に足すと100%になっていることが確認できる．つまり，その行全体を100としたときに，各セルに入る度数の割合を示すのが行パーセントなのである．表5.1の「正規雇用」で「かなりあてはまる」というカテゴリのセルについて見ると，$346 \div 1616 = 0.2141 \cdots$ という行パーセントが求められる．これは正規雇用のなかで，職業訓練機会について「かなりあてはまる」と答えた人の割合が21.41%であることを示している．同様に，「非正規雇用」で「かなりあてはまる」というカテゴリのセルの行パーセントは，

$95 \div 631 = 0.1506\cdots$ となり，非正規雇用のなかで「かなりあてはまる」と答えた人の割合は 15.06%であることがわかる．

**表 5.2**　雇用形態と職業訓練機会のクロス集計表（表示は行%，括弧内は度数）
出典：東大社研・若年パネル調査 (wave1)

| | かなり<br>あてはまる | ある程度<br>あてはまる | あまり<br>あてはまらない | あてはまら<br>ない | 合計 |
|---|---|---|---|---|---|
| 正規雇用 | 21.41% | 45.92% | 20.79% | 11.88% | 100.00% (1616) |
| 非正規雇用 | 15.06% | 36.93% | 25.20% | 22.82% | 100.00% (631) |
| 合計 | 19.63% | 43.39% | 22.03% | 15.95% | 100.00% (2247) |

クロス集計表をもとに関連性を見る際には，度数そのものではなく，人数の差を統制した割合を示す行パーセントをもとに割合を比較するのが有効である．表 5.2 の行パーセントの値を比べてみれば，「かなりあてはまる」と答えた人の割合は，正規雇用で非正規雇用よりも高いことがわかる．一方，「あてはまらない」と答えた人の割合を見ると，非正規雇用では 22.82%であるのに対し，正規雇用では 11.88%であり，非正規雇用で割合が高くなっている．このように，行パーセントの割合を比較すれば，非正規雇用の人は正規雇用の人よりも，仕事を通じた職業訓練を受けにくいといえそうである．

クロス集計表には，行パーセントを記載するのが一般的であるが，場合によっては，列周辺度数で各セルの値を割った**列パーセント**を用いることもある．列パーセントは，縦（列）方向に合計すると 100%になる．つまり，その列全体を 100 としたときに，各セルに入る度数が占める割合が列パーセントなのである．したがって，列パーセントを見ることによって，従属変数の各カテゴリごとに，独立変数がどのように分布しているのかの内訳を確認することができる．表 5.1 をもとに列パーセントを計算した表 5.3 を見てみよう．表 5.3 では，「かなりあてはまる」と答えた人のなかでは，正規雇用の割合が 78.46%であるのに対し，「あてはまらない」と答えた人のなかでは 57.14%が正規雇用であるにすぎない．データ全体で見れば 71.92%が正規雇用であるので，「あてはまらない」のなかでは正規雇用の割合が非常に低くなっていることがわかる．

また，各セルの度数を総数で割った**全体パーセント**を用いることもある．こ

**表 5.3** 雇用形態と職業訓練機会のクロス集計表（表示は列%，括弧内は度数）
出典：東大社研・若年パネル調査 (wave1)

| | かなりあてはまる | ある程度あてはまる | あまりあてはまらない | あてはまらない | 合計 |
|---|---|---|---|---|---|
| 正規雇用 | 78.46% | 76.10% | 67.88% | 57.14% | 71.92% |
| 非正規雇用 | 21.54% | 23.90% | 32.12% | 42.86% | 28.08% |
| 合計 | 100.00%<br>(441) | 100.00%<br>(975) | 100.00%<br>(495) | 100.00%<br>(336) | 100.00%<br>(2247) |

の場合，全セルのパーセンテージを合計すると，100%になる．表 5.1 をもとに全体パーセントを計算した表 5.4 を見ると，このデータにおいては，正規雇用で「ある程度あてはまる」と答えた人の割合が 33.02%と最も高く，非正規雇用で「かなりあてはまる」と答えた人の割合は，4.23%にとどまることがわかる．全体パーセントを見ると，各セルに該当する人の全体における構成割合，すなわち独立変数と従属変数の各カテゴリからなる組み合わせのうち，どの組み合わせが最も多いのかを知ることができる．

**表 5.4** 雇用形態と職業訓練機会のクロス集計表（表示は全体%，括弧内は度数）
出典：東大社研・若年パネル調査 (wave1)

| | かなりあてはまる | ある程度あてはまる | あまりあてはまらない | あてはまらない | 合計 |
|---|---|---|---|---|---|
| 正規雇用 | 15.40% | 33.02% | 14.95% | 8.54% | 71.92% |
| 非正規雇用 | 4.23% | 10.37% | 7.08% | 6.40% | 28.08% |
| 合計 | 19.63% | 43.39% | 22.03% | 14.95% | 100.00% (2247) |

すでに述べたように，クロス集計表の各セルには行パーセントを示すのが一般的である．さらに，各セルに行パーセントを記載した場合には，表 5.2 で示したように，行周辺度数もあわせて示す必要がある．行周辺度数の記載が必要となる理由は，2 つある．第一に，計量分析において，その分析がどの程度のサンプル・サイズに基づくものなのかは非常に重要である．クロス集計表にパーセンテージの記載しかなければ，この重要な情報が抜け落ちてしまう．第二に，行周辺度数と行パーセントが示されていれば，それぞれのセルに入る度数を求めることができるため，表 5.2 から表 5.1 を再現することもできる．つまり，行

パーセントと行周辺度数をあわせて記載するという形式をとることによって，情報を集約的かつ冗長でない方法で整理できる．もちろん，行パーセントの代わりに列パーセントを記載する場合には，行周辺度数の代わりに列周辺度数を示す．

## 5.4　クロス集計表をもとにした割合の比較の注意点

クロス集計表をもとに割合の比較を行ううえでは，割合の差の単位に注意をしなければならない．表5.2を見ると，正規雇用者のなかで「かなりあてはまる」と答える人の割合は21.41%，非正規雇用者で「かなりあてはまる」と答える人の割合は15.06%である．この結果から，「正規雇用では非正規雇用に比べ『かなりあてはまる』と答える人の割合が6.35%多い」といいたくなるが，この表現は適切でない．21.41%という値は，「正規雇用者全体」のなかの「かなりあてはまる」と答える人の割合である．一方，15.06%は「非正規雇用者全体」のなかの，「かなりあてはまる」と答える人の割合である．このように割合には，そのもととなる「全体」が必ず存在する．では，$21.41\% - 15.06\% = 6.35\%$ という計算から得られた6.35%のもととなる「全体」とは何だろうか．これに該当する「全体」は存在しない．「正規雇用と非正規雇用を合計した全体」が「全体」と思うかもしれない．しかし，これが間違いなのは，この6.35%が2247人のうちの6.35%（142.68人）に対応しているわけではないことからわかるだろう．度数でいえば，正規雇用者の「かなりあてはまる」人と，非正規雇用者の「かなりあてはまる」人の差は，$346$ 人 $- 95$ 人 $= 251$ 人になり，上の計算から求められた人数（142.68人）とは一致していない．したがって，異なる「全体」をもとに計算した割合を比較するときには，「○%異なる」とか「○割違う」といった表現をすることはできない．

では，「全体」が同じであれば，差を「パーセント」と表現してもよいのだろうか．たとえば，正規雇用で「ある程度あてはまる」と答えた人の割合 (45.92%) と，「かなりあてはまる」と答えた人の割合 (21.41%) を比較する場合を考えてみよう．$45.92\% - 21.41\% = 24.51\%$ から，前者は後者よりも，「24.51%多い」といってよいのだろうか．この場合，両方のパーセンテージが正規雇用の人数を

「全体」としているので，両者の差は 1616 人の 24.51%に対応している．実際に計算してみると，正規雇用で「ある程度あてはまる」と答えた人の人数は 742 人，「かなりあてはまる」と答えた人の人数は 396 人なので，その差は 396 人である．これは，$1616 \times 0.2451 = 396$（人）と一致している[2)]．

しかし，この場合も差を「パーセント」という単位で表すのは適切とはいえない．というのも，この「『ある程度あてはまる』と答えた割合は，『かなりあてはまる』と答えた割合よりも，24.51%多い」という表現からは，2 つの解釈が可能だからだ．第一の解釈は，正規雇用で「かなりあてはまる」と答えた人の割合と「ある程度あてはまる」と答えた人の割合の差が 24.51%というものである．この場合，「ある程度あてはまる」と答えた人の割合は，以下の式で計算される．

$$21.41 + 24.51 = 45.92$$

一方で，「ある程度あてはまる」と答えた人の割合は，「かなりあてはまる」と答えた人の割合である 21.41%の 24.51%分だけ多いと解釈することもできる．この場合，「ある程度あてはまる」と答えた人の割合は，以下の式で計算される．

$$21.41 \times 1.2451 = 26.66$$

この 2 つの解釈で，「ある程度あてはまる」と答えた人の割合に食い違いが生じている．つまり，○%多いという表現は，パーセンテージの差を示しているのか，パーセンテージの比を示しているのかが不明確である．

そこで，割合の差を示す単位としては，「**ポイント**（または**パーセンテージポイント**）」を用いる．したがって，「正規雇用では非正規雇用に比べ『かなりあてはまる』と答える人の割合が 6.35 ポイント（またはパーセンテージポイント）多い」とか，「正規雇用で『ある程度あてはまる』と答えた人の割合は，『かなりあてはまる』と答えた人の割合よりも，24.51 ポイント多い」と記述するのが正しい．

---

[2)] 表 5.4 では小数点第 5 位以下を四捨五入しているので，掛け算から得られる数値は 396.08··· となりやや異なる．

## 5.5　クロス集計表の図示

クロス集計表を視覚的に捉えやすくするため，グラフが用いられることもある．使用されるグラフは主に，帯グラフや棒グラフ，**モザイクグラフ**である．

### 5.5.1　棒グラフ

図5.3は，表5.2をもとに作成した棒グラフである．これを見ると，「かなりあてはまる」と「ある程度あてはまる」を選択する割合は正規雇用で非正規雇用よりも高く，「あまりあてはまらない」と「あてはまらない」を選択する割合は非正規雇用で正規雇用よりも高いことが一目でわかる．棒グラフでは行周辺度数にあたる情報は落ちてしまうので，凡例のなかに括弧書きで示すなどの工夫が必要である．

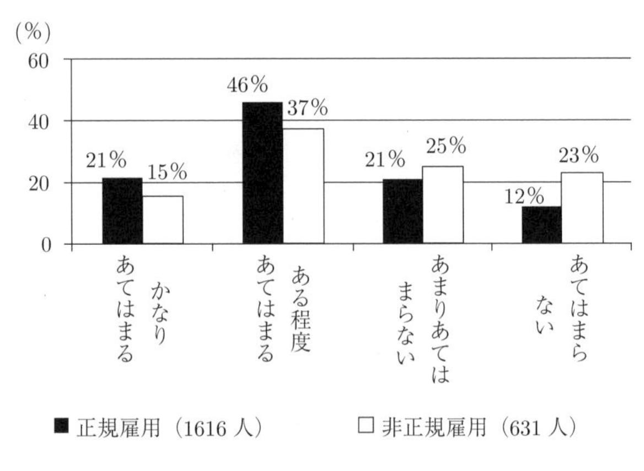


**図 5.3**　雇用形態と職業訓練機会の関連の棒グラフ

### 5.5.2　帯グラフ

カテゴリ数が多い場合など，棒グラフでは煩雑で見にくい場合には，帯グラフが用いられることもある．図5.4は表5.2を帯グラフで示したものである．各行が1つの帯となり，それぞれのなかで列に入る変数の各カテゴリの割合が示されている．図5.4でも，「かなりあてはまる」や「ある程度あてはまる」と答える割合が正規雇用で非正規雇用よりも多いことが視覚的に伝わる．ただし，帯グラフを用いた場合も行周辺度数にあたる情報は落ちるので，グラフのなかにうまく取り入れる必要がある．

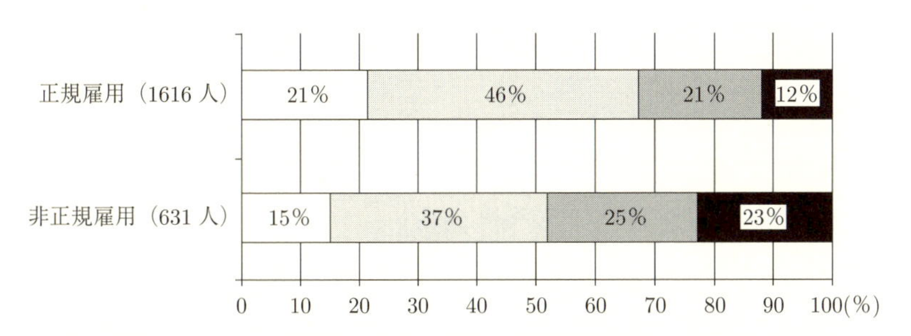


**図 5.4**　雇用形態と職業訓練機会の関連の帯グラフ

### 5.5.3 モザイクグラフ

この行周辺度数が落ちるという問題を解決するために，モザイクグラフが用いられることもある．モザイクグラフの各ブロックの横幅は，独立変数の周辺

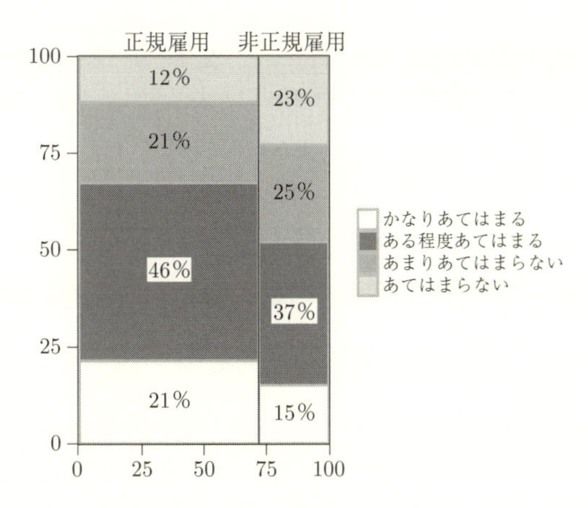


**図 5.5**　雇用形態と職業訓練機会の関連のモザイクグラフ

行パーセントに応じて決まる．つまり，各ブロックの横幅を見ると，独立変数のそれぞれのカテゴリの相対的な大きさを比べることができる．また，各ブロックの高さは，独立変数の各カテゴリにおける，従属変数の行パーセントに応じて決まる．図 5.5 は，表 5.1 をもとにしたモザイクグラフである．これを見ると，全体として正規雇用の割合が非正規雇用よりも高く，正規雇用では非正規雇用と比べ,「かなりあてはまる」または「ある程度あてはまる」と答える割合が高い．

## 5.6　クロス集計表における統計的検定

### 5.6.1　帰無仮説と対立仮説の設定

ここまでの分析から，雇用形態と職業訓練機会の間には関連があり，正規雇用の人は非正規雇用の人と比べ，職業訓練機会が豊富にある可能性が示唆された．しかし，今回用いたデータは日本に住む 20〜35 歳の人すべてを対象にした調査ではなく，そのなかから選んだ一部の人に対して行った調査である．したがって，職業訓練機会の多い正規雇用者と職業訓練機会の少ない非正規雇用者を「たまたま」選んでしまった可能性がある．では，実際には雇用形態と職業訓練機会の間には関連がないにもかかわらず，関連があるかのように見えるデータが「たまたま」得られる可能性は，どの程度あるのだろうか．もしその可能性が無視できないぐらい大きいのであれば，前述のクロス集計表をもとにして雇用形態と職業訓練機会に関連があるとはいえないだろう．つまり，クロス集計表をもとにして変数間の関連があるかどうかを検証するためには，第 4 章と同様に，統計的検定を行う必要があるのだ．

クロス集計表をもとにした統計的検定を行う際にも，帰無仮説を立てなければならない．ここでは，雇用形態と職業訓練機会の間に関連があるかどうかを知りたいので，帰無仮説 ($H_0$) は以下のようになる．

$H_0$：雇用形態と職業訓練機会の間には関連がない．

一方，対立仮説 ($H_1$) は，以下のように立てられる．

$H_1$：雇用形態によって職業訓練機会が異なる（関連がある）．

### 5.6.2　期待度数の計算

クロス集計表を用いた統計的検定の第一歩は，「**期待度数**（**期待値**）」を計算することである．期待度数とは，帰無仮説が成り立っていた場合に，各セルに入ることが期待される度数のことを指す．

もし帰無仮説が成り立っていたとしたら，クロス集計表の各セルの度数はどのようになるのだろうか．雇用形態によって職業訓練機会に違いがないのだから，正規雇用でも非正規雇用でも，職業訓練機会がどの程度あるかは同じ，つまり，職業訓練機会についての回答の分布は同じになるはずである．これは列周辺度数の行パーセントが，正規雇用のなかでの行パーセント（正規雇用の各セルの行パーセント）や非正規雇用のなかでの行パーセント（非正規雇用の各セルの行パーセント）と一致することを意味する．したがって，表 5.2 は表 5.5a のように書き直すことができるはずである．このように，2 つの変数の間に全く関連がない場合，2 つの変数は「**独立である**」という．

**表 5.5a**　帰無仮説のもとでの雇用形態と職業訓練機会のクロス集計表
（表示は行%，括弧内は度数）

| | かなり<br>あてはまる | ある程度<br>あてはまる | あまり<br>あてはまらない | あてはまら<br>ない | 合計 |
|---|---|---|---|---|---|
| 正規雇用 | 19.63% | 43.39% | 22.03% | 14.95% | 100.00%<br>(1616) |
| 非正規雇用 | 19.63% | 43.39% | 22.03% | 14.95% | 100.00%<br>(631) |
| 合計 | 19.63%<br>(441) | 43.39%<br>(975) | 22.03%<br>(495) | 14.95%<br>(336) | 100.00%<br>(2247) |

表 5.5a で示した，2 変数が独立であった場合の各セルの行パーセントをもとにすると，期待度数が計算できる．たとえば，正規雇用で「かなりあてはまる」というセルには，全体のなかの「かなりあてはまる」の人と同じ割合が，正規雇用の 1616 人のなかから割りあてられる．したがって，そのセルに入る期待度数は，以下のように求めることができる．

$$441 \div 2247 \times 1616 = 317.16 \text{（人）}$$

同様に，非正規雇用で「かなりあてはまる」というセルに入る期待度数は，非正規雇用全体の人数が631人であるので，次の式で求められる．

$$441 \div 2247 \times 631 = 123.84\ (\text{人})$$

一般化すれば，あるセルの期待度数 $E_{ij}$ は以下の式で求められる．ただし，$i$ 行の行周辺度数を $n_{i.}$，$j$ 列の列周辺度数を $n_{.j}$，全体の度数を $n_{..}$ とする．

$$E_{ij} = \frac{n_{i.} \times n_{.j}}{n_{..}} \tag{5.1}$$

列周辺度数の行パーセントは $n_{.j}/n_{..}$ なので，式 (5.1) は行周辺度数に列周辺度数の行パーセントを掛けた値と一致する．

表5.5aをもとに，すべてのセルについて期待度数を計算すると，表5.5bのようになる．

**表 5.5b**　雇用形態と職業訓練機会のクロス集計表における期待度数の計算[3)]

| | かなり<br>あてはまる | ある程度<br>あてはまる | あまり<br>あてはまらない | あてはまら<br>ない | 合計 |
|---|---|---|---|---|---|
| 正規<br>雇用 | 441 × 1616÷<br>2247 = 317.16 | 975 × 1616÷<br>2247 = 701.20 | 495 × 1616÷<br>2247 = 355.99 | 336 × 1616÷<br>2247 = 241.64 | 100.00%<br>(1616) |
| 非正規<br>雇用 | 441 × 631÷<br>2247 = 123.84 | 975 × 631÷<br>2247 = 273.80 | 495 × 631÷<br>2247 = 139.01 | 336 × 631÷<br>2247 = 94.36 | 100.00%<br>(631) |
| 合計 | 19.63%<br>(441) | 43.39%<br>(975) | 22.03%<br>(495) | 14.95%<br>(336) | 100.00%<br>(2247) |

### 5.6.3　残差の計算

クロス集計表の統計的検定は，上で求めた期待度数と，実際に各セルに含まれる度数（**観測度数**）との差をもとに行う．この期待度数と観測度数のズレのことを「**残差**」と呼ぶ．

残差 $r_{ij}$ は次の式で求められる．ただし，$E_{ij}$ は $i$ 行 $j$ 列のセルの期待度数，

3) ここでは便宜上，小数点第4位以下を四捨五入して計算しているため，表5.1から求められる値とややずれている．

$O_{ij}$ は $i$ 行 $j$ 列のセルの観測度数である.

$$r_{ij} = E_{ij} - O_{ij} \tag{5.2}$$

例の場合には, 表 5.1 の実際にデータから得られた観測度数と, 帰無仮説が成り立っていた場合の表 5.5b の各セルに含まれる度数の差から残差を求められる. 表 5.1 と表 5.5b をもとに残差を計算すると, 表 5.5c のようになる.

**表 5.5c** 雇用形態と職業訓練機会のクロス集計表における残差の計算

| | かなり あてはまる | ある程度 あてはまる | あまり あてはまらない | あてはまら ない | 合計 |
|---|---|---|---|---|---|
| 正規雇用 | 317.16−346 = −28.84 | 701.20−742 = −40.80 | 355.99−336 = 19.99 | 241.64−192 = 49.64 | 100.00% (1616) |
| 非正規雇用 | 123.84−95 = 28.84 | 273.80−233 = 40.80 | 139.01−159 = −19.99 | 94.36−144 = −49.64 | 100.00% (631) |
| 合計 | 19.63% (441) | 43.39% (975) | 22.03% (495) | 14.95% (336) | 100.00% (2247) |

### 5.6.4 カイ二乗値とカイ二乗分布

クロス集計表の統計的検定では, 残差の合計をもとにして検定を行う. ただし, 残差をそのまま合計するのではなく, いくつかの調整が必要となる. まず, 表 5.5c を見るとわかるように, 残差にはマイナスの値とプラスの値が混在している. マイナスの場合もプラスの場合も, 絶対値が大きいときには期待度数と観測度数のズレが大きいことを意味する. しかし, このまま残差を合計すると, これらのプラスとマイナスの残差が打ち消し合ってしまう. そこで, 残差をすべて 2 乗することで, 打ち消し合うことを回避する. また, 残差の大きさは, 全体のサンプル・サイズにも依存する. そこで, 各セルの残差をそのセルの期待度数で割ることによって, 期待度数に比して残差がどの程度大きいかを示す値を計算する. この値をすべてのセルについて合計した値が, クロス集計表の統計的検定に用いる**カイ二乗値** ($\chi^2$) になる. まとめると, クロス集計表の検定のためのカイ二乗値は次の式で求められる.

$$\chi^2 = \sum_{i=1}^{R}\sum_{j=1}^{C}\frac{(E_{ij}-O_{ij})^2}{E_{ij}} = \sum_{i=1}^{R}\sum_{j=1}^{C}\frac{{r_{ij}}^2}{E_{ij}}$$

ただし，$E_{ij}$ は $i$ 行 $j$ 列のセルの期待度数，$O_{ij}$ は $i$ 行 $j$ 列のセルの観測度数であり，$R$ は行数（独立変数のカテゴリ数），$C$ は列数（従属変数のカテゴリ数）を表す．また，$r_{ij}$ は $i$ 行 $j$ 列の残差である．もし帰無仮説が正しく，2変数が完全に独立である場合，期待度数と観測度数は一致し，カイ二乗値の値は0になる．

表5.5cの値を代入すれば，カイ二乗値は以下のように計算できる．

$$\begin{aligned}\chi^2 &= \sum_{i=1}^{R}\sum_{j=1}^{C}\frac{{r_{ij}}^2}{E_{ij}} && \cdots\text{カイ二乗値の公式}\\ &= \frac{(-28.84)^2}{317.16}+\frac{(-40.80)^2}{701.20}+\frac{19.99^2}{355.99}+\frac{49.64^2}{241.64}+\frac{28.84^2}{123.84}\\ &+\frac{40.80^2}{273.80}+\frac{(-19.99)^2}{139.01}+\frac{(-49.64)^2}{94.36} && \cdots\text{表 5.5c の値を代入}\\ &= 2.62+2.37+1.12+11.48+6.72+6.08+2.87+26.11\\ &= 59.37\end{aligned}$$

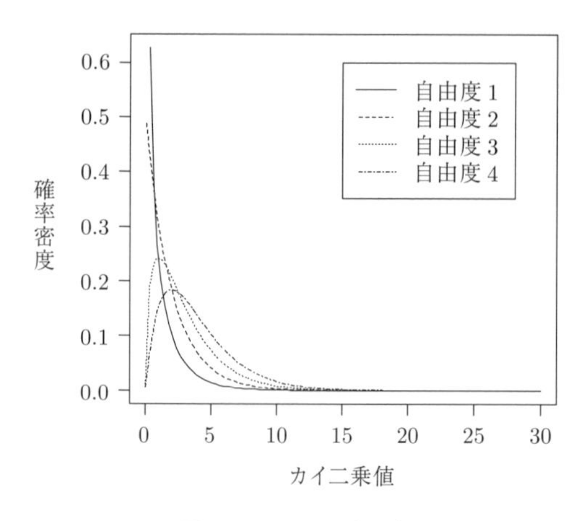


図 **5.6**　カイ二乗分布

カイ二乗値は，**カイ二乗分布**と呼ばれる確率分布に従う．図 5.6 は，異なる自由度のカイ二乗分布を示している．カイ二乗分布は，第 4 章の標準正規分布と分布の形は異なるが，統計的検定を行う際の考え方は同じである．クロス集計表から求めたカイ二乗値が一定の基準よりも大きい場合，帰無仮説が正しいという前提ではそのようなカイ二乗値が得られる確率は非常に小さくなる．したがって，帰無仮説が正しいという前提自体が妥当ではないと考えられ，帰無仮説は棄却される．

### 5.6.5 クロス集計表の自由度

カイ二乗値の限界値は，巻末のカイ二乗分布表（付表 B）から調べることができる．しかし，図 5.6 からわかるように，カイ二乗分布の形は自由度によって異なるため，限界値も自由度によって異なる．したがって，統計的検定を行うためには，自由度をあらかじめ求めておく必要がある．

クロス集計表の自由度は，どのように求めることができるのだろうか．今，表 5.6 のように，2 変数それぞれの周辺度数分布のみがわかっているとしよう．「かなりあてはまる」人の人数は 441 人なので，正規雇用で「かなりあてはまる」と答えた人の度数を $O_{11}$ とすれば，非正規雇用で「かなりあてはまる」と答えた人の度数は $441 - O_{11}$ と自動的に決まる．同様に，「ある程度あてはまる」と答えた人の人数は 975 人なので，正規雇用で「ある程度あてはまる」と答えた人の度数を $O_{12}$ とすれば，非正規雇用で「ある程度あてはまる」と答えた人の度数が $975{-}O_{12}$ と決まる．また，「あまりあてはまらない」と答えた人の人数は 495 人なので，正規雇用で「あまりあてはまらない」と答えた人の度数を $O_{13}$ とすれば，非正規雇用で「あまりあてはまらない」と答えた人の度数が $495 - O_{13}$ と

**表 5.6** クロス集計表における自由度の考え方

| | かなりあてはまる | ある程度あてはまる | あまりあてはまらない | あてはまらない | 合計 |
|---|---|---|---|---|---|
| 正規雇用 | $O_{11}$ | $O_{12}$ | $O_{13}$ | $1616-(O_{11}+O_{12}+O_{13})$ | 1616 |
| 非正規雇用 | $441{-}O_{11}$ | $975 - O_{12}$ | $495 - O_{13}$ | $(336-(1616-(O_{11}+O_{12}+O_{13}))$ | 631 |
| 合計 | 441 | 975 | 495 | 336 | 2247 |

決まる．さらに，正規雇用で「あてはまらない」と答えた人の度数は，正規雇用全体の人数が 1616 人なので，$1616 - (O_{11} + O_{12} + O_{13})$ と決まってしまう．また，「あてはまらない」と答えた人の人数は 336 人なので，非正規雇用で「あてはまらない」と答えた人の度数も，$(336 - (1616 - (O_{11} + O_{12} + O_{13}))$ と決まってしまう．つまり，クロス集計表の自由に動かせる値は $O_{11}$，$O_{12}$，$O_{13}$ の 3 つであり，自由度は 3 になる．

一般化すると，クロス集計表の自由度は以下の式で求められる．

$$自由度 = (行変数のカテゴリ数 - 1) \times (列変数のカテゴリ数 - 1)$$

ここまでの計算で，表 5.1 のクロス集計表をもとに求められたカイ二乗値は 59.37，自由度は 3 であることがわかった．カイ二乗分布表を見ると，自由度 3 で有意水準 5%のときの限界値は 7.82 である．したがって，表 5.1 から求めたカイ二乗値は限界値を超えており，帰無仮説は棄却される．つまり，表 5.1 のクロス集計表をもとにしたカイ二乗検定の結果，雇用形態と職業訓練機会の間には 5%水準で有意な関連があることが示された．

### 5.6.6　クロス集計表のカイ二乗検定の注意点

クロス集計表を用いてカイ二乗検定を行う際に，注意しなければならない点がある．それは，期待度数の大きさである．カイ二乗統計量を求めるときの式をよく見ると，下の式のように期待度数で残差の値を割っていることがわかる．

$$\chi^2 = \sum_{i=1}^{R} \sum_{j=1}^{C} \frac{(E_{ij} - O_{ij})^2}{E_{ij}}$$

したがって，期待度数が非常に小さいときや，期待度数が小さいセルが多く含まれるときには，カイ二乗値が不正確になる．一般に，期待度数が 1 未満のセルがある場合や，5 未満のセルが全体の 20%程度を占める場合には，カテゴリの統合を行うなどして，期待度数を増やす必要がある[4]．

## 5.7　関連性の強さの指標

第 4 章で見たように，関連があることが統計的に有意であることと，関連が

[4] 必要となるセル度数については，複数の見解がある．詳しくは，太郎丸 (2005) を参照．

強いことは別である．したがって，2 変数の関連を調べる際には，統計的検定を行うだけではなく，関連性の強さについても調べる必要がある．

クロス集計表の分析においてよく使われる関連性の指標として，**クラメールの $V$** がある[5)]．クラメールの $V$ は以下の式 (5.3) で求めることができる．ただし，$n$ は総度数，$R$ は行変数のカテゴリ数，$C$ は列変数のカテゴリ数を指す．min(R, C) は，R と C，すなわち行変数のカテゴリ数と列変数のカテゴリ数の小さいほうの値という意味である．$\chi^2$ は統計的検定において求めたカイ二乗値である．

$$V=\sqrt{\frac{\chi^2}{n\times(\min(R,C)-1)}} \tag{5.3}$$

式 (5.3) を見ればわかるように，クラメールの $V$ はカイ二乗値をもとにした値である．カイ二乗値も 2 変数間の関連性を示す．2 変数間に関連がない場合にはカイ二乗値は 0 になり，関連性があれば 0 よりも大きい値をとる．しかし，カイ二乗値はサンプル・サイズが大きいほど値が大きくなりやすいのに加え，最大値の限界がない．したがって，カイ二乗値の大きさが関連性の強さを示しているとはいえない．そこで，カイ二乗値からサンプル・サイズの影響を除き，最大値の上限を定めることで変数間の関連を把握しやすくしたのが，クラメールの $V$ である．

クラメールの $V$ の値は最大 1，最小 0 の値をとり，1 に近づくほど関連性が強いことを意味する．クラメールの $V$ の値は，0.1〜0.2 程度で弱い関連，0.2〜0.4 程度で中間的な関連，0.4〜0.6 程度でやや強い関連，0.6 以上で強い関連といえる[6)]．

雇用形態と職業訓練機会の関連についての例の場合，クラメールの $V$ の値は以下のように求められる．

---

5) 関連性の指標としては，ほかにオッズ比やグッドマンとクラスカルの $\tau$ などがある．それぞれの計算については，太郎丸 (2005) に詳しい説明がある．

6) Cohen(1988), Rea & Parker(1992), レビューとしては，Kotrlik *et al.*(2011).

$$V = \sqrt{\frac{\chi^2}{n \times (\min(R, C) - 1)}}$$ …クラメールの $V$ の公式

$$= \sqrt{\frac{59.37}{2247 \times (\min(2, 4) - 1)}}$$ …値を代入

$$= \sqrt{\frac{59.37}{2247 \times (2 - 1)}}$$ …2と4では2が小さいので，$\min(2, 4) = 2$

$$= 0.16$$

上の計算から，$V = 0.16$ となり，雇用形態と職業訓練機会の関連は弱い関連であることがわかる．したがって，雇用形態と職業訓練機会の間には5%水準で統計的に有意な関連があるものの，その関連は強いとはいえない．

## 5.8　残差の検定

カイ二乗検定やクラメールの $V$ の値は，母集団においても2変数の間に関連があるといえるかどうか，その関連の強さがどの程度か，を示すものである．したがって，検定の結果から，「雇用形態と職業訓練機会の間に有意な関連がある」ということがわかっても，「正規雇用のほうが非正規雇用よりも職業訓練の機会が多い」のか，あるいは，「非正規雇用のほうが正規雇用よりも職業訓練の機会が多い」のかはわからない．つまり，2変数間の具体的な関連の仕方については，カイ二乗検定の結果やクラメールの $V$ の大きさからはわからない．

2変数の具体的な関連のあり方を知るためには，5.3節で見たように，割合の比較をすればよい．表5.2を再び見てみると，「ある程度あてはまる」と「あてはまらない」のところで，正規雇用と非正規雇用の間に10ポイント以上の差があり，正規雇用では「ある程度あてはまる」と答える割合が非正規雇用よりも高く，「あてはまらない」と答える割合が低い傾向があることがわかる．したがって，正規雇用は非正規雇用よりも職業訓練機会が多いといえそうである．

しかし，行パーセントの割合に差があったとしても，その差は母集団で0ではないといえるのだろうか．2変数の関連自体ではなく，クロス集計表のなかの一部のセルに注目し，そこで統計的に有意な関連が見られるかどうかを検証する方法として，残差の検定が用いられる．

すでに見たように，残差が大きければ，観測度数が期待度数から大きく離れていることがわかる．そのため，残差の大きいセルに 2 変数の関連が特徴的に現れている．そこで，残差を期待度数で調整し，期待度数に比した各セルの相対的な残差の大きさを示す調整標準化残差 $d_{ij}$ を，次のように計算する．ただし，$E_{ij}$ は $i$ 行 $j$ 列のセルの期待度数，$O_{ij}$ は $i$ 行 $j$ 列のセルの観測度数，$p_{i.}$ は $i$ 行の列周辺度数の列パーセント，$p_{.j}$ は $j$ 列の行周辺度数の行パーセントである．

$$d_{ij} = \frac{O_{ij} - E_{ij}}{\sqrt{E_{ij} \times (1 - p_{i.}) \times (1 - p_{.j})}} \tag{5.4}$$

調整標準化残差は，期待度数が十分に大きければ，「残差は 0」という帰無仮説のもとで，平均 0，標準偏差 1 の正規分布をする．表 5.5c をもとに，正規雇用で「あてはまらない」のセルの調整標準化残差を調べてみよう．

$$d_{ij} = \frac{O_{ij} - E_{ij}}{\sqrt{E_{ij} \times (1 - p_{i.}) \times (1 - p_{.j})}} \quad \cdots \text{調整標準化残差の公式}$$

$$d_{14} = \frac{192.00 - 241.64}{\sqrt{241.64 \times \left(1 - \frac{1616}{2247}\right) \times \left(1 - \frac{336}{2247}\right)}} \quad \cdots \text{「正規雇用」で「あてはまらない」の値を代入}$$

$$= -6.53$$

上の計算から，「正規雇用」で「あてはまらない」のセルの調整標準化残差 $d_{14}$ は，$-6.53$ となることがわかった．調整標準化残差は，標準正規分布に従うので，5%水準での限界値は 1.96 となる．したがって，$d_{ij}$ の絶対値が 1.96 よりも大きいならば，「残差は 0 である」という帰無仮説は棄却され，そのセルに関連が見られることがわかる．上の場合，$d_{ij} = -6.53$ の絶対値は，1.96 よりも大きいため，帰無仮説は棄却される．つまり，「正規雇用の場合には，非正規雇用と比べ，『あてはまらない』と答える傾向が弱い」ということができる．

## 5.9 クロス集計表の表記

クロス集計表の標準的な表記法は，表 5.7 のようになる．クロス集計表の各セルには行パーセントを記入し，行周辺度数を記載する．クロス集計表の下には，カイ二乗検定の結果を記載する．$\chi^2$ はカイ二乗統計量，$d.f.$ はその自由度を示し，検定結果として有意確率 “$p < 0.01$” であることを表示している．また，あわせて関連性係数の値を示す．表 5.7 では，関連の度合いを表す統計量としてクラメールの $V$ を “Cramer's $V$” として表記している．

**表 5.7**　雇用形態と職業訓練機会のクロス集計表（表示は行%，括弧内は度数）
出典：東大社研・若年パネル調査 (wave1)

| | かなり<br>あてはまる | ある程度<br>あてはまる | あまり<br>あてはまらない | あてはまら<br>ない | 合計 |
|---|---|---|---|---|---|
| 正規雇用 | 21.41 | 45.92 | 20.79 | 11.88 | 100.00 (1616) |
| 非正規雇用 | 15.06 | 36.93 | 25.20 | 22.82 | 100.00 (631) |
| 合計 | 19.63 | 43.39 | 22.03 | 15.95 | 100.00 (2247) |

$\chi^2 = 59.37, d.f. = 3, p < 0.05$, Cramer's $V = 0.16$

**【R を用いたクロス集計表の作成】**

R を用いてクロス集計表を作成する場合，`table` コマンドを用いる．しかし，`table` コマンドでは，行パーセントを同時に出力するようなことはできず，分析にやや手間がかかる．そこで，`gmodels` パッケージの `CrossTable` を用いて作成する．

表 5.8 の仮想データを用いて，分析を行ってみよう．この仮想データでは，25 人分の性別（`sex`：男性が 1，女性が 0）と生活満足度（`satis`：不満足が 1，満足が 2），雇用形態（`regu`：正規雇用が 1，非正規雇用が 0）のデータが含まれている．

まず，下記のようにコマンドを書き，`gmodels` パッケージをインストールする．

```
> install.packages("gmodels")
```

このとき，CRAN のミラーサイトを選ぶように指示される．どこを選んでもよいが，自分の今いる地点から近いところを選ぶとよいだろう．

インストールが終わったら，以下のように `library` コマンドを入力し，`gmodels` パッケージを読み込む．

```
> library(gmodels)
```

次に，表 5.8 の内容を chap5.csv という名前で，csv 形式のファイルとして保存しておこう．

**表 5.8**　性別と満足度，雇用形態の仮想データ

| ID | sex | satis | regu |
|---|---|---|---|
| 1 | 1 | 2 | 1 |
| 2 | 1 | 1 | 1 |
| 3 | 1 | 1 | 1 |
| 4 | 1 | 1 | 0 |
| 5 | 0 | 1 | 0 |
| 6 | 0 | 2 | 1 |
| 7 | 0 | 2 | 0 |
| 8 | 1 | 1 | 1 |
| 9 | 1 | 1 | 0 |
| 10 | 1 | 1 | 1 |
| 11 | 0 | 2 | 1 |
| 12 | 0 | 2 | 1 |
| 13 | 0 | 1 | 0 |
| 14 | 0 | 2 | 0 |
| 15 | 0 | 2 | 1 |
| 16 | 1 | 1 | 1 |
| 17 | 1 | 2 | 1 |
| 18 | 0 | 2 | 0 |
| 19 | 0 | 1 | 0 |
| 20 | 1 | 1 | 1 |
| 21 | 1 | 1 | 0 |
| 22 | 0 | 2 | 0 |
| 23 | 0 | 1 | 0 |
| 24 | 0 | 2 | 0 |
| 25 | 0 | 2 | 0 |

これまでの章と同様，このデータを d5 という名前で保存する．

```
> d5 <- read.csv("chap5.csv", header=TRUE)
```

クロス集計表を作成するには，`CrossTable` コマンドを用いる．括弧内での指定はやや複雑であるので，例を挙げながら見ていこう．性別を独立変数，雇用形態を従属変数としたクロス表を作成し，観測度数，行パーセント，調整標準化残差をセルのなかに表示，あわせてカイ二乗検定を行うことを指摘するコマンドは，以下のようになる．

```
> CrossTable(d5$sex, d5$regu, expected=F, prop.r=T, prop.c=F, prop.t=F,
  prop.chisq=F, chisq=T, asresid=T, format="SPSS")
```

個々の指定について，順に見ていく．まず括弧内では，独立変数，従属変数の順

で指定する．今,性別が独立変数,雇用形態が従属変数なので，d5$sex，d5$regu という順になる．次に expected=F と書いてあるのは，期待度数を出力するかどうかの指定である．F とは FALSE の略で,「出力しない」という指定を意味する．もし出力させたい場合は，=の後を T または TRUE にすればよい．prop.r，prop.c，prop.t は，それぞれ行パーセント，列パーセント，全体パーセントである．デフォルトでは出力するので，出力しない場合は F または FALSE と指定する必要がある．prop.chisq はそのセルの残差が全体のカイ二乗値に占める度合い，chisq はカイ二乗検定の結果の出力についてのコマンドである．前者はデフォルトで出力され，後者はされないので，必要に応じて T か F か指摘する．asresid は調整標準化残差であり，デフォルトでは出力されない．format="SPSS" は SPSS 形式でそれぞれの値を出力するという指定である．デフォルトでは SAS 形式になるが，調整標準化残差が出力されなくなるので，SPSS 形式にしておくとよい．

これらの指定をしたうえでコマンドを走らせると，次のような結果が得られる．まず，セルのなかに観測度数，行パーセント，調整標準化残差が表記されていることが確認できる．

続いてクロス集計表の総度数が示され，クロス集計表が出力されている．これを見ると，女性では 71.43%が非正規雇用であるのに対し，男性では 27.27%にとどまることがわかる．また，調整標準化残差を見ると，どのセルも 2.914 であり，1.96 よりも大きい．そのため，女性では非正規雇用になる傾向があり，男性では正規雇用になる傾向があるといえる．ちなみに，2 カテゴリの変数同士の $2 \times 2$ クロス表であれば，各セルの残差の値の絶対値は同じになる．

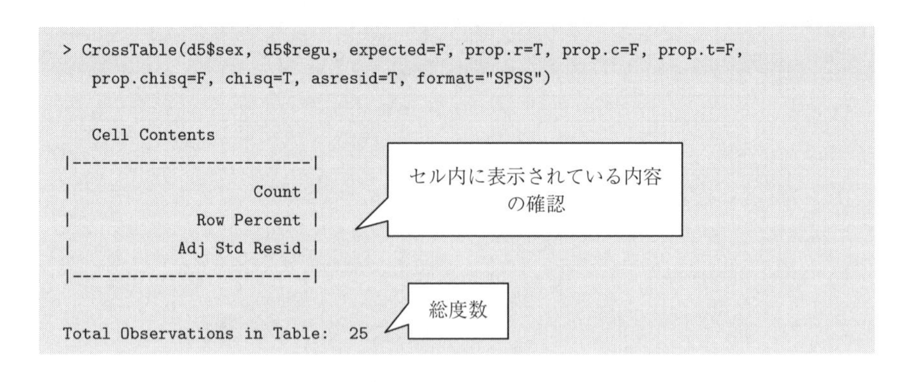

```
> CrossTable(d5$sex, d5$regu, expected=F, prop.r=T, prop.c=F, prop.t=F,
   prop.chisq=F, chisq=T, asresid=T, format="SPSS")

   Cell Contents
|-------------------------|
|                   Count |
|             Row Percent |
|           Adj Std Resid |
|-------------------------|

Total Observations in Table:  25
```

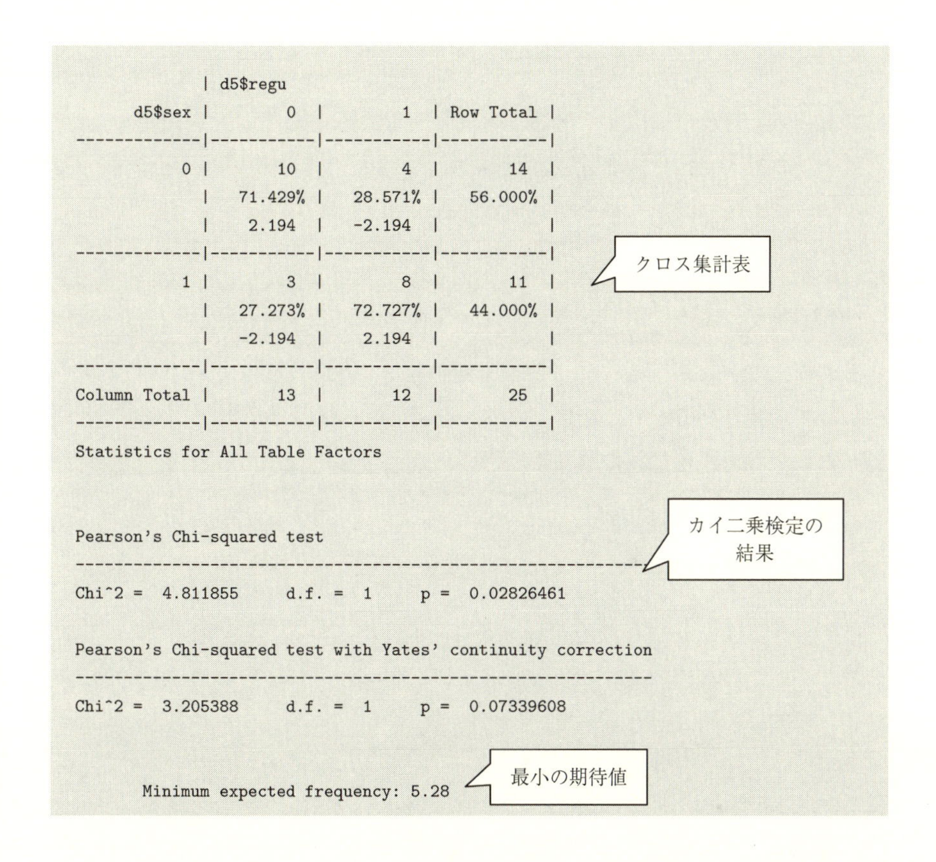

```
             | d5$regu
      d5$sex |         0 |         1 | Row Total |
-------------|-----------|-----------|-----------|
           0 |        10 |         4 |        14 |
             |   71.429% |   28.571% |   56.000% |
             |     2.194 |    -2.194 |           |
-------------|-----------|-----------|-----------|
           1 |         3 |         8 |        11 |
             |   27.273% |   72.727% |   44.000% |
             |    -2.194 |     2.194 |           |
-------------|-----------|-----------|-----------|
Column Total |        13 |        12 |        25 |
-------------|-----------|-----------|-----------|
Statistics for All Table Factors


Pearson's Chi-squared test
------------------------------------------------------------
Chi^2 =  4.811855     d.f. =  1     p =  0.02826461

Pearson's Chi-squared test with Yates' continuity correction
------------------------------------------------------------
Chi^2 =  3.205388     d.f. =  1     p =  0.07339608


       Minimum expected frequency: 5.28
```



クロス集計表の下には，カイ二乗検定の結果が出力されている．似たような表記が2つあるが，本章で見たのと同じカイ二乗検定の値は，2つあるうちの上の結果である[7]．これを見ると，$p$ 値は0.03となっており，$p < 0.05$ を満たしている．したがって，この仮想データにおいては，性別と雇用形態には，5%水準で統計的に有意な関連があるといえる．

また，結果の最後には最小の期待度数が示されている．カイ二乗検定の結果

[7] 下に出力される結果は，イエイツの補正 (Yate's continuity correction) を行ったカイ二乗検定の結果であり，2カテゴリの変数同士のクロス集計表（2×2クロス集計表）で期待値が小さく，カイ二乗検定の結果が歪んでいる可能性がある場合には，こちらの結果を用いるのがよいとされている．今回の分析では最小の期待値が5を上回っているため，通常のカイ二乗検定の結果を使用できるが，イエイツの補正を行った場合には有意な関連は見られないとの結果が出ている．イエイツの補正の具体的な計算式については，太郎丸 (2005) などを参照．

が歪んでいないかを確認するためにも，見ておく必要がある．期待値が小さすぎる場合や5以下のセルが多く存在する場合は，ここに警告が出る．

CrossTable コマンドでは，クラメールの $V$ の値を出力することはできない．そこで，vcd パッケージの assocstats コマンドを用いる．先ほどと同様，vcd パッケージのインストールを行い，library で読み込む．

```
> install.packages("vcd")
> library(vcd)
```

そのうえで，assocstats コマンドを走らせる．括弧内では，クロス集計表を table コマンドを用いて指定している．table の括弧のなかでは，先ほどと同様，独立変数，従属変数の順で指定すればよい．

```
> assocstats(table(d5$sex, d5$regu))
```

すると，下記のように結果が出力される．ほかにも指標が出力されているが，ここではクラメールの $V$ の値が最も下に表示されていることを確認するだけにしておく．このクロス集計表から求められるクラメールの $V$ の値は 0.439 であり，比較的強い関連がある．

```
> assocstats(table(d5$sex, d5$regu))
                    X^2 df P(> X^2)
Likelihood Ratio 4.9748  1 0.025719
Pearson          4.8119  1 0.028265

Phi-Coefficient   : 0.439
Contingency Coeff.: 0.402
Cramer's V        : 0.439
```

**問題 5.1** 上のデータをもとに，「性別によって満足度が異なる」かどうかを調べるクロス集計表を作成したうえで，カイ二乗検定と残差の検定を行い，この関連を検証しなさい．また，クラメールの $V$ を求め，2変数の関連の強さを調べなさい．

## 参考文献

Cohen, J.: *Statistical Power Analysis for the Behavioral Sciences (2$^{nd}$ ed.)*. Hillsdale: Lawrence Erlbaum (1988), 588 p

Rea, L. M., Parker, R. A.: *Designing and conducting survey research.* San Francisco: Jossey-Bass (1992), 278 p

Kotrlik, J. W., Williams, H. A., Jabor, M. K.: Reporting and interpreting effect size in quantitative agricultural education research, *Journal of Agricultural Education*, **52**: 132-42 (2011)

太郎丸博：人文・社会科学のためのカテゴリカル・データ解析入門．ナカニシヤ出版 (2005), 241 p

# 6 平均の差の検定

## 6.1　2 集団の平均値を比べる

**社会的地位**が何によって決まっているのかということは，行動科学の研究において主要な研究テーマの 1 つである．近代化の過程で，社会的地位は身分などの生まれによって決まるもの（**帰属主義・属性主義**）から，本人の成し遂げることのできる業績によって決まるもの（**業績主義・メリトクラシー**）へと変化したと考えられている．一方で，今日の社会においても，さまざまな属性が社会的地位に大きな影響を与えていることは否定できない．その影響力のある属性の 1 つが性別である．

図 6.1 に示したように，労働力調査によれば，1968 年以降，15〜64 歳の女性

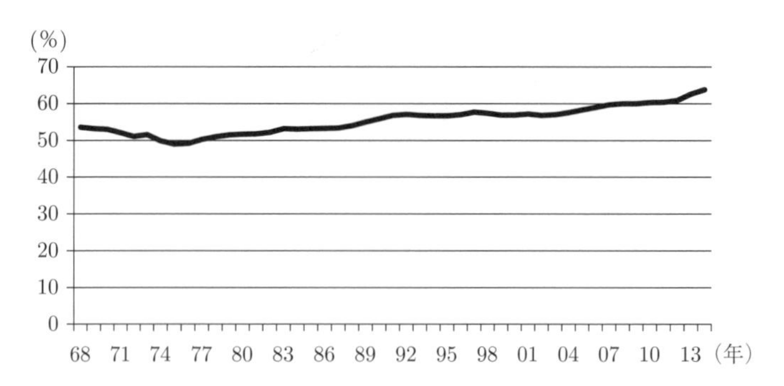


**図 6.1**　15〜64 歳の女性の就業率の推移
出典：労働力調査長期時系列データ（総務省統計局）

の就業率は徐々に高まっており，2014 年には 63.6%に達した．今日では，15～64 歳の女性の半数以上が何らかの形で就労していることになる．しかし，女性の役割と男性の役割が明確に分離されているような社会においては，女性と男性では就きやすい職業が異なると考えられる．このような状況を，**性別職域分離**と呼ぶ．特に，男性がより専門性が高く，社会的評価の高い職に就くのに対し，女性は専門性が低く，社会的評価の低い職に就きやすくなるような「**垂直的分離**」が生じている場合には，女性の地位が男性よりも低くなると考えられる[1]．そこで，現代の日本社会において，こうした垂直的分離がどの程度生じているのか,「女性は男性に比べ地位の低い職に就きやすくなる」という理論仮説を検証していこう．

この理論仮説を作業仮説にするためには,「地位の低い職」を具体的に定義する必要がある．そこで，**職業威信スコア**を指標として用いる．職業威信スコアとは，個々の職業の社会における望ましさや地位の高さを示す指標である．もちろん，職業に貴賤があるわけではない．しかし，多くの人々は，個々の職業に対して異なる社会的評価をしていることも事実であろう．職業威信スコアは，そうした，社会のなかで個々の職業に下されている評価を測るものなのである．具体的には，1995 年の SSM 調査では以下のような質問によって測られている[2]．

> ここにいろいろの職業をかいた用紙があります．世間では一般にこれらの職業を高いとか低いとかいうふうに区別することもあるようですが，いまかりにこれらの職業を高いものから低いものへの順に 5 段階にわけるとしたらこれらの職業はどのように分類されるでしょうか．それぞれの職業について「最も高い」「やや高い」「ふつう」「やや低い」「最も低い」のどれか 1 つを選んでください．

各職業に対する評価について,「最も高い」を 100 点,「やや高い」を 75 点,「ふつう」を 50 点,「やや低い」を 25 点,「最も低い」を 0 点として点数を与え，それぞれの職業の平均点を計算する．これが職業威信スコアである．

---

1) 性別職域分離は「垂直的分離」と「水平的分離」に分けられる.「水平的分離」とは，地位の高さとはかかわりなく，職種による男女の分布の偏りが存在することを指す (Blackburn, *et al.*, 2002).

2) 1995 年 SSM 調査研究会　編：1995 年 SSM 調査 コード・ブック，日本図書センター (1995)

**表 6.1**　SSM2005 における職業威信スコア（男女別）
出典：SSM2005

| | 平均値 | 度数 | 標準偏差 |
|---|---|---|---|
| 男性 | 51.95 | 2154 | 9.55 |
| 女性 | 49.03 | 1901 | 7.65 |
| 合計 | 50.60 | 4055 | 8.83 |

表 6.1 は，SSM2005 をもとに，職業威信スコアの性別ごとの平均値と標準偏差を示したものである．

表 6.1 を見ると，男性と比べ女性の職業威信スコアの平均値は 2.9 ポイント低くなっている．ここから，女性は男性に比べ，威信の低い社会的地位が低い職業に就きやすいといえるだろうか．この男女差は，あくまでも日本全国に暮らす人たちのうちの一部に対して行った調査であり，母集団（日本に暮らす市民全体）について見れば男女差はないにもかかわらず，「たまたま」こうした差が生じたのかもしれない．母集団においても，男女で職業威信スコアが異なるといえるのかどうかを検証するためには，**平均の差の統計的検定**を行う必要がある．

## 6.2　$t$ 検定の考え方

性別のような 2 つの集団（「**群**」と呼ばれることもある）について，平均値の差の検定を行う際には，一般に **$t$ 検定**が行われる．この検定を $t$ 検定と呼ぶのは，**$t$ 値**と呼ばれる統計量を用いて検定を行うからである．

平均の差の検定においては，帰無仮説と対立仮説は以下のように立てられる．

$H_0$：男性と女性の職業威信スコアの平均値は同じである．
$H_1$：男性と女性の職業威信スコアの平均値は異なる．

表 6.1 で見たように，標本においては男女の職業威信スコアの平均値は 2.9 ポイント異なっている．平均の差の検定においては，第 4 章で母平均についての検定を行った際と同様に，母集団において帰無仮説が成り立っている場合に標本のような差が得られる確率を求め，それが一定の水準を下回っているかどうかを見ることによって検定を行う．

第3章で述べたように，標本の数が十分に大きいときには，中心極限定理から標本平均の分布は正規分布に従い，その平均は標本の抽出された母集団の平均に等しくなる．ここから，平均が $\mu_1$，分散が $\sigma_1^2$ である母集団（今回の例では日本市民のなかの男性労働者全員）と，平均が $\mu_2$，分散が $\sigma_2^2$ である母集団（今回の例では日本市民のなかの女性労働者全員）からそれぞれ無作為に抽出された標本の平均の差は，平均 $\mu_1 - \mu_2$，分散 $\frac{\sigma_1^2}{n_1} + \frac{\sigma_2^2}{n_2}$ の正規分布に従う．ただし，$n_1, n_2$ はそれぞれの標本の数である．

第4章の母平均の検定の考え方を用いれば，平均の差 $(\mu_1 - \mu_2)$ が 0，すなわち2つの集団の平均が等しいと考えた場合，現在の標本で得られる平均の差が得られる確率は式 (6.1) の $z$ の値をもとにして評価することができる．ただし，$\bar{x}_1$，$\bar{x}_2$ はそれぞれの標本の平均を意味する．

$$z = \frac{\bar{x}_1 - \bar{x}_2}{\sqrt{\dfrac{\sigma_1^2}{n_1} + \dfrac{\sigma_2^2}{n_2}}} \tag{6.1}$$

通常，社会調査データをもとにした分析を行うのは，母集団の特徴を知りたいからである．したがって，母集団の標準誤差 $\sqrt{\frac{\sigma_1^2}{n_1} + \frac{\sigma_2^2}{n_2}}$ は不明である．そこで，母分散の情報を必要とする $z$ の値を用いた検定ではなく，標本の分散がわかれば求めることのできる $t$ の値を用いることにより，検定を行う．これが $t$ 検定である．ただし，平均についての $t$ 検定を用いる際には，① 正規分布をしている2つの独立な母集団から無作為に標本が抽出されていること[3)]，および，② 2つの母集団の分散が等しい $(\sigma_1^2 = \sigma_2^2)$ ことが仮定されている．このうち，① の仮定については，大規模標本の社会調査データであれば中心極限定理から正規分布に近似するので，それほど重要ではない．② の仮定が満たされない場合の平均の差の検定の方法は，6.4 節で説明する．

上記の仮定が満たされる場合，母集団での分散 $(\sigma_1^2 = \sigma_2^2)$ の推定値 $s^2$ を以下

---

3) したがって，夫婦のデータや同じ対象者に二度調査を行った場合など，集団間に対応関係がある場合は，通常の $t$ 検定を行うことはできない．このような場合には，$t = (\bar{x}_1 - \bar{x}_2)/\sqrt{(\sigma^2/n)}$ で $t$ 値を求める．ただし，$x_1$，$x_2$ はそれぞれの集団の $x$ の平均値，$n$ は対の数であり，$\sigma^2$ は差の不偏分散，すなわち $\sigma^2 = \sum_{i=1}^{n} \frac{(x_{1i} - x_{2i})^2}{(n-1)}$ で求められる．集団間に対応関係がある場合には，差の標準誤差が小さくなると考えられるので，上記の式で計算を行うことにより，より有意な差を見出す検出力が高くなる．詳しくは，向後・冨永 (2007)，第5章を参照のこと．

の式 (6.2) で求めることができる．

$$s^2 = \frac{(n_1 - 1)s_1^2 + (n_2 - 1)s_2^2}{n_1 + n_2 - 2} \tag{6.2}$$

ただし $n_1, n_2$ はそれぞれの集団の標本数，$s_1^2, s_2^2$ はそれぞれの集団の標本の分散である．この式から，$s^2$ は，2 つの集団の標本の分散をサンプル・サイズで重みづけした平均であることがわかるだろう．この分散 $s^2$ のことを，「**合併分散**」と呼ぶ．

この $s^2$ を用いて，以下の式 (6.3) で平均の差の検定を行うための統計量 $t$ を求める．ここで，$t$ の自由度は $n_1 + n_2 - 2$ になる．また，括弧内の $\alpha$ は有意水準を示している．

$$t_{n_1+n_2-2}(\alpha) = \frac{\bar{x}_1 - \bar{x}_2}{\sqrt{\dfrac{s^2}{n_1} + \dfrac{s^2}{n_2}}} = \frac{\bar{x}_1 - \bar{x}_2}{s\sqrt{\dfrac{1}{n_1} + \dfrac{1}{n_2}}} \tag{6.3}$$

$t$ 検定の考え方は，第 4 章の標準正規分布表を用いた検定の考え方と基本的には同じである．図 6.2 は，両側検定の場合の $t$ 検定の考え方を示したものである．もしもデータから求めた $t$ の絶対値が，有意水準 $\alpha$ の場合の $t$ の限界値の $t(\alpha/2)$ よりも大きければ，求めた $t$ の値は図 6.2 のグレーで塗りつぶされた部分に入ることになる．帰無仮説が成り立っている場合に，このような $t$ の値

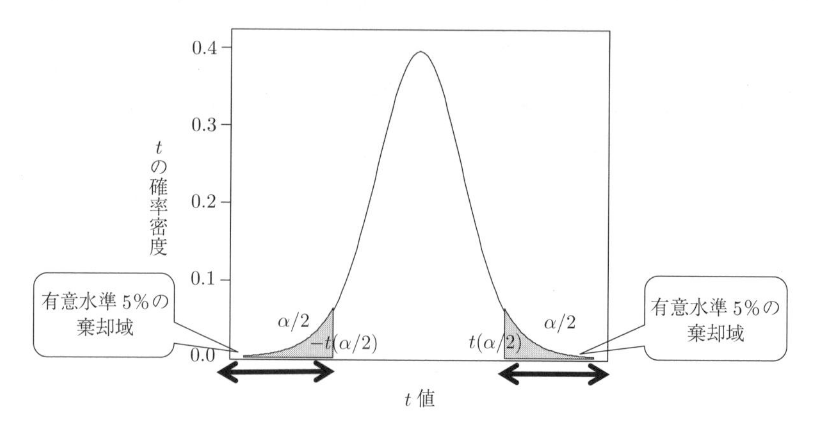


**図 6.2**　$t$ 分布を用いた統計的検定の考え方（両側検定，$\alpha = 0.05$ の場合）

**表 6.2**　男女 10 人の職業威信スコアの仮想データ

| ケース番号 | 男性 | 女性 |
|---|---|---|
| 1 | 59.70 | 38.10 |
| 2 | 45.60 | 42.00 |
| 3 | 59.70 | 38.10 |
| 4 | 48.90 | 42.20 |
| 5 | 78.10 | 42.00 |
| 6 | 63.60 | 44.30 |
| 7 | 66.30 | 59.70 |
| 8 | 38.10 | 48.90 |
| 9 | 50.40 | 51.30 |
| 10 | 42.20 | 42.40 |
| 平均 | 55.26 | 44.90 |
| 標準偏差 | 12.36 | 6.66 |

が得られる確率は非常に低い．したがって，帰無仮説は棄却できると考えられ，対立仮説を採択する．

ここでは，表 6.2 の男女それぞれ 10 ケースからなる職業威信スコアの仮想データをもとに，性別によって職業威信スコアに差があるのかどうかを，$t$ 検定を用いて分析してみよう．

まず，母集団における平均の差の分散の推定値である $s^2$ は，式 (6.2) から以下のように求められる．

$$
\begin{aligned}
s^2 &= \frac{(n_1-1)s_1^2+(n_2-1)s_2^2}{n_1+n_2-2} && \cdots \text{合併分散 } s^2 \text{の公式} \\
&= \frac{(10-1)12.36^2+(10-1)6.66^2}{10+10-2} && \cdots \text{表 6.2 の値を代入} \\
&= \frac{1774.13}{18} \\
&= 98.56\ldots
\end{aligned}
$$

この $s^2$ の値をもとにして，検定統計量 $t$ の値を求める．

$$
\begin{aligned}
t_{n_1+n_2-2}(\alpha) &= \frac{\bar{x}_1-\bar{x}_2}{\sqrt{\dfrac{s^2}{n_1}+\dfrac{s^2}{n_2}}} = \frac{\bar{x}_1-\bar{x}_2}{s\sqrt{\dfrac{1}{n_1}+\dfrac{1}{n_2}}} && \cdots \text{検定統計量 } t \text{ の公式} \\
t_{10+10-2}(0.05) &= \frac{55.26-44.90}{\sqrt{\dfrac{98.56}{10}+\dfrac{98.56}{10}}} && \cdots s^2 \text{と表 6.2 の値を代入}
\end{aligned}
$$

$$= \frac{10.36}{4.44}$$
$$= 2.33\ldots$$

以上のように，表 6.2 で見られた男女の職業威信スコアの平均値の差についての検定統計量 $t$ は 2.33 となる．この $t$ 値の絶対値 $|t|$ が，有意水準 $\alpha$ の場合の $t$ の限界値の $t(\alpha/2)$ よりも大きければ，帰無仮説は棄却される．

第 3 章で見たように，$t$ 分布の形状は自由度の大きさによって異なる．そのため，$t$ 値の限界値も自由度によって異なる．巻末の $t$ 分布表（付表 C）をもとに，有意水準 5%で両側検定を行う場合の $t$ の限界値を求めてみよう．今回の分析では，自由度は以下のように求められる．

$$\begin{aligned} d.f. &= n_1 + n_2 - 2 && \cdots \text{検定統計量 } t \text{ の自由度の公式} \\ &= 10 + 10 - 2 && \cdots \text{表 6.2 の値を代入} \\ &= 18 \end{aligned}$$

有意水準 5%，自由度 18 の場合の $t$ の限界値は，$t$ 分布表より，2.10 となる．表 6.2 の標本データをもとに求めた検定統計量 $t$ の絶対値 2.33 は限界値 2.10 よりも大きいので，帰無仮説は棄却される．つまり，男性と女性の職業威信スコアの平均値は異なるという対立仮説が支持される．また，それぞれの平均値の値を考慮すれば，男性の職業威信スコアの平均値は女性の平均値よりも高く，男性は女性よりも社会的地位の高い職業に就きやすいといえるだろう．

表 6.2 の仮想データだけでなく，表 6.1 のデータについて分析した場合にも同様に，男女で職業威信スコアの平均値に 5%水準で有意な差が見られるので，検証してみてほしい．

## 6.3　等分散性の仮定の検定

$t$ 検定は，2 つの母集団において分散が等しいことを前提としていた．しかし，これは必ずしも成り立たない．表 6.1 においても，男性の職業威信スコアの標準偏差が 9.55 であるのに対し，女性の職業威信スコアの標準偏差は 7.65 となっており，一致していない．もちろん，この差は今回の標本でたまたま得られたものということも考えられる．しかし，女性よりも男性のほうが就く仕事の幅が広いとすれば，母集団においても男性と女性で職業威信スコアの分散が異なる可能性もある．そこで，2 つの母集団の分散が等しいかどうかを調べる検定を行い，これを調べることで，前節の検定結果の妥当性を確認する．

等分散性の検定における帰無仮説と対立仮説は，次のように立てることができる．

$H_0$：男性と女性の職業威信スコアの分散は等しい $(\sigma_1^2 = \sigma_2^2)$.
$H_1$：男性と女性の職業威信スコアの分散は異なる $(\sigma_1^2 \neq \sigma_2^2)$.

等分散性の検定には，統計量 $F$ 値を用いた検定によるいくつかの手法がある．ここでは，正規分布からの逸脱に頑健なブラウン–フォーサイス検定 (Brown-Forsythe test) を紹介する (Brown & Forsythe, 1974)．$k$ 個の集団の等分散性の検定を行う場合，ブラウン–フォーサイスの検定統計量 $w$ は以下のようになる．

$$w = \frac{n-k}{k-1} \times \frac{\sum_{j=1}^{k} n_j(\bar{z}_{.j} - \bar{z}_{..})^2}{\sum_{j=1}^{k}\sum_{i=1}^{n_i}(z_{ij} - \bar{z}_{.j})^2} \tag{6.4}$$

ただし，$z_{ij}, \bar{z}_{.j}, \bar{z}_{..}$ は以下のように定義される．

$$z_{ij} = |x_{ij} - \tilde{x}_{.j}| \tag{6.5}$$

$$\bar{z}_{.j} = \frac{\sum_{i=1}^{n_j} z_{ij}}{n_j} \tag{6.6}$$

$$\bar{z}_{..} = \frac{\sum_{j=1}^{k}\sum_{i=1}^{n_j} z_{ij}}{\sum_{j=1}^{k}\sum_{i=1}^{n_j} n_{i.}} \tag{6.7}$$

つまり，$z_{ij}$ は各集団における各個体の中央値 $\tilde{x}_{.j}$ からの距離であり，$\bar{z}_{.j}$ はその集団ごとの平均値，$\bar{z}_{..}$ は全体での平均値になる．

この式で求められる $w$ の値は，自由度 $k-1$，$n-k$ の $F$ 分布に近似的に従う．したがって，$F$ 分布表における，ある有意水準のもとでの自由度 $(k-1, n-k)$

の値よりも大きい場合，帰無仮説は棄却されることになる．

表6.1のデータにあてはめると，$F = 4.40\cdots$ となる．自由度(1,4053)，有意水準5%の場合の検定統計量 $F$ の限界値は3.84なので，ここで求めた $F$ 値は限界値を上回っている．したがって，帰無仮説は棄却され，母集団において2つの集団（男性と女性）の職業威信スコアの分散は等しいとはいえない，すなわち，等分散性が成り立っていないことがわかる．よって，6.2節の $t$ 検定では分析結果の妥当性を疑問視せざるを得ない．そこで次節では，分散が異なる場合の検定を紹介する．

## 6.4　等分散性が成り立たないときは?—ウェルチの検定

6.2節で見たように，$t$ 検定は2つの母集団の分散が等しい（等分散性が成り立つ）ことを前提とした分析方法である．2つの母集団AとBにおいて，変数 $y$ の分布が図6.3のようになっていた場合を考えてみよう．このとき，$y$ の値は2集団とも11.42で一致しているが，その標準偏差はAでは113.3，Bでは20.5と大きく異なり，等分散性は成り立たない．この2つの母集団から標本を抽出した場合には，実際の母集団での平均は同じであるにもかかわらず，AとBで標本平均が異なる可能性が高まる．つまり，「2つの母集団で平均に差がない」という帰無仮説が正しいにもかかわらず，それを棄却してしまう，第一種の過誤の危険性が高まるのである．

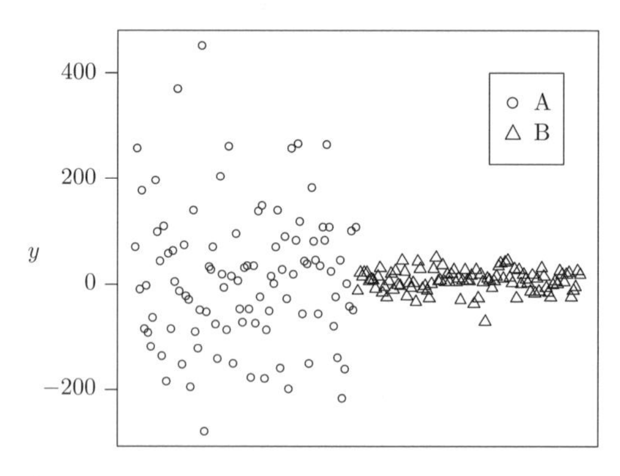


**図6.3**　等分散性が成り立たない場合の平均が同じ2集団の分布（仮想データ）

そこで，等分散性の仮定が成り立っていない場合には，こうした分散の違いにもかかわらず頑健な結果を得ることができる他の検定を用いたほうがよい．6.2 節では $t$ 検定によって男女の職業威信スコアには統計的に有意な差があると考えたが，この分析は適切ではなかったことになる．このように等分散性の仮定が満たされない場合，自由度や標準誤差の推定について補正を加えたウェルチ (Welch) の $t$ 検定を行うことで，平均の差の検定を行うことができる (Welch, 1938).

ウェルチの $t$ 検定では，$t$ 値は以下の式で求められる．

$$t = \frac{\bar{x}_1 - \bar{x}_2}{\sqrt{\dfrac{s_1^2}{n_1} + \dfrac{s_2^2}{n_2}}} \tag{6.8}$$

式 (6.8) は，6.2 節における $t$ 値の式 (6.3) とは分母の式が異なっている．$t$ 値では 2 つの母集団の合併分散 $s^2$ を用いていたが，ウェルチの $t$ 値は各集団の不偏分散 $(s_1^2, s_2^2)$ をそのまま用いる．この $t$ 値は，以下の式で計算される自由度 $\nu$ の $t$ 分布に近似することが知られている．

$$v = \frac{\left(\dfrac{s_1^2}{n_1} + \dfrac{s_2^2}{n_2}\right)^2}{\dfrac{s_1^4}{n_1^2(n_1 - 1)} + \dfrac{s_2^4}{n_2^2(n_2 - 1)}} \tag{6.9}$$

したがって，上記の式で求めた $t$ 値の絶対値が，$t$ 分布表におけるある有意水準のもとでの自由度 $v$ の $t$ 値を上回っているとき，帰無仮説は棄却される．

表 6.1 の例で見ると，ウェルチの $t$ の値は以下のように求められる．

$$\begin{aligned}
t &= \frac{\bar{x}_1 - \bar{x}_2}{\sqrt{\dfrac{s_1^2}{n_1} + \dfrac{s_2^2}{n_2}}} && \cdots \text{ウェルチの } t \text{ の公式} \\
&= \frac{51.95 - 49.03}{\sqrt{\dfrac{9.55^2}{2154} + \dfrac{7.65^2}{1901}}} && \cdots \text{表 6.1 の値の代入} \\
&= \frac{2.92}{0.27} \\
&= 10.81\ldots
\end{aligned}$$

また，この場合の自由度 $v$ は以下のようになる．

$$v = \frac{\left(\frac{s_1^2}{n_1} + \frac{s_2^2}{n_2}\right)^2}{\frac{s_1^4}{n_1^2(n_1 - 1)} + \frac{s_2^4}{n_2^2(n_2 - 1)}} \qquad \cdots \text{自由度 } v \text{ の公式}$$

$$= \frac{\left(\frac{9.55^2}{2154} + \frac{7.65^2}{1901}\right)^2}{\frac{9.55^4}{2154^2 \times (2154 - 1)} + \frac{7.65^4}{1901^2 \times (1901 - 1)}} \qquad \cdots \text{表 6.1 の値の代入}$$

$$= 4016.15\ldots$$

自由度 4016，有意水準 5%の $t$ 値の限界値は 1.96 であるので，上で求めた $t$ 値の絶対値 10.81 は限界値を上回っているといえる．つまり，ウェルチの $t$ 検定を行った場合でも，帰無仮説は棄却され，男性と女性の職業威信スコアの平均値は異なるという対立仮説が支持される．

## 6.5　ウェルチの検定と $t$ 検定の選択

一般に，平均の差の検定を行う際には，1) $F$ 検定を用いて等分散性が成り立つかを確認し，2a) 等分散性が成り立つことが確認されたら，$t$ 検定を行う，2b) 等分散性が成り立たない場合には，ウェルチの $t$ 検定をはじめとした他の検定を行う，という手続きがとられてきた．

しかし，第 7 章で詳しく説明するように，本来検定を重ねて行うことは望ましいことではない．このため，近年でははじめからウェルチの $t$ 検定のみを行うという方針がとられることも少なくない．ウェルチの $t$ 検定は等分散性を満たす場合も含む検定方法であり，より一般性が高い．したがって，2 つの集団の分散が等しいという仮定を特におく理由があるとき以外は，等分散性の検定の後に $t$ 検定という手続きで繰り返し検定を行うよりも，はじめからウェルチの $t$ 検定を行うことが適当であろう．

## 6.6　平均の統計的な差と現実的な差

ところで，式 (6.3) と式 (6.8) を見ると，$t$ 検定の式は通常のものもウェルチの値も，ともにサンプル・サイズが大きくなれば，分母が 0 に近づく式になっていることがわかる．つまり，サンプル・サイズが大きい場合には，$t$ の絶対値は大きくなっていく．これは，サンプル・サイズがきわめて大きい場合，検定の結果，帰無仮説が棄却されやすくなることを意味する．

第 5 章で述べたように，統計的な有意性は関連の強さを意味するわけではない．サンプル・サイズが大きい調査では，ほとんど 0 に近いような小さな差も，母集団では 0 でないものとして検出される傾向にある．したがって，統計的に有意な差であったとしても，その差が現実と照らし合わせて意味のあるものとして受け取れるかについては，平均の差の検定とは別に検討が必要である．

どの程度の差があれば現実的に意味がある差といえるのかは，研究のテーマによって異なる．しかし，これを考える際には，6.7 節の平均の差の信頼区間を見ることが役に立つ．

## 6.7　平均の差の信頼区間

母平均の信頼区間を求めたときと同様に，平均の差についても，母集団においてどの範囲に平均の差が入るかを推定することができる．ここで，$s_{(\bar{x}_1-\bar{x}_2)}$ は平均の差の標準誤差，$t_{(\alpha/2)}$ はある自由度，有意水準 $\alpha$ に対応する統計量 $t$ の値である．このとき，平均の差 $\bar{x}_1-\bar{x}_2$ の信頼区間は以下のようになる．

$$(\bar{x}_1-\bar{x}_2)-t\left(\frac{\alpha}{2}\right)\times s_{(\bar{x}_1-\bar{x}_2)} \leq \bar{x}_1-\bar{x}_2 \leq (\bar{x}_1-\bar{x}_2)+t\left(\frac{\alpha}{2}\right)\times s_{(\bar{x}_1-\bar{x}_2)} \quad (6.10)$$

表 6.1 の性別による職業威信スコアの差の例の場合，有意水準 5%の場合の平均の差の信頼区間は，平均の差の標準誤差 $s_{(\bar{x}_1-\bar{x}_2)}$ が $\sqrt{\frac{s_1^2}{n_1}+\frac{s_2^2}{n_2}}=0.27$，自由度は $v=4016$，有意水準 5%の $t$ 値の限界値は 1.96 であるので，平均の差の信頼区間の上限，下限はそれぞれ次のように求められる．

$$\begin{aligned}
\text{信頼区間の上限} &= (\bar{x}_1-\bar{x}_2)+t\left(\frac{\alpha}{2}\right)\times s_{(\bar{x}_1-\bar{x}_2)} \quad &&\cdots\text{平均の差の信頼区間の公式値の代入}\\
&= (51.95-49.03)+1.96\times 0.27\\
&= 3.45\\
\text{信頼区間の下限} &= (\bar{x}_1-\bar{x}_2)-t\left(\frac{\alpha}{2}\right)\times s_{(\bar{x}_1-\bar{x}_2)} \quad &&\cdots\text{平均の差の信頼区間}
\end{aligned}$$

$$= (51.95 - 49.03) - 1.96 \times 0.27 \qquad \text{の公式値の代入}$$

$$= 2.39$$

つまり，男性と女性の職業威信スコアの差は，95%の確率で 2.39〜3.45 の範囲に入る．

先ほど，平均の差の信頼区間を求めることが，現実的な差の大きさを考えるうえで役に立つと述べた．より具体的には，信頼区間の下限を見て，その値が一定の基準を超えていれば，その差は意味のある差だと判断できる場合がある．平均値の差が統計的に有意でない場合，その信頼区間には 0 が含まれる．したがって，信頼区間が 0 を含んでいないとき，信頼区間の下限が 0 からどれくらい離れているかは重要な意味をもつ．職業威信スコアが最も高い職と低い職の間には 50 以上の開きがあるため，男女の平均値の差の 95%信頼区間の下限 2.39 は決して大きいとはいえない．同じデータを用いて学歴間の職業威信スコアの平均値を調べ，高校卒と大学卒の人の職業威信スコアの平均値を比較したところ 9.6 ポイント程度の違いがあった．これと比べても，男女間の職業威信スコアの差は必ずしも大きいとはいえない．

職業威信スコアの場合は絶対的な基準はないが，たとえば病気の発症率など，研究テーマによってはどの程度の差があれば意味をもつかについて明確な基準がある場合もある．この場合，信頼区間の下限をこれらの基準と比較することでも，実質的な差かどうかを検討することができる．

行動科学の研究においては，どの程度の大きさの差であれば実質的に意味のある差といえるかについて，明確な基準があることは少ない．有意性検定の結果と，実質的な効果の大きさは同じものではないことを念頭におきながら，さまざまな指標を用いて，差の実質的な意味を評価すべきだろう．

## 6.8　平均の差の図示

平均の差を分析する際には，箱ひげ図で各群の分布を確認しておくことが有効である．第 2 章で見たように，箱ひげ図には，各群の中央値のほか，四分位範囲や外れ値も表現できるからだ．

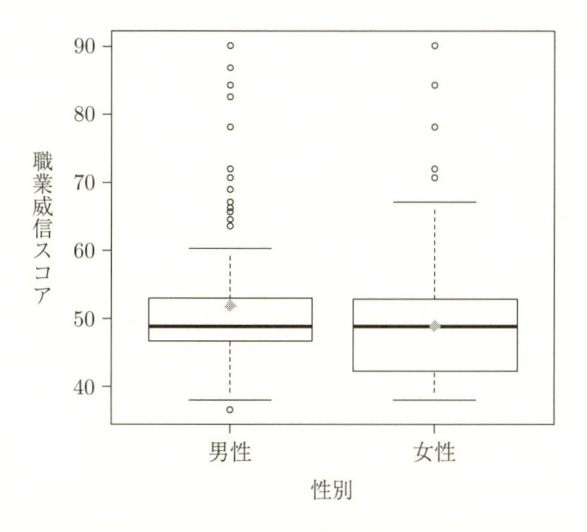


**図 6.4**　SSM2005 における男女別職業威信スコア
注：図中の灰色の点は平均値を，太線は中央値を示す．

表 6.1 で見たデータをもとに，男女の職業威信スコアを箱ひげ図で示すと，図 6.4 のようになる．図 6.4 の灰色の点は平均値を，太線は中央値を表している．これを見ると，男女で職業威信スコアの中央値はほとんど変わらないことがわかる．実際，男性の職業威信スコアの中央値は 48.9，女性の職業威信スコアの中央値は 48.9 で一致している．また，四分位範囲は男性よりも女性のほうが広くなっている．男性のほうが女性よりも幅広い職種に就くと考えられたが，実際にデータで確認すると，女性のほうが職業威信スコアの基本的な散らばりは大きいことがわかる．しかし，表 6.1 では男性のほうが職業威信スコアの分散は大きかった．この結果は，男性のほうが外れ値にあたる点が多いことに起因していると考えられる．つまり，男女で職業威信スコアに大きな差はなく，女性は一般的に男性よりも就いている職の社会的地位の幅が広い．しかし，男性では社会的地位のきわめて高い職に就く人の割合が女性よりも多いため，全体として見た場合の職業威信スコアの平均値は男性で女性よりも高くなっているといえる．このように箱ひげ図を用いることで，分布の形状と関連させながら，平均値の差がどのように生じているのかを考えることができる．

また，平均値の差を視覚的に示すうえでは，各群の母集団の平均値の信頼区

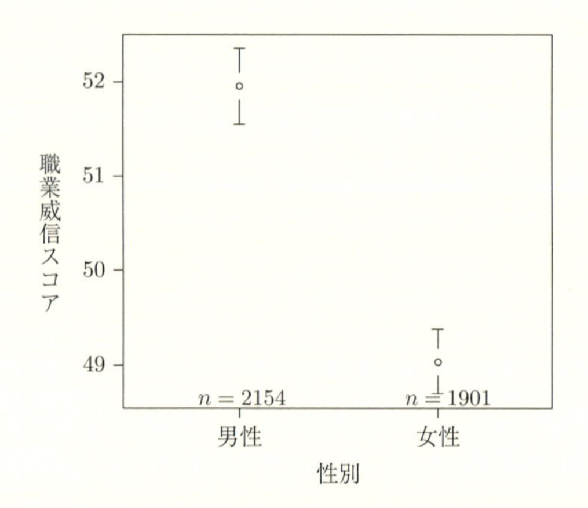


**図 6.5**　男女別職業威信スコアの平均値のプロット（95%信頼区間）

間とともに示すのが有効である．母集団の平均値の求め方は，第 3 章で見たとおりである．図 6.5 は男性，女性それぞれの平均値を，95%信頼区間とともにプロットしたものである．これを見ると，男性の職業威信スコア平均値の 95%信頼区間と，女性の職業威信スコア平均値の 95%信頼区間は重なっていない．ここからも，男性と女性の職業威信スコアの平均値に差があることが見てとれる．逆に，2 つの信頼区間が重なっている場合には，母集団における平均値には差がないと考えられる．

**【R を用いた 2 集団の平均値の差の検定】**

R では `t.test` コマンドを用いて 2 集団の平均値の差の検定を行うことができる．ここでは，男女の結婚満足度についての仮想データを用いて，R での 2 集団の平均の差の検定を行ってみよう．この仮想データは，無作為抽出によって男女それぞれ 10 名の対象者を抽出しており，`ID` は対象者番号，`sex` は性別（男性`=1`，女性`=2`），`m_satis` は 5 点満点での結婚満足度を示している（数値が大きいほど，満足度が高い）とする．これをもとに，

$H_0$：男女で結婚満足度に差はない．

$H_1$：男女で結婚満足度に差がある．

**表 6.3** 男女の結婚満足度についての仮想データ

| ID | sex | m_satis |
|---|---|---|
| 1 | 1 | 5 |
| 2 | 1 | 4 |
| 3 | 1 | 4 |
| 4 | 1 | 5 |
| 5 | 1 | 5 |
| 6 | 1 | 4 |
| 7 | 1 | 5 |
| 8 | 1 | 2 |
| 9 | 1 | 5 |
| 10 | 1 | 5 |
| ⋮ | | |
| 11 | 2 | 5 |
| 12 | 2 | 4 |
| 13 | 2 | 4 |
| 14 | 2 | 4 |
| 15 | 2 | 5 |
| 16 | 2 | 5 |
| 17 | 2 | 2 |
| 18 | 2 | 3 |
| 19 | 2 | 4 |
| 20 | 2 | 4 |

を検証してみよう.

まず，表 6.3 の内容を chap6.csv として csv 形式で保存したうえで，R で d6 として保存する.

```
> d6 <- read.csv("chap6.csv", header=TRUE)
```

`t.test` コマンドでは，括弧内で**従属変数~独立変数**という形で式を書くことで，平均値の差の検定を行うことができる．今,「性別」に影響を受けて「結婚満足度」の程度が変わるのかを調べるので，性別が独立変数，結婚満足度が従属変数となる．したがって，2 集団の平均値の差の検定のコマンドは，次のようになる.

```
> t.test(d6$m_satis~d6$sex)
```

`t.test` のデフォルトでは，等分散性を仮定しないウェルチの $t$ 検定が行われる．結果は下のようになる．出力として，有意性検定の結果，平均の差の 95%信頼区間，各集団の平均値が示されている．結果を見ると，男性の結婚満足度の平均値は 4.4，女性の結婚満足度の平均値は 4.0 であり，平均の差の検定の結果，$p$ 値は 0.36 と 0.05 よりも大きい．つまり，有意水準 5%で帰無仮説は棄却されない．したがって，男女で結婚満足度に差があるとはいえないことがわかる.

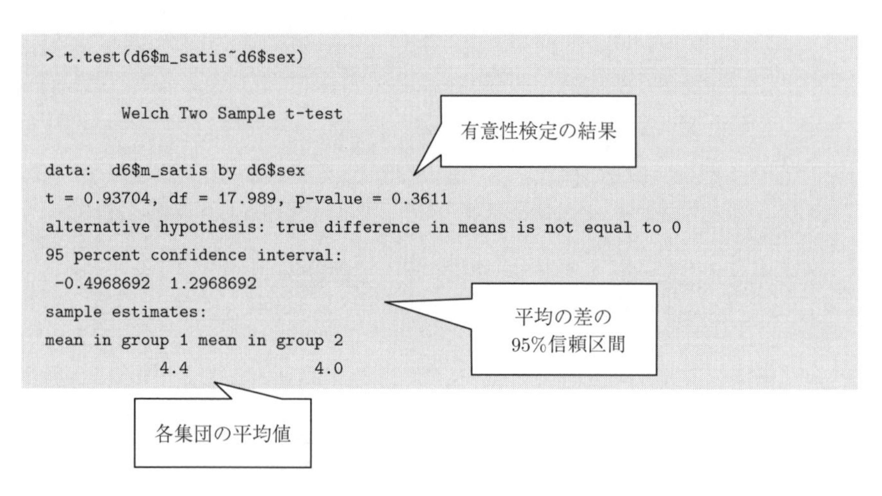

```
> t.test(d6$m_satis~d6$sex)

        Welch Two Sample t-test

data:  d6$m_satis by d6$sex
t = 0.93704, df = 17.989, p-value = 0.3611
alternative hypothesis: true difference in means is not equal to 0
95 percent confidence interval:
 -0.4968692  1.2968692
sample estimates:
mean in group 1 mean in group 2
            4.4             4.0
```



結果をまとめるときには，各集団における平均値に加えて，標準偏差も示すとよいだろう．それぞれの集団についての標準偏差を求める際には，`subset` コマンドを用いてデータを限定するのがよい．`subset(x, 条件式)` と書くことによって，条件式に合う場合の `x` のみが抽出される．たとえば，

```
> sd(subset(d6$m_satis, d6$sex==1))
```

と書くことによって，`sex` が `1`，すなわち男性のデータに限定したうえでの，結婚満足度の標準偏差を調べることができる．女性のデータを抽出したい場合には，`sex==2` としてもよいし，`sex>1` としてもよいだろう．

結果表では，平均値，標準偏差や各集団の度数を示したうえで，検定結果から得られた $t$ 値や自由度，有意性検定の結果を表の下に示すのが一般的である（表 6.4）．

**表 6.4**　結婚満足度の平均値の差の検定結果のまとめ

| | 平均値 | 度数 | 標準偏差 |
|---|---|---|---|
| 男性 | 4.4 | 10 | 0.97 |
| 女性 | 4.0 | 10 | 0.94 |
| 合計 | 4.2 | 20 | 0.95 |

$t = 0.94, d.f. = 17.99, p = 0.36$

R での平均値の差の検定のデフォルトは等分散性を仮定しないウェルチの検定

であるが，等分散性を仮定したい場合には，t.test の括弧内で var.equal=TRUE と書くことで，通常の $t$ 検定を行うことができる．

```
> t.test(d6$m_satis~d6$sex, var.equal=TRUE)
```

```
> t.test(d6$m_satis~d6$sex, var.equal=TRUE)

        Two Sample t-test

data:  d6$m_satis by d6$sex
t = 0.93704, df = 18, p-value = 0.3611
alternative hypothesis: true difference in means is not equal to 0
95 percent confidence interval:
 -0.496831  1.296831
sample estimates:
mean in group 1 mean in group 2
            4.4             4.0
```

各集団の平均値は当然変わらないが，$t$ 検定を行う際の自由度や，平均値の差の信頼区間の範囲が先ほどと異なっていることがわかる．この場合でも，有意性検定の結果，有意水準 5%で帰無仮説は棄却できない．

また，等分散性の検定を行いたい場合には，var.test コマンドを用いることができる．var.test(等分散性を調べたい変数~集団変数) とすることで，集団間で分散に差がないかを調べられる．

```
> var.test(d6$m_satis~d6$sex)
```

```
> var.test(d6$m_satis~d6$sex)

        F test to compare two variances

data:  d6$m_satis by d6$sex
F = 1.05, num df = 9, denom df = 9, p-value = 0.9433
alternative hypothesis: true ratio of variances is not equal to 1
95 percent confidence interval:
 0.2608051 4.2272939
sample estimates:
ratio of variances
              1.05
```

有意性検定の結果

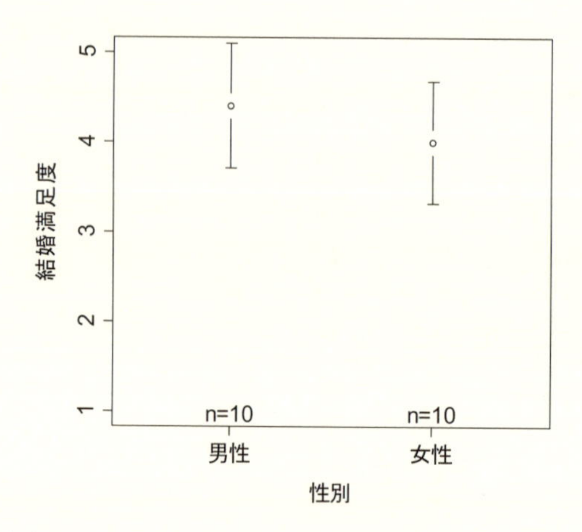


図 **6.6**　仮想データをもとにした男女の結婚満足度の平均値のプロット

この結果からは，有意水準5%で帰無仮説は棄却できない，すなわち，等分散性が成り立っていることがわかる．

平均の差を信頼区間つきでプロットしたい場合には，gplotsというパッケージに入っているplotmeansコマンドが便利である．まず，gplotsパッケージをインストールしたうえでパッケージを読み込む．

```
> install.packages("gplots")
> library(gplots)
```

そのうえで，

```
> plotmeans(d6$m_satis~d6$sex, xlab="性別", ylab="結婚満足度",
  legends=c("男性","女性"), ylim=c(1,5), connect=FALSE)
```

を入力すると，性別ごとの結婚満足度の平均値を95%信頼区間つきでプロットしてくれる．xlabでは$x$軸のラベル，ylabでは$y$軸のラベル，legendsでは$x$軸に入る各集団のラベルを指定している．ylimでは，$y$軸の下限と上限を指定し，connectでは2つのカテゴリをつなぐ折れ線を追加するかどうかのオプションを指定する．一般には$x$軸がカテゴリ変数である場合には，折れ線グラフで示すのは適切ではないので，FALSEとして折れ線を追加しないと指定する．

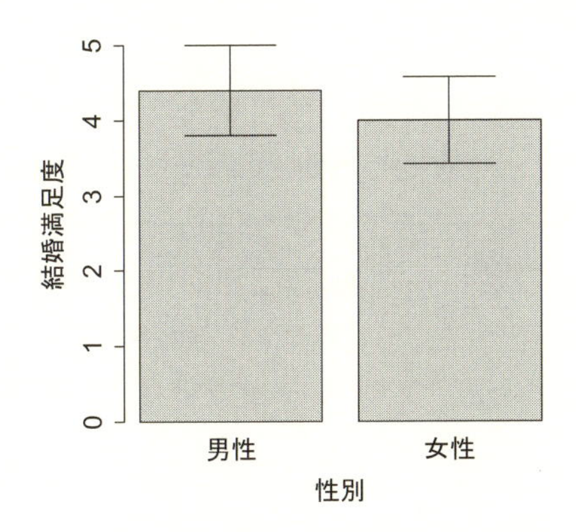


**図 6.7** 仮想データをもとにした男女の結婚満足度の平均値の棒グラフ（95%信頼区間）

折れ線を追加したい場合は TRUE と指定する．もし信頼区間の範囲を変更したい場合には，括弧内で p=0.9 のように，指定することができる（デフォルトは p=0.95 となっている）．

また，棒グラフに信頼区間をつけて平均値をプロットしたい場合には，gplots パッケージの barplot2 を利用するとよい．まず，各集団の平均値および標準偏差を示す変数を msatis_m，msatis_s として保存する．

```
> msatis_m <- tapply(d6$m_satis, d6$sex, mean)
> msatis_s <- tapply(d6$m_satis, d6$sex, sd)
```

95%信頼区間の上限・下限は，$\pm 1.96 \times (s/\sqrt{n})$ で求められる（$n$ は度数，$s$ は標準偏差）ので，

```
> d6_n <- split(d6, d6$sex)
> d6_n2 <- sapply(d6_n, nrow)
> msatis_s2 <- 1.96*msatis_s/sqrt(d6_n2)
```

という計算によって，信頼区間を求められる．split ではデータ (d6) を，変数の値 (d6$sex) によって分割しており，sapply(d6_n, nrow) によって度数を求めている．最後の文では，このようにして求めた度数から，sqrt(d6_n2) によって正の平方根を計算し，その値で標準偏差を割り，1.96 を掛けている．これで

作図の準備が整った.

`barplots` では, 棒の内容となるオブジェクトを指定したのち, オプションとして $y$ 軸の範囲 (`ylim`) や, 軸のラベル (`ylab`, `xlab`), カテゴリ軸の値のレベル (`names`) などを指定できる. このなかで, `plot.ci=TRUE` とすることにより, 信頼区間をエラーバーで表示することができる. 信頼区間の上限, 下限は, それぞれ `ci.l` と `ci.u` で指定する. 信頼区間の上限は平均値 + 標準偏差, 下限は平均値 + 標準偏差で定義する.

```
> barplot2(msatis_m, ylim=c(0,5), ylab="結婚満足度", xlab="性別",
  names=c("男性","女性"), plot.ci=TRUE, ci.l=msatis_m-msatis_s2,
  ci.u=msatis_m+msatis_s2)
```

**問題 6.1**　表は性別と悩みの相談相手の人数についての仮想データである. ID は対象者の番号, sex は性別 (男性 = 1, 女性 = 2), friend は悩みの相談相手の人数を示している. このデータをもとにして, 性別によって悩みの相談相手の人数が異なるか, 平均の差の検定を行って調べなさい. また平均値を, 95%信頼区間をつけてプロットしなさい.

**表**　性別と悩みの相談相手人数についての仮想データ

| ID | sex | friend |
|---|---|---|
| 1 | 1 | 1 |
| 2 | 1 | 0 |
| 3 | 1 | 3 |
| 4 | 1 | 1 |
| 5 | 1 | 2 |
| 6 | 1 | 2 |
| 7 | 1 | 1 |
| 8 | 1 | 0 |
| 9 | 1 | 0 |
| 10 | 1 | 4 |
| 11 | 2 | 4 |
| 12 | 2 | 3 |
| 13 | 2 | 2 |
| 14 | 2 | 3 |
| 15 | 2 | 3 |
| 16 | 2 | 4 |
| 17 | 2 | 0 |
| 18 | 2 | 5 |
| 19 | 2 | 2 |

## 参考文献

Blackburn, R. M., Browne, J., Brooks, B., Jarman, J.: Explaining gender segregation, *The British Journal of Sociology*, **53**: 513-536 (2002)

Brown, M. B., Forsythe, A. B.: Robust test for the equality of variance, *Journal of American Statistical Association*, **69**: 364-367 (1974)

向後千春・冨永敦子：統計学がわかる—ハンバーガーショップでむりなく学ぶ，やさしい統計学，技術評論社 (2007)，173 p

Welch, B. L.: The significance of the difference between two means when the population variances are unequal, *Biometorika*, **29**: 350-362(1938)

# 7

# 分散分析

## 7.1　3 つ以上の集団間での平均の比較と $t$ 検定

第 6 章では，2 つの集団の間での平均値の比較を行った．しかし，2 集団間の分析手法では，十分な分析ができない場合もある．次の既婚男性の家事時間を例に考えてみよう．表 7.1 は International Social Survey Programme (ISSP) という国際的な社会調査をもとに，未就学児のいる既婚男性の週平均家事時間を日本，アメリカ，イギリスで比較したものである[1)]．

**表 7.1**　既婚男性（末子未就学）の週平均家事時間（時間）
出典：『ISSP 2002 Family and Changing Gnder Roles III』

| | 平均家事時間 | 標準偏差 | 度数 |
|---|---|---|---|
| 日本 | 2.49 | 5.20 | 67 |
| アメリカ | 9.58 | 11.87 | 38 |
| イギリス | 7.98 | 9.44 | 83 |

表 7.1 を見ると，日本の既婚男性の週平均家事時間が 2 時間半程度であるのに対し，アメリカでは 9 時間を，イギリスでは 7 時間を超えている．つまり，日本は他の 2 国に比べ，未就学児のいる既婚男性の家事時間が半分程度であるこ

1) ISSP のデータは，ドイツにある GESIS (http://www.gesis.org/en/home/) のデータアーカイブを通じて公開されている．今回使用したデータは「家族と変化する性役割 III」というテーマで行われたものであり，国によって期間は異なるものの，2002 年から 2003 年にかけて実施されている．調査の対象者は 18 歳以上（日本は 16 歳以上）の居住者で，無作為抽出によって抽出されている．

とがわかる．しかし，この調査は各国の全住民を対象にしたものではなく，無作為抽出によって選んだ一部の住民を対象としたものである．そのため，表 7.1 で見られた平均値の差は今回の調査で「たまたま」出たものであり，もし母集団（日本人，アメリカ人，イギリス人の未就学の子どものいる既婚男性全体）全員を調べたならば，差はないのかもしれない．そこで，2 集団の平均値の差について検定したときと同様に，「母集団ではこれら 3 国の間で国による家事時間の平均値に差がない」という帰無仮説が棄却できるかどうか，統計的検定を用いて調べることにする．

日本とアメリカ，イギリスで未就学の子どものいる既婚男性の家事時間が異なるのかを調べるためには，日本とアメリカ，アメリカとイギリス，日本とイギリスという 3 組について，それぞれ週の平均家事時間の差の検定を行えばよいように思える．そこで，ウェルチの $t$ 検定を用い，これらの 3 つの組について平均の差の検定を行った結果が，表 7.2 である．表 7.2 のとおり，日本とイギリスの差，日本とアメリカの差ともに 5%水準で有意であった．したがって，日本の未就学児をもつ既婚男性の家事時間は，イギリスの場合よりも短く，また，アメリカの場合よりも短いといえる．

**表 7.2**　日本，アメリカ，イギリスにおける未就学児をもつ既婚男性の週平均家事時間の差の検定（括弧内は度数）
出典：International Social Survey Programme 2002 Family and Changing Gnder Roles III

| | 平均値 | 標準偏差 | 平均値 | 標準偏差 | 平均値 | 標準偏差 |
|---|---|---|---|---|---|---|
| 日本 (67) | 2.49 | 5.20 | 2.49 | 5.20 | | |
| アメリカ (38) | | | 9.58 | 11.87 | 9.58 | 11.87 |
| イギリス (83) | 7.98 | 9.44 | | | 7.98 | 9.44 |
| $t$ 値 (Welch) | 4.51* | | 3.49* | | 0.733 | |

$^{**}p < 0.05$

しかしながら，表 7.2 の分析結果から直ちに「日本の未就学児をもつ既婚男性の家事時間は，イギリス，アメリカの場合よりも短い」という結論を導くことは適切ではない．というのも，ある事象が生じる確率と，複数回試行を行った際にある事象が少なくとも 1 回生じる確率は同じではないからである．

簡単な例で考えてみよう．Aのサイコロで1の目が出る確率は1/6である．また，Bのサイコロで1の目が出る確率も同様に1/6である．しかし，AとBのサイコロを同時に振って少なくとも一方で1の目が出る確率は$1-(5/6)^2 = 11/36$となり，$1/6(= 6/36)$よりも高くなる．サイコロの例を一般化すれば，次のように定式化できる．確率$p$で起こる事象を$n$回試行したとき，その事象が$n$回のうち一度でも起こる確率は$1-(1-p)^n$となる．

$t$検定の例に戻ろう．有意確率5%というのは，実際には差がないのに，たまたま「差がある」という結果が得られる確率（すなわち，第一種の過誤をおかす確率）が5%以下になるようにして分析を行うということである．しかし，表7.2の3か国比較のように有意確率5%での$t$検定を3回繰り返すと，母集団では差がないにもかかわらず，たまたま「差がある」という結果が少なくとも1回出る可能性は，以下に計算されるように5%を大きく上回る．

$1-(1-p)^n$　…ある事象$p$が$n$回のうち，1回でも起こる確率

$1-(1-0.05)^3$　…有意確率5%で3回のうち1回でも帰無仮説を誤って棄却してしまう確率

$$= 1 - 0.95^3$$

$$= 1 - 0.857$$

$$= 0.143$$

つまり，個々の結果としては第一種の過誤をおかす確率が5%であっても，3回のうち少なくとも1回は第一種の過誤をおかす確率が約14%まで上がってしまうのである．このため，3つ以上の集団間で平均の差を比較する際に，$t$検定を繰り返すことは望ましくない．そこで，$t$検定を用いた平均の差の検定に代わって用いられるのが，「**分散分析**」である．

本章では，まず3つ以上の集団間において「集団間の差がある」ことを検定する分散分析を紹介する．その後，さらに特定の2集団（たとえば日本とアメリカ）の間に「差がある」ことを検定する手法を提示する．

## 7.2　分散分析の考え方

分散分析では，ある変数の分散のなかで，所属集団の違いによって生じたばら

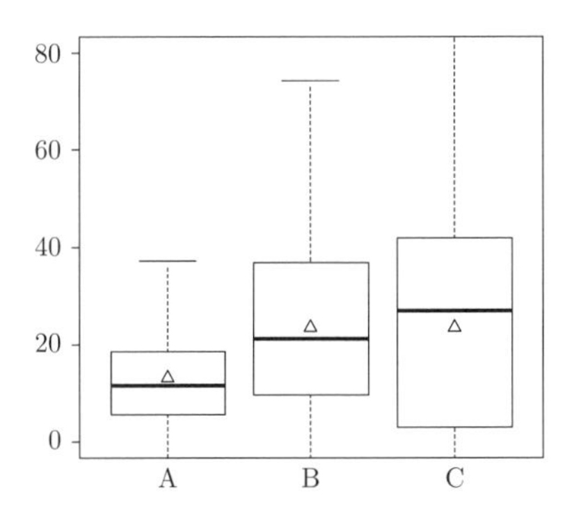


**図 7.1**　群内の分散が大きい場合

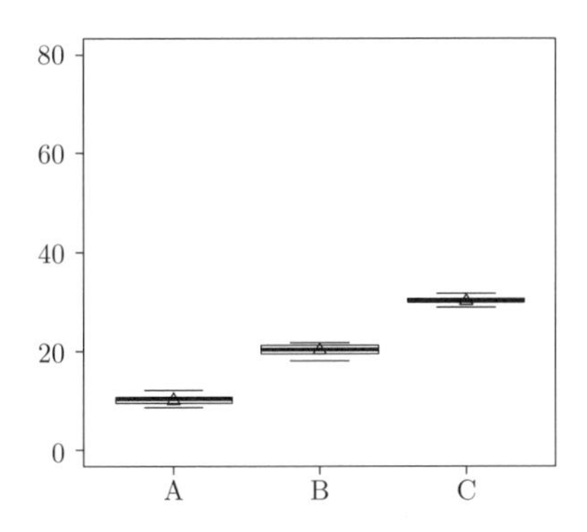


**図 7.2**　群内の分散が小さい場合

つきがどの程度大きいのかを調べることを通して，集団間に平均値の差があるかどうかを検証する．図 7.1，図 7.2 の 2 つの箱ひげ図を見てみよう．それぞれの箱のなかにある太線は中央値を，△は平均値を示している．また，箱の上端は第 3 四分位点，箱の下端は第 1 四分位点を示している．図 7.1 を見ると，A, B，C それぞれのグループで△の位置に大きな差がない一方で，箱の縦幅は長くなり，A，B，C でその範囲が重なり合っている．つまり，図 7.1 の例では，集団間の平均値には大きなばらつきがないが，集団内での値のばらつきは大きくなっている．これに対し，図 7.2 を見ると，それぞれの箱の縦幅が短く，△の位置にはグループごとで大きな差がある．つまり，図 7.2 の例では，集団間の平均値のばらつきが大きく，集団内の値のばらつきは小さい．

ここで，集団間の平均値の散らばりと，集団内の値の散らばりはどのような関係にあるのかを考えてみよう．データ全体の散らばりは，以下のような式で表すことができる．

(データ全体の散らばり)

= (所属集団ごとの平均値の差によって生じた散らばり)

+ (所属集団内での各個体と平均値との差によって生じた散らばり)

これは，数式で表現すると次のようになる．

$$\sum_{j=1}^{k}\sum_{i=1}^{n_i}(x_{ij}-\bar{x})^2=\sum_{j=1}^{k}(\bar{x}_{.j}-\bar{x})^2+\sum_{j=1}^{k}\sum_{i=1}^{n_i}(x_{ij}-\bar{x}_{.j})^2$$

分散分析の目的は，所属集団（国や都道府県，職業など）の違いによってある変数の平均値に差が見られるかどうかを検証することにあるので，データ全体の散らばりのなかで「所属集団ごとの平均値の差によって生じた散らばり」の占める割合がどの程度あるのかが重要になる．図 7.1 と図 7.2 の比較からわかるように，集団間の平均値の散らばりのほうが集団内の値の散らばりよりも一定以上大きければ，集団間の差が変数全体の散らばりに大きな影響を与えている（つまり，集団間で平均値に差がある）と考えられる．逆に，集団内の値の散らばりが集団間での平均値の差よりも大きければ，ある変数の値に所属集団の差が影響しているとはいえない．

そのため，分散分析では，集団内の値の散らばりと集団間の平均値の散らばりの割合を比較することで検定を行う．

この割合は式 (7.1) で表すことができる．ただし，$k$ は集団数，$n$ はサンプル・サイズを示す．$x_{ij}$ は集団 $j$ に属する個体 $i$ の $x$ の値を，$\bar{x}_{\cdot j}$ は集団 $j$ の $x$ の平均値を，$\bar{x}$ は $x$ の全体平均を意味している．

$$F = \frac{\sum_{j=1}^{k} (\bar{x}_{\cdot j} - \bar{x})^2}{k-1} \Bigg/ \frac{\sum_{j=1}^{k} \sum_{i=1}^{n_i} (x_{ij} - \bar{x}_{\cdot j})^2}{n-k} \tag{7.1}$$

図 7.3 をもとに考えると，全体平均と集団平均の差の全集団についての合計を自由度で割った値が式 (7.1) の分子，各集団内での集団平均と個人の値の差の合計を全集団について加算し，自由度で割った値が式 (7.1) の分母となっていることがわかる．つまり，集団内の分散に比して，集団間の分散がどの程度大きいのかを示すのが，$F$ 値である．

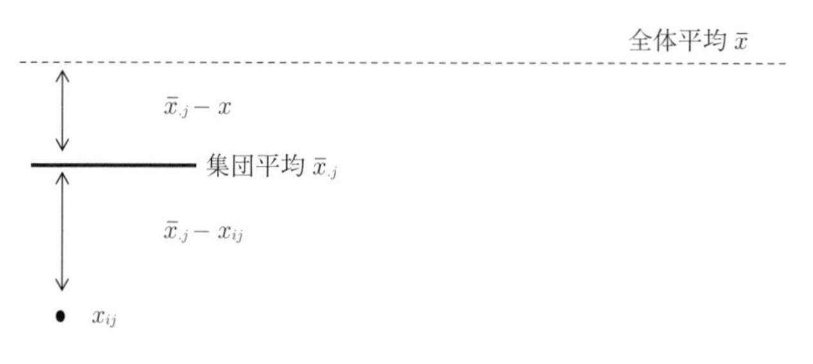


**図 7.3**　分散分析の計算の考え方

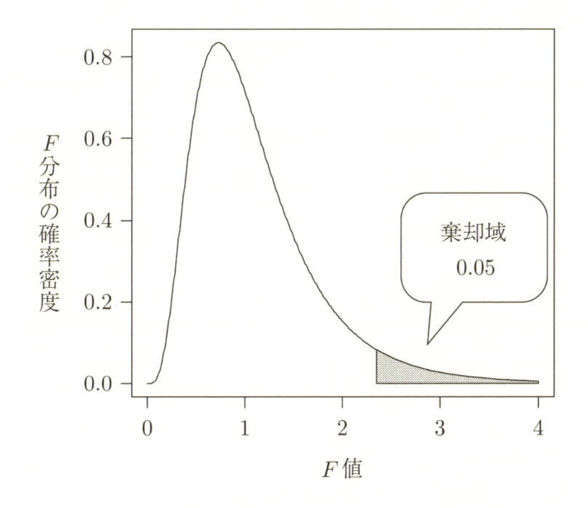


**図 7.4** $F$ 分布（自由度 (10, 20)）の確率密度のグラフ

式 (7.1) で得られた割合は各集団の平均値が等しいという帰無仮説のもとで $F$ 分布（6.3 節参照）に従っているため，$F$ 検定を行うことができる．他の統計的検定の場合と同様に，$F$ 分布表を用いた統計的検定の場合にも，ある自由度，有意水準のもとでの $F$ 分布の限界値よりも，データから得られた $F$ 値のほうが大きい場合に，有意な差があると考える．たとえば，図 7.4 は自由度が 10，20 のときの $F$ 分布の確率密度を示したグラフである．灰色に塗りつぶされた部分の面積は 0.05 であり，このときの $F$ の限界値は 2.35 となる．したがって，帰無仮説が成り立つ場合に，$F$ が 2.35 よりも大きい値をとるような確率は，5%を下回ることになる．この場合，帰無仮説は 5%水準で棄却される．$F$ 分布は $t$ 分布と同様，自由度によって形が変化するため，$F$ 値の限界値も自由度によって異なる．

式 (7.1) の分子のうち，$\sum_{i=1}^{k}(\bar{x}_j - \bar{x})^2$ の部分は各集団の平均値とデータ全体の平均値の差の 2 乗を合計したものであり，「**群間平方和（級間平方和）**」と呼ばれる．分母のうち $\sum_{j=1}^{k}\sum_{i=1}^{n_i}(x_{ij} - \bar{x}_{\cdot j})^2$ の部分は各集団の平均値とそこに所属する個体の値の差の 2 乗を合計したものであり，「**群内平方和（級内平方和）**」と呼ばれる．群間平方和と群内平方和の値をそれぞれの自由度で割った値，すなわち，式 (7.1) の分子と分母が「**群間平均平方**」と「**群内平均平方**」である．

式 (7.1) の計算は一見難しく見えるかもしれない．しかし，表 7.3 の分散分析表を用いることで，簡単に $F$ 値を求めることができる．

**表 7.3**　分散分析表

| 要因 | 平方和 | 自由度 | 平均平方 | $F$ 値 |
|---|---|---|---|---|
| 群間 | | | | |
| 群内 | | | | |
| 合計 | | | | |

日本，フランス，イギリスの男性の平日家事時間についての仮想データ（表 7.4）を用いて，分散分析を実際に行ってみよう．まず，群間平方和を求める．

**表 7.4**　日本・フランス・イギリスにおける男性の平日家事時間（／分）の仮想データ

| | 日本 | フランス | イギリス |
|---|---|---|---|
| 1 | 58.00 | 136.00 | 135.00 |
| 2 | 65.00 | 140.00 | 145.00 |
| 3 | 68.00 | 105.00 | 160.00 |
| 4 | 60.00 | 140.00 | 95.00 |
| 5 | 68.00 | 130.00 | 140.00 |
| 6 | 72.00 | 145.00 | 120.00 |
| 7 | 70.00 | 142.00 | 115.00 |
| 8 | 75.00 | 172.00 | 130.00 |
| 9 | 75.00 | 135.00 | 80.00 |
| 10 | 70.00 | 134.00 | 160.00 |
| 平均 | 68.10 | 137.90 | 128.00 |

表 7.4 のデータ全体の平均は 111.33 分であり，日本の平均は 68.10 分，フランスの平均は 137.90 分，イギリスの平均は 128.00 分である．ここから，群間平方和は以下のようになる．

$$\text{群間平方和} = \sum_{j=1}^{k}(\bar{x}_{\cdot j} - \bar{x})^2 \qquad \cdots \text{群間平方和の公式}$$

$$= (68.1 - 111.3)^2 + (137.9 - 111.3)^2 + (128.0 - 111.3)^2 \qquad \cdots \text{表 7.4 の各群の平均値と全体の平均を代入}$$

$$= 2852.69$$

次に，群内平方和を求めると，次のようになる．

群内平方和

$$= \sum_{j=1}^{k} \sum_{i=1}^{n_i} (x_{ij} - \bar{x}_{.j})^2 \qquad \cdots 群内平方和の公式$$

$$= (58.00 - 68.10)^2 + \cdots + (70.00 - 68.10)^2$$

$$+ (136.00 - 137.90)^2 + \cdots + (134.00 - 137.90)^2 \qquad \cdots 表 7.4 の値を代入$$

$$+ (135.00 - 128.00)^2 + \cdots + (160.00 - 128.00)^2$$

$$= 8865.80$$

群間平方和と群内平方和の自由度は，それぞれ以下の式で求められる．

$$群間平方和の自由度 = 集団数 - 1$$

$$群内平方和の自由度 = サンプル・サイズ - 集団数$$

表 7.4 の例の場合では，群間平方和の自由度は，集団数が日本，フランス，イギリスの 3 か国なので，$3 - 1 = 2$ になる．群内平方和の自由度は，サンプル・サイズが全体で 30 なので，$30 - 3 = 27$ になる．これらの結果を表 7.3 に記入すると，表 7.5 になる．

**表 7.5** 仮想データをもとにした分散分析表（その 1）

| 要因 | 平方和 | 自由度 | 平均平方 | $F$ 値 |
|---|---|---|---|---|
| 群間 | 2852.69 | 2 | | |
| 群内 | 8865.80 | 27 | | |
| 合計 | 11718.49 | | | |

次に，群間と群内の平均平方を求める．そのためには，表 7.5 の各行について，平方和を自由度で割る．つまり，以下のようになる．

$$群間平均平方 = 2852.69 \div 2 = 1426.34$$

$$群内平均平方 = 8865.80 \div 27 = 328.36$$

これらの群間平均平方，群内平均平方を分散分析表に記入すると表 7.6 になる．

表 **7.6**　仮想データをもとにした分散分析表（その 2）

| 要因 | 平方和 | 自由度 | 平均平方 | $F$ 値 |
|---|---|---|---|---|
| 群間 | 2852.69 ÷ | 2 = | 1426.34 | |
| 群内 | 8865.80 ÷ | 27 = | 328.36 | |
| 合計 | 11718.49 | | | |

最後に，群間平均平方を群内平均平方で割ることで $F$ 値を求められる．$F = 1426.34 \div 328.36 = 4.34$ となる．

$F$ 値の自由度は，群内，群間それぞれの自由度であり，ここでは 2 と 27 となる．自由度 (2，27)，5%水準の $F$ 値の限界値は $F(2, 27, \alpha = 0.05) = 3.35$ なので，データから得られた $F$ 値 43.43 は，5%水準の $F$ 値の限界値を上回っている．したがって，表 7.7 の $F$ の値は 5%水準で有意であるといえる．つまり，この仮想データにおいては，日本とフランス，イギリスでは男性の平日家事時間に統計的に有意な差がある．

表 **7.7**　仮想データをもとにした分散分析表（その 3）

| 要因 | 平方和 | 自由度 | 平均平方 | $F$ 値 |
|---|---|---|---|---|
| 群間 | 2852.69 | 2 | 1426.34 ÷ = | 4.34 |
| 群内 | 8865.80 | 27 | 328.36 | |
| 合計 | 11718.49 | | | |

## 7.3　どの集団の間に差があるのかを調べる―多重比較

表 7.7 の $F$ 検定では，家事時間に 3 つの国の間で差があることが示された．しかし，日本とイギリス，フランスとの間の家事時間の差は大きいが，イギリスとフランスの間には 9 分の差しかない．イギリスとフランスの間でも，母集団において家事時間に差があるといえるのだろうか．これは $F$ 検定の結果からだけではわからない．$F$ 検定の結果は，3 か国間の家事時間の差が母集団において 0 である可能性が低いことを示したのであり，このうちの任意の 2 か国の間に平均値の差があることを意味しているわけではない．したがって，上記の

$F$ 検定の結果をもとに，イギリスとフランスと日本のうちのすべてのペアにおいて家事時間が異なっているとはいえない．

そこで，分散分析で見られた全体としての集団間の差が，どのペアの間に見られるのかを調べるための手法として，「**多重比較**」が用いられる．多重比較にはさまざまな手法があるが，ここではそのなかの 1 つ，「**テューキーとクラマー (Tukey-Kramer) の方法**」を紹介する．

テューキーとクラマーの方法では，2 つの集団 a と b の間の平均の差 $(\bar{x}_a - \bar{x}_b)$ について，次の計算式で求められる統計量 $t_{ab}$ を用いた検定を行う．

$$t_{ab} = \frac{|\bar{x}_a - \bar{x}_b|}{\sqrt{\hat{\sigma}^2\left(\frac{1}{n_a} + \frac{1}{n_b}\right)}}$$

ただし，$\hat{\sigma}^2$ は母分散 $\sigma^2$ の推定値であり，分散分析の際に求めた群内の平均平方和を用いる．$n_a$，$n_b$ はそれぞれ集団 A，B のサンプル・サイズである．この $t_{ab}$ の値を，スチューデント化された範囲分布 (Student range distribution) $q_{k,n-k}$ を $\sqrt{2}$ で割ったものと比較し，$q_{k,n-k} < t_{ab}$ であれば，統計的に有意な差があるといえる．$q$ の自由度は集団数 $k$ と全体のサンプル・サイズから集団数を引いた $n-k$ であり，この際の $q$ の値は $q$ 分布表（付表 E）から求められる．

では，上記の仮想データの例を用いて多重比較を行ってみよう．

日本とフランス：

$$t_{\text{日本・フランス}} = \frac{|\bar{x}_{\text{日本}} - \bar{x}_{\text{フランス}}|}{\sqrt{\hat{\sigma}^2\left(\frac{1}{n_{\text{日本}}} + \frac{1}{n_{\text{フランス}}}\right)}} \quad \cdots \text{多重比較の公式}$$

$$= |68.10 - 137.90| \div \sqrt{328.36 \times \left(\frac{1}{10} + \frac{1}{10}\right)} \quad \cdots \text{値の代入}$$

$$= 8.61$$

日本とイギリス：

$$t_{\text{日本・イギリス}} = \frac{|\bar{x}_{\text{日本}} - \bar{x}_{\text{イギリス}}|)}{\sqrt{\hat{\sigma}^2\left(\frac{1}{n_{\text{日本}}} + \frac{1}{n_{\text{イギリス}}}\right)}} \quad \cdots \text{多重比較の公式}$$

$$= |68.1 - 128.0| \div \sqrt{328.36 \times \left(\frac{1}{10} + \frac{1}{10}\right)} \quad \cdots \text{値の代入}$$

$$= 7.39$$

イギリスとフランス：

$$t_{\text{イギリス・フランス}} = \frac{|\bar{x}_{\text{イギリス}} - \bar{x}_{\text{フランス}}|}{\sqrt{\hat{\sigma}^2 \left(\frac{1}{n_{\text{イギリス}}} + \frac{1}{n_{\text{フランス}}}\right)}} \quad \cdots \text{多重比較の公式}$$

$$= |128.0 - 137.9| \div \sqrt{328.36 \times \left(\frac{1}{10} + \frac{1}{10}\right)} \quad \cdots \text{値の代入}$$

$$= 1.22$$

集団数は 3，サンプル・サイズと集団数の差が $30 - 3 = 27$ であるので，$q$ の自由度は，3，27 になる．スチューデント化された範囲分布の表（付表 E）を見ると，自由度 (3，27)，有意水準 5%のときの $q$ は 3.51 である．したがって，規準となる値は 3.51 を $\sqrt{2}$ で割った 2.48 である．日本とフランス $(2.48 < 8.61)$，日本とイギリス $(2.48 < 7.39)$ の間には統計的に有意な差がある．これに対し，イギリスとフランス $(1.22 < 2.48)$ については，母集団において差が 0 であるという帰無仮説を棄却できず，両国の男性の平日家事時間に有意な差があるとはいえない．

## 7.4　集団ごとにばらつきが異なるときは？—ウェルチの分散分析

7.1 節で見た分散分析の方法は，3 つの仮定に基づいている．3 つの仮定とは，① 調べたい変数について，各集団に所属する個人の値が正規分布に従っていること，② 調べたい変数のばらつきが，集団ごとに等しいこと，③ サンプルが独立であること，である．第 3 章に書いたように，無作為抽出で得られたデータを用いるのであれば ③ の仮定は満たされる．また，サンプル・サイズが大きい場合には，中心極限定理から母集団での分布によらず ① の仮定は満たされる．中心極限定理に基づけば，無作為に抽出された互いに独立なケースの値の分布は，サンプル・サイズが多い場合には正規分布するからである．これに加え ①

の仮定については，分散分析の結果は頑健であることが知られている[2)]．しかし，② の等分散性については注意が必要である．特に，集団間でサンプル・サイズが異なる場合には，等分散性の仮定は満たされにくくなる．この場合には，分散分析の結果は頑健でなくなる．

そのため，等分散性の仮定が必要でない**ウェルチ (Welch) の検定** (Welch, 1951) が用いられていることも多い．ウェルチの検定においては，式 (7.2) で求められる $F$ 値に補正を加えた $F_w$ を用いる．ただし，$k$ は集団数，$n$ はサンプル数を示す．また，$x_{ij}$ は集団 $j$ に属する個体 $i$ の $x$ の値を，$\bar{x}_j$ は集団 $j$ の $x$ の平均値を意味している．この $F_w$ は，自由度 $k-1$，$(k^2-1)/3\alpha$ の $F$ 分布に従う．

$$F_w = \frac{\sum_{j=1}^{k} w_j(\bar{x}_j - \tilde{x})^2}{k-1} \Bigg/ \left(1 + \frac{2(k-2)\alpha}{k^2-1}\right) \tag{7.2}$$

ここで $w_j, s_j^2, \tilde{x}, \alpha$ は以下のように定義される．

$$w_j = \frac{n_j}{s_j^2}, \qquad s_j^2 = \sum_{j=1}^{n_j} \frac{(x_{ij} - \bar{x}_j)^2}{n_j - 1},$$

$$\tilde{x} = \sum_{j=1}^{k} w_j \bar{x}_j \Bigg/ \sum_{j=1}^{k} w_j, \qquad \alpha = \sum_{j=1}^{k} \left( \left(1 - \frac{w_j}{\sum_{j=1}^{k} w_j}\right)^2 \Bigg/ n_j - 1 \right)$$

式 (7.1) と式 (7.2) を比べると，式 (7.2) では分子に各集団の集団内での散らばり $s_j^2$ を考慮した重み $w_j$ がかけられている．これによって，集団ごとの分散の違いが補正されている．

では，先ほどの表 7.4 の仮想データをもとに，ウェルチの $F$ 検定を行ってみよう．

$$s_j^2 = \sum_{j=1}^{n_j} \frac{(x_{ij} - \bar{x}_j)^2}{n_j - 1} \qquad \cdots s_j^2 \text{の公式}$$

$$s_{\text{日本}}^2 = \frac{(58.00 - 68.10)^2 + (65.00 - 68.10)^2 + \cdots + (70.00 - 68.10)^2}{10 - 1}$$

2) 正規性（= 正規分布に従っていること）からの逸脱に対する頑健性については，Driscoll (1996) や Lix *et al.* (1996) などを参照.

$$= 32.77 \qquad \cdots \text{日本の値を代入}$$

同様に，フランス，イギリスの $s_j^2$ の値は，以下のようになる．

$$s^2_{\text{フランス}} = 267.88$$
$$s^2_{\text{イギリス}} = 684.44$$

これらの値を，$w_i$ の式に代入し，値を求める．

$$w_j = \frac{n_j}{s_j^2} \qquad \cdots w_j \text{の定義}$$
$$w_{\text{日本}} = \frac{10}{32.77} = 0.31 \qquad \cdots \text{日本の値を代入}$$
$$w_{\text{フランス}} = \frac{10}{267.88} = 0.04 \qquad \cdots \text{フランスの値を代入}$$
$$w_{\text{イギリス}} = \frac{10}{684.44} = 0.01 \qquad \cdots \text{イギリスの値を代入}$$

これらの値を代入すると，$\tilde{x}$ と $\alpha$ の値は以下のように求められる．

$$\tilde{x} = \frac{\sum_{j=1}^{k} w_j \bar{x}_i}{\sum_{j=1}^{k} w_j} \qquad \cdots \tilde{x} \text{の定義}$$
$$= \frac{0.31 \times 68.10 + 0.04 \times 137.90 + 0.01 \times 128.00}{0.31 + 0.04 + 0.01} \qquad \cdots \text{上で求めた } w_j \text{ の値を代入}$$
$$= 77.52$$

$$\alpha = \sum_{j=1}^{k} \frac{\left(1 - \frac{w_j}{\sum_{j=1}^{k} w_j}\right)^2}{(n_j - 1)} \qquad \cdots \alpha \text{の定義}$$
$$= \frac{(1 - 0.31 \div (0.31 + 0.04 + 0.01))^2}{10 - 1} + \frac{(1 - 0.04 \div (0.31 + 0.04 + 0.01))^2}{10 - 1}$$
$$+ \frac{(1 - 0.01 \div (0.31 + 0.04 + 0.01))^2}{10 - 1} \qquad \cdots \text{上で求めた } w_j \text{ の値を代入}$$

$$= \frac{(1-(0.31 \div 0.36))^2}{9} + \frac{(1-(0.04 \div 0.36))^2}{9} + \frac{(1-(0.01 \div 0.36))^2}{9}$$
$$= 0.19$$

最後に，上記で求めた $w_j$，$\tilde{x}$，$\alpha$ の値を，式 (7.2) に代入する

$$F_w = \frac{\sum_{j=1}^{k} w_j(\bar{x}_j - \tilde{x})^2}{k-1} \Bigg/ \left(1 + \frac{2(k-2)\alpha}{k^2-1}\right)$$
$$= \frac{(0.31 \times (68.10 - 77.52)^2 + 0.04 \times (137.90 - 77.52)^2 + 0.01 \times (128.00 - 77.52)^2) \div 2}{1 + ((2 \times (3-2) \times 0.19) \div (3^2 - 1))}$$
$$= 94.90$$

この $F_w$ の自由度は，$(3-1)$，$(3^2-1) \div (3 \times 0.19) = 14.04$ となる．$F$ 分布表をもとに，自由度 (2，14) のときの有意確率 5%の場合の限界値 $F$ は 3.74 となり，上で求めた $F_w$ よりも小さい．したがって，ウェルチの検定においても，仮想データには国家間で男性の家事時間に有意な差があるといえる．

6.5 節で見たように，今日では等分散性の検定を行った後に平均の差の検定を行うという手続きは望ましくないと考えられている．このため，あらかじめ等分散性が成り立つという仮定がある場合を除いて，最初からウェルチの検定を行うのが妥当である．

## 7.5　二元配置の分散分析

分散分析では独立変数を複数投入することもできる．独立変数が 1 つの場合の分散分析を「**一元配置分散分析**」，独立変数が 2 つの場合の分散分析を「**二元配置分散分析**」と呼ぶ．二元配置の分散分析は，心理学などの分野では頻繁に用いられるが，行動科学では独立変数が 3 つ以上になることが多いこともあり，用いられることは多くない[3)]．本書では二元配置の分散分析については取り上げないが，2 つ以上の独立変数が含まれる場合の分析方法については，第 8 章以降で詳しく説明する．

---

[3)] 二元配置の分散分析については，土田 (1994) などを参照のこと．

**【R を用いた分析】**

R の oneway.test を用いると，ウェルチの $F$ を求められる．まず，仮想データ（表 7.8）と同じデータを入力した csv ファイル (chap7.csv) を用意する．この際，1 列目に変数名を入れておくと分析しやすい．

まず，このデータファイルを d7 として読み込む．

```
> d7 <- read.csv("chap7.csv", header=TRUE)
```

次に，oneway.test コマンドで，分散分析を行う．このコマンドでは，括弧内で，**従属変数~独立変数**という形でモデルを指定し，その後データ名を指定する．

```
> oneway.test(KAJI~STATE, d7)
```

```
> oneway.test(KAJI~STATE, d7)

        One-way analysis of means (not assuming equal variances)

data:  KAJI and STATE
F = 95.559, num df = 2.00, denom df = 13.77, p-value = 8.445e-09
```

統計的検定の結果

上記のように $F$ 検定の結果が表示され，有意水準 1%で統計的に有意な差があ

**表 7.8**　国別男性家事時間の仮想データ

| ID | STATE | KAJI |
|---|---|---|
| 1 | JP | 58 |
| 2 | JP | 65 |
| 3 | JP | 68 |
| 4 | JP | 60 |
| 5 | JP | 68 |
| 6 | JP | 72 |
| 7 | JP | 70 |
| 8 | JP | 75 |
| 9 | JP | 75 |
| 10 | JP | 70 |
| 11 | FR | 136 |
| 12 | FR | 140 |
| 13 | FR | 105 |
| 14 | FR | 140 |
| 15 | FR | 130 |
| 16 | FR | 145 |
| 17 | FR | 142 |
| 18 | FR | 172 |
| 19 | FR | 135 |
| 20 | FR | 134 |
| 21 | UK | 135 |
| 22 | UK | 145 |
| 23 | UK | 160 |
| 24 | UK | 95 |
| 25 | UK | 140 |
| 26 | UK | 120 |
| 27 | UK | 115 |
| 28 | UK | 130 |
| 29 | UK | 80 |
| 30 | UK | 160 |

ることが確認される．

等分散性を仮定しない多重比較には，Dunnet の C による多重比較が可能な DTK というパッケージに入っている DTK.test コマンドが用いられる．

まず，分析可能な形にデータを整形する．具体的にはそれぞれの国の家事時間が 1 つの列になるようデータをまとめ直し，d72 として保存する．

```
> JP <- subset(d7$KAJI,d7$STATE=="JP")
> FR <- subset(d7$KAJI,d7$STATE=="FR")
> UK <- subset(d7$KAJI,d7$STATE=="UK")
> d72 <- cbind(JP,FR,UK)
```

DTK パッケージをインストールし，読み込む．DTK.test コマンドを用いるには，群の数と各群のケース数を指定する必要があるため，この情報を gl.unequal コマンドを用いてまとめ，f として保存する．括弧内は n=群の数，k=c(それぞれの群のケース数) を指定している．

```
> install.packages("DTK")
> library(DTK)
> f <-gl.unequal(n=3,k=c(10,10,10))
```

最後に DTK.test コマンドで多重比較を実行する．括弧内では，使用するデータ，f=gl.unequal で指定したデータの情報，a=有意水準を指定する．

```
> DTK.test(d72,f=f,a=0.05)
```

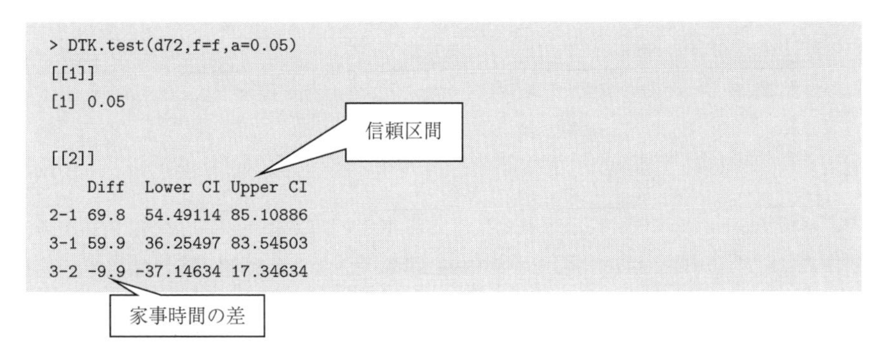


分析の結果，フランスと日本 (2-1)，イギリスと日本の間 (3-1) には有意な差があるのに対し，「イギリスとフランスの間で家事時間に差がない」という帰無仮説は有意確率 5%水準では棄却できないことがわかる．

分散分析の結果を表にまとめる際には，表 7.9 のように，平均の差の検定の場合と同様，各集団の平均値，標準偏差，度数に加え，検定統計量である $F$ の値や，有意性検定の結果を示す．

**表 7.9**　日英仏の男性家事時間の分散分析

| | 平均値 | 標準偏差 | 度数 |
|---|---|---|---|
| 日本 | 68.10 | 5.72 | 10 |
| フランス | 137.90 | 16.37 | 10 |
| イギリス | 128.00 | 26.16 | 10 |
| 合計 | 111.33 | 35.91 | 30 |
| $F$ 値 (Welch) | 95.56 | ** | |

$^{**}p < 0.01$

**問題 7.1**　表は，日本，アメリカ，ドイツの女性の家事時間についての仮想データである．このデータについて分散分析と多重比較を行い，国によって女性の家事時間に統計的に有意な差があるといえるか，また，差があるのはどの国の間かを調べなさい．

**表**　日本・アメリカ・ドイツの女性の家事時間（／分）についての仮想データ

| | 日本 | アメリカ | ドイツ |
|---|---|---|---|
| 1 | 423.4 | 337.5 | 373.6 |
| 2 | 420.8 | 338.3 | 371.0 |
| 3 | 421.8 | 337.6 | 371.3 |
| 4 | 420.8 | 335.1 | 371.1 |
| 5 | 423.4 | 336.7 | 371.2 |
| 6 | 422.9 | 336.2 | 370.3 |
| 7 | 422.6 | 336.8 | 371.1 |
| 8 | 420.4 | 337.7 | 370.1 |
| 9 | 422.0 | 336.6 | 371.0 |
| 10 | 422.0 | 338.8 | 372.6 |
| 平均 | 422.01 | 337.13 | 371.33 |

## 参考文献

Driscoll, W. C.: Robustness of the anova and Tukey-Kramer statistical tests, *Computers and Industrial Engineering*, **31**: 265-266 (1996)

Lix, L. M., Keselman, J. C., Keselman, H. J.: Consequences of assumption violations revisited: a quantitative review of alternatives to the one-way analysis of variance "F" test, *Review of Educational Research*, **66**: 579-619 (1996)

土田昭司：社会調査のためのデータ分析入門，有斐閣 (1994)，166 p

Welch, B. L.: On the comparison of several mean values: An alternative approach, *Biometrika*, **38**: 330-336 (1951)

# 8 相関分析

## 8.1 連続変数間の関連を調べる

第 6 章と第 7 章では，2 集団または 3 集団以上の平均値の差を検定する方法を見てきた．これらの分析手法では集団，すなわちカテゴリ変数が，連続変数に与える影響を調べていたといえる．しかし，連続変数間の関連を明らかにしたい場合は，一方がカテゴリ変数である場合のように，変数の値ごとのグループ分けができない．よって，今まで紹介した方法をそのまま適用することは難しい．では，関連を見たい変数がともに連続変数の場合はどうすればよいのだろうか．

たとえば，第 6 章では職の社会的威信の高さ，すなわち職業威信スコアの高さに注目したが，職の社会的威信の高さは所得の高さを意味するのだろうか．あるいは，両者はそれほど関連が強くなく，地位の高さは必ずしも所得の高さにつながらないのだろうか．行動科学の一分野である社会階層研究においてはしばしば，**「地位の一貫性」**が問題とされてきた．地位の一貫性とは，所得や社会的威信，権力など，社会的な資源の保有量がすべての次元で一貫して高い（または低い）という状態を指す．逆に，所得は高いが社会的威信の低い職に就いていたり学歴が低いなど，次元によって資源の保有量が異なる場合には，地位の非一貫性が見られるといえる．高度経済成長期の日本においては，平等化が進むなかで，地位が一貫しない人が増加したといわれる（富永・友枝，1986）．では今日において，職の社会的威信の高さと所得の間にはどの程度の関連があるのだろうか．もし今日の社会において地位の非一貫性が高まっているのであれば，職の社会的威信と所得の間にはあまり関連が見られないと考えられる．この仮説を検証するため，第6章でも扱った職業威信スコアと個人年収の関連—職業威信スコアが高くなると所得も高くなるのか—を調べたいとする．職業威信スコアと個人収入はともに連続変数であるので，そのままでは平均の差の検定を行うことはできない．

分析には，2つの方法があり得る．1つは，独立変数にあたる側の変数をカテゴリ変数に置き換えたうえで，平均の差の検定を行うという方法である．表8.1は，2006年に行われた日本版総合的社会調査[1)](JGSS-2006)のデータをもとに，職業威信スコアと個人収入の関連を調べたものである[2)]．ここでは，職業威信スコアが47点以下の場合を「低」，52.1点以下の場合を「中」，52.2点以上を「高」と3つに区分したうえで，それぞれのカテゴリごとの個人所得の平均値を調べている．分散分析の結果は有意水準1%で有意な差があり，職業威信スコアによって所得に差があるとの対立仮説が採択される．それぞれの平均値を見ると，威信スコアが高いグループほど所得が高いことがわかり，地位の一貫性があると考えることができる．

しかし，連続変数をカテゴリ変数に置き換えた場合，たとえば威信スコアが38.1点から47点までの人が1つのグループにまとめられてしまうというよう

**表 8.1**　威信スコア別個人収入の平均値
出典：日本版 General Social Survey JGSS-2006

| | 平均値（／10万円） | 度数 | 標準偏差 |
|---|---|---|---|
| 威信低 | 21.61 | 657 | 21.52 |
| 威信中 | 38.48 | 588 | 28.73 |
| 威信高 | 45.04 | 890 | 33.68 |
| 合計 | 36.01 | 2135 | 30.67 |

$F = 158.33, p < 0.01$

1) 日本版 General Social Survey(JGSS) は，大阪商業大学 JGSS 研究センター（文部科学省認定日本版総合的社会調査共同研究拠点）が，東京大学社会科学研究所の協力を受けて実施している研究プロジェクトである．データの利用については，東京大学社会科学研究所・データアーカイブ研究センター SSJ データアーカイブから個票データの提供を受けた．

2) ここでは，10万円単位での平均値を求めた．これは，JGSS-2006 の収入の聞き方が，10万円単位のカテゴリから選択する形式をとっているからである（実際にはもう少し区切りは粗いが）．

に，もともとの連続変数がもっていた情報が大幅に失われてしまう．また，表 8.1 ではそれぞれの割合が同程度になるように，三分位数を用いて職業威信スコアを分けているが，このような分け方をする必然性があるわけではない．カテゴリの区分が恣意的になってしまうことや，カテゴリの分け方によって結果が影響を受ける可能性があることも問題となり得る．さらに，分散分析では集団間に平均値の「差がある」ことはわかるが，多重比較を行わない限り，その方向（一方の値が大きくなれば，他方の値が大きくなるのか，小さくなるのか）はわからない．

これに対し，連続変数の情報をそのまま生かす形で変数間の関連を調べる方法の 1 つが，本章で扱う**相関分析**である．相関分析とは，連続変数同士の共変関係，すなわち変数の散らばり方の関連をもとに，変数間の関連を調べる手法である．相関分析の考え方は図 8.1 のような散布図を見るとわかりやすい．

図 8.1 は，職業威信スコアを独立変数として横軸に，個人収入を従属変数として縦軸に示した散布図である．点の色の濃さは，その点の位置に該当するケースの数を表している．図 8.1 を見ると，それほどはっきりした形ではないものの，職業威信スコアが高いほど，個人年収が高くなるという関連が傾向として示されている．このように，2 つの連続変数の間に，「○○なほど，××になる」

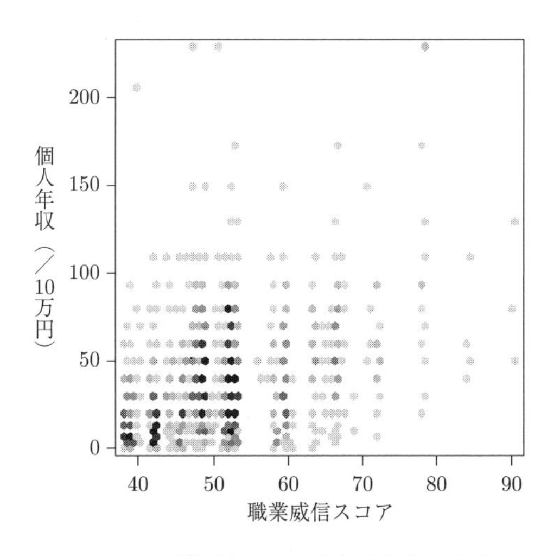


**図 8.1**　職業威信スコアと個人年収の関連

という傾向が見られるかどうかを調べるのが，相関分析である．

## 8.2 相関の3つのタイプ

相関分析では「○○なほど，××になる」という傾向が見られるかを検証する．より具体的には，相関分析の結果として示される連続変数間の関連は3つのタイプに分けられる．第一のタイプは，図8.1のような関連，つまり，「職業威信が高いほど，個人年収が高くなる」というように，一方が大きくなれば，他方も大きくなるような関連である．これを「**正の相関**」と呼ぶ．図8.2aと図8.2bは正の相関がある場合の散布図を示したものである．どちらの場合も，左下から右上に向かう直線上に個体が散らばっているのがわかるだろう．関連が強いほど，散らばりが小さくなり，直線上に個体が並んでいく．したがって，相関の強さは図8.2aのほうが図8.2bよりも大きい．

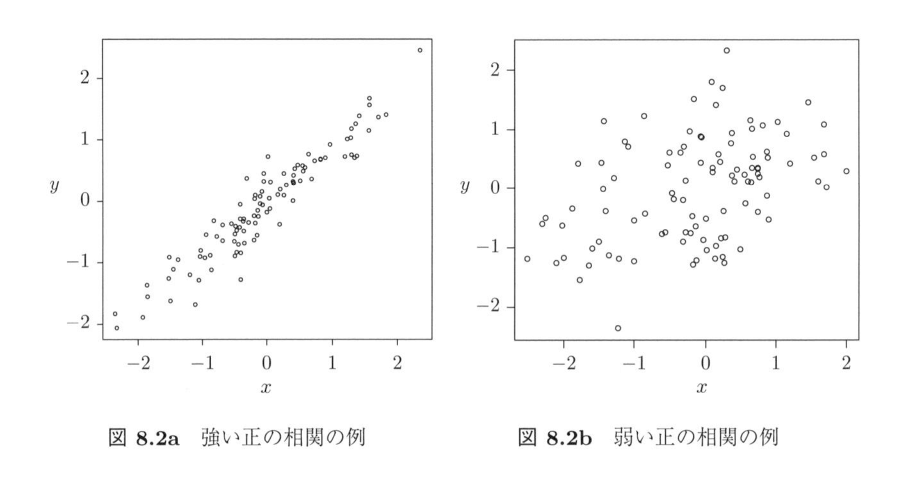


**図 8.2a**　強い正の相関の例　　**図 8.2b**　弱い正の相関の例

逆に，一方が大きくなれば，他方が小さくなるというような関連がある場合，2つの変数の間には「**負の相関**」があるという．負の相関がある場合，散布図は左上から右下へと向かう直線上に散らばる．また，正の相関の場合と同様に，関連が強いほど，直線上に個体が並ぶ傾向が強まる（図8.3a，図8.3b）．

これに対し，一方の変数の値の変化が，他方の変数の値の変化に影響を与え

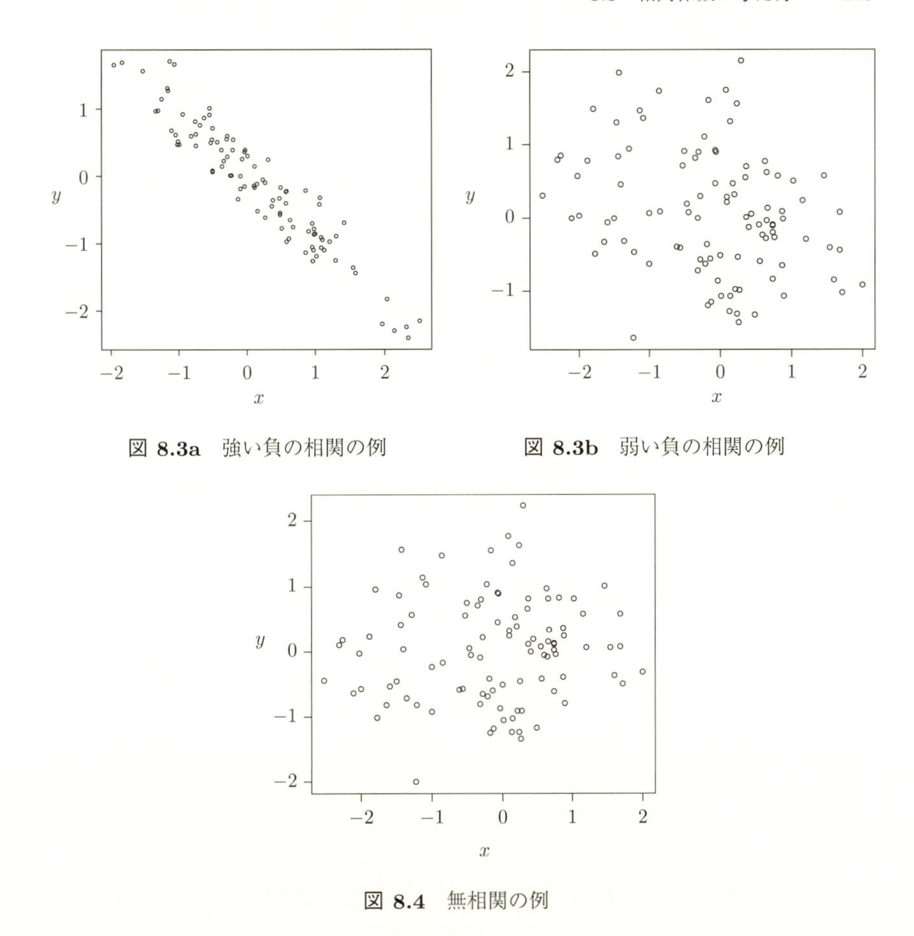


図 **8.3a** 強い負の相関の例

図 **8.3b** 弱い負の相関の例

図 **8.4** 無相関の例

ない場合を 2 つの変数の間は「**相関がない**」または「**無相関**」であるという．無相関の場合には，個体は一定の傾向を示すことなく，全体にばらばらに散らばっている（図 8.4）．

## 8.3 相関係数の考え方

相関分析では，8.2 節で見たような変数間の関連の傾向を，具体的な数値（相関係数）で示す．この数値の計算方法は，扱う変数の種類によって異なる．2 つの変数がともに連続変数の場合，**ピアソンの積率相関係数**という値を用いるのが一般的である．ピアソンの積率相関係数を計算するには，まず 2 つの変数の「**共分散**」を求める．

変数 $x$ と $y$ の共分散 $(C_{xy})$ は，式 (8.1) で求められる．ここで，$n$ はサンプル・サイズ，$x_i$，$y_i$ はそれぞれ個体 $i$ の $x$ と $y$ の値，$\bar{x}$，$\bar{y}$ はそれぞれ $x$ と $y$ の平均値である．つまり，2 つの変数の平均値からの距離を掛け合わせたものの平均値をとったものが共分散である．

$$C_{xy} = \frac{1}{n}\sum_{i=1}^{n}(x_i - \bar{x}) \times (y_i - \bar{y}) \tag{8.1}$$

ここで，8.2 節で見た散布図を思い出してみよう．図 8.5 は正の相関がある場合の散布図に，$x$ と $y$ の平均値を参照線として引いたものである．式 (8.1) の分子 $(x_i - \bar{x}) \times (y_i - \bar{y})$ は，$x_i$ と $y_i$ の値から平均値を引いて掛け合わせている．このとき，(1) の象限に入った個体は，$x$ の値，$y$ の値ともに平均値よりも大きいため，$(x_i - \bar{x}) \times (y_i - \bar{y})$ はプラス × プラスで，正の値をとる．同様に，(3) の象限に入った個体は $x$ の値，$y$ の値ともに平均値よりも小さいため，$(x_i - \bar{x}) \times (y_i - \bar{y})$ はマイナス × マイナスで正の値をとる．これに対し，(2) の象限に入った個体は，$x$ の値が平均値よりも小さく，$y$ の値が平均値よりも大きいため，$(x_i - \bar{x}) \times (y_i - \bar{y})$ はマイナス × プラスで，負の値をとる．同様に，

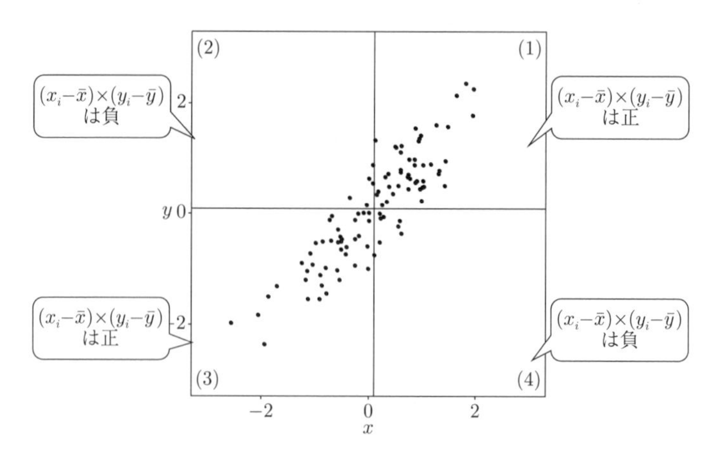


**図 8.5**　正の相関がある場合

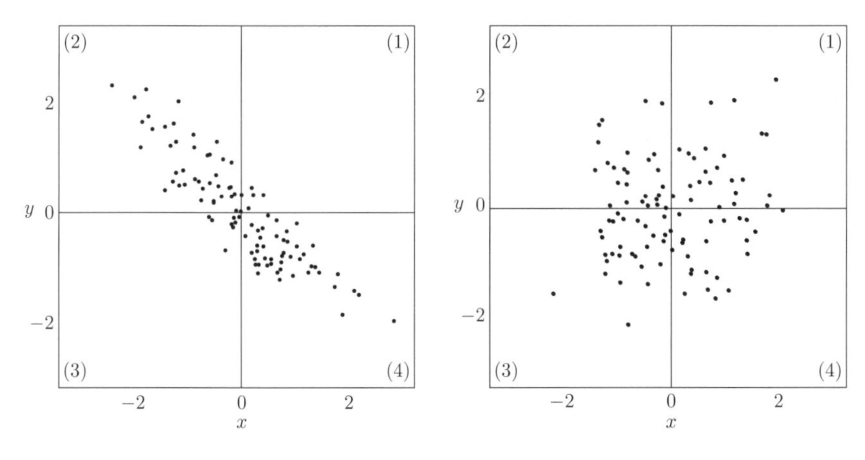


図 **8.6** 負の相関がある場合

図 **8.7** 無相関の場合

(4) の象限に入った個体は，$x$ の値は平均よりも大きく，$y$ の値の値は平均値より小さいため，$(x_i - \bar{x}) \times (y_i - \bar{y})$ はプラス × マイナスで負の値をとる．

図 8.5 を見ると，個体は (1) と (3) の象限に散らばっている．したがって，$(x_i - \bar{x}) \times (y_i - \bar{y})$ の合計である $\sum_{i=1}^{n}(x_i - \bar{x}) \times (y_i - \bar{y})$ は大きな正の値をとる．逆に，図 8.6 のように負の相関がある場合には，個体は (2) と (4) の象限に散らばっている．したがって，$(x_i - \bar{x}) \times (y_i - \bar{y})$ を合計した $\sum_{i=1}^{n}(x_i - \bar{x}) \times (y_i - \bar{y})$ は大きな負の値をとる．また，無相関の場合には，(1)，(2)，(3)，(4) のすべての象限に個体が均等に散らばっているため，正の値と負の値が打ち消し合って，$\sum_{i=1}^{n}(x_i - \bar{x}) \times (y_i - \bar{y})$ は 0 に近くなる（図 8.7）．

このように，共分散は正の相関があるときにはプラスに大きい値，負の相関があるときにはマイナスに大きい値，無相関のときは 0 に近い値をとる．しかし，共分散には 1 つ問題がある．それは，変数の単位によって値の大きさが影響を受けてしまうということである．たとえば，8.1 節で見たデータに含まれる A さんの個人収入 $y_{\mathrm{A}}$ が 115.00 万円，データの所得の平均 $\bar{y}$ が 360.14 万円，A さんの職業威信 $x_{\mathrm{A}}$ が 51.30 で，データの職業威信の平均 $\bar{x}$ が 50.90 であったとする．この所得 (y) を 1 円単位で計算した場合には，表 8.2 に示したように，1 万円単位で計算した場合と比べ，$(x_i - \bar{x}) \times (y_i - \bar{y})$ の値は 1 万倍になる．しかし，単位が変わったからといって，変数間の関連の強さが変わるわけではない

**表 8.2**　共分散に対する単位の影響

| | A さんの収入 ($y_A$) | 収入平均 ($\bar{y}$) | A さんの職業威信 ($x_A$) | 職業威信平均 ($\bar{x}$) | $(x_A - \bar{x}) \times (y_A - \bar{y})$ |
|---|---|---|---|---|---|
| 収入を 1 円単位で計算した場合 | 1150000 | 3601380 | 51.30 | 50.90 | −980552.00 |
| 収入を 1 万円単位で計算した場合 | 115 | 360.138 | 51.30 | 50.90 | −98.0552 |

ので，共分散のこうした性質は問題となる．

そこで，単位によって共分散の値の大きさが変わるのを防ぐため，2 つの変数それぞれの標準偏差を掛け合わせたもので，共分散を割ったのが，**相関係数** ($r_{xy}$) である．

$$r_{xy} = \frac{C_{xy}}{s_x \times s_y} \tag{8.2}$$

相関係数は 1 から −1 までの値をとり，正の相関があれば 1 に近い値を，負の相関があれば −1 に近い値をとる．また無相関の場合は, 0 に近い値をとる．一般に, $|r_{xy}| > 0.7$ では強い相関，$0.7 \geq |r_{xy}| > 0.4$ で比較的強い相関，$0.4 \geq |r_{xy}| > 0.2$ で弱い相関があると考える．しかし，行動科学が対象とするような社会についての分析を行う際には，0.7 を上回るような強い相関が見られることはまれであり，弱い相関であっても重要なものとして考えることが少なくない．

## 8.4　相関係数の統計的検定

相関係数についても，標本調査から得られたものである以上「たまたま」得られたものである可能性がある．したがって,「母集団における相関係数が 0 である」という帰無仮説が棄却されるかどうか，統計的検定を行って調べる必要がある．

母集団における相関係数が 0 であるとき，標本の相関係数 $r$ は以下の $t$ について，自由度 $n-2$ の $t$ 分布をすることが知られている．ただし，$n$ はサンプル・サイズを意味する．

$$t = \frac{r\sqrt{n-2}}{\sqrt{1-r^2}} \tag{8.3}$$

したがって，標本の相関係数 $r$ をもとにして計算された $t$ の値が，ある有意水準のもとでの限界値 $t$ よりも大きい場合，帰無仮説を棄却することができる．

8.1 節で見た職業威信スコアと個人所得の相関の例について考えてみよう．このデータにおいて，職業威信スコアと個人所得の相関係数 $r$ は 0.39，サンプル・サイズ $n$ は 2135 である．ここから，$t$ の値は以下のように求められる．

$$
\begin{aligned}
t &= \frac{r \times \sqrt{n-2}}{\sqrt{1-r^2}} && \cdots \text{相関分析の } t \text{ 値の公式} \\
&= \frac{0.39 \times \sqrt{2135-2}}{\sqrt{1-0.39^2}} && \cdots \text{相関係数やサンプル・サイズの代入} \\
&= \frac{18.01}{0.92} \\
&= 19.58\ldots
\end{aligned}
$$

自由度 $n-2=2135-2=2133$，有意水準 5%の場合の $t$ の限界値は 1.96 であるので，標本の相関から計算される $t$ の値は限界値を上回っている．したがって，帰無仮説は棄却され，職業威信スコアと個人所得の間には相関があるという対立仮説が採択される．また，相関は 0.39 という正の値をとっているため，強い関連とはいえないものの，職業威信スコアが高い人ほど，個人所得が高い．言い換えれば，社会的地位の高い職業に就いている人は，経済的資源も多くもっているということができる．この点で，地位の一貫性はある程度保たれているといえるだろう．

## 8.5　順序変数の相関係数

8.4 節の例では，職業威信スコアと個人収入という 2 つの連続変数の関連を分析したが，相関係数は順序づけ可能なカテゴリ変数についても計算することができる．ただし，順序づけ可能なカテゴリ変数の相関を計算する場合は，ピアソンの積率相関係数ではなく，**スピアマン (Spearman) の順位相関係数**を用いる．

たとえば，8.4 節の分析からは個人所得と職業威信スコアが正の相関をもち，一定程度の地位の一貫性があることがわかった．では，これらの変数はその人の主観的な地位とはどの程度関連しているのだろうか．行動科学においてはその人の社会における主観的な地位の認識を示す「階層帰属意識」が重要な研究テーマとなってきた．2010年に行われた社会意識調査である「くらしと社会についての意識調査」(SSP-I2010) では，階層帰属意識を次のような質問で測っている．

このリストに書いてあるように，（日本社会全体のひとびとを）1から10までの10の層に分けるとすれば，あなた自身はどれに入ると思いますか．

←上　　　　　　　　　　　　　　　下→

| 1 | 2 | 3 | 4 | 5 | 6 | 7 | 8 | 9 | 10 |
|---|---|---|---|---|---|---|---|---|---|

これは「10段階階層帰属意識」と呼ばれるものである．等間隔に区切られているため連続変数と考えることもできるが，ここでは順序づけ可能なカテゴリ変数として捉え，スピアマンの順位相関係数を用いて，職業威信スコアとの関連を調べてみよう．

スピアマンの順位相関係数 $r_s$ は，平均値からの距離の代わりに，各カテゴリの順位に注目して関連を計算する．具体的には，式 (8.4) で求めることができる．ただし，$n$ はサンプル・サイズ，$d_i$ は個体 $i$ における変数 $x$ と $y$ の順位の差である．

$$r_s = 1 - \frac{6\sum_{i=1}^{n} d_i^2}{n^3 - n} \tag{8.4}$$

ここではわかりやすくするために，表8.3の7人の仮想データについて考えてみよう．まず，階層帰属意識と職業威信スコアの値から，7人のなかにおける順位を計算する．たとえば，Aさんは階層帰属意識が4で，全体では5番目に高い．職業威信スコアは49.7であり，こちらもDさん，Fさんに次いで低い5番目である．この場合，Aさんの順位差 ($d_i$) は $5-5$ で0になる．したがって，順位差の2乗 ($d_i^2$) も0となる．このように，全員について順位差の2乗を求めたら，それを合計する．表8.3では，$0+1+9+0+1+0+1=12$ となる．

この値を式 (8.4) に代入すると，以下のようにスピアマンの順位相関係数を求めることができる．

表 **8.3**　階層帰属意識と職業威信スコアの仮想データ

| | 値 | | 順位 | | 順位差 | 順位差の2乗 |
|---|---|---|---|---|---|---|
| | 階層帰属意識 | 職業威信スコア | 階層帰属意識 | 職業威信スコア | | |
| A さん | 4 | 49.7 | 5 | 5 | 0 | 0 |
| B さん | 6 | 52.2 | 3 | 4 | −1 | 1 |
| C さん | 5 | 59.7 | 4 | 1 | 3 | 9 |
| D さん | 2 | 38.1 | 7 | 7 | 0 | 0 |
| E さん | 8 | 58.3 | 1 | 2 | −1 | 1 |
| F さん | 3 | 48.9 | 6 | 6 | 0 | 0 |
| G さん | 7 | 53.1 | 2 | 3 | −1 | 1 |

$$
\begin{aligned}
r_s &= 1 - \frac{6\sum_{i=1}^{n} d_i^2}{n^3 - n} && \cdots \text{順位相関係数の公式} \\
&= 1 - \frac{6 \times 12}{7^3 - 7} && \cdots \text{表 8.3 の値を代入} \\
&= 1 - \frac{72}{336} \\
&= 0.79
\end{aligned}
$$

スピアマンの順位相関係数の検定は，標本サイズが大きい場合（20 以上程度）には，ピアソンの積率相関係数と同じ方法が用いられるが，標本サイズが小さい（20 未満）場合にはスピアマンの検定表という特殊な表を用いて行うことになる．今回のデータは 10 を下回るため，スピアマンの検定表（付表 F）を見ると，$n = 7$，有意水準 5%の場合の限界値は $r_s = 0.79$ であるため，帰無仮説は棄却できず，2 変数の間に関連があるとはいえない．

ただし，実際の SSP-I データを用いて計算すると，スピアマンの順位相関係数の値は 0.25 となり，この係数が 0 であるという帰無仮説は有意水準 1%で棄却される．したがって，関連は強いとはいえないものの，職業威信スコアと主観的な社会的地位には正の相関があり，地位の高い職に就いている人ほど，主観的な社会的地位も高いといえる．

一般に，連続変数同士の相関であればピアソンの積率相関係数を用い，順序づけ可能なカテゴリ変数と連続変数，あるいは順序づけ可能なカテゴリ変数間の相関であれば，スピアマンの順位相関係数を用いる．ただし，「そう思う」から「そう思わない」までの回答を5件法で尋ねた意識変数などは，順位づけ可能なカテゴリ変数として扱うべきか，連続変数として扱うべきか，分析者によって見解が分かれており，実際にはこうした変数についてもピアソンの積率相関を用いて相関分析を行う場合がある．

## 8.6　相関分析の結果のまとめ方

相関分析の結果を表記する際には，表8.4のような表を作成するのが一般的である．ただし，グレーで塗りつぶされた対角線より右上の部分は空欄にしておくことが多い．表8.4をよく見ると，年齢の行の教育年数の列に入っている相関係数の値 (−0.19) は，教育年数の行の年齢の列の相関係数の値 (−0.19) と一致している．年齢と教育年数の相関係数は1つしかないので[3]，どちらも同じ値が入るのは当然である．このように，対角線よりも左下と右上の部分で情報が重複するため，一方を省略することができる．また，同じ変数の相関は必ず1になる（完全に関連するのは当然である）ので，この情報も不要である．

表のなかにある，**というアスタリスクの記号は，その相関係数について0であるという帰無仮説が棄却できる有意水準を示している．記号がどの有意水準を示すかは，表の下に** $p < 0.01$（1%水準），* $p < 0.05$（5%水準）という形で明記しておく．1%水準ではアスタリスク2つ，5%水準では1つとすることが多い．また，アスタリスク3つ (***) で0.1%水準を示す場合や，ダガー (†) で10%水準を示す場合もある．

**表 8.4**　相関分析の結果の表記
出典：SSP-I2010[4]

| | 年齢 | | 教育年数 | | 職業威信スコア | | 個人所得 | |
|---|---|---|---|---|---|---|---|---|
| 年齢 | 1.00 | | −0.19 | ** | −0.05 | | 0.11 | ** |
| 教育年数 | −0.19 | ** | 1.00 | | 0.37 | ** | 0.27 | ** |
| 職業威信スコア | −0.05 | | 0.37 | ** | 1.00 | | 0.39 | ** |
| 個人収入 | 0.11 | ** | 0.27 | ** | 0.39 | ** | 1.00 | |

$n = 1299$, $^{**}p < 0.01$

[3] 式で表現すれば，$r_{xy} = r_{yx}$ である．

[4] SSP-I2010データは，統計数理研究所共同研究プログラム（23-共研-4504）に基づき，SSPプロジェクトの許可を得て使用している．

## 8.7　相関分析を行う際の注意点

表 8.4 を見ると，年齢と個人所得の間の相関係数は 0.11 である．1%水準で有意な相関ではあるが，その関連は強いとはいえない．日本の雇用慣行において年功賃金が重要であったことを考慮すれば，弱い関連は不思議とも思える．なぜこのような結果が得られたのだろうか．これにはいくつか可能性が考えられる．

### 8.7.1　異なる相関関係をもつ集団の混在

1 つは，男女のデータが混在していることによって生じた可能性である．近年では徐々に変化しつつあるものの，日本の女性の年齢別の就業率は図 8.8 のように，M 字を描くことが知られている．図 8.8 は 1990 年，2000 年，2010 年の女性の就業率を年齢階級別に示したものである．図 8.8 から，近年になるほど緩和傾向にあるものの，女性の就業率は 20 歳前半から徐々に低下し，30 代を底にして再び高まるという傾向があることがわかる．これは，結婚や出産を機に退職する女性が多いことと関連している．その後，再び就業するとしても，非正規雇用として働きはじめるなど，年齢によって賃金が上がるという年功型賃金とは別の賃金体系のなかで働くことが多い．このため，女性の賃金は年齢との関連が弱いと考えられる．

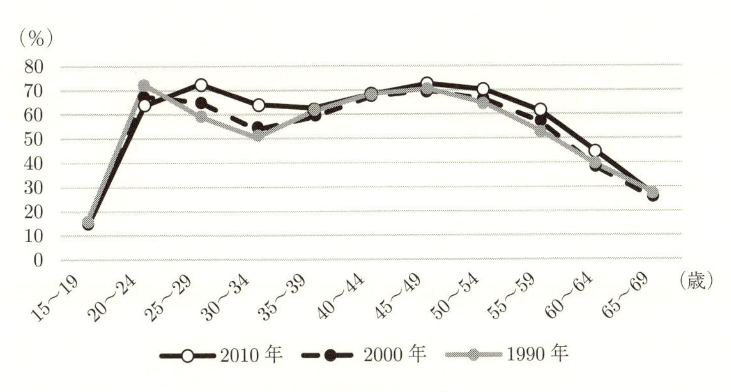


**図 8.8**　女性の年齢階級別就業率
出典：労働力調査（総務省統計局）

実際，男性のみで年齢と個人所得の相関を求めたところ，$r = 0.17$ ($p < 0.01$) とやや高くなった．一方，女性のみの場合，年齢と個人所得の相関は $r = 0.09$ ($p < 0.05$) と非常に弱い．このように，相関関係の異なる 2 つの集団が混ざっていた場合には，相関分析では 2 変数の関連がうまく測定できない場合がある．

### 8.7.2　外れ値の影響

図 8.9a は，データを男性に限定したうえで，個人所得と年齢の関連を示した散布図である．これを見ると，所得 3000 万円以上の 2 名が外れ値となっていることがわかる．相関分析の結果は，外れ値に影響を受けることがあるため，散布図を用いて確認する必要があるだろう．外れ値を除外した場合においても，$r = 0.19$ ($p < 0.01$) と関連は強まる．

### 8.7.3　非線形の関連

さらに，外れ値を除外した場合の散布図 8.9b を見ると，45 歳くらいまでは緩やかに所得が上昇，その後緩やかに下降するという傾向があることがわかる．そこで，データを 45 歳未満と 45 歳以上に分けて，改めて相関係数を求めたところ，45 歳未満の場合には $r = 0.34$ ($p < 0.01$)，45 歳以上では $r = -0.09$ ($p > 0.1$) という相関係数が得られた．つまり，45 歳までは年齢と所得の間には正の相関

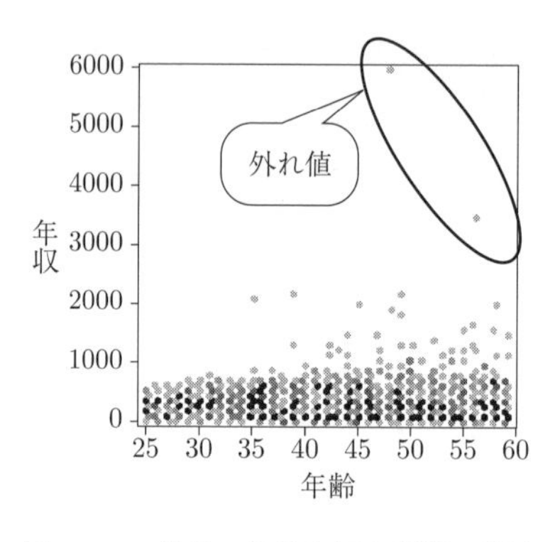


図 8.9a　男性の年齢と個人所得の関連
出典：SSP-I2010

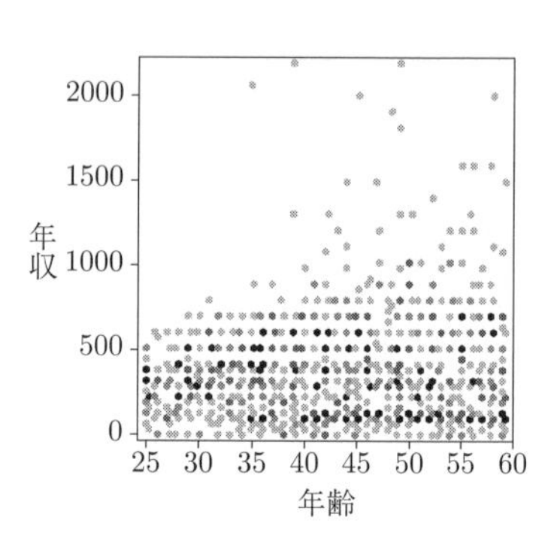


図 8.9b　男性の年齢と個人所得の関連（外れ値除外）
出典：SSP-I2010

があり，年齢が上がるにつれて緩やかに所得が上昇するが，45 歳以降にはその上昇が止まることがわかる．つまり，年齢と所得の関連は，$y = ax + b$ といった一次関数の形で表すことができる直線的な「線形」の関連ではなく，たとえば $y = ax^2 + bx + c$ の二次関数で表現されるような「非線形」の関連があるといえる．

これは特にピアソンの積率相関を用いた分析において問題になる．ピアソンの積率相関分析は 2 変数の間の線形の関連を調べることはできるが，2 変数の間に非線形の関連をすくい取ることはできない．そのため，変数の間に関連がある場合にも，それが図 8.10a や図 8.10b のように非線形であれば，関連がないという判断を下してしまう危険がある．したがって相関分析を行う際には，2 変数の関連を散布図で視覚的に確認し，非線形の関連が隠れていないか調べておく必要がある．

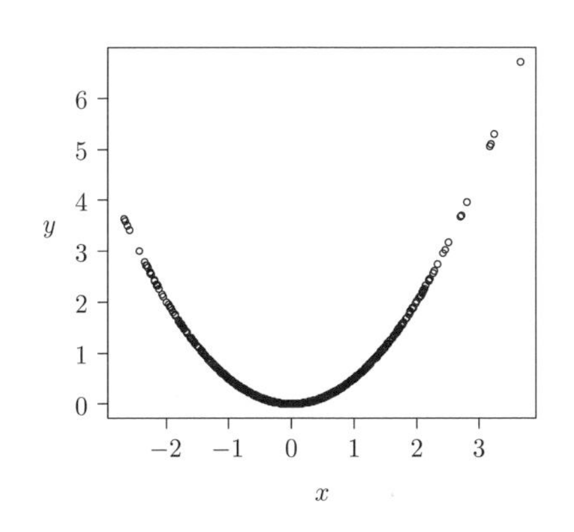


**図 8.10a**　非線形の関連の例 (1)

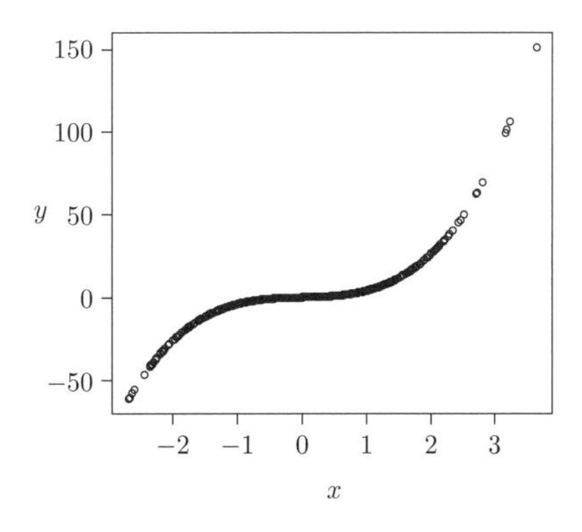


**図 8.10b**　非線形の関連の例 (2)

**【Rを用いた相関分析】**

Rで相関分析を行うには，cor.testコマンドを用いる．表8.5は，女性の教育年数(eduy)，職業威信スコア(pres)，個人所得(income)，階層帰属意識(class)についての仮想データである．これを用いて，相関分析を行ってみよう．

まず，このデータをcsv形式でchap8.csvとして保存し，それをRでd8として保存する．

```
> d8 <- read.csv("chap8.csv", header=TRUE)
```

教育年数と職業威信スコアはともに連続変数であるので，これら2変数の相関をピアソン積率相関係数を用いて調べてみる．相関分析を行うためには，cor.testの括弧内で，相関を見たい変数を指定する．

```
> cor.test(d8$eduy, d8$pres)
```

以上のように入力すると，次の分析結果が得られる．

**表 8.5**　女性の客観的，主観的地位に関する仮想データ

| ID | eduy | pres | income | class |
|---|---|---|---|---|
| 1 | 9 | 45.4 | 164.9 | 5 |
| 2 | 16 | 90.1 | 444.5 | 6 |
| 3 | 9 | 38.1 | 193.3 | 2 |
| 4 | 12 | 38.5 | 254.8 | 5 |
| 5 | 12 | 58.7 | 394.1 | 10 |
| 6 | 14 | 45.3 | 354.0 | 5 |
| 7 | 16 | 81.9 | 393.3 | 6 |
| 8 | 16 | 73.0 | 156.8 | 2 |
| 9 | 14 | 51.2 | 338.8 | 6 |
| 10 | 12 | 55.1 | 266.1 | 3 |
| 11 | 12 | 43.0 | 316.1 | 4 |
| 12 | 14 | 48.8 | 351.0 | 7 |
| 13 | 12 | 65.8 | 319.4 | 4 |
| 14 | 14 | 72.0 | 359.9 | 3 |
| 15 | 16 | 52.4 | 468.5 | 6 |
| 16 | 16 | 49.1 | 477.1 | 7 |
| 17 | 14 | 78.2 | 352.5 | 9 |
| 18 | 12 | 42.6 | 291.7 | 5 |
| 19 | 14 | 37.3 | 361.4 | 4 |
| 20 | 12 | 36.7 | 261.1 | 6 |

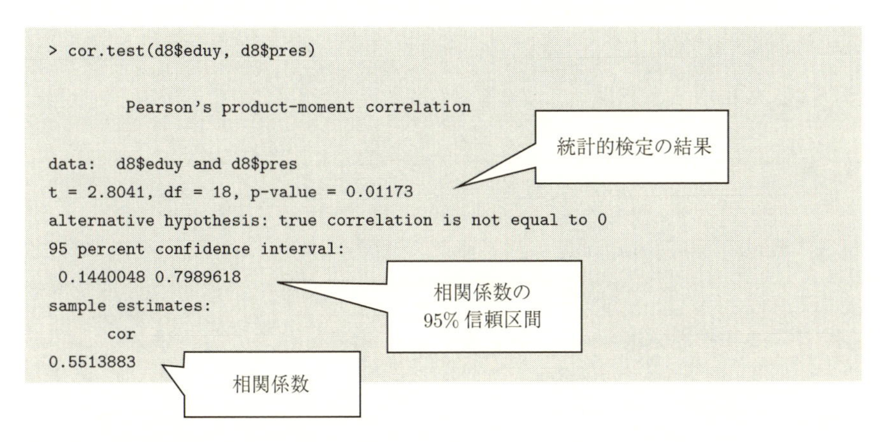


この分析結果からは，教育年数と職業威信スコアの相関係数が 0 であるという帰無仮説が 5%水準で棄却できることがわかる．また，相関係数の大きさは 0.55 と比較的強い．つまり，表 8.5 のデータにおいては，教育年数が高いほど，職業威信スコアが高くなるという有意な正の相関がある．

次に，職業威信スコアと 10 段階階層帰属意識の関連を，スピアマンの順位相関係数によって調べてみよう．R でスピアマンの順位相関係数を求めるためには，先ほどの `cor.test` コマンドの括弧内で，`method="spearman"` と指定するだけでよい．

```
> cor.test(d8$pres, d8$class, method="spearman")
```

上記のように入力すると，次のような分析結果が得られる．

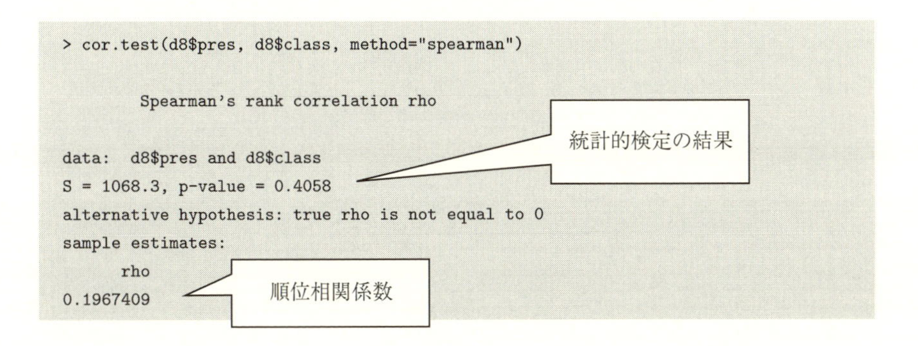

```
Warning message:
In cor.test.default(d8$pres, d8$class, method = "spearman") :
  Cannot compute exact p-value with ties
```

警告

この分析においては，タイ（同じ順位）があるため，警告が出ている[5]．この場合，括弧内で exact=FALSE と指定すると警告が出なくなる．上記の分析の結果から見ると，ここでも帰無仮説は有意水準5%で棄却できず，職業威信スコアの値によって階層帰属意識が影響を受けるとはいえない．

**問題 8.1**　表8.5のデータを用いて，教育年数と収入，教育年数と階層帰属意識の相関係数を求め，統計的検定によって相関が0という帰無仮説が棄却できるか検証しなさい．

## 参考文献

富永健一・友枝敏雄：日本社会における地位非一貫性の趨勢 1955-1975 とその意味，社会学評論，**37**:152-174(1986)

[5] 同一順位の場合は，それらが占める順位の平均値を割りあてて統計量の計算を行う．たとえば2位が2つある場合は，2位と3位の平均の2.5がそれぞれに割りあてられる．

# 9

# 3変数の関連

## 9.1　相関と因果関係

第5〜8章では，2つの変数間の関連を分析する方法を見てきた．しかし，行動科学においては，「2つの変数に関連がある」ことを示すだけではなく，「なぜそのような関連があるのか」，すなわち関連が生じたメカニズムを考え，そうしたメカニズムが実際に存在することをできる限り示すことが重要となる．ここで「できる限り」と書いたのは，行動科学が対象とするような社会現象は，複数の要因が複雑に関係しながら生じるものであるため，すべてのメカニズムを説明することは（理論的には不可能ではないかもしれないが）非常に困難だからである．一部でもメカニズムを説明できたとすれば，その研究は成功だといえるだろう．

2つの変数に関連が生じたメカニズムを解明するうえでは，変数間の因果関係を考えることが重要である．因果関係は，これまで本書で扱ってきた変数間の関連とはどういった点で異なるのだろうか．大きく異なる点は，変数間に相関があるということが「変数 $A$ と変数 $B$ が関連する」ことを指すのに対し，変数間に因果関係があるということが「変数 $A$ が変数 $B$ に影響を与える」ことを指すという点である．つまり，因果関係があるといった場合には，2つの変数が原因と結果の関連にあるということを意味している．

次のような例を考えてみよう．図 9.1a と図 9.1b はともに「OECD 生徒の学習

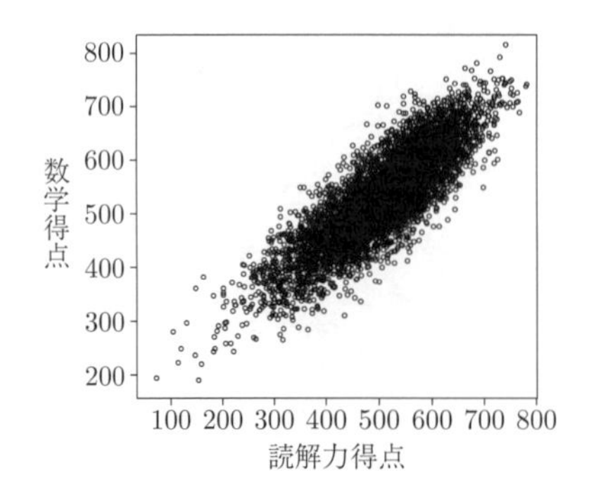


図 **9.1a** 読解力得点と数学得点の関連
出典：OECD 生徒の学習到達度調査 (OECD, 2006)，2006 年日本データ

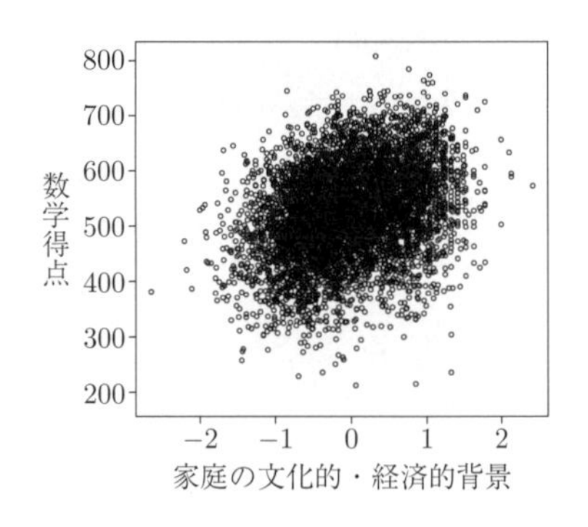


図 **9.1b** 家庭の文化的・経済的背景と数学得点の関連
出典：OECD 生徒の学習到達度調査 (OECD, 2006)，2006 年日本データ

到達度調査 (PISA)[1]」の 2006 年の日本の結果をもとにした散布図である．PISA は日本全国の中学 3 年生を対象に行われている．図 9.1a は読解力の点数と数学の点数の関連を，図 9.1b は家庭の文化的・経済的背景と数学の点数の関連を示している．ただし，家庭の文化的・経済的背景とは，両親の学歴や家庭の経済状況，教育資源の量や古典書籍，芸術作品などの「古典的」文化資源の量などをもとにつくられた指標である．

図 9.1a，図 9.1b ともに，2 つの変数の間に正の相関があることを示している．実際，それぞれの相関は 0.85，0.33 となっており，ともに有意水準 1%で有意な相関がある．

では，読解力得点と数学得点，家庭の文化的・経済的背景と数学得点の間にある 2 つの相関は，因果関係を示すものといえるのだろうか．読解力得点と数学得点の相関の場合には，相関の程度は強いものの因果関係といいにくい．なぜなら，読解力が原因で数学の点数が上がっているとは言い切れないからだ．もちろん，数学の文章問題の意味を理解するためには読解力が必要だろう．し

[1] PISA は OECD が実施している調査で，2000 年以降，3 年ごとに実施している．PISA では，読解力，数学的リテラシー，科学的リテラシーの 3 分野についての学習到達度が，15 歳児を対象とし調査されている．PISA の概要や 2012 年調査の結果については，国立教育政策研究所：OECD 生徒の学習到達度調査，文部科学省 (2013) を参照のこと．

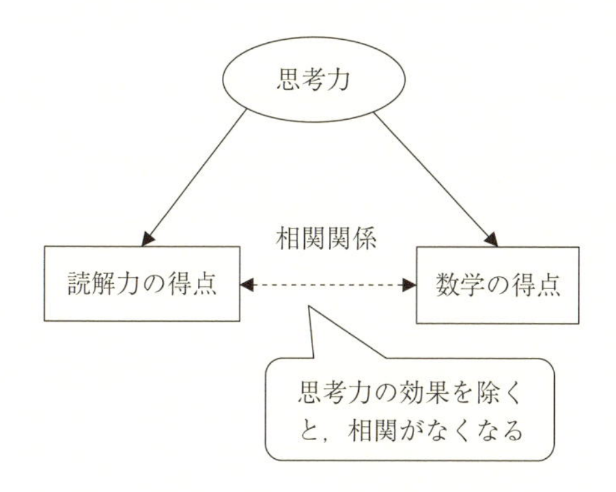


**図 9.2a**　読解力の得点と数学得点の関連モデル

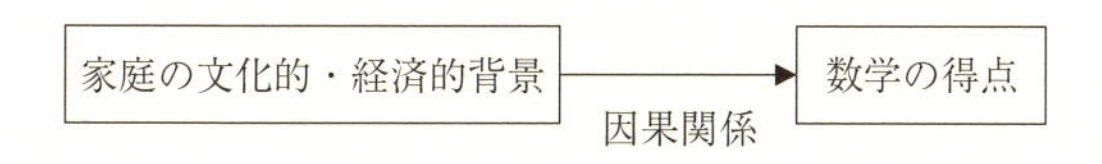


**図 9.2b**　家庭の文化的・経済的背景と数学得点の関連モデル

かし，読解力を原因とするよりは基本的な思考力が高いことが，読解力と数学の両方の成績を上げていると考えたほうが自然であろう（図 9.2a）．つまり，この 2 変数の間には相関はあるが，どちらか一方が原因でどちらか一方が結果となるような因果関係があるとはいいにくい．この場合，思考力の影響を除けば，読解力得点と数学得点の間に関連はなくなることが予想される．

これに対し，家庭の文化的・経済的背景と数学得点の相関の場合は，相関の程度は強くはないものの，因果関係と考えることができるだろう．家庭が豊かであったり，教育資源が多くあることによって，子どもは勉強しやすい環境が手に入れられ，結果として数学の得点も上がると考えられる．この場合，家庭が経済的・文化的に豊かであることを原因として，子どもの学力が伸び，数学の得点が上がるという因果関係があるといえる（図 9.2b）．

## 9.2　因果関係の条件

一般に，2 変数の間に因果関係があるというためには，次の 3 つの条件を満たす必要がある．

① 2つの変数の間に，関連があること．
② 2つの変数の間に，時間的な順序関係があること．
③ 2つの変数の間の関連が，時間的に先行する他の変数によって説明されないこと．

第一の条件は，変数間に関連があることである．そもそも関連がないのに因果関係があるとはいえない．ただし，9.6節で述べるように，一見すると関連がないように見えるが，他の変数の影響を除けば関連があるという場合も存在する（**疑似無相関**）ため，注意が必要である．

図9.1a，図9.1bの2つの例は，ともに第一の条件を満たしている．したがって，因果関係があるかの判断は，第二，第三の条件を満たすかどうかによる．第二の条件は，2変数の間に時間的な順序（原因となる変数$A$が先に決まり，その後に結果となる変数$B$が決まる）があることである．読解力と数学の得点の例はこの条件を満たさないが，家庭の経済的・文化的背景と数学の得点の例は，この条件を満たす．読解力と数学力は，どちらが先に決まったと明確に判断することはできない．これに対し，家庭の経済的・文化的背景は，現時点の数学の得点よりも先に決まっている．調査時点で，両親の学歴や家庭の経済状況，どのぐらい文化的資源があるかなどはすでに決まっているからだ．したがって，この第二の条件に基づいてみると，読解力と数学の得点の関連は因果関係とはいえないが，家庭の経済的・文化的背景と数学の得点の関連は因果関係である可能性がある．

ただし，行動科学の研究においては，この第二の条件は「2つの変数の間に，理論的な時間的順序関係がある」という形で考えられている．特に意識間の関連を扱うような研究においては，変数間に時間的順序があるとは言い切れない場合もある．たとえば，行動科学における主要な理論の1つに，**権威主義的パーソナリティ**というものがある (Adorno, 1950=1980)．これは，第二次世界大戦時のドイツにおいてナチスドイツへの支持が広がった背景を説明する理論に登場する概念で，権威に同調，従属することで自我の安定を得ようとするパーソナリティを指す．こうしたパーソナリティをもつ人たちは，権威に対して同調するため，社会のなかで権威となっている価値から外れるような少数派の人たちに対して，強い偏見をもつ．そして，権威への従属から生じた抑圧のはけ口を，少数派の人たちへの攻撃へと向ける．この理論においては，「権威主義的パーソナリティが原因となって，少数派の人たちへの偏見や攻撃が生じる」という因果関係が想定されている．この因果関係を検証するため，実際に質問紙調査で権威主義的パーソナリティの程度と偏見の程度を測定し，両者の関連を見た場合のことを考えてみよう．変数として得られるのは，調査時点での権威主義的パーソナリティと偏見になる．したがって変数として見た場合には，2 変数の間に時間的順序はない．しかし，権威主義的パーソナリティの理論に基づけば，このパーソナリティはさまざまな政治的，社会的問題への態度を決定する基盤となるものである．したがって，2 変数の間に相関が見られた場合には，権威主義的パーソナリティは偏見よりも早い段階で形成されており，それが現時点での偏見の程度に影響を与えているという時間的順序を想定し，2 変数の間に因果関係があると解釈する．このように，時間的関係をもとに因果関係の有無を考えるうえでは，理論上どのようなメカニズムが想定されているかということを考える必要がある．

第三の条件は，第二の条件以上に満たしているかどうかの判断が難しい．2 つの変数 $A$ と $B$ の関連が，時間的に先行する他の第三の変数 $C$ によって説明される場合には，変数 $A$ と $B$ の間には関連がなくとも，第三の変数 $C$ が $A$ と $B$ の両方に影響を与えることによって，変数 $A$ と $B$ の間に相関があるように見える．この場合，変数 $A$ と $B$ の間には「**見かけの相関**」あるいは「**疑似相関**」があるという．また，時間的に先行する他の変数のことを「**第三変数**」と呼ぶ．図 9.2a で示した関連でいえば，読解力の得点と数学の得点の相関は，テストを受ける前に形成されている思考力という第三変数によって説明されるため，両者の相関は疑似相関であると考えられる．

他の例を考えてみよう．「毎日朝食を食べる子どもは成績が高い」という調査結果が報じられることがある．この場合，調査データにおいて朝食を食べるかどうかと成績の間に相関があるということなので，第一の条件は満たしている．第二の条件についても，「朝食を食べる習慣」が試験の結果に先行して形成されているとすれば，満たしていると考えられる．しかし，第三の条件については議論の余地があるだろう．毎日朝食を食べる子どもとは，毎日朝食が用意され

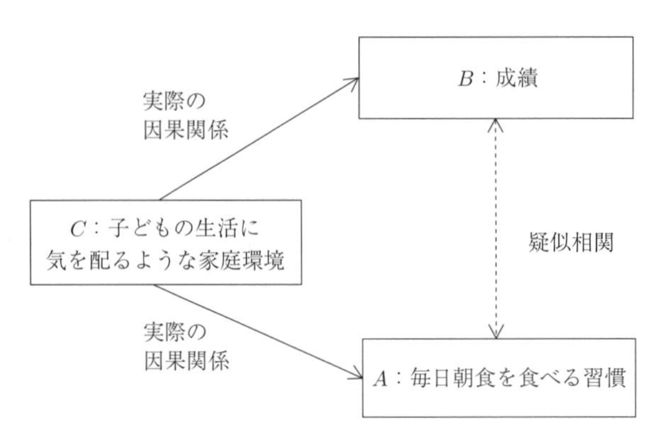


**図 9.3**　疑似相関関係の例

る家庭に暮らす子どもということである．また，朝食を食べる習慣が子どもに身につく程度に，親の子どもに対する管理が行き届いている家庭であるともいえる．そうした家庭の子どもは，勉強をする習慣が身についているため，成績が上がるとは考えられないだろうか．この場合，図 9.3 に示したように，「子どもの生活に気を配るような家庭環境」という第三変数 $C$ が，変数 $A$「毎日朝食を食べる習慣」と変数 $B$「成績」の両方に影響を与えているのであり，「毎日朝食を食べる」ことが原因となって，「成績が上がる」という結果が生じたとはいえない．つまり，毎日朝食を食べる習慣と成績の間の関連は疑似相関関係であると考えられる．このように，独立変数と従属変数の両方に影響を与える他の変数が存在することを「**交絡**（こうらく）」といい，両方に影響を与える第三の変数のことを「**交絡因子**」と呼ぶ．

## 9.3　3 変数間の媒介関係

疑似相関関係に加え，3 つの変数の間の関係として重要なものに，**媒介関係**が挙げられる．媒介関係とは，変数 $A$ が変数 $B$ に影響を与えるメカニズムが，変数 $A$ が変数 $C$ に影響を与え，変数 $C$ が変数 $B$ に影響を与えるというように，別の変数を経由したものであることを指す．このような関連がある場合に，変数 $C$ のことを「**媒介変数**」と呼ぶ．たとえば，学歴の高い親の子どもは学歴が高くなることは知られている．親の学歴と子どもの学歴の関連が生じるメカニ

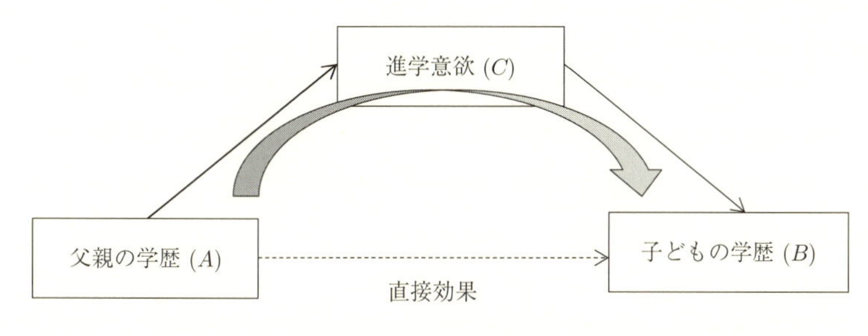


**図 9.4**　媒介関係の例

ズムは複雑であるが，1 つのメカニズムとして，子どもは出身家庭と同程度の地位を維持しようとするため，親と少なくとも同程度の学歴を得ようとするというものがある（**学歴下降回避仮説**；吉川，2006）．つまり，大学卒業の学歴をもつ親の子どもにとっては，自分の地位を維持するために，大学を卒業することが必要であると考えられるが，親が高校卒業の学歴をもつ子どもにとっては，大学進学は地位を維持するために必要な条件とは考えられない．こうした進学意欲の差が，子どもの達成する学歴に影響すると考えられるのである．学歴下降回避仮説に基づくと，父親の学歴が子どもの学歴に影響を与えるメカニズムは，図 9.4 のように表現できる．父親の学歴は子どもの進学意欲に影響を与え，進学意欲が子どもの達成する学歴に影響を与える．このとき，父親の学歴が子どもの学歴に与える影響は，進学意欲に媒介されている．

もし父親の学歴が子どもの学歴に与える影響が完全に媒介されているのであれば，父親の学歴から子どもの学歴への直接の影響（**直接効果**，図 9.4 の点線部分）はなくなり，進学意欲を媒介した間接的な影響（**間接効果**，図 9.4 のグレーの矢印部分）のみが見られるようになる．第三変数の影響を除くと，変数 $A$ と変数 $B$ の間に直接の関連がなくなるという点は，疑似相関の場合と共通している．疑似相関と異なるのは，媒介関係では「変数 $A$ と変数 $B$ の間の因果関係の想定そのものは間違いではなく，変数 $C$ が変数 $A$ と変数 $B$ をつないでいる」ことが想定される点である．媒介関係があるという場合には，第三変数の効果は，あくまでもこの因果関係をより詳しく説明するものになる．一方，疑似相関の場合には，第三変数の影響を考慮した場合に，変数 $A$ と変数 $B$ の間に想定されていた因果関係は間違いであり，変数 $A$ と変数 $B$ の関連は共通の要因 $C$ によって生じた結果であることが想定される．この 2 つの関連の違いは，変数 $C$ を媒介変数と見なして変数 $A$，$B$，$C$ の関連を媒介効果と見なすか，変数 $C$ を交絡因子と見なして，変数 $A$ と $B$ の関連を $C$ による交絡が生じた結果と見なすかの違いとも言い換えられる．

## 9.4　第三変数との関連の検証

2 変数の関連が疑似相関ではないことや，ある変数を媒介した因果関係であることを示すには，第三変数を加えた分析を行う必要がある．ここでは，3 つの変数がカテゴリ変数であった場合に用いることのできる**三重クロス集計表**，および，3 つの変数が連続変数（または順序のあるカテゴリ変数）であった場合に用いることのできる**偏相関分析**を紹介する．三重クロス集計表，偏相関分析のいずれにおいても，第三変数の影響を除いたうえでの 2 変数の関連を検証することができる．この「第三変数の影響を除く」という手続きのことを，第三変数の効果を「**統制する**」または「**コントロールする**」という．そして，このときの第三変数のことを「**統制変数**」または「**コントロール変数**」と呼ぶ．

### 9.4.1　三重クロス集計表

三重クロス集計表では，第三変数のカテゴリ別にクロス集計表を作成し，2 変数の関連を分析することによって，第三変数の影響を除いたうえでの 2 変数の関連を調べる．具体的な例をもとに考えてみよう．SSM2005 では，自分自身が現在もらっている収入の評価について，「受け取って当然だと考える金額と比較すると，どのように感じますか」という問いで尋ねている．回答は「とても少ない」，「どちらかといえば少ない」，「受け取って当然な額と同じくらい」，「どちらかといえば多い」，「とても多い」の 5 点尺度で与えられている．これを「少ない」（「とても少ない」または「どちらかといえば少ない」）と「ちょうど／多い」（「受け取って当然な額と同じくらい」または「どちらかといえば多い」または「とても多い」）の 2 カテゴリにまとめたうえで，学歴との関連を，クロス集計表を用いて調べると，表 9.1 のようになる[2)]．ただし，女性は分析から除外

**表 9.1** 男性被雇用者の学歴と収入評価の関連（表示は%）
出典：SSM2005

| | 少ない | ちょうど／多い | 度数 |
|---|---|---|---|
| 中学・高校卒 | 71.82 | 28.18 | 692 |
| 短大・高専・大学卒 | 59.32 | 40.68 | 322 |
| 合計 | 67.85 | 32.15 | 1014 |

$\chi^2 = 15.75$, $d.f. = 1$, $p < 0.01$, Cramer's $V = 0.135$[3)]

している.

表 9.1 を見ると，中学・高校卒の場合には収入が「少ない」と思う人の割合が 71.82%，短大・高専・大学卒の場合には 59.32%となっており，学歴の低い人のほうが，収入を少ないと評価する人の割合が 12.50 ポイント高い．カイ二乗検定の結果を見ると，この関連は 1%水準で有意であり，関連性係数の値を見ると弱い関連があることがわかる．したがって，関連は弱いものの，学歴の低い人のほうが，現在の所得への評価が低くなる傾向にあるといえる．

では，なぜ学歴の低い人のほうが，現在の所得への評価が低いのだろうか．考えられるメカニズムとして，収入を媒介したものが考えられる．高学歴であれば，低学歴である場合よりも所得は高くなるだろう．そして，所得が高ければ，所得を「低い」と評価する可能性も下がるはずだ．この場合，学歴が所得への評価の差に与える影響は，学歴による収入の差によって生じたものである（図 9.5）．

もし学歴の効果が完全に収入によって媒介されるのであれば，同じ収入の人を比べた場合には，学歴による収入評価の差はなくなるはずである．そこで，実際に収入が媒介効果をもつのか，収入階層を層に入れた三重クロス集計表を作成して調べた（表 9.2）．ただし，収入階層はそれぞれの層の割合が 3 等分になるように，3 分位点で区切っている．

表 9.2 の三重クロス集計表を見てみよう．情報量が多く，複雑な構造をしているように見えるが，よく見てみると，所得階層ごとの二重クロス集計表が積み重なった形になっていることがわかる．つまり，この三重クロス集計表では，

---

2) ただし，経営者や自営業者にとっての収入は経営状態によって影響を受ける部分が大きいと考え，被雇用者にデータを限定している．

3) 表下部では，クロス表に関連した統計量と検定結果を示している．

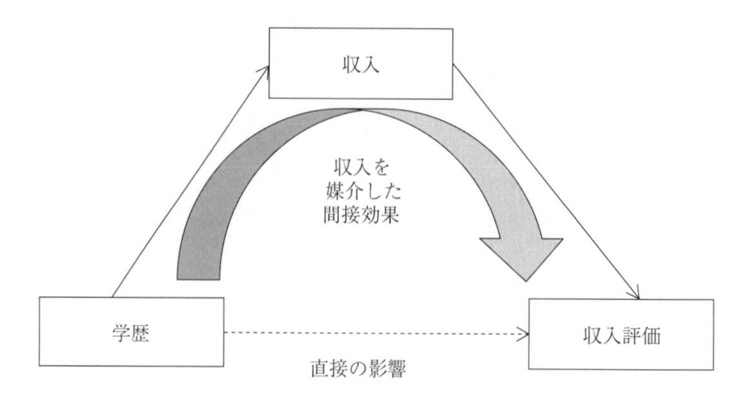


**図 9.5**　学歴が収入評価に影響するメカニズムの仮説モデル

**表 9.2**　収入・学歴・収入評価の三重クロス集計表（表示は%）
出典：SSM2005

| | | 少ない | ちょうど／多い | 度数 |
|---|---|---|---|---|
| 225万円 | 中学・高校卒 | 82.10 | 17.90 | 240 |
| | 短大・高専・大学卒 | 66.20 | 33.80 | 80 |
| | 合計 | 78.10 | 21.90 | 320 |
| 425万円未満 | 中学・高校卒 | 72.70 | 27.30 | 253 |
| | 短大・高専・大学卒 | 72.20 | 27.80 | 79 |
| | 合計 | 76.71 | 23.29 | 322 |
| 425万円以上 | 中学・高校卒 | 72.60 | 27.40 | 199 |
| | 短大・高専・大学卒 | 49.70 | 50.30 | 163 |
| | 合計 | 54.40 | 45.60 | 362 |
| 合計 | 中学・高校卒 | 71.80 | 28.20 | 692 |
| | 短大・高専・大学卒 | 56.23 | 43.77 | 322 |
| | 合計 | 67.90 | 32.10 | 1014 |

225万円未満：$\chi^2 = 8.80$, $d.f. = 1$, $p = 0.00$, Cramer's $V = 0.17$
425万円未満：$\chi^2 = 0.01$, $d.f. = 1$, $p = 0.92$, Cramer's $V = 0.01$
425万円以上：$\chi^2 = 2.67$, $d.f. = 1$, $p = 0.10$, Cramer's $V = 0.09$
合計　　　　：$\chi^2 = 15.75$, $d.f. = 1$, $p = 0.00$, Cramer's $V = 0.13$

それぞれの収入階層の人たちのなかで，学歴によって収入評価に差があるのかを調べているのである．カイ二乗値や関連性係数もそれぞれの二重クロス表ごとに得られる．表の下のカイ二乗値や関連性係数の値を見ると，225万円以下の層に5%水準で有意な関連が見られることを除けば，どの層においても有意な関連が見られなくなっている．つまり，低所得層を除くと，学歴間の収入評価の差は収入によって媒介されており，収入が同じであれば学歴によって収入評価に差はないと考えられる．

ただし，より厳密には媒介関係が実際にあることを検証するためには，学歴が収入に影響をすることも示しておく必要がある（この点については第9章で詳しく説明する）．表9.3から，学歴と収入の間には1%水準で有意な関連があり，学歴の高い人ほど，所得が高くなる傾向にあることがわかる．

**表 9.3**　学歴と収入の二重クロス集計表（表示は%）
出典：SSM2005

| | 225 万円未満 | 425 万円未満 | 425 万円以上 | 度数 |
|---|---|---|---|---|
| 中学・高校卒 | 34.68 | 36.56 | 28.76 | 692 |
| 短大・高専・大学卒 | 24.84 | 24.53 | 50.62 | 332 |
| 合計 | 31.56 | 32.74 | 35.70 | 1014 |

$\chi^2 = 45.87$, $d.f. = 2$, $p < 0.00$, Cramer's $V = 0.21$

このように，三重クロス集計表においては，第三変数の値が同じ人（この場合であれば同じ収入階層に含まれる人）に限定したうえで，2変数の間に関連が見られるのかを分析することにより，3つの変数の関連を検証する．

### 9.4.2　偏相関分析

3つの変数がすべて連続変数（または順序づけ可能なカテゴリ変数）であった場合には，偏相関分析を行うことにより，3つの変数の関連を調べることができる．偏相関分析では，変数 $A$ と変数 $B$ の相関のうち，変数 $C$ の影響によって生じている部分を取り除いたうえでの相関である「**偏相関係数**」を求めることにより，3変数の関連を調べる．この際，偏相関係数と区別するため，通常の2変数の相関を「**0 次相関**」と呼ぶこともある．

具体的には，偏相関係数は式 (9.1) で求められる．ここで $r_{AB}$ は変数 $A$ と変数 $B$ の相関，$r_{AC}$ と $r_{BC}$ も同様に，変数 $A$ と変数 $C$，変数 $B$ と変数 $C$ の相関を指す．

$$r_{AB.C} = \frac{r_{AB} - r_{AC}r_{BC}}{\sqrt{1-r_{AC}^2} \times \sqrt{1-r_{BC}^2}} \tag{9.1}$$

式 (9.1) の分子を見ると，変数 $A$ と変数 $B$ の相関係数 $r_{AB}$ から，変数 $A$ と変数 $C$ の相関係数 $r_{AC}$ と，変数 $B$ と変数 $C$ の相関係数 $r_{BC}$ を掛けたものを引くことにより，変数 $C$ の影響で生じた変数 $A$ と変数 $B$ の関連を除いていることがわかる．分母では，この値が $-1$〜1 の範囲に入るように調整を行っている．

例をもとに偏相関係数の特徴をつかもう．表 9.4 は，SSM2005 における本人の職業威信スコアと父親の職業威信スコア，教育年数の相関を示したものである．これを見ると，父親の職業威信スコアと本人の職業威信スコアの間には 0.27 の弱い正の相関がある．この相関は 1%水準で有意であり，父親の職業威信が高いほど，自分の職業的地位が高くなる，すなわち職業的地位の再生産が生じていることがわかる．この職業的地位の再生産が生じる 1 つのメカニズムとして，父親の職業的地位が高いと，文化的な資源や経済的資源が豊富であるため，高い学歴を達成することができ，その結果職業的地位が高くなるというものが想定される．つまり，学歴を媒介して，職業的地位の再生産が行われている可能性がある．

**表 9.4**　本人の職業威信スコア，父親職業威信スコア，本人の教育年数の相関
出典：SSM2005

| | 職業威信スコア | 父親職業威信スコア | 教育年数 |
|---|---|---|---|
| 職業威信スコア | | | |
| 父親職業威信スコア | 0.27　** | | |
| 教育年数 | 0.43　** | 0.36　** | |

$N = 3288$, $^{**}p < 0.01$

表 9.4 では，教育年数と本人の職業威信スコア，教育年数と父親職業威信スコアの間には，それぞれ 0.43，0.36 という比較的強い相関が見られる．では，父親職業威信スコアと本人の職業威信スコアの関連は，教育年数によって媒介されているといえるのだろうか．これを検証するため，式 (9.1) を用いて，偏相関係数を計算してみよう．

$$\begin{aligned} r_{AB.C} &= \frac{r_{AB} - r_{AC}r_{BC}}{\sqrt{1-r_{AC}^2} \times \sqrt{1-r_{BC}^2}} & \cdots \text{偏相関係数の公式} \\ &= \frac{0.27 - 0.43 \times 0.36}{\sqrt{1-0.43^2} \times \sqrt{1-0.36^2}} & \cdots \text{表 9.4 の値の代入} \end{aligned}$$

$$= 0.14$$

上記の計算から，父親の職業威信スコアと子どもの職業威信スコアの間の偏相関係数は 0.14 程度になることがわかる．これはもともとの相関係数 0.27 の半分程度の値である．つまり，父親の職業威信スコアと本人の職業威信スコアの関連の半分程度が，教育年数によって媒介されている．

では，父親の職業威信スコアと本人の職業威信スコアの偏相関係数の値は母集団においても 0 でないといえるのだろうか．これを調べるためには，「教育年数を統制変数とした父親職業威信スコアと本人職業威信スコアの偏相関係数は，母集団において 0 である」という帰無仮説について統計的検定を行う必要がある．

偏相関係数 $r_{AB.C}$ について，式 (9.2) で求められる $t$ が自由度 $n-q-2$ の $t$ 分布に従うことから，$t$ 検定を行うことができる．ただし，$n$ はサンプル数，$q$ は統制変数の数である．

$$t = \frac{|r_{AB,C}|\sqrt{n-q-2}}{\sqrt{1-r_{AB,C}^2}} \tag{9.2}$$

上の例について見れば，統制変数は 1 つ，偏相関係数の値は 0.14 なので，$t$ 値は以下のように求められる．

$$\begin{aligned} t &= \frac{|r_{AB,C}|\sqrt{n-q-2}}{\sqrt{1-r_{AB,C}^2}} && \cdots t \text{ 値の公式} \\ &= \frac{|0.14|\sqrt{3288-1-2}}{\sqrt{1-0.14^2}} && \cdots \text{値の代入} \\ &= 8.10 \end{aligned}$$

自由度 3285，有意水準 5%の場合の $t$ の限界値は 1.96 であり，ここで求めた $t$ はこの限界値を上回るため，この偏相関係数が母集団において 0 であるという帰無仮説は有意水準 5%で棄却される．したがって，教育年数の効果を除いてなお，父親の職業威信スコアと本人の職業威信スコアの間には有意な関連があるといえる．つまり，職業的地位の高い父親をもつ子どもが高い職業的地位を獲得するという再生産のメカニズムの一部は，職業的地位の高い父親をもつ子どもが高い教育達成を果たしやすいことによって説明されるものの，それがすべてではなく，教育達成を媒介しないメカニズムもはたらいているといえるだろう．

## 9.5　疑似相関と媒介効果

9.3節と9.4節で見た，学歴と収入評価，収入の関連，父親と本人の職業威信スコア，教育年数の関連の例は，ともに媒介効果を示すものであった．では，次の例はどうだろうか．SSM2005では「雑誌や本で取り上げられたレストランに行く」頻度を「よくする」(= 4)，「たまにする」(= 3)，「あまりしない」(= 2)，「全くしない」(= 1)の4カテゴリで尋ねている．雑誌や本で取り上げられたレストランに行く頻度と生活満足度（「満足している」が5，「不満である」が1の5点尺度）のスピアマン順位相関を求めたところ，$r_s = 0.11$ $(N = 1832, p < 0.01)$という弱い正の相関が得られた．つまり，雑誌や本で取り上げられたレストランに行くことは，生活満足度を高めるといえるかもしれない．

しかし，雑誌や本で取り上げられたレストランに行く頻度と生活満足度の関連について教育年数と世帯所得で統制した**偏順位相関係数**[4]を求めると，$r_{AB.C} = 0.05$ $(N = 1832, p < 0.05)$にまで相関が低下した．この関連は5%水準で有意であるものの，両者の関連は非常に弱いといえるだろう．

では，この偏相関分析の結果をもとにすれば，メディアで取り上げられたレストランに行く頻度と生活満足度の間にはどのような関連があるといえるだろうか．教育年数や世帯収入は，メディアで取り上げられたレストランに行く頻度や生活満足度よりも先に決まっている．したがって，教育年数と世帯収入を統制した結果，ほとんど関連がなくなったとすれば，レストランに行く頻度と生活満足度の関連は，因果関係が存在するための第三の条件（2つの変数の間の関連が，時間的に先行する他の変数によって説明されないこと）が満たされていない．つまり，生活満足度とメディアで取り上げられたレストランに行く頻度の間の相関は，教育年数と世帯収入によって生じた疑似相関である．教育年数が長い人ほどメディアで取り上げられたレストランに行く頻度が高く，生

[4] 偏相関係数は，ピアソンの積率相関係数でもスピアマンの順位相関係数でも同様に求めることができる

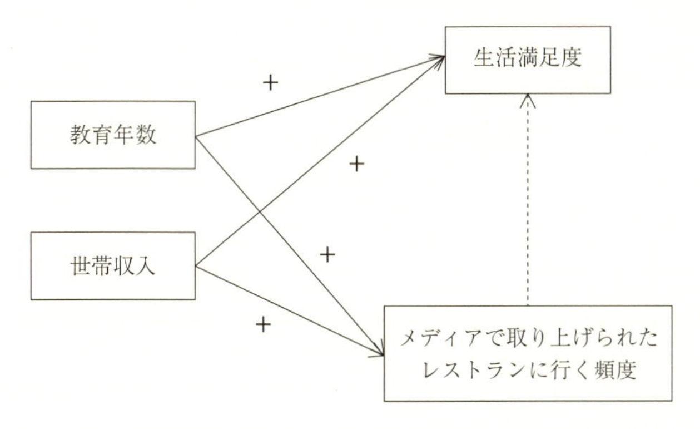


図 **9.6** メディアで取り上げられたレストランに行く頻度と生活満足度の関連

活満足度が高い．世帯収入が高い人についても同様である．要するに，教育年数と世帯収入の 2 つの統制変数がレストランに行く頻度と生活満足度をそれぞれ高めているのであって，「メディアで取り上げられたレストランに行くことで生活満足度が高まる」とはいえないと考えられる（図 9.6）．

ここで重要なのは，メディアで取り上げられたレストランに行く頻度と生活満足度，教育年数，世帯収入の関連においても，9.4 節の父親職業威信スコアと本人の職業威信スコア，教育年数の関連の分析においても，ともに得られた結果は「0 次の相関係数で見られた相関が偏相関分析では弱まる」という点である．つまり，偏相関分析で相関分析よりも相関が弱まるという結果が，媒介関係を示していると解釈すべきなのか，疑似相関関係を示していると解釈すべきなのかは，個々の変数の時間的前後関係や理論から想定される関係に依存している．したがって，分析結果を解釈する際には，理論的に想定される関係性を頭においておかなければならない．

## 9.6 疑似無相関

メディアで取り上げられたレストランに行く頻度と生活満足度の相関の例では，統制変数を分析に加えることで，2 変数の相関が弱まっていた．これとは逆に，統制変数を加えることで，変数 $A$ と変数 $B$ の関連が強まるケースがある．たとえば，SSM2005 のデータにおける「国政選挙や自治体選挙の際の投票」の

表 **9.5**　投票参加，教育年数，年齢の順位相関係数
出典：SSM2005

| | 投票参加 | | 教育年数 | | 年齢 |
|---|---|---|---|---|---|
| 投票参加 | | | | | |
| 教育年数 | 0.03 | | | | |
| 年齢 | 0.25 | ** | -0.38 | ** | |

$n = 2793$, $^{**}p < 0.01$

参加頻度（「いつもしている」= 5,「よくしている」= 4,「ときどきしている」= 3,「めったにしない」= 2,「したことがない」= 1）と教育年数の相関をスピアマンの順位相関係数を用いて調べると，表9.5に示したように，$r_s = 0.03$ と関連は非常に弱く，有意水準5%では有意な関連は見られなかった ($p = 0.10$). つまり，教育年数と投票参加頻度に関連があるとはいえない．一般には，教育年数が長くなれば，政治参加に必要となる知識を獲得できるため，投票参加頻度は上がると考えられる．しかし，教育年数と投票参加頻度の間の弱い相関は，日本ではこうした関連は存在しないことを示唆している．

ただし，投票参加に影響する要因としては，教育年数のほかに年齢が挙げられる．また，高学歴化によって，若い世代ほど教育年数が上がっており，年齢と教育年数の間にも関連がある．つまり，年齢は教育年数と投票参加の両者に影響する変数である．そこで，年齢を統制した，投票参加と教育年数の関連を調べてみよう．

ここで，表9.5をもとに，年齢を統制変数とした偏相関係数を求めると，以下のように計算できる．

$$
\begin{aligned}
r_{AB.C} &= \frac{r_{AB} - r_{AC}r_{BC}}{\sqrt{1 - r_{AC}^2} \times \sqrt{1 - r_{BC}^2}} \qquad \cdots \text{偏相関分析の公式} \\
&= \frac{0.03 - 0.25 \times (-0.38)}{\sqrt{1 - 0.251^2} \times \sqrt{1 - (-0.38)^2}} \\
&= 0.14
\end{aligned}
$$

この偏相関係数は1%水準で有意であった．つまり，投票参加と教育年数の間には，0次相関で見た場合には有意な関連はないが，年齢を統制すれば正の相関があるといえる．

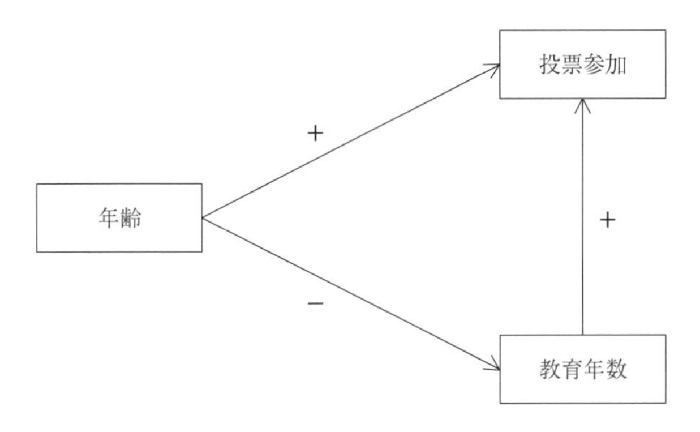


**図 9.7** 教育年数，投票参加，年齢の関連

なぜこのような現象が生じるのだろうか．表 9.5 にヒントが隠されている．教育年数と投票参加の相関は（ほぼ 0 であるが）正の相関，年齢と投票参加の間にも正の相関，教育年数と年齢の間には負の相関がある．つまり，この 3 変数の関連は図 9.7 のように描くことができる．本来，教育年数が長い人は投票に参加する傾向にある．一方で，年齢が高い人は教育年数が短い人であり，そのような人は投票に参加しにくい．つまり，年齢は教育年数を媒介して投票参加に負の影響を与えている（高齢 → 短い教育年数 → 投票不参加）．年齢を統制しない場合には，教育年数の効果のなかに，この年齢の負の効果が入り込んでしまう．その結果，もともとの教育年数から投票参加への正の効果が打ち消され，0 次相関が非常に弱いものとなるのである．

上記の教育年数と投票参加の関連のように，0 次相関では弱い関連しか見い出せないが，統制変数を加えると 2 変数間の関連が強まる場合には，2 変数の 0 次相関は「疑似無相関」であったといえる．

## 9.7 交互作用

疑似相関関係や媒介関係と並んで重要な 3 変数の関連として，「**交互作用**」が挙げられる．表 9.6 は SSM2005 データを用い，性別を統制変数として，学歴と国産食品を選んで買っているかどうかの関連を調べた三重クロス集計表である．表 9.6 を図で示すと，図 9.8 のようになる．男性では，短大・高専・大学卒の場

**表 9.6**　性別と学歴，国産食品選択購入の三重クロス集計表（表示は%）
出典：SSM2005

| | | あてはまる | ややあてはまる | あまりあてはまらない | あてはまらない | $n$ |
|---|---|---|---|---|---|---|
| 男性 | 中学・高校卒 | 32.67 | 24.56 | 21.32 | 21.45 | 802 |
| | 短大・高専・大学卒 | 33.58 | 31.59 | 22.39 | 12.44 | 402 |
| | 合計 | 32.97 | 26.91 | 21.68 | 18.44 | 1204 |
| 女性 | 中学・高校卒 | 45.29 | 29.01 | 15.79 | 9.92 | 1210 |
| | 短大・高専・大学卒 | 46.20 | 33.92 | 12.87 | 7.02 | 342 |
| | 合計 | 45.49 | 30.09 | 15.14 | 9.28 | 1552 |
| 合計 | 中学・高校卒 | 40.26 | 27.24 | 17.99 | 14.51 | 2012 |
| | 短大・高専・大学卒 | 39.38 | 32.66 | 18.01 | 9.95 | 744 |
| | 合計 | 40.02 | 28.70 | 18.00 | 13.28 | 2756 |

男性：$\chi^2 = 16.91$, $d.f. = 3$, $p < 0.01$, Cramer's $V = 0.12$
女性：$\chi^2 = 6.10$, $d.f. = 3$, $p > 0.1$, Cramer's $V = 0.06$
合計：$\chi^2 = 14.20$, $d.f. = 3$, $p < 0.01$, Cramer's $V = 0.072$

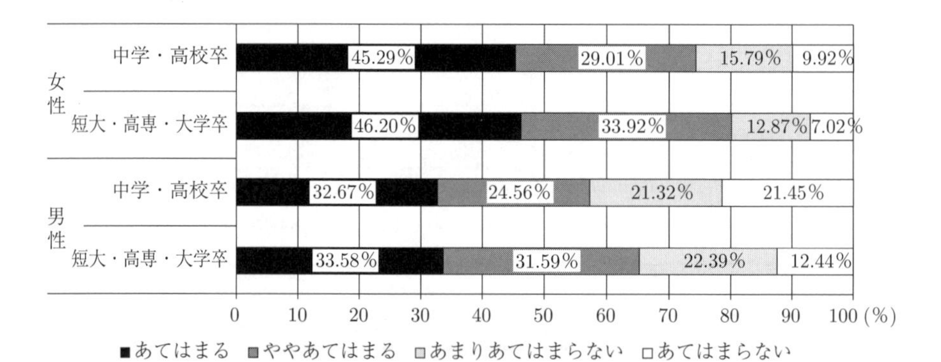


**図 9.8**　性別と学歴，国産食品選択の関連

合，「ややあてはまる」と答える割合が 31.59%であるのに対し，中学・高校卒の場合には 24.56%であり，7ポイントの差がある．また，「あてはまらない」と答える割合は，短大・高専・大学卒のほうが中学・高校卒の場合よりも 9ポイント低い．つまり，学歴が高いほど，国産の食品を選択して購入する傾向にあり，両者の関連は 1%水準で有意である．これに対し，女性では学歴を問わず 45%程度の人が「あてはまる」，30%程度の人が「ややあてはまる」と答えており，国産食品を選んで購入する割合が高い．女性では学歴と国産食品選択購入

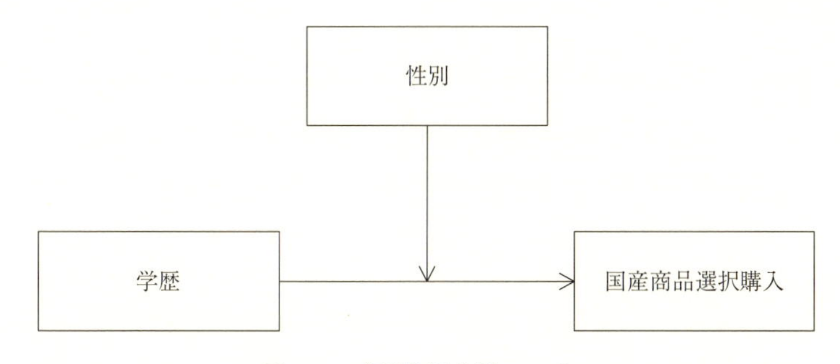


**図 9.9**　交互作用効果のモデル

の関連は有意水準 5%で有意ではない．つまり，学歴と国産食品選択購入の関連は，性別によって異なるのである．

表 9.6，図 9.8 で示された 3 変数の関連は図 9.9 のように表現できる．このように，変数 $A$（学歴）と変数 $B$（国産食品選択購入）の関連のあり方が変数 $C$（性別）によって異なるとき，変数 $A$（学歴）と変数 $C$（性別）の間に，変数 $B$（国産食品選択購入）についての「**交互作用効果**」があるという．交互作用効果については第 10 章でより詳しく説明する．

**【R を用いた 3 変数の関連の分析】**

**・三重クロス集計表**

R では三重クロス集計表を作成するためにいくつかのステップが必要となる[5)]．ここでは，データを層別に分けたうえで，第 5 章で用いた `CrossTable()` コマンドを用いて，三重クロス集計表を作成してみよう．データとしては，R の `datasets` パッケージに入っているフリーデータを用いる．フリーデータのなかにある `Titanic` データは，映画にもなったタイタニック号沈没事故の際の乗客の情報についてのデータである[6)]．データは二重クロス集計の形で入っているため，分析しやすいように，次の手順で加工する．

[5)] ただし，crossTable というコマンドを用いると一度に作ることができる．サイト (https://gist.github.com/masaha03/2693960#file-gistfile1-r) からテキストとしてコードを保存し，R の「ファイル」から「R コードのソースを読み込み」としてファイルを選択すれば，使用可能になる．crossTable (層変数, 独立変数, 従属変数) とすることで，三重クロス集計表だけでなく，カイ二乗検定の結果やクラメールの $V$ などの関連性係数も表示される．

[6)] もとのデータは，Dawson (1995) に掲載されたものである．

最初に，データフレームの形にデータを変換する．

```
> d9 <- data.frame(Titanic)
```

この d9 を表示すると，以下のようになる．

```
> d9
   Class    Sex   Age Survived Freq
1    1st   Male Child       No    0
2    2nd   Male Child       No    0
3    3rd   Male Child       No   35
4   Crew   Male Child       No    0
5    1st Female Child       No    0
6    2nd Female Child       No    0
7    3rd Female Child       No   17
8   Crew Female Child       No    0
9    1st   Male Adult       No  118
10   2nd   Male Adult       No  154
11   3rd   Male Adult       No  387
12  Crew   Male Adult       No  670
```

上の d9 の Freq の列に書かれている数字は，その行に書かれている属性をもつ人が何人いるかを示している．つまり，一等船室（“Class” が “1st”）の男の子（“Sex” が “Male”，“Age” が “Child”）で助からなかった子（“Survived” が “No”）は 0 人である（Freq が 0）．同様に，二等船室（“Class” が “2nd”）の男の子で助からなかった子もいない．一方，三等船室（“Class” が “3rd”）の男の子で助からなかった子は 35 人いる（Freq が 35）．また，“Class” が “Crew” の場合は船員であることを，“Sex” が “Female” の場合は女性であることを，“Age” が “Adult” の場合は大人であることを示している．

このように，現状の d9 はある属性の人が何人いるかを示した集計データであるため，個体を 1 行とするデータに変換する必要がある．そこで，下記のようにデータを変換する[7]．

```
> d92<-data.frame(lapply(d9,function(i)rep(i,d9[,"Freq"]))[-5])
```

lapply とは，データの各行に対して一括演算をすることを指定するコマンド

[7] データ加工方法については，青木 (2009) を参考にした．

である．ここでは lapply(d9,…) という形で，データ d9 について一括演算をすることを指定している．括弧内の後半部分では，i 番目の行について，d9 の "Freq" の数だけ複製する (rep(i,d9[,"Freq"])) という関数 (funciton(i)) を用いて計算することを指定している．最後についた [-5] とは 5 列目について削除することを意味する．5 列目は各行の頻度を示す部分なので，この列は不要である．このコマンドを走らせ，データ d92 を見てみると，以下のようになっている．

```
> d92
    Class   Sex   Age Survived
1     3rd  Male Child       No
2     3rd  Male Child       No
3     3rd  Male Child       No
4     3rd  Male Child       No
5     3rd  Male Child       No
6     3rd  Male Child       No
7     3rd  Male Child       No
8     3rd  Male Child       No
9     3rd  Male Child       No
10    3rd  Male Child       No
11    3rd  Male Child       No
12    3rd  Male Child       No
13    3rd  Male Child       No
14    3rd  Male Child       No
15    3rd  Male Child       No
```

このデータ d92 を用いて分析してみよう．ここでは，年齢による生存の有無の違いが，乗っていた船室によって異なるのかを検証する．ただし，乗員に子どもはいないため，乗員を欠損値とし，また一等船室と二等船室を統合した変数 Classc を作成しておこう[8]．

```
> d92 [d92$Class==c("Crew"), "Classc"] <- NA
> d92 [d92$Class==c("1st"), "Classc"] <- "1st/2nd"
> d92 [d92$Class==c("2nd"), "Classc"] <- "1st/2nd"
> d92 [d92$Class==c("3rd"), "Classc"] <- "3rd"
```

[8] 変数のリコードの方法についての詳しい説明は，付録参照．

ここまで準備ができたら，まず全体のクロス集計表を確認する．二重クロス集計表の作成方法は，第5章で入力したものと同様である．

```
> CrossTable(d92$Age, d92$Survived, expected=F, prop.r=T, prop.c=F,
  prop.t=F, prop.chisq=F, chisq=T, asresid=T, format="SPSS")
```

すると，次のような結果が出力される．カイ二乗検定の結果は1%水準で有意であり，また各セルの行%や調整済み標準化残差を見ると，子どもは大人よりも生存しやすかったことがわかる．

```
> CrossTable(d92$Age, d92$Survived, expected=F, prop.r=T, prop.c=F, prop.t=F,
  prop.chisq=F, chisq=T, asresid=T, format="SPSS")

   Cell Contents
|-------------------------|
|                   Count |
|             Row Percent |
|           Adj Std Resid |
|-------------------------|

Total Observations in Table:  2201

             | d92$Survived
     d92$Age |        No  |       Yes  | Row Total |
-------------|-----------|-----------|-----------|
       Child |        52  |        57  |       109 |
             |   47.706%  |   52.294%  |    4.952% |
             |   -4.578  |    4.578  |           |
-------------|-----------|-----------|-----------|
       Adult |      1438  |       654  |      2092 |
             |   68.738%  |   31.262%  |   95.048% |
             |    4.578  |   -4.578  |           |
-------------|-----------|-----------|-----------|
Column Total |      1490  |       711  |      2201 |
-------------|-----------|-----------|-----------|


Statistics for All Table Factors


Pearson's Chi-squared test
```

```
-----------------------------------------------------------
Chi^2 =  20.9555     d.f. =  1     p =  4.700752e-06

Pearson's Chi-squared test with Yates' continuity correction
-----------------------------------------------------------
Chi^2 =  20.0048     d.f. =  1     p =  7.724799e-06


       Minimum expected frequency: 35.21081
```

ただし，関連性係数を調べると，クラメールの $V$ は 0.098 とそれほど関連は強くない[9)].

```
> assocstats(table(d92$Age, d92$Survived))
                    X^2 df   P(> X^2)
Likelihood Ratio 19.561  1 9.7458e-06
Pearson          20.956  1 4.7008e-06

Phi-Coefficient   : 0.098
Contingency Coeff.: 0.097
Cramer's V        : 0.098
```

では，客室の等級で分けると関連は変化するだろうか．これを確認するため，データを客室の等級で分けたうえで，二重クロス集計表を作成する．データの分割には subset 関数を用いる．subset 関数では，括弧内でもとになるデータと条件式を指定することで，その条件にあてはまるデータのみが選択される．たとえば，下記のコマンドでは，d92 というデータから，変数 Classc が 1st/2nd にあてはまるデータだけが抽出され，新たに d92a というデータに保存されている．summary コマンドを用いて，正しく選択できているかを確認しておこう．

```
> d92a <- subset(d92, d92$Classc=="1st/2nd")
> summary(d92a)
```

9) 関連性係数の表示の仕方は第 5 章参照.

```
> summary(d92a)
  Class          Sex            Age          Survived       Classc
 1st :325    Male   :359    Child: 30     No :289    Length:610
 2nd :285    Female:251     Adult:580     Yes:321    Class :character
 3rd :  0                                            Mode  :character
 Crew:  0
```

上の結果では，Class が 1st か 2nd の人のみが選ばれており，正しくデータが作成できていることがわかる．

新たに作成したデータ d92a を用いて，再びクロス集計表を作成する．

```
> CrossTable(d92a$Age, d92a$Survived, expected=F, prop.r=T, prop.c=F,
  prop.t=F, prop.chisq=F, chisq=T, asresid=T, format="SPSS")
```

```
> CrossTable(d92a$Age, d92a$Survived, expected=F, prop.r=T, prop.c=F, prop.t=F,
  prop.chisq=F, chisq=T, asresid=T, format="SPSS")

   Cell Contents
|-------------------------|
|                   Count |
|             Row Percent |
|           Adj Std Resid |
|-------------------------|

Total Observations in Table:  610

             | d92a$Survived
    d92a$Age |        No  |       Yes  | Row Total |
-------------|-----------|-----------|-----------|
       Child |         0  |        30  |        30  |
             |    0.000% |  100.000% |    4.918% |
             |   -5.330  |    5.330  |            |
-------------|-----------|-----------|-----------|
       Adult |       289  |       291  |       580  |
             |   49.828% |   50.172% |   95.082% |
             |    5.330  |   -5.330  |            |
-------------|-----------|-----------|-----------|
Column Total |       289  |       321  |       610  |
-------------|-----------|-----------|-----------|
```

```
Statistics for All Table Factors


Pearson's Chi-squared test
------------------------------------------------------------
Chi^2 =  28.40638     d.f. =  1     p =  9.834064e-08

Pearson's Chi-squared test with Yates' continuity correction
------------------------------------------------------------
Chi^2 =  26.44293     d.f. =  1     p =  2.714399e-07


       Minimum expected frequency: 14.21311
```

表示された結果を見ると，子どもは全員助かっているのに対し，大人では半数程度が助かったにとどまることがわかる．この関連は1%水準で有意であり，

次に，assocstats コマンドを用いて関連性係数を見ると，クラメールの $V$ の値は0.216と全体で見たときよりも大きくなっている．つまり，全体で見たときよりも，一等／二等船室では年齢と生存割合の関連が強くなっている．

```
> assocstats(table(d92a$Age, d92a$Survived))
```

```
> assocstats(table(d92a$Age, d92a$Survived))
                    X^2 df   P(> X^2)
Likelihood Ratio 39.916  1 2.6509e-10
Pearson          28.406  1 9.8341e-08

Phi-Coefficient   : 0.216
Contingency Coeff.: 0.211
Cramer's V        : 0.216
```

同様に，三等船室の人に限ってデータをd92bとして保存し，クロス集計表を出力してみよう．

```
> d92b <- subset(d92, d92$Classc=="3rd")
> CrossTable(d92b$Age, d92b$Survived, expected=F, prop.r=T, prop.c=F,
  prop.t=F, prop.chisq=F, chisq=T, asresid=T, format="SPSS")
```

```
> CrossTable(d92b$Age, d92b$Survived, expected=F, prop.r=T, prop.c=F, prop.t=F,
  prop.chisq=F, chisq=T, asresid=T, format="SPSS")

   Cell Contents
|-------------------------|
|                   Count |
|             Row Percent |
|           Adj Std Resid |
|-------------------------|

Total Observations in Table:  706

             | d92b$Survived
    d92b$Age |        No  |       Yes  | Row Total |
-------------|-----------|-----------|-----------|
       Child |        52  |        27  |        79 |
             |   65.823% |   34.177% |   11.190% |
             |   -1.947  |    1.947  |           |
-------------|-----------|-----------|-----------|
       Adult |       476  |       151  |       627 |
             |   75.917% |   24.083% |   88.810% |
             |    1.947  |   -1.947  |           |
-------------|-----------|-----------|-----------|
Column Total |       528  |       178  |       706 |
-------------|-----------|-----------|-----------|


Statistics for All Table Factors


Pearson's Chi-squared test
------------------------------------------------------------
Chi^2 =  3.79137     d.f. =  1     p =  0.05151747

Pearson's Chi-squared test with Yates' continuity correction
------------------------------------------------------------
Chi^2 =  3.274926     d.f. =  1     p =  0.0703461


       Minimum expected frequency: 19.91785
```

これを見ると，大人と子どもの生存割合の差は 10 ポイント程度にとどまり，

2変数の関連は有意ではないことがわかる．つまり，三等船室においては，子どもが大人よりも助かりやすかったとはいえないのである．これらの結果から，年齢と客室の等級の間に，助かりやすさに対する交互作用効果があったことがわかる．

・偏相関分析

次に，偏相関分析を行う．今度は dataset のなかの attitude データを使ってみよう．このデータはある金融関係の企業の事務職員に上司の評価を尋ねた調査を30の課ごとに集計したものである．数値は好意的な評価をした人の割合を示している．このデータはすでに1行が1つの課を示す形式になっているため，データの形を変換する必要はない．データに含まれる変数のうち，rating は上司に対する総合的な評価，raises は上司が成果に応じて昇給を認めてくれるかどうかについての評価，learning は上司が研修の機会を与えてくれるかどうかについての評価を示す．ここでは，上司に対する総合的な評価 (rating) が成果に基づく昇給に関する評価 (raises) によって影響を受けているかどうかについて，技能習得の機会の提供についての評価 (learning) を統制しつつ，考えてみよう．

まず，成果に基づく昇給に関する評価と全体的な評価の関連を調べてみよう．第8章で見た相関分析の方法を用いて，0次相関を調べる．

```
> cor.test(attitude$rating, attitude$raises)
```

```
> cor.test(attitude$rating, attitude$raises)

        Pearson's product-moment correlation

data:  attitude$rating and attitude$raises
t = 3.8681, df = 28, p-value = 0.0005978
alternative hypothesis: true correlation is not equal to 0
95 percent confidence interval:
 0.2919385 0.7837714
sample estimates:
     cor
0.590139
```

分析の結果，0次相関は0.59と強く，また1%水準で有意である．つまり，「成果に応じて昇給をしてくれる」と評価されている上司は，全体的な評価も高い．しかし，この関連は他の次元での評価によって影響を受けている可能性がある．ここでは，技能習得の機会の提供についての評価を統制して，2変数の関連を改めて見てみよう．

Rでの偏相関分析にはpsychパッケージのpartial.rを用いるのが一般的だが，partial.rでは統計的検定の結果は出力されない．そこで，ここではppcorパッケージのpcor.testコマンドを使う．

まず，ppcorパッケージのインストールを行い，libraryコマンドでパッケージを読み込む．

```
> install.packages("ppcor")
> library(ppcor)
```

pcor.testコマンドでは，括弧内で（**変数A，変数B，統制変数，method=相関の求め方**）という形で指定を行う．methodは"pearson"，"kendall"，"spearman"から選択でき，デフォルトはピアソンの相関係数である．今回用いる変数はすべて連続変数なので，ピアソンの相関係数を用いる．コマンドは以下のように書くことができる．

```
> pcor.test(attitude$rating, attitude$raises, attitude$learning,
  method="pearson")
```

上記のコマンドを走らせると，以下の分析結果が得られた．

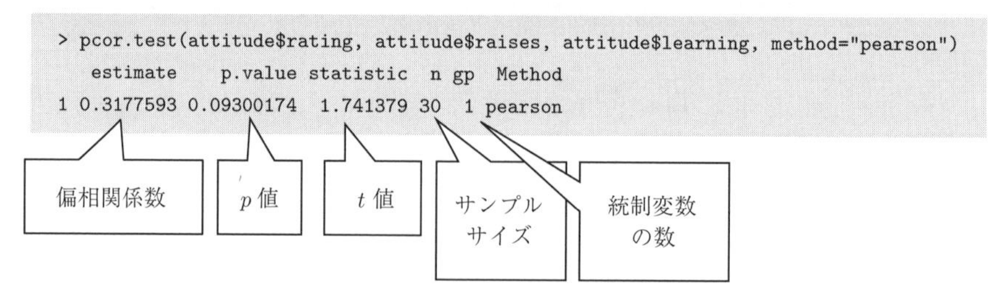


つまり，技能習得の機会の提供を統制すれば，全体的な評価と成果に基づく昇

給についての評価の間には有意水準 5%で有意な関連はない．

上の例では統制変数が 1 つであったが，複数の統制変数を用いたい場合は，統制変数部分で，以下のように，データ名 [,c("統制変数 1", "統制変数 2",…)] と指定すればよい．

```
> pcor.test(attitude$rating, attitude$raises,
  attitude[,c("learning","critical")])
```

**問題 9.1** Titanic データを用い，船室の等級と生存の有無の関連が性別によって異なるのかどうかを調べなさい．また，その関連をもとに，船室の等級と生存の有無，性別の間にどのような関連があるといえるか，説明しなさい．

**問題 9.2** attitude データを用い，上司に対する総合的な評価と，部下をえこひいきをしないことの評価 (privileges) の間の関連を調べたうえで，部下からの不満への対応についての評価 (complaints) を統制すると両者の関連がどう変化するかを調べなさい．そのうえで，これら 3 つの変数の間にどのような関連があるといえるか，説明しなさい．

## 参考文献

青木繁伸：R による統計解析，オーム社 (2009)，320 p

Adorno, T. W., Frenkel-Brunswik, E., Levinson, D. J., Sanford, R. N.: *The Authoritarian Personality*, New York: Harper & Brothers (1950), 1023 p（＝田中義久・矢沢修次郎・小林修一 訳：現代社会学大系 12 権威主義的パーソナリティ，青木書店 (1980)，545 p）

Dawson, R. J. M.: The “unusual episode” data revisited, *Journal of Statistics Education*, **3** (1995)

吉川 徹：学歴と格差・不平等—成熟する日本型学歴社会，東京大学出版会 (2006)，273 p

# 10 単回帰分析

## 10.1 回帰分析とは

近代社会の特徴の1つとして，メリトクラシーが挙げられる（第6章参照）．ある人が，収入や権限などの大きい，社会的地位の高い職業に就くことができるかどうかは，その人のもつ人的資本（能力）によって決まるという考え方である．メリトクラシーが成り立つ社会においては，長く教育を受けることによって知識や技能が身につき，高い地位の職業に就くことができると予測できる．しかし，実際に長い教育が高い地位の職業につながるという関連があるのだろうか．

この問いに対しては，職業の地位の高さを職業威信スコア（第6章参照）で，教育の長さを学歴や教育年数で測り，この2変数の関連を調べることで答えられるだろう．学歴（中卒・高卒・大卒以上）と職業威信スコアの関連を調べる場合では，学歴が離散変数なので第7章で取り上げた分散分析による分析が適当と考えられる．一方，教育年数と職業威信スコアは，ともに連続変数であるので，2つの連続変数の関連を分析することになる．したがって，第8章で見た相関分析を用いることができるだろう．

ただし，日本社会においてメリトクラシーが実際に機能しているのかを調べるためには，分散分析や相関分析よりも**回帰分析**が適している．回帰分析とは，ある変数によって他の変数を説明したり，予測したりするための分析方法である．では，この3つの分析方法はどのように異なるのか．まず，相関分析と回帰分析の違いは，前者が「相関関係」を想定するのに対し，後者が「因果関係」を想定する点にある．メリトクラシーは，教育年数と職業の地位の高さの間に関連があるということにとどまらず，「職業的地位の高さが，教育年数の長さによって決まる（説明される）」，という因果関係を想定している．そして，職業的地位の高さが教育年数の長さによって決まっているとすれば，教育年数の長さによって，その人の職業的地位を予測することができる．このように，従属変数（この場合，職業的地位）を，独立変数（この場合，教育年数）によって，説明，予測したい場合には，回帰分析を用いる[1)]．

一方，分散分析によって得られた結果からも，教育の長さを表す学歴が職業威信スコアに影響を与えていると捉えられるかもしれない．しかし，分散分析からわかるのは「学歴間で職業威信スコアの平均が違う」ということのみで，変数間の具体的な関係には言及できない．一方，回帰分析では得られた結果から，学歴が変わることによってどの程度職業威信スコアが変化するのか，具体的な値をともなって予測することができる．この点で，分散分析と回帰分析は大きく異なる．

図 10.1 は，SSM2005 の男性データをもとに教育年数別の職業威信スコアの平均値を示したものである．これを見るとグラフは右上がりになっており，教育年数が長い人ほど威信の高い職業に就いている傾向が見てとれる．この場合，教育年数が長いほど職業的地位が高いという予測が成り立ちそうである．このように，独立変数の値の変化によって従属変数を予測するための予測式を求める分析手法が，回帰分析である．

回帰分析を行うことにより，独立変数が 1 単位増加することによって，従属変数がどの程度変化するのか，また，従属変数の分散のうち，どの程度が独立変数によって説明されるのか，といったことを示すことができる．

図 10.1 の例では，教育年数によって職業威信スコアを予測している．このように独立変数が 1 つの回帰分析を「**単回帰分析**」，2 つ以上の回帰分析を「**重回帰分析**」と呼ぶ．本章では，単回帰分析の考え方について説明し，重回帰分析については，第 11 章で取り上げる．

---

1) 実際に因果関係があるというためには，単に回帰分析において有意な効果が見られるだけでは不十分であり，第 9 章で取り上げたような，いくつかの条件を満たす必要がある．

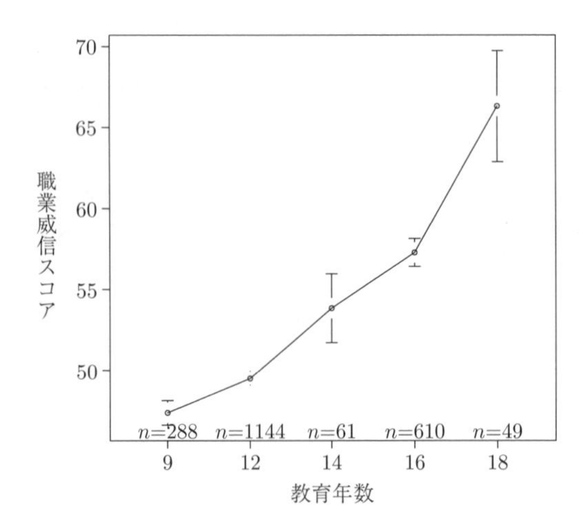


**図 10.1**　男性の教育年数と職業威信の関連
出典：SSM2005

## 10.2　回帰分析の考え方

回帰分析では，従属変数と独立変数の関係をうまく要約することのできる直線を引くことによって，従属変数に対する独立変数の効果の推定を行う．この直線のことを**回帰直線**と呼ぶ．どのように回帰直線を引くのか，図 10.2 をもとに考えてみよう．

図 10.2 には，独立変数 $x$ と従属変数 $y$ について，各ケースのデータ $(x_i, y_i)$ を $xy$ 平面上にプロットしたものを示してある．従属変数 $y$ と独立変数 $x$ の間に線形の関係があると予想される場合，両者の関連は式 (10.1) のように表現することができる．

$$y_i = a + bx_i + \varepsilon_i \tag{10.1}$$

式 (10.1) において，$b$ は $x$ と $y$ の関連の強さを示している．この $b$ を**回帰係数**と呼ぶ．回帰係数 $b$ は回帰直線の傾きを示しており，$x$ が 1 単位変化した場合の $y$ の変化量を意味する．図 10.2 からわかるように，$a$ は独立変数 $x$ が 0 のときの従属変数 $y$ の値であり，**切片**と呼ばれる．$\varepsilon_i$ は**誤差**であり，従属変数 $y$ の散らばりのなかで，独立変数 $x$ では説明できない確率的に変動する部分を示して

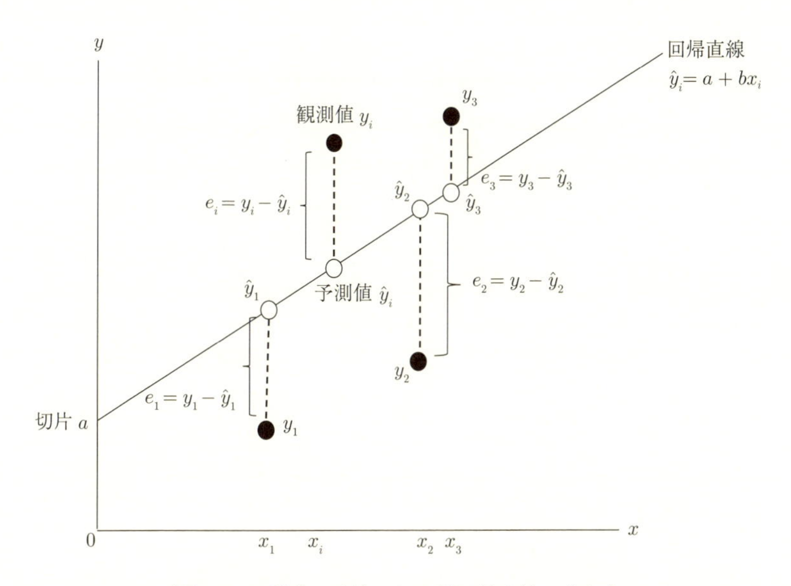


**図 10.2**　最小二乗法による単回帰分析の考え方

いる．

回帰分析の推定方法である**最小二乗法** (ordinary least squares, OLS) は，ある個人 $i$ について，$x_i$ の値から得られる予測値 $\hat{y}_i(= a + bx_i)$ と実際の値 $y_i$ の差を示す残差 $e_i$ の 2 乗の合計値が最小になるように $a$ と $b$ を推定する．残差の合計が最も小さいときは，予測式から得られる予測値と実際の値の差が小さいことを意味しているので，最もよく従属変数を予測する形で回帰直線を引くことができている．ただし，残差は正の値，負の値を両方とるため，合計を計算する際には残差の 2 乗の合計である $Q$ を最小にする $a$ と $b$ を推定する．

$$Q = \sum_{i=1}^{n} e_i^2 = \sum_{i=1}^{n} (y_i - \hat{y}_i)^2 = \sum_{i=1}^{n} (y_i - (a + bx_i))^2 \tag{10.2}$$

通常，回帰分析では，誤差 $\varepsilon_i$ に次の 4 つの仮定をおいたうえで，$a$ と $b$ の推定を行っている[2)]．

[2)] ここに $E(\cdot)$ は期待値を与える．同様に $\mathrm{Var}(\cdot)$ は分散を与え，$\mathrm{Cov}(\cdot,\cdot)$ は共分散を与える．$N(\mu, \sigma^2)$ は平均 $\mu$，分散 $\sigma^2$ の正規分布を表し，$X \sim N(\mu, \sigma^2)$ は確率変数 $X$ が正規分布に従うことを表す．

① 誤差の期待値はゼロ．すなわち $E(\varepsilon_i) = 0$.

② 誤差の分散はすべての個人に対して等しい．すなわち $\mathrm{Var}(\varepsilon_i) = \mathrm{Var}(\varepsilon_j) = \sigma^2$.

③ 誤差は互いに独立．すなわち $\mathrm{Cov}(\varepsilon_i, \varepsilon_j) = 0$.

④ 誤差は正規分布している．すなわち $\varepsilon_i \sim N(0, \sigma^2)$.

ただし，第 11 章で詳しく述べるように，近年では，上記の 4 つの仮定を誤差 $\varepsilon_i$ が満たさない場合の補正方法も開発されている．

$Q$ を最小にする $a$ と $b$ を推定するため，上記の式を $a$ と $b$ についてそれぞれ偏微分し，方程式を解く．すると，以下のときに $Q$ が最小値になることがわかる．

$$a = \bar{y} - b\bar{x} \tag{10.3}$$

$$b = \frac{s_{xy}}{s_x^2} = r_{xy}\frac{s_y}{s_x} \tag{10.4}$$

ただし，$s_{xy}$ は $x$ と $y$ の共分散，$s_x$，$s_y$ はそれぞれ $x$ と $y$ の標準偏差，$r_{xy}$ は $x$ と $y$ の相関である．

では，上で挙げた教育年数と職業威信の関連を例にとって考えてみよう．SSM2005 における男性の教育年数と職業威信の記述統計量および両者の相関は表 10.1 のようになっている．

**表 10.1**　男性の教育年数と職業威信の記述統計および相関

| | 度数 | 平均値 | 標準偏差 | 相関 |
|---|---|---|---|---|
| 教育年数 | 2152 | 12.93 | 2.41 | 0.43 |
| 職業威信 | 2152 | 51.95 | 9.56 | |

式 (10.2)，式 (10.3) に表 10.1 の値を代入すると，$a$ と $b$ の値を求めることができる．まず，$b$ の値から求める．

$$\begin{aligned} b &= r_{xy}\frac{s_y}{s_x} && \cdots b \text{ の公式} \\ &= 0.43 \times \frac{9.56}{2.41} && \cdots \text{表 10.1 の値を代入} \\ &= 1.71 \end{aligned}$$

次に，上で求めた $b$ の値と表 10.1 の値を代入して，$a$ の値を求める．

$$a = \bar{y} - b\bar{x} \qquad \cdots a\text{の公式}$$
$$= 51.95 - 1.71 \times 12.93 \qquad \cdots b\text{と表 10.1 の値を代入}$$
$$= 29.84$$

上の計算から得られた $a$ と $b$ の値を式 (10.1) に代入すれば，教育年数と職業威信の関連を示す回帰式は，次のように表すことができる．

$$\hat{y} = a + bx \qquad \cdots\text{回帰式}$$
$$= 29.84 + 1.71x \qquad \cdots a\text{と}b\text{の値を代入}$$

上の式を見ると，$x_i$（教育年数）と $y_i$（職業威信スコア）の間には，教育年数が 1 年上がるごとに，職業威信スコアが 1.71 増加するという関連があることがわかる．

## 10.3 回帰分析の検定

10.2 節で得られた分析結果は，SSM2005 データをもとにしたものである．つまり，日本に住む男性の一部のデータをもとにして得られた推定値である．したがって，たまたま今回調査の対象者については教育年数が長ければ職業威信が高くなるという結果が見られたが，母集団となる日本に住む男性全体について見れば，両者の間には関連がない可能性もある．そこで，母集団での回帰式（**母回帰式**）$y = \alpha + \beta x + \varepsilon$ において，$\alpha = 0$ かつ $\beta = 0$ となるという帰無仮説について検定を行うことで，上記の推定の結果がどの程度確からしいものかを確認する．

切片と回帰係数の有意性検定には，$a - \alpha$，$b - \beta$ をそれぞれ $\alpha$，$\beta$ の標準誤差（それぞれ $S_\alpha$，$S_\beta$）で割った値 $(t_a, t_b)$ を用いる．

$$t_a = \frac{a - \alpha}{S_\alpha} \tag{10.5}$$

$$t_b = \frac{b - \beta}{S_\beta} \tag{10.6}$$

上記の検定統計量 $t_a, t_b$ は，自由度 $n - k$ の $t$ 分布に従うという性質をもつ．

なお，$n$ はサンプル・サイズ，$k$ はパラメータ（推定する値）の数である．今回の分析であれば，推定する値は切片 $a$ と回帰係数 $b$ なので，$k=2$ となる．帰無仮説が成り立っていれば，$\alpha$ や $\beta$ が 0 であるので，$t_a, t_b$ の分子はそれぞれ $a-0=a$，$b-0=b$ となる．したがって，検定統計量 $t_a, t_b$ は，$a$ や $b$ が標準誤差と比べて十分に大きいかを示す値だということがわかるだろう．

$t_a, t_b$ を求めるためには，母集団における切片 $\alpha$ と回帰係数 $\beta$ の標準誤差 ($S_\alpha$, $S_\beta$) についての情報が必要である．しかし，これらの標準誤差の値はあらかじめ与えられていない．そこで，これらの値の近似値を用いて計算を行う．$S_\alpha$ と $S_\beta$ の近似値は，次のように計算される．

$$S_\alpha = \hat{\sigma} \times \sqrt{\frac{1}{n} + \frac{\bar{x}^2}{\sum(x_i - \bar{x})^2}} \tag{10.7}$$

$$S_\beta = \frac{\hat{\sigma}}{\sqrt{\sum(x_i - \bar{x})^2}} \tag{10.8}$$

式 (10.7) と式 (10.8) に含まれる $\hat{\sigma}$ は，母集団での残差の標準偏差の推定値で以下の式で求められる．

$$\begin{aligned}\hat{\sigma} &= \sqrt{\frac{\sum(y_i - \hat{y}_i)^2}{n-k}} \\ &= \sqrt{\frac{\sum((y_i - \bar{y})^2 - b(y_i - \bar{y})(x_i - \bar{x}))}{n-k}} \end{aligned} \tag{10.9}$$

SSM 調査の男性データにおける教育年数と職業威信スコアの例の場合を考えてみよう．まず，表 10.1 から $y$ の標準偏差は 9.56 である．共分散は相関係数に $x$ と $y$ それぞれの標準偏差を掛ければよいので，$0.43 \times 2.41 \times 9.56 = 9.91$ となる．これらの標準偏差と共分散を，上の $\hat{\sigma}$ の式に代入する．この際，偏差平方和 $\sum(y_i - \bar{y})^2$ は，分散を $n-1$ で除したもの，また，共分散は，$\sum(y_i - \bar{y})(x_i - \bar{x})$ を $n-1$ で除したものであることに注意しよう．

$$\begin{aligned}\sigma &= \sqrt{\frac{\sum((y_i - \bar{y})^2 - b(y_i - \bar{y})(x_i - \bar{x}))}{n-k}} && \cdots \hat{\sigma}\text{の式} \\ &= \sqrt{\frac{9.56^2 \times 2151 - 1.71 \times 9.91 \times 2151}{2152-2}} && \cdots \text{標準偏差と共分散の値を代入} \\ &= 8.63\end{aligned}$$

この残差の標準偏差の推定値 $\hat{\sigma}$ を式 (10.5)，式 (10.6) に代入し，切片 $\alpha$ と回帰係数 $\beta$ の標準誤差 $(S_\alpha,\ S_\beta)$ の近似値を求める．

$$\begin{aligned}
S_\alpha &= \sigma \times \sqrt{\frac{1}{n} + \frac{\bar{x}^2}{\sum(x_i - \bar{x})^2}} && \cdots S_\alpha\text{の公式} \\
&= 8.63 \times \sqrt{\frac{1}{2152} + \frac{12.93^2}{2.41^2 \times 2151}} && \cdots \sigma\text{と表 10.1 の値を代入} \\
&= 1.02 \\
S_\beta &= \frac{\sigma}{\sqrt{\sum(x_i - \bar{x})^2}} && \cdots S_\beta\text{の公式} \\
&= \frac{8.63}{\sqrt{2.41^2 \times 2151}} && \cdots \sigma\text{と表 10.1 の値を代入} \\
&= 0.08
\end{aligned}$$

$S_\alpha$，$S_\beta$ が得られたので，切片 $a$ と回帰係数 $b$ のそれぞれについて，$t_a$,$t_b$ を求め，$t$ 検定を行う．ただし，自由度は $n-k$ なので，$2152-2=2150$ である．

$$\begin{aligned}
t_a &= \frac{a - \alpha}{S_\alpha} && \cdots t_a\text{の公式} \\
&= \frac{29.84 - 0}{1.02} && \cdots S_\alpha\text{と } a \text{ の値を代入} \\
&= 29.25 \\
t_b &= \frac{b - \beta}{S_\beta} && \cdots t_b\text{の公式} \\
&= \frac{1.71 - 0}{0.08} && \cdots S_\beta\text{と } b \text{ の値を代入} \\
&= 21.38
\end{aligned}$$

有意水準 5%，自由度 2150 の $t$ の限界値 $t(0.05, d.f. = 2150) = 1.96$ であり，$t_a$，$t_b$ はともに限界値を上回っている．したがって，切片 $\alpha$ と係数 $\beta$ が母集団では 0 であるという帰無仮説は棄却される．この結果から，日本に住む男性全体を見ても，教育年数が長いことによって，職業的地位が高まると考えられる．

## 10.4 決定係数とモデルの検定

ここまでの分析から，職業的地位に対して教育年数が効果をもつことが示された．では，教育年数は職業的地位をどの程度決めるのだろうか．また，教育年数を独立変数としたモデルは，職業的地位の分散を説明することのできる有効なモデルといえるのだろうか．ただし，「有効なモデル」とは，モデルにおいて説明される従属変数の分散が 0 ではない，つまり，教育年数を独立変数として用いることによって，人々の職業的地位の違いが一定程度説明されることを指す．これを調べるために，**決定係数**の計算と**モデルの検定**を行う．

決定係数は，従属変数の分散（**全体平方和**）のなかで，モデルによって説明できる部分（**回帰平方和**）の割合を示すものである．モデルによっては説明されないばらつきを，**残差平方和**と呼ぶ．全体平方和と回帰平方和，残差平方和は以下のような関連がある．

$$
\begin{aligned}
&\text{全体平方和} = \text{回帰平方和} + \text{残差平方和} \\
&\text{全体平方和}：\sum_{i=1}^{n}(y_i - \bar{y})^2 \\
&\text{回帰平方和}：\sum_{i=1}^{n}(\hat{y}_i - \bar{y})^2 \\
&\text{残差平方和}：\sum_{i=1}^{n}(y_i - \hat{y}_i)^2
\end{aligned}
$$

従属変数の分散のうち，モデルで説明される割合を示す決定係数 $R^2$ は，式 (10.10) のように，全体平方和のうちの回帰平方和の割合で求めることができる．そして，全体平方和は回帰平方和と残差平方和の和であるので，全体平方和のうちの回帰平方和の割合は，全体平方和のうちの残差平方和の割合を 1 から引いたものと一致する．$R^2$ は 0～1 の値をとり，1 に近いほど説明力が高いことを示す．

$$
\begin{aligned}
R^2 &= \frac{\text{回帰平方和}}{\text{全体平方和}} \\
&= 1 - \frac{\text{残差平方和}}{\text{全体平方和}}
\end{aligned} \tag{10.10}
$$

上の式に表 10.1 の値を代入し，職業威信スコアを従属変数，教育年数を独立変数としたモデルの決定係数を計算すると，以下のようになる．

$$
R^2 = 1 - \frac{\sum_{i=1}^{n}(y_i - \hat{y}_i)^2}{\sum_{i=1}^{n}(y_i - \bar{y})^2} \qquad \cdots R^2\text{の公式}
$$

$$= \frac{\sum_{i=1}^{n}(y_i - (a + bx_i))^2}{\sum_{i=1}^{n}(y_i - \bar{y})^2} \quad \cdots \text{回帰式 } \hat{y}_i = a + bx_i \text{ を代入}$$

$$= \frac{\sum_{i=1}^{n}((y_i - \bar{y})^2 - b(y_i - \bar{y})(x_i - \bar{x}))}{\sum_{i=1}^{n}(y_i - \bar{y})^2} \quad \cdots \text{残差の標準偏差の式展開を参照}$$

$$= 1 - \frac{(9.56^2 \times 2151 - 1.71 \times 9.91 \times 2151)}{(9.56^2 \times 2151)} \quad \cdots \text{標準偏差と共分散の値を代入}$$

$$= 0.19$$

$R^2 = 0.19$ から，教育年数は職業威信スコアの分散の 19%程度を説明していることになる．

では，この教育年数を独立変数とした回帰モデルは，職業威信スコアの分散を説明するのに有効なのだろうか．これを調べるためにモデルの統計的検定を行う．帰無仮説は，モデルで説明される分散が 0，つまり，「母集団における母決定係数 $R^2$ が 0 である」というものになる．

モデルの検定は，残差分散と回帰分散の比をもとにした $F$ 検定によって行う．分散分析と似た表 10.2 を埋めてみよう．

**表 10.2**　回帰モデルの検定のための分散分析表

| 要因 | 平方和 | | 自由度 | | 分散 | | $F$ 値 |
|---|---|---|---|---|---|---|---|
| 回帰 | $\sum_{i=1}^{n}(\hat{y}_i - \bar{y})^2$ | ÷ | $k-1$ | ＝ | | ＝ | |
| | | | | | ÷ | | |
| 残差 | $\sum_{i=1}^{n}(y_i - \hat{y}_i)^2$ | ÷ | $n-k$ | ＝ | | | |
| 全体 | $\sum_{i=1}^{n}(y_i - \bar{y})^2$ | | $n-1$ | | | | |

残差平方和と回帰平方和は，決定係数の計算式のなかにも現れている．教育年数を用いた回帰モデルの場合のそれぞれの値は，以下のようになる．

$$\sum_{i=1}^{n}(y_i - \hat{y}_i)^2 = \sum_{i=1}^{n}((y_i - \bar{y})^2 - b(y_i - \bar{y})(x_i - \bar{x})) \quad \cdots R^2 \text{の計算式参照}$$

$$= (9.56^2 \times 2151 - 1.71 \times 9.91 \times 2151)$$

$$= 160136.6$$

$$\begin{aligned}\sum_{i=1}^{n}(\hat{y}_i - \bar{y})^2 &= \sum_{i=1}^{n}(y_i - \bar{y})^2 - \sum_{i=1}^{n}((y_i - \bar{y})^2 - b(y_i - \bar{y})(x_i - \bar{x})) \\ &= (9.56^2 \times 2151) - (9.56^2 \times 2151 - 1.71 \times 9.91 \times 2151) \\ &= 36451.06\end{aligned}$$

$F$ 値は回帰分散を残差分散で割るので，以下のようになる．

$$\begin{aligned}F &= \frac{\sum_{i=1}^{n}(\hat{y}_i - \bar{y})^2 \div (k-1)}{\sum_{i=1}^{n}(y_i - \hat{y}_i)^2 \div (n-k)} && \cdots F \text{ 値の公式} \\ &= \frac{36451.06 \div (2-1)}{160136.6 \div (2152-2)} && \cdots \text{回帰平方和，残差平方和，それぞれの自由度を代入} \\ &= 489.39\end{aligned}$$

上で求めた $F$ 値の自由度は $k-1$，$n-k$ である．有意水準 5%，自由度 1，2150 の場合の $F$ 値の限界値は $F(0.05, 1, 2150) = 3.85$ である．上で求めたモデルの $F$ 値はこの限界値を上回っているので，モデルの $F$ 値は 5%水準で有意である．したがって，教育年数を独立変数としたモデルは，職業威信スコアの分

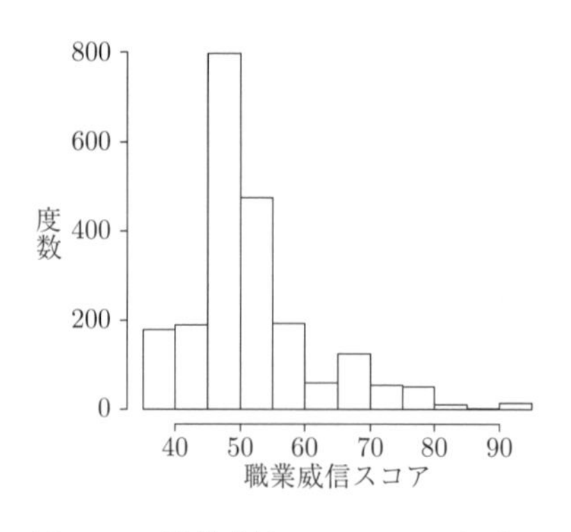


図 **10.3** 職業威信スコアのヒストグラム

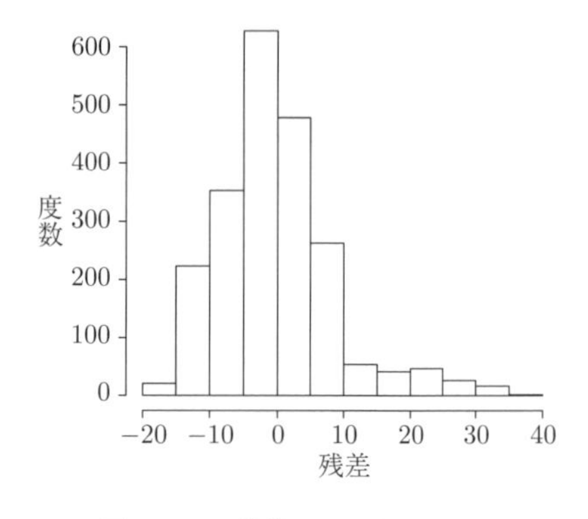


図 **10.4** 残差のヒストグラム

散を説明するのに貢献しているといえる．図 10.3 は職業威信スコアのヒストグラム，図 10.4 は教育年数を独立変数とした回帰分析から得られた残差のヒストグラムである．図 10.3 と図 10.4 を見比べると，図 10.3 に比べ，図 10.4 では全体の分布が 0 を中心に集中していることがわかるだろう．標準偏差を比べても，職業威信スコアは 9.6 であるのに対し，残差は 8.6 と小さくなっている．つまり，教育年数を独立変数としたモデルをあてはめることによって，職業威信スコアの個人差と見なされる部分の一部が説明されたのである．

## 10.5 回帰分析の結果のまとめ方

ここまでの職業威信スコアに関する回帰分析の分析結果は，表 10.3 のようにまとめることができる．回帰分析の結果表には，回帰係数（$B$ の列），その標準誤差（$S.E.$ の列），決定係数，モデルの $F$ 検定の結果をまとめることが多い．また，有意性検定の結果は，回帰係数の数値の肩（右上）に載せる．

**表 10.3** 男性の職業威信スコアに対する回帰分析

| | $B$ | $S.E.$ |
|---|---|---|
| 切片 | 29.84 * | 1.02 |
| 教育年数 | 1.71 * | 0.08 |
| 決定係数 | 0.19 | |
| $F$ 値 | 489.39 * | |

$n = 2152$, $^*p < 0.05$

## 10.6 回帰分析を行う際の注意点

### 10.6.1 非線形な関係について

回帰分析では，従属変数と独立変数の間に線形関係があることを想定している．したがって，両者に関連があってもそれが線形関係でない場合には，通常の回帰分析では両者の関連がうまく捉えられないこともある．たとえば，図 10.5 の男性正規雇用者の年齢と所得の関連を見てみよう．図 10.5 の実線は，年齢ごとの平均所得を示したものである．実線を見ると，50 代までは年齢に従って上昇し，その後低下するという逆 U 字の関連があることがわかる．この関連につ

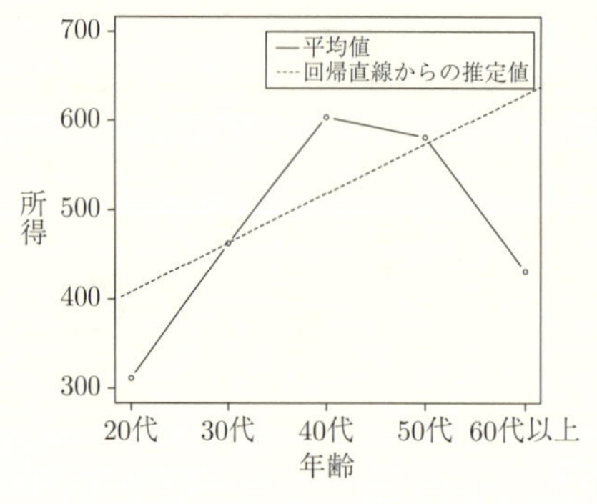


**図 10.5**　男性正規雇用者の年齢と所得の関連 (1)

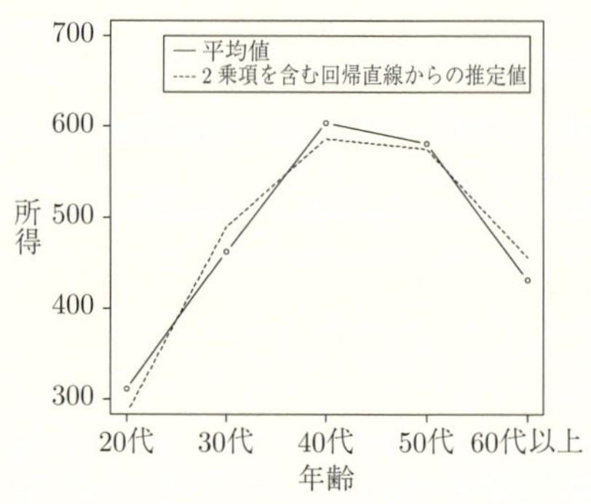


**図 10.6**　男性正規雇用者の年齢と所得の関連 (2)

いて回帰分析を行うと，図の点線が示すような回帰直線が引かれる．この回帰直線では，実線で示した平均値の年齢による変化との乖離が大きい．特に，40 代までの所得の上昇や，その後の低下の様子を捉えきれていない．

従属変数と独立変数の間に非線形関係がある場合には，線形を想定したモデルではうまく予測をすることができない．そこで，分析をする前には散布図などを用いて変数間に線形関係があるのかを確認しておく必要がある．

従属変数と独立変数の間に非線形関係がある場合には，分析の際に工夫が必要である．その工夫の 1 つは，第 12 章で扱うダミー変数を用いた分析である．また，年齢と所得の関連のように，2 変数の間に逆 U 字の関連がある場合には，2 乗項を加えることが有効である．この場合，回帰モデルは以下のようになる．

$$y_i = \alpha + \beta_1 x_i + \beta_2 x_i^2 + \varepsilon_i$$

上記の回帰式をもとに予測値のプロットを行ったのが図 10.6 である．図 10.5 と異なり，図 10.6 では，40 代まで所得が上昇し，その後低下していくという関連を捉えられていることがわかる．2 乗項を投入することにより，決定係数も 0.07 から 0.16 まで上昇し，モデルの説明力も上がっている．

### 10.6.2 正規性のチェックと変数変換

すでに述べたように，回帰分析では誤差に正規性や等分散性などのいくつかの仮定をおいている．そのため，これらの仮定が分析に用いているデータにあてはまっているのかについても確認する必要がある．このために残差を用いた分析を行う．

残差の正規性が成り立っているかどうかを調べる 1 つの方法として，図 10.7 のような **QQ プロット**がある．QQ プロットは，誤差が正規分布していると仮定した場合の残差の期待値を横軸，データから得られた標準化された残差を縦軸としてプロットしたものある．もしデータにおいて残差が実際に正規分布に従っているのならば，期待値と残差は一致するので直線状に並ぶはずである．図 10.7 は，図 10.6 の所得を従属変数，年齢を独立変数としたモデル（2 乗項を含む）に対する QQ プロットである．図 10.7 を見ると，残差の期待値の大きいところで，データの残差が大きくなっていることがわかる．これは所得の分布が正規分布していないことによって生じたものである．一般に，所得の分布は高所得者側に裾野が広がる分布となっている．そこで，所得を従属変数とした回帰分析を行う際には，所得を対数変換して補正する．

誤差の正規性に加え，等分散性についても確認する必要がある．誤差の等分

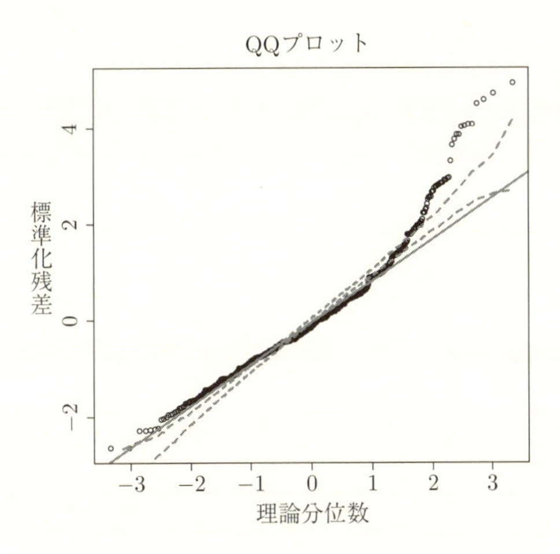


**図 10.7**　誤差の正規性診断のための QQ プロット

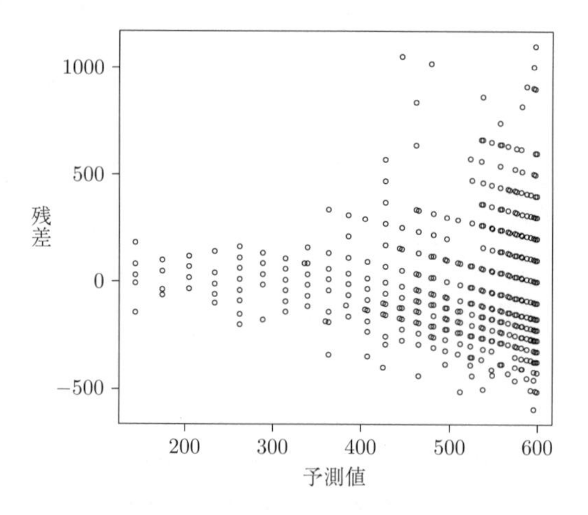


**図 10.8**　等分散性の診断のための残差と予測値のプロット

散性の仮定が成り立っているかどうかを調べるためには，回帰分析から得られた予測値を $x$ 軸に，残差を $y$ 軸にしたプロットを用いる．残差が均等に分布していれば，残差は $y=0$ を中心に $x$ 軸の値によらず均等に分布しているはずである．図10.8を見ると，予測値の値が大きくなるほど，残差の分散が大きくなっていることがわかる．したがって，等分散性が成り立つとはいえない．予測値の大きいところで分散が大きくなっているので，所得の高い部分の散らばりについては，今回用いた独立変数では十分に説明できていない．この場合には，従属変数を対数変換することによって改善される場合がある[3]．等分散性の仮定が満たされない場合は，次章で触れる誤差の補正を加えた推定を行うなどの対処が必要である．

**【R を用いた分析】**

R を用いて回帰分析を行うには，`lm` コマンドを用いる．表10.4の仮想データを用いて分析してみよう．この仮想データには，教育年数 (`eduy`) と職業威信スコア (`pjob95`) が含まれる．

このデータを `d10` として保存する．

[3] 不均一分散に対する対処については，豊田 (2012)，第3章に詳しい説明がある．

**表 10.4** 男性の教育年数と職業威信スコアの仮想データ

| Id | eduy | pjob95 |
|---|---|---|
| 1 | 9 | 48.9 |
| 2 | 16 | 67.2 |
| 3 | 16 | 48.9 |
| 4 | 12 | 53.1 |
| 5 | 16 | 48.9 |
| 6 | 12 | 47.9 |
| 7 | 12 | 56.9 |
| 8 | 18 | 66.3 |
| 9 | 12 | 45.6 |
| 10 | 12 | 52.2 |
| 11 | 12 | 42.4 |
| 12 | 12 | 48.9 |
| 13 | 12 | 47.8 |
| 14 | 14 | 51.3 |
| 15 | 12 | 50.4 |
| 16 | 16 | 63.6 |
| 17 | 12 | 48.9 |
| 18 | 9 | 39.0 |
| 19 | 16 | 48.9 |
| 20 | 9 | 53.1 |

```
> d10 <- read.csv("chap10.csv", header=TRUE)
```

`lm` コマンドの括弧内は，分散分析の場合（第 7 章）と同様，**従属変数~独立変数**の形でモデルを示すとともに，用いるデータ名を指定する．分析の結果を，`f1` として保存しておこう．結果の詳細は，保存した結果に `summary` コマンドを用いることで，出力できる．

```
> f1 <- lm(pjob95~eduy, d10)
> summary(f1)
```

```
> summary(f1)

Call:
lm(formula = pjob95 ~ eduy, data = d10)

Residuals:
```

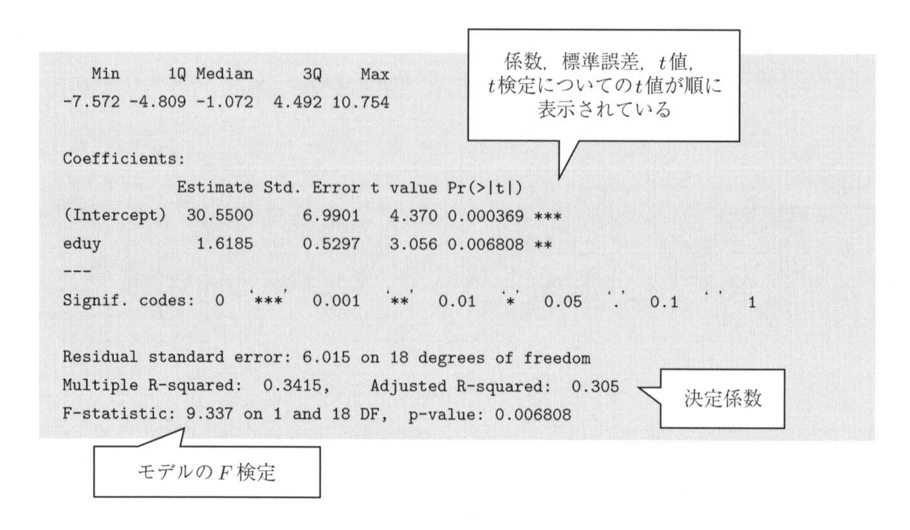

```
   Min     1Q Median     3Q    Max
-7.572 -4.809 -1.072  4.492 10.754

Coefficients:
            Estimate Std. Error t value Pr(>|t|)
(Intercept)  30.5500     6.9901   4.370 0.000369 ***
eduy          1.6185     0.5297   3.056 0.006808 **
---
Signif. codes:  0 '***' 0.001 '**' 0.01 '*' 0.05 '.' 0.1 ' ' 1

Residual standard error: 6.015 on 18 degrees of freedom
Multiple R-squared:  0.3415,    Adjusted R-squared:  0.305
F-statistic: 9.337 on 1 and 18 DF,  p-value: 0.006808
```



上記のように，回帰係数 (`Estimate`) と標準誤差 (`Std.Error`)，$t$ 値 (`t value`)，$t$ 検定についての $p$ 値 (`Pr`) に加え，決定係数やモデルの $F$ 検定の結果が表示される．

分析の結果をまとめると，以下のような回帰式が得られる．教育年数が 1 年延びることで威信スコアが 1.07 上がり，この効果は 5%水準で統計的に有意なものだといえる．モデルの決定係数は 0.29 であり，職業威信スコアの分散の 3 割近くが教育年数によって説明される．

$$\hat{y} = 30.55 + 1.62x$$

モデルの $F$ 検定の結果からは，教育年数によって職業威信スコアを説明するモデルに統計的に有意な説明力があることがわかる．

R を用いて QQ プロットや残差と予測値のプロットを行いたい場合，保存した結果について `plot` コマンドを用いればよい．

```
> plot(f1)
```

plot コマンドによって得られる回帰診断の結果はいくつかあるが，そのうちの最初の 2 つがそれぞれ推定値と残差のプロットと QQ プロットである（図 10.7a，図 10.7b）．図 10.7a の結果を見ると，推定値が小さいところと大きいところで，

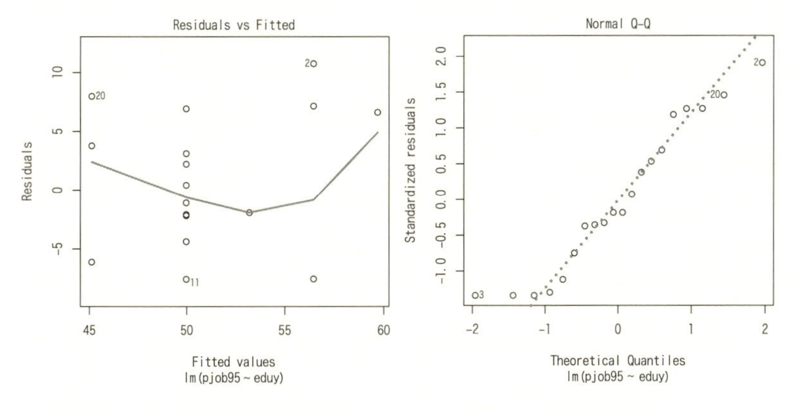


**図 10.7a**　推定値と残差のプロット　　**図 10.7b**　QQ プロット

残差の分散が大きくなっていることがうかがえる．また，図 10.7b の QQ プロットでも，期待値の小さいところと大きいところで直線上からはずれている．したがって，誤差の正規性や等分散性が成り立っていない可能性がある．

**問題 10.1**　表は女性の教育年数 (eduy) と職業威信スコア (pjob95) についての仮想データである．これをもとに，教育年数が延びると職業威信スコアが上昇するという関連が見られるかどうか，回帰分析を用いて検証しなさい．この際，決定係数を調べ，モデルの検定も行いなさい．

**表**　女性の教育年数と職業威信スコアの仮想データ

| Id | eduy | pjob95 |
|---|---|---|
| 1 | 16 | 48.2 |
| 2 | 12 | 52.2 |
| 3 | 12 | 48.9 |
| 4 | 14 | 48.2 |
| 5 | 14 | 52.2 |
| 6 | 12 | 52.2 |
| 7 | 14 | 52.9 |
| 8 | 12 | 59.7 |
| 9 | 12 | 52.9 |
| 10 | 9 | 39.0 |
| ⋮ | | |
| 11 | 14 | 52.2 |
| 12 | 12 | 51.6 |
| 13 | 12 | 42.2 |
| 14 | 12 | 44.0 |
| 15 | 12 | 42.2 |
| 16 | 12 | 48.9 |
| 17 | 9 | 42.2 |
| 18 | 18 | 52.9 |
| 19 | 16 | 52.2 |
| 20 | 14 | 52.2 |

## 参考文献

豊田秀樹：回帰分析入門—R で学ぶ最新データ解析，東京図書 (2012)，252 p

# 11

# 重回帰分析

## 11.1 重回帰分析の考え方

第 10 章の分析からは，職業的地位に対して，教育年数が効果をもつことがわかった．しかし，職業的地位に影響をもつ要因はほかにもあるだろう．特に影響があると予想される要因として，親—特に父親—の職業的地位が挙げられる．親の職業的地位が子どもの職業的地位を決める，より具体的には，職業的地位の高い親の子どもの職業的地位が高くなるという「**再生産**」のメカニズムの発見は，行動科学における主要な知見の 1 つとなっている．

では，教育年数と親の職業的地位のどちらが子どもの職業的地位に強い影響を与えるのであろうか．教育年数が職業に強い影響をもつとしたら，それは本人の能力が職業を決める業績主義的（メリトクラティック）な社会だといえる．一方，親の職業的地位が子どもの職業的地位に強い影響をもつのであれば，それは本人の生まれが職業を決める属性主義的社会だといえる．このどちらの要因が強く効果をもつのかを検証するためには，回帰モデルに複数の独立変数を加えた「**重回帰分析**」を行う必要がある．

親の職業的地位と子どもの教育年数の間には，職業的地位の高い親の子どもの教育年数が長くなるという，正の相関がある．第 10 章で見たように，第三変数である親の職業的地位が，子どもの教育年数と子どもの職業的地位の両者に影響を与えているとすれば，その影響を統制せずに分析すると，子どもの教育年数と子どもの職業的地位の間の関連の正確な推定ができない（図 11.1）.

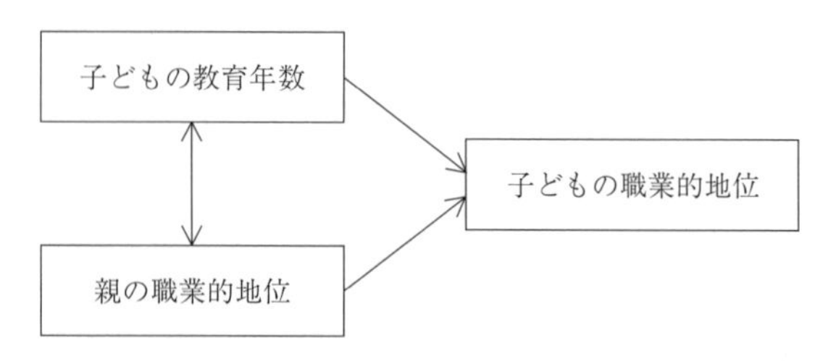


**図 11.1**　親の職業的地位，子どもの教育年数，子どもの職業的地位の関連

親の職業的地位と子どもの教育年数を独立変数として重回帰分析を行った際には，この 2 つの独立変数間の相互の関連を考慮した分析を行うことができる．つまり，教育年数の職業的地位に対する効果は，親の職業的地位を統制したいわば偏相関係数と類するものとなり，親の職業的地位が本人の職業的地位に及ぼす効果は，教育年数を統制した偏相関係数となる．

$k$ 個の独立変数をもつ重回帰分析のモデルは，以下のように表すことができる．

$$y_i = \alpha + \beta_1 x_{1i} + \beta_2 x_{2i} + \cdots + \beta_k x_{ki} + \varepsilon_i \tag{11.1}$$

式 (11.1) における回帰係数 $\beta_1$ の値は，独立変数 $x_1$ を除くほかすべての独立変数 $x_2$〜$x_k$ のそれぞれにおいて同一の値をもつ状態を考えたとき，独立変数 $x_1$ が 1 変化することによって従属変数 $y$ がどの程度変化するのかを示している．つまり，他の独立変数の効果をすべて統制したうえでの，独立変数 $x_1$ の効果を示している．$x_2$，$x_3$ などの他の独立変数の係数 $(\beta_2, \beta_3, \ldots, \beta_k)$ についても同様である．このような，他の変数の効果を統制した際の，それぞれの変数の効果を示す回帰係数 $(\beta_1, \beta_2, \ldots, \beta_k)$ は，「**偏回帰係数**」と呼ばれる．

表 11.1 では，本人の年齢や親の職業的地位を統制したうえで，教育年数が職業的地位にどの程度の影響を与えるのか，重回帰分析を用いて調べた結果をまとめている．表 11.1 を見ると，教育年数の効果は 5%水準で有意であり，年齢や父親の職業威信スコアが同じであっても，教育年数が 1 年延びることによって，職業威信スコアが 1.55 上がることがわかる．さらに，年齢と父親職業威信の効果も 1%水準で有意であり，年齢が 1 歳上がると職業威信スコアは 0.10 上昇し，父親職業威信スコアが 1 ポイント上がると本人の職業威信スコアが 0.20 上がる

**表 11.1** 男性の職業威信スコアの重回帰分析
出典：SSM2005

| | $B$ | $S.E.$ |
|---|---|---|
| 切片 | 16.93 * | 1.77 |
| 教育年数 | 1.55 * | 0.09 |
| 年齢 | 0.10 * | 0.02 |
| 父親職業威信 | 0.20 * | 0.03 |
| 決定係数 | 0.22 | |
| 調整済み決定係数 | 0.22 | |
| $F$ 値 | 167.4 * | |

$n = 1750$, $^*p < 0.05$

ことがわかる．これらの効果から得られる回帰直線の式は，次のようになる．

$$\hat{y} = 16.93 + 1.55\,\text{教育年数} + 0.10\,\text{年齢} + 0.20\,\text{父親職業威信}$$

モデルの決定係数 $R^2$ は 0.22 であり，男性の職業威信スコアの分散の 22%程度が，教育年数と父親の職業威信スコアと年齢で説明できている．モデルの $F$ 検定の結果を見ると，1%水準で「モデルの決定係数が母集団において 0 である」という帰無仮説が棄却でき，モデルに統計的に有意な説明力があるといえる．

## 11.2 自由度調整済み決定係数

ところで，表 11.1 では決定係数と調整済み決定係数という 2 種類の決定係数の値が示されている．この 2 つはどのように異なるのだろうか．決定係数は独立変数が増えることによって増加するため，たとえほとんど効果のないものであっても，独立変数が多く含まれるモデルであれば決定係数が大きくなってしまう．この独立変数の増加による決定係数の上昇を自由度を用いて補正したものが，**（自由度）調整済み決定係数**である．調整済み決定係数の計算は，以下の式で行うことができる．ただし，$n$ はサンプル・サイズ，$k$ はモデルに含まれる独立変数の数を指す．

$$\text{自由度調整済み}\ R^2 = 1 - \frac{\text{残差平方和} \div (n-k-1)}{\text{全体平方和} \div (n-1)}$$

## 11.3 標準化係数

表 11.1 のモデルでは，年齢，教育年数，父親職業威信のすべてに統計的に有

意な効果があった．しかし，これら3つの独立変数のなかで，職業威信スコアに与える影響が最も大きいのはどれだろうか．表11.1の偏回帰係数を比べると値が最も大きいのは教育年数だが，この値はそれぞれの独立変数が1単位変化することによって職業威信スコアがどの程度大きくなるかを示す値であるため，直接の比較はできない．教育年数が1年変化するのと，職業威信スコアが1単位変化するのとは，比較しようがないからである．したがって，比較のためには独立変数の単位を揃えたうえで，その単位あたりの従属変数の変化量を比較する必要がある．

独立変数の効果の大きさを比較するための特別な偏回帰係数を，「**標準化（偏回帰）係数**」と呼ぶ．標準化係数とは，独立変数が1標準偏差変化することによって，従属変数がどの程度変化するのかを示す値である．これに対して独立変数が1単位変化するときに，従属変数がどの程度変化するかを示す通常の偏回帰係数を，「**非標準化（偏回帰）係数**」と呼ぶ．

標準化偏回帰係数は，言い換えれば独立変数の単位を1標準偏差に統一した場合の偏回帰係数である．表11.2から，単位を揃えることの重要性を確認することができる．表11.2の左側には，表11.1の結果に標準偏回帰化係数 ($\beta$) を併記して載せている．一方，右側には，同じデータについて，通常の年齢の代わりに年齢を10で割って10歳単位にした変数を加えて分析を行った結果を示している．左右2つの結果を見比べると，年齢の非標準化偏回帰係数が右側の分析結果で10倍になっている（0.10と1.01）ことがわかるだろう．非標準化偏

**表 11.2**　年齢の単位別に見た職業威信スコアに対する偏回帰係数の比較
出典：SSM2005

| | 年齢の単位が1歳の場合 | | | | 年齢の単位が10歳の場合 | | | |
|---|---|---|---|---|---|---|---|---|
| | $B$ | | $S.E.$ | $\beta$ | $B$ | | $S.E.$ | $\beta$ |
| 切片 | 16.93 | ** | 1.77 | | 16.93 | ** | 1.77 | |
| 年齢 | 0.10 | ** | 0.02 | 0.13 | 1.01 | ** | 0.17 | 0.13 |
| 教育年数 | 1.55 | ** | 0.09 | 0.39 | 1.55 | ** | 0.09 | 0.39 |
| 父親職業威信 | 0.20 | ** | 0.03 | 0.18 | 0.20 | ** | 0.03 | 0.18 |
| 決定係数 | 0.22 | | | | 0.22 | | | |
| 調整済み決定係数 | 0.22 | | | | 0.22 | | | |
| $F$ 値 | 167.4 | ** | | | 167.4 | ** | | |

$n = 1750$, $^{**}p < 0.01$

回帰係数は独立変数が 1 単位変化したときの従属変数の変化量を示しているため，独立変数の単位が変わることによって値が変わってしまうのである．したがって，非標準化偏回帰係数をもとにして，独立変数の効果の大きさを比較することはできない．年齢を 10 歳単位にしようと 1 歳単位にしようと，年齢と職業威信スコアの関連の大きさは変わらないはずである．そこで，効果の大きさを比較するために，標準化偏回帰係数を用いる．

標準化偏回帰係数では，独立変数が 1 標準偏差変化した場合の従属変数の変化の大きさを見ることができる．これによって，独立変数の単位に影響を受けることなく，効果の大きさを比較できる．表 11.2 の左右 2 つの結果を見比べると，年齢の標準化偏回帰係数の値は，ともに 0.13 で一致していることがわかるだろう．

表 11.2 の変数間での標準化偏回帰係数の大きさを比べると，子どもの職業威信スコアに対して，父親の職業威信スコア ($\beta = 0.18$) よりも本人の教育年数 ($\beta = 0.39$) が強い効果をもっていることがわかる．

変数 $x_j$ の標準化係数 $\beta_j^*$ の値は，従属変数 $y$ と独立変数 $x_j$ をともに標準化して回帰分析を行うことで得ることができる．また，非標準化係数 $\beta_j$ と $x_j$ と y の標準偏差 $(s_{x_j}, s_y)$ をもとに，以下の式で求めることもできる．

$$\beta_j^* = \beta_j \sqrt{\frac{s_{x_j}}{s_y}}$$

表 11.2 を見ると，標準化偏回帰係数の切片の欄が空欄になっている．回帰分析の切片の値は，すべての独立変数が 0 だったときの従属変数の平均値を指していた．今，すべての変数は標準化されており，独立変数も従属変数も平均 0 に統一されている．したがって，切片の標準化偏回帰係数は必ず 0 になる．このため，表中に標準化偏回帰係数を示す際には，切片の欄は空欄にするのが一般的である．

収入など，単位に意味がある変数を従属変数として回帰分析を行う場合には，非標準化偏回帰係数を用いる価値が大きい．たとえば教育年数を独立変数とした回帰分析を行うと，教育年数が 1 年延びるごとに収入が何円増加するかを，非標準化偏回帰係数を見ることで示せるからだ．これに対して，従属変数が単位に意味のある変数でない場合，特に変数間の効果の比較が主眼にある場合には，非標準化偏回係数よりも標準化偏回帰係数を用いるほうが有効である[1]．

## 11.4　階層的重回帰分析

重回帰分析では，他の独立変数の影響を統制した際の，ある独立変数の効果を調べることができる．しかし，場合によっては，ある変数を投入することで，モデル全体の説明力がどの程度上がるかということや，他の変数の効果がどう変化するのかということが知りたい場合もあるだろう．第 10 章では第三変数を統制し，独立変数と従属変数の関連がどう変化するのかを調べることで，媒介関係や疑似相関関係，疑似無相関関係を検証した．同様のことは，「**階層的重回帰分析**」を行うことでも検証できる．

階層的重回帰分析とは，入れ子構造になった 2 つ以上のモデルを作成し，それぞれのモデルの独立変数の係数や決定係数を比較するものである．ここでの入れ子構造とは，一方のモデルの独立変数がすべて他方のモデルに含まれている状態を指す．たとえば，本人の教育年数をモデルに含めることで，父親の職業威信の効果がどのように変化するのかを見たいとする．その際には，下記のような入れ子構造をもつ 2 つの回帰モデルを立てることで，効果の変化を確認することができる．

$$\text{モデル 1：} y_i = \alpha + \beta_1 \text{年齢}_i + \beta_2 \text{父親職業威信}_i + \varepsilon_i$$
$$\text{モデル 2：} y_i = \alpha + \beta_1 \text{年齢}_i + \beta_2 \text{父親職業威信}_i + \beta_3 \text{教育年数}_i + \varepsilon_i$$

この 2 つの式からは，モデル 1 の変数がすべてモデル 2 に含まれていることが見てとれるだろう．

階層的重回帰分析はモデルの比較を行うので，すべてのモデルでサンプル・サイズが同じでなければならないことに注意が必要である．つまり，モデル 2 で新たに加える変数に無回答などの欠損値がある場合には，そのサンプルはモデル 1 においても分析から除外しておく必要がある．

---

[1] ただし，第 12 章で触れる交互作用項を用いた分析で効果の大きさを計算する場合には，非標準化係数が有効になる．また，非標準化係数を表に記載することで，読者が信頼区間を計算することが可能になる等，非標準化偏回帰係数を用いるメリットも少なくない．このため，実際には効果の大きさの比較を行うなど，積極的な理由がない場合には非標準化偏回帰係数が用いられることが多い．

**表 11.3** 男性の職業威信スコアに対する階層的重回帰分析
出典：SSM2005

| | モデル 1 | | | | モデル 2 | | | |
|---|---|---|---|---|---|---|---|---|
| | $B$ | | $S.E.$ | $\beta$ | $B$ | | $S.E.$ | $\beta$ |
| 切片 | 31.66 | ** | 1.66 | 52.11 | 26.44 | ** | 1.57 | 52.11 |
| 年齢 | 0.05 | ** | 0.02 | 0.63 | 0.09 | ** | 0.02 | 1.26 |
| 教育年数 | | | | | 1.00 | ** | 0.06 | 3.74 |
| 父親職業威信 | 0.36 | ** | 0.03 | 3.04 | 0.20 | ** | 0.03 | 1.74 |
| 決定係数 | 0.10 | | | | 0.23 | | | |
| 調整済み決定係数 | 0.10 | | | | 0.23 | | | |
| $F$ 値 | 94.86 | ** | | | 170.30 | ** | | |
| $\Delta$ 決定係数 | | | | | 0.12 | ** | | |

$n = 1750$, $^{**}p < 0.01$

表 11.3 のモデル 1 とモデル 2 を比べると，モデル 2 で教育年数を含めることで，決定係数が 0.10 から 0.23 まで上昇していることがわかる．したがって，教育年数をモデルに加えることでモデルの説明力が上がったと考えられる．しかし，実際に説明力が統計的に誤差とはいえない程度に上昇したのかどうかを調べるためには，モデルの決定係数が有意に上昇したのかについての統計的検定を行う必要がある．これには，以下の $F$ 分布する検定統計量を用いる．ただし，$y_i$ はケース $i$ の $y$ の値であり，$\bar{y}$ はその平均値である．$n$ はサンプル・サイズ，$\hat{y}_{iM1}$, $\hat{y}_{iM2}$ はそれぞれモデル 1，モデル 2 の回帰式のもとでの $y$ の推定値を指す．$k_{M1}$，$k_{M2}$ はそれぞれモデル 1，モデル 2 に含まれる独立変数の数である．

$$F = \frac{(\sum_{i=1}^{n}(\hat{y}_{iM2} - \bar{y}) - \sum_{i=1}^{n}(\hat{y}_{iM1} - \bar{y})) \div (k_{M2} - k_{M1})}{\sum_{i=1}^{n}(y_i - \hat{y}_{iM2}) \div (n - k_{M2} - 1)} \tag{11.2}$$

式 (11.2) の分子はモデル 1 とモデル 2 の回帰平方和の差を，2 つのモデルのパラメータ数の差で割ったものであり，分母はモデル 2 の誤差の平均平方和である．この値は，自由度（モデル 1 と 2 のパラメータ数の差 $\Delta_k$），$(n - k_{M2} - 1)$ の $F$ 分布をする．表 11.3 の例の場合，$\Delta R^2$ は 0.12，自由度は $(3-2) = 1$, $(1750 - 3 - 1) = 1746$ である．また，この変化量についての $F$ 値は 282.04 になっていた．有意水準 5%，自由度 1，1746 の場合の $F$ 値の限界値 $F$(0.05,1,1746) は 3.85 となるので，変化量についての $F$ 値は限界値を上回っている．したがって，モデル2で教育年数を投入することにより，職業威信スコアについてのモデルの説明力は統計的に有意に上昇していることがわかる．

## 11.5　媒介効果

表11.3をよく見ると，モデル2に教育年数を加えることで，父親職業威信の係数が0.36から0.20へと減少している．これは，教育年数が父親職業威信スコアの効果の一部を媒介している可能性を示している．この媒介効果は，図11.2のように示すことができる．

親の出身階層が高いことにより，本人の職業的地位が高くなるというメカニズム（メカニズムd）の一部は，親の出身階層が高いことによってより高い教育達成が可能になり（メカニズムa），そうして実現された教育達成が職業的な地位達成を可能にする（メカニズムb）ことから説明できる．この場合，親の職業的地位を教育年数が媒介して本人の職業的地位に影響を与えるという媒介効果があるといえる．

親の職業的地位が本人の職業的地位に与える影響について，教育年数の媒介効果があるかどうかの検証のためには，メカニズムd，a，bのすべてが実際に

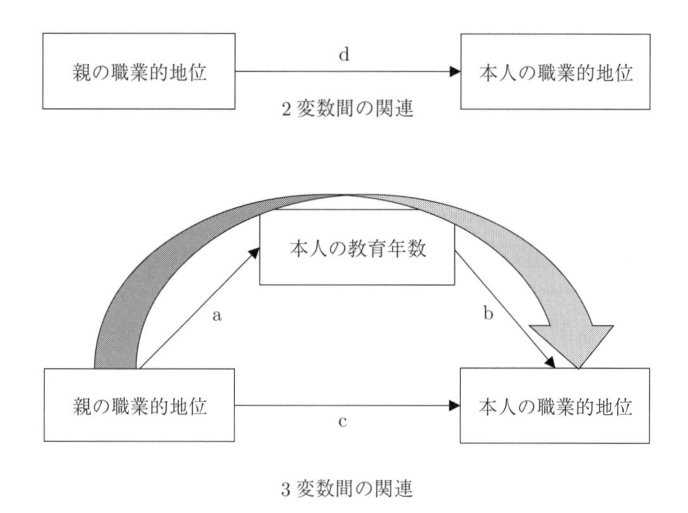


**図 11.2**　媒介効果のメカニズム

表 11.4 男性の教育年数についての重回帰分析
出典：SSM2005

| | $B$ | | $S.E.$ | $\beta$ |
|---|---|---|---|---|
| 切片 | 5.21 | ** | 0.63 | |
| 年齢 | −0.04 | ** | 0.01 | −0.17 |
| 父親職業威信 | 0.15 | ** | 0.01 | 0.35 |
| 決定係数 | 0.16 | | | |
| 調整済み決定係数 | 0.15 | | | |
| $F$ 値 | 160.9 | ** | | |

$n = 1750$, $^{**}p < 0.01$

存在することを示す必要がある．表 11.3 の分析から，メカニズム d（モデル 1 の父親職業威信の効果）とメカニズム b（モデル 2 の教育年数の効果）は確認されている．したがって媒介効果を検証するためには，メカニズム a，すなわち，親の職業的地位が本人の教育年数に影響を与えるかどうかについて調べる必要がある．

メカニズム a の効果を分析した結果が表 11.4 である．表 11.4 を見ると，父親の職業威信スコアは教育年数に対して有意確率 5%水準で統計的に有意な効果をもっており，父親の職業威信が高いほど，子どもの教育年数が長くなることがわかる．

これでメカニズム d，a，b すべてが確認された．しかし，媒介効果の検証のためには，媒介された効果の大きさがどの程度であるのか，その大きさは母集団においては 0 であるのに「たまたま」得られた誤差の範囲を超えたものであるといえるのか，を調べる必要がある．

媒介効果の大きさは，メカニズム a の係数 $b_{\mathrm{a}}$ とメカニズム b の係数 $b_{\mathrm{b}}$ を掛け合わせることで求められる．今回の分析では，$b_{\mathrm{a}}$ は表 11.4 の父親職業威信の偏回帰係数にあたり，$b_{\mathrm{b}}$ は表 11.3 のモデル 2 における教育年数の偏回帰係数にあたる．以上から，媒介効果の大きさは $0.15 \times 1.00 = 0.15$ となる．

媒介効果についても，母集団では 0 である，という帰無仮説が成り立つかどうかを検定する必要がある．この効果の検定のためには，ソベルによる標準誤差の計算式を用いる (Sobel, 1982)．ソベルの検定では，媒介効果の標準誤差 $SE_{b_{\mathrm{a\times b}}}$ は次の式で求められる．ただし，$S_{b_{\mathrm{a}}}$，$S_{b_{\mathrm{b}}}$ はそれぞれ係数 $b_{\mathrm{a}}$，$b_{\mathrm{b}}$ の標準誤差である．

$$SE_{b_{a \times b}} = \sqrt{b_{\mathrm{a}}^2 \times S_{b_{\mathrm{a}}}^2 + b_{\mathrm{b}}^2 \times S_{b_{\mathrm{b}}}^2} \tag{11.3}$$

教育年数を媒介した職業威信に対する父親職業威信の媒介効果の場合には，標準誤差は次のようになる．

$$\begin{aligned} SE_{b_{a \times b}} &= \sqrt{b_{\mathrm{a}}^2 \times S_{b_{\mathrm{b}}}^2 + b_{\mathrm{b}}^2 \times S_{b_{\mathrm{a}}}^2} && \cdots \text{媒介効果の標準誤差の公式} \\ &= \sqrt{0.15^2 \times 0.06^2 + 1.00^2 \times 0.01^2} && \cdots \text{値の代入} \\ &= 0.013 \end{aligned}$$

この標準誤差 $SE_{b_{\mathrm{a \times b}}}$ で $b_{\mathrm{a \times b}}$ を割った値は標準正規分布に従う．

$$\frac{b_{\mathrm{a \times b}}}{SE_{b_{\mathrm{a \times b}}}} = \frac{0.15}{0.013} = 11.5$$

有意確率 5%の場合の標準正規分布における限界値は 1.96 である．教育年数を媒介した職業威信に対する父親職業威信の媒介効果の検定統計量は，限界値を上回るので，媒介効果は 5%水準で有意となる．したがって，父親の職業威信が高いと本人の職業威信が高くなる効果の一部は，教育達成の高さを媒介したものだといえる．

ただし，表 11.3 のモデル 2 では，父親職業威信スコアに統計的に有意な効果が見られた．つまり，父親の職業的地位が本人の職業的地位に与える効果は，教育達成を媒介した媒介効果のみではなく，直接効果（メカニズム c）も影響しているといえる．

## 11.6　重回帰分析を行う際の注意点

重回帰分析は他の変数の効果を統制したうえで，関心のある変数が従属変数に対して統計的に有意な効果をもつのかを検証できるという点において非常に便利な分析方法である．ここで，他の変数 $z$ を統制する必要があるのは，それが関心のある独立変数 $x$ と従属変数 $y$ の両方に関連があると考えられるからである．そのため，$z$ が $y$ に与える効果を統制しなければ，実際に $x$ が $y$ に影響を与えるのかを検証できない（9.2 節の交絡についての説明を参照）．また，直

**表 11.5** 男性の 10 段階社会的地位自己評価に対する 3 つの収入の効果
出典：SSM2005

| | モデル 1 | | | | モデル 2 | | | |
|---|---|---|---|---|---|---|---|---|
| | *B* | | *S.E.* | $\beta$ | *B* | | *S.E.* | $\beta$ |
| 切片 | 2.24 | ** | 0.35 | | 2.24 | ** | 0.35 | |
| 年齢 | 0.02 | ** | 0.00 | 0.12 | 0.02 | ** | 0.00 | 0.12 |
| 教育年数 | 0.14 | ** | 0.02 | 0.21 | 0.14 | ** | 0.02 | 0.21 |
| 本人収入（／万円） | 7.80 | ** | 3.01 | 0.17 | 11.22 | ** | 1.29 | 0.25 |
| 配偶者収入（／万円） | 5.10 | | 4.03 | 0.05 | 8.55 | ** | 2.94 | 0.08 |
| 世帯収入（／万円） | 3.44 | | 2.75 | 0.09 | | | | |
| 決定係数 | 0.14 | | | | 0.14 | | | |
| 調整済み決定係数 | 0.14 | | | | 0.14 | | | |
| *F* 値 | 39.11 | ** | | | 48.47 | ** | | |

$n = 1167$, $^{**}p < 0.01$

接関心のある独立変数でなくとも，従属変数に影響のある変数をモデルに含めることによって，より精緻な従属変数の推定が可能となる．しかし，独立変数 $x$ と $z$ の間の相関が強すぎる場合には，両者の効果を識別できず，偏回帰係数の推定の精度が低下してしまうという問題が生じる．これを「**多重共線性**」という．

表 11.5 の例を見てみよう．これは，自分自身の社会的地位を 10 段階で評価してもらった結果（値が大きいほうが自己評価が高い）に対して，本人の収入，配偶者の収入，世帯収入が与える効果を，教育年数と年齢を統制したうえで調べたものである．ただし，データは既婚男性に限定している．これら 3 種類の収入変数を同時に投入したモデル 1 を見ると，本人収入が 1%水準で有意な正の効果をもっているのに対し，配偶者収入や世帯収入は有意な効果をもっていない．ここから，既婚男性の社会的地位に対する自己評価は自分自身の収入によって決まっており，配偶者の収入や世帯全体の経済状況は影響しないと結論づけられるだろうか．この結論は誤りである．なぜなら，世帯収入を除いたモデル 2 では，配偶者収入にも 1%水準で有意な正の効果があり，配偶者の収入が高いほど自己評価が高いという結果になっているからだ．モデル 1 とモデル 2 の結果には齟齬がある．これは，本人収入，配偶者収入，世帯収入の間に高い相関があることによって生じた多重共線性によるものだと考えられる．多重共線性が生じた場合，相関が高い独立変数における偏回帰係数の推定値の標準誤

差が大きくなり，推定が不正確になる．モデル1とモデル2を見比べれば，配偶者収入の偏回帰係数の標準誤差がモデル1では4.03と大きいのに対し，モデル2では2.94まで低下していることがわかる．

多重共線性が生じているかを調べるためには，「**許容度**」または「**VIF (variance inflation factor)**」を用いる．許容度は，モデルに含まれる独立変数のうちの1つを従属変数に，他の独立変数を独立変数にして行った回帰分析の決定係数を1から引いた値である．VIFは許容度の逆数である．たとえば許容度が0.20のとき，VIFは$1 \div 0.20 = 5.00$となる．一般に，VIFが5以上で注意が必要であり，10を超える場合は多重共線性が生じているとされる．表11.5のモデル1では，本人収入のVIFが6.00，世帯収入のVIFが7.43となり，5を上回っている．

多重共線性を回避するためには，① 相関の高い変数同士で主成分分析（第13章で解説）を行い変数をまとめる，② 相関の高い変数のうちの1つを除外する，などの手段をとる必要がある．

## 11.7　より複雑な誤差の推定

第10章で述べたように，最小二乗法を用いた回帰分析には次の4つの仮定が存在する．

① 誤差の期待値はゼロ．すなわち$E(\varepsilon_i) = 0$.
② 誤差の分散はすべての個人に対して等しい．すなわち$\mathrm{Var}(\varepsilon_i) = \mathrm{Var}(\varepsilon_j) = \sigma^2$.
③ 誤差は互いに独立．すなわち$\mathrm{Cov}(\varepsilon_i, \varepsilon_j) = 0$.
④ 誤差は正規分布している．すなわち$\varepsilon_i \sim N(0, \sigma^2)$.

しかし，行動科学の分析に用いるデータは必ずしもこれら4つの仮定を満たさない．特に，② 誤差の等分散性や ③ 誤差の独立性を満たさない場合は少なくない．そして，誤差の等分散性の仮定や独立性の仮定が満たされない場合には推定が正確でなくなる．そこで，近年ではこれらの仮定を満たさない場合でも正確な推定を行う標準誤差の推定方法が開発されている．

等分散性を満たさない場合（**不均一分散**）に対して頑健な標準誤差の推定方法

として，**ホワイトの頑健標準誤差** (robust standard error) が挙げられる (White, 1980)．この推定では，最小二乗法によって導き出された推定値 $\hat{y}_i$ と実際の値 $y_i$ の差である残差 $e_i$ を用いて，推定値の分散と標準誤差の計算を行い，不均一分散に対して頑健な標準誤差を得ることができる．

また，多くの社会調査データは多段抽出法を用いて対象者の抽出を行っている．つまり，ある対象者を抽出する前に，その対象者が所属する集団（地域や学校，会社など調査のデザインによって異なる）が抽出される．もし所属集団が従属変数に何らかの影響を与えている場合には，同じ集団に属する対象者間では誤差に関連があることが予想される．たとえば，学生の成績を従属変数とする場合，同じ学校に通う生徒間で誤差に相関があるということは十分あり得るだろう．この場合には，誤差の独立性が成り立たない．このように，誤差間に集団ごとの相関があることが想定される場合[2)]，**クラスター標準誤差** (clustered robust standard error) を用いるのが有効である (Williams, 2000)．クラスター標準誤差の計算においては，誤差 $\varepsilon_i$ が集団ごとに相関していることを仮定する．つまり，同じ集団 k に属する個人 a と b の誤差の共分散は，$\varepsilon_{\mathrm{ka}}\varepsilon_{\mathrm{kb}}$ となる．これによって，集団ごとの誤差の相関に頑健な標準誤差の値を得ることができる．

表 11.6 は，職業威信を従属変数とした回帰分析について，通常の標準誤差を用いたモデル，頑健標準誤差を用いたモデル，都道府県を集団の単位としたクラスター標準誤差を用いたモデルの 3 つの分析結果を比較したものである．これを見ると，通常の標準誤差を用いたモデルでは，標準誤差が過少に推定される傾向にあることがわかる．標準誤差が小さくなれば，母集団では係数が 0 である（すなわち効果が見られない）とする帰無仮説が棄却されやすくなる．つまり，第一種の過誤をおかす可能性が高まる．したがって，従属変数に不均一分散がある場合や，集団内で誤差の相関があると考えられる場合には，頑健な標準誤差を用いたほうがよいといえるだろう[3)]．

---

2) 集団内で誤差に相関があるかどうかは，集団間の誤差の分散が全体の誤差の分散に占める割合（級内相関）をもとに判断できる．この点については，第 15 章で説明する．

3) ここでは詳しく説明しないが，R では sandwich パッケージと lmtest パッケージを組み合わせて用いることで頑健標準誤差を用いた推定ができる．クラスター標準誤差はストックホルム大学の Mahmood Arai のコードが利用できる (www.ne.su.se/english/research/our-researchers/mahmood-arai/r-links-1.216112).

**表 11.6**　異なる標準誤差モデルの比較（男性の職業威信スコアに関する回帰分析）
出典：SSM2005

| | 通常モデル | | | 頑健標準誤差モデル | | | クラスター標準誤差モデル | | |
|---|---|---|---|---|---|---|---|---|---|
| | *B* | | *S.E.* | *B* | | *S.E.* | *B* | | *S.E.* |
| 切片 | 16.93 | ** | 1.77 | 16.93 | ** | 2.06 | 16.93 | ** | 2.48 |
| 年齢 | 0.10 | ** | 0.02 | 0.10 | ** | 0.02 | 0.10 | ** | 0.02 |
| 教育年数 | 1.55 | ** | 0.09 | 1.55 | ** | 0.10 | 1.55 | ** | 0.12 |
| 父親職業威信 | 0.20 | ** | 0.03 | 0.20 | ** | 0.03 | 0.20 | ** | 0.03 |

$n = 1750$, $^{**}p < 0.01$

**【R を用いた分析】**

**・重回帰分析**

R を用いた重回帰分析は，単回帰分析と同じ `lm` コマンドを用いて行う．表 11.7 の仮想データを用いて分析してみよう．ただし，`age` は年齢，`eduy` は教育年数，`job_sc` は本人の職業威信スコア，`f_job_sc` は父親の職業威信スコアを指す．

表 11.7 のデータを chap11.csv として csv 形式で保存したうえで，`d11` として R 上で保存する．

```
> d11 <- read.csv("chap11.csv", header=TRUE)
```

`lm` コマンドの括弧内に複数の独立変数を入れる場合は，**従属変数~独立変数 + 独立変数 + 独立変数** $\cdots$ というように，`+` で独立変数同士をつなぐ．最後に，単回帰分析のときと同様にデータ名を入れる．ここでは，年齢と教育年数を独立変数として用いる．

```
> f11_1 <- lm(job_sc~age+eduy, d11)
> summary(f11_1)
```

```
> summary(f11_1)

Call:
lm(formula = job_sc ~ age + eduy, data = d11)

Residuals:
    Min      1Q  Median      3Q     Max
```

**表 11.7** 男性の年齢，教育年数，職業威信，父親職業威信の仮想データ

| ID | age | eduy | job_sc | f_job_sc |
|---|---|---|---|---|
| 1 | 62 | 16 | 84.3 | 63.6 |
| 2 | 70 | 9 | 45.6 | 45.6 |
| 3 | 58 | 12 | 52.2 | 51.3 |
| 4 | 50 | 12 | 42.4 | 48.9 |
| 5 | 58 | 12 | 42.0 | 44.6 |
| 6 | 23 | 12 | 48.2 | 52.1 |
| 7 | 64 | 12 | 44.3 | 52.2 |
| 8 | 31 | 16 | 47.2 | 51.3 |
| 9 | 43 | 16 | 52.2 | 45.6 |
| 10 | 68 | 9 | 51.3 | 45.6 |
| 11 | 65 | 12 | 39.0 | 45.6 |
| 12 | 21 | 12 | 38.1 | 42.0 |
| 13 | 38 | 12 | 52.2 | 48.2 |
| 14 | 30 | 12 | 52.2 | 52.2 |
| 15 | 28 | 12 | 59.7 | 48.9 |
| 16 | 60 | 9 | 48.9 | 45.6 |
| 17 | 33 | 9 | 39.0 | 48.9 |
| 18 | 57 | 12 | 48.9 | 47.8 |
| 19 | 57 | 12 | 48.9 | 51.3 |
| 20 | 32 | 12 | 47.9 | 42.0 |

```
-12.705  -7.210  -0.310   4.498  23.427

Coefficients:
            Estimate Std. Error t value Pr(>|t|)
(Intercept)  13.7739    14.8724   0.926   0.3673
age           0.1409     0.1292   1.091   0.2906
eduy          2.3976     1.0068   2.381   0.0292 *
---

Signif. codes:  0  '***'  0.001  '**'  0.01  '*'  0.05  '.'  0.1  ' '  1

Residual standard error: 8.985 on 17 degrees of freedom
Multiple R-squared:  0.2605,    Adjusted R-squared:  0.1735
F-statistic: 2.994 on 2 and 17 DF,  p-value: 0.0769
```

単回帰分析の際と同様，係数と標準誤差，$t$ 値，$t$ 検定についての $p$ 値に加え，決定係数やモデルの $F$ 検定の結果が表示される．

分析の結果を見ると，教育年数に 5%水準で有意な効果があり，教育年数が 1 年延びることによって，職業威信スコアが 2.40 上がることがわかる．一方，仮想データにおいては，年齢に統計的に有意な効果は確認されない．また，調整済み決定係数は 0.17 であり，職業威信スコアのばらつきの 17%程度が説明されている．ただし，モデルの説明力の $F$ 検定の結果は 10%水準で有意であるにとどまっており，データとの適合のよいモデルとはいえない．

### ・標準化偏回帰係数

標準化偏回帰係数を求めるためには，従属変数と独立変数を標準化したうえで，回帰分析を行う．変数の標準化は `scale` コマンドを用いることで行うことができる．上の回帰分析の結果について標準化係数を求めるには，本人の職業威信スコア，年齢，教育年数を標準化した変数（それぞれ `job_sc_c`，`age_s`，`eduy_s`）を作成し，これらの変数を用いて回帰分析を行う．この結果を，`f7_1s` として保存したうえで，`summary` コマンドを用いて見てみよう．

```
> d11$job_sc_s <- scale(d11$job_sc)
> d11$age_s <- scale(d11$age)
> d11$eduy_s <- scale(d11$eduy)
> f11_1s <- lm(job_sc_s~age_s+eduy_s, d11)
> summary(f11_1s)
```

```
> summary(f11_1s)

Call:
lm(formula = job_sc_s ~ age_s + eduy_s, data = d11)

Residuals:
     Min       1Q   Median       3Q      Max
-1.28552 -0.72947 -0.03137  0.45509  2.37034

Coefficients:
              Estimate Std. Error t value Pr(>|t|)
(Intercept) -1.824e-16  2.033e-01   0.000   1.0000
age_s        2.336e-01  2.142e-01   1.091   0.2906
eduy_s       5.101e-01  2.142e-01   2.381   0.0292 *
```

```
---
Signif. codes:  0  '***'  0.001  '**'  0.01  '*'  0.05  '.'  0.1  ' '  1

Residual standard error: 0.9091 on 17 degrees of freedom
Multiple R-squared:  0.2605,	Adjusted R-squared:  0.1735
F-statistic: 2.994 on 2 and 17 DF,  p-value: 0.0769
```

指数表記になっているのでややわかりにくいが，回帰分析の係数として出力されているのが，標準化偏回帰係数となる．

**注意**　指数表記を避けるためには，`options(scipen=)` コマンドを用いる．=の後に，数値を入れると，その数値の桁数より多い部分から指数表示になる．

```
> options(scipen=20)
> summary(f11_1s)
```

```
> options(scipen=20)
> summary(f11_1s)

Call:
lm(formula = job_sc_s ~ age_s + eduy_s, data = d11)

Residuals:
     Min       1Q   Median       3Q      Max 
-1.28552 -0.72947 -0.03137  0.45509  2.37034 

Coefficients:
                       Estimate           Std. Error t value  Pr(>|t|)
(Intercept) -0.0000000000000001824  0.2032848524396610734   0.000    1.0000
age_s        0.2336308967257494651  0.2141887522780825392   1.091    0.2906
eduy_s       0.5100724412321731016  0.2141887522780825392   2.381    0.0292 *
---
Signif. codes:  0  '***'  0.001  '**'  0.01  '*'  0.05  '.'  0.1  ' '  1
```

### ・階層的重回帰分析とモデルの比較

モデルの説明力の比較を行うには，分散分析の際に用いた anova コマンドを用いる．年齢のみを独立変数とするモデルを f11_0 として，教育年数を加えたモデル f11_1 が f11_0 よりも高い説明力をもったモデルといえるかを調べてみよう．このためには，anova の括弧内で比較したい分析結果を指定すればよい．

```
> f11_0 <- lm(job_sc~age, d11)
> anova(f11_0, f11_1)
```

```
> anova(f11_0, f11_1)
Analysis of Variance Table

Model 1: job_sc ~ age
Model 2: job_sc ~ age + eduy
  Res.Df    RSS Df Sum of Sq      F Pr(>F)
1     18 1830.3
2     17 1372.5  1    457.85 5.6711 0.0292 *
---
Signif. codes:  0 '***' 0.001 '**' 0.01 '*' 0.05 '.' 0.1 ' ' 1
```

上記の分析結果を見ると，ここでは $F$ 変化量は 5.67 であり，5%水準で有意である．つまり，教育年数を加えたモデルは年齢のみを含んだモデルよりも説明力が有意に高まっているといえる．

モデルに新たな変数を追加して階層的重回帰分析を行う場合には，update コマンドを用いることもできる．update コマンドでは，括弧内で**前のモデルの結果名,~.+新たに追加する変数名**，という形で，モデルを指定する．そのうえで，データ名を記入する．たとえば，上のモデル 1 は，update コマンドを用いる場合には次のように指定する．その結果を確認すれば，f11 と同じ結果が得られていることがわかる．

```
> f11_1r <- update(f11_0,~.+eduy, d11)
> summary(f11_1r)
```

```
> summary(f11_1r)

Call:
lm(formula = job_sc ~ age + eduy, data = d11)

Residuals:
    Min      1Q  Median      3Q     Max
-12.705  -7.210  -0.310   4.498  23.427

Coefficients:
            Estimate Std. Error t value Pr(>|t|)
(Intercept)  13.7739    14.8724   0.926   0.3673
age           0.1409     0.1292   1.091   0.2906
eduy          2.3976     1.0068   2.381   0.0292 *
---
Signif. codes:  0 '***' 0.001 '**' 0.01 '*' 0.05 '.' 0.1 ' ' 1

Residual standard error: 8.985 on 17 degrees of freedom
Multiple R-squared:  0.2605,    Adjusted R-squared:  0.1735
F-statistic: 2.994 on 2 and 17 DF,  p-value: 0.0769
```

・多重共線性

R で多重共線性が生じていないかを調べるためには，car パッケージのなかの vif コマンドを用いる．car パッケージを読み込んだ後で，vif の括弧内に分析結果名を指定すると，vif の値を確認することができる．

```
> install.packages("car")
> library(car)
> vif(f11_1)
```

```
> vif(f11_1)
     age     eduy
1.054646 1.054646
```

上記の結果を見ると，ともに VIF の値は 1 程度であり，多重共線性の問題は生じていないことがわかる．

**問題 11.1** 上記のモデル f11_1 に，父親職業威信を投入し，その効果を検証しなさい．また，標準化偏回帰係数も求め，教育年数や年齢と効果の大きさを比較しなさい．さらに，父親職業威信を投入することで，モデルの説明力が有意に高まったといえるか，また，このモデルにおいて多重共線性の問題が生じていないかを確認しなさい．

## 参考文献

Sobel, M. E.: Asymptotic confidence intervals for indirect effects in structural equation models, *Sociological Methodology*, **13**: 290-312 (1982)

White, H.: A heteroskedasticity-consistent covariance matrix estimator and a direct test for heteroskedasticity, *Econometrica*, **48**: 817-838 (1980)

Williams, R. L.: A note on robust variance estimation for cluster-correlated data, *Biometrics*, **56**: 645-646 (2000)

# 12

# ダミー変数の利用と交互作用効果の検証

## 12.1　ダミー変数の利用

第 10，11 章の分析では，職業威信スコアを説明する独立変数に，年齢や教育年数，父親の職業威信スコアなどの連続変数のみを用いていた．一方で，職業威信スコアに影響を与える変数としては，カテゴリ変数もあり得る．たとえば，第 6 章で見た性別職域分離という現象を再び考えてみよう．第 6 章では男性は女性に比べ職業威信スコアが高いが，その差は小さいことが示された．しかし，この差は両者の教育年数などの差を反映している可能性がある．したがって，性別が職業威信スコアに影響を与えるかどうかを確かめるためには，性別の職業威信スコアに対する効果を，教育年数などの効果を統制したうえで検証する必要がある．しかし，性別はカテゴリ変数であるため，連続変数を独立変数としたときと同様にモデルに投入することはできない．非標準化偏回帰係数は，独立変数の値が 1 単位変化することが，従属変数の大きさをどの程度変化させるかを示している．一方，カテゴリ変数には数値に実質的な意味がない．女性が 2 で男性が 1 となっていたとしても，両者の差の「1」は，変数が 1 単位変化したことを意味しない．

そこで，カテゴリ変数を独立変数とした回帰分析を行いたい場合には，カテゴリ変数を「**ダミー変数**」に変換して対処する．ダミー変数とは，0 と 1 の 2 値で表される変数であり，ある特性（たとえば男性）があてはまる場合を 1，あてはまらない場合を 0 とする．

ダミー変数を利用して，性別を独立変数に含めた回帰モデルを書くと以下のようになる．

$$y_i = \alpha + \beta_1 年齢_i + \beta_2 教育年数_i + \beta_3 男性ダミー_i + \varepsilon_i \tag{12.1}$$

ここで，男性ダミー$_i$は，個人 $i$ が男性であれば 1，女性であれば 0 のダミー変数である．よって，上の回帰モデルは性別に応じてそれぞれ以下のように場合分けすることができる．

$$男性：y_i = \alpha + \beta_1 年齢_i + \beta_2 教育年数_i + \beta_3 + \varepsilon_i$$

$$女性：y_i = \alpha + \beta_1 年齢_i + \beta_2 教育年数_i + \varepsilon_i$$

ここから，係数 $\beta_3$ は男性であることによって，女性に比べてどの程度職業威信スコアが高くなる（低くなる）かを示す係数であることがわかる．そのため，係数 $\beta_3$ が統計的に有意であれば，男女で職業威信スコアに差があるといえる．

SSM2005 のデータを用いて，実際に分析してみよう．表 12.1 は男性ダミーをモデルに加えて，職業威信スコアに対する重回帰分析を行った結果を示したものである．男性ダミーの係数は 1.79 であり，この効果は 1%水準で有意である．つまり，男性は女性と比べ，職業威信スコアが 1.8 高い．教育年数や年齢の差を統制したうえでも，男性は女性に比べ，職業威信スコアが高くなる傾向にあるのだといえる．

ここで注意したいのは，ダミー変数の効果 $\beta_3$ はあくまでも男性が女性と比べて，どの程度職業威信が異なるのかを示したものだということである．言い換

**表 12.1**　職業的地位についての重回帰分析
出典：SSM2005

| | $B$ | | $S.E.$ | $\beta$ |
|---|---|---|---|---|
| 切片 | 25.71 | ** | 1.00 | |
| 年齢 | 0.04 | ** | 0.01 | 0.06 |
| 男性ダミー | 1.79 | ** | 0.25 | 0.10 |
| 教育年数 | 1.75 | ** | 0.06 | 0.44 |
| 調整済み決定係数 | 0.20 | | | |
| $F$ 値 | 341.9 | ** | | |

$n = 4051, **p < 0.01$

えれば，女性を基準としたときの，男性であることによる職業威信の変化量を示したものである．このため，ダミー変数において 0 となるカテゴリ（例の場合は女性）を「**基準カテゴリ**（または**参照カテゴリ**）」と呼ぶ．

表 12.1 の分析結果をもとに，年齢が 40 歳の人の教育年数と職業的地位の関連を示す回帰直線の式を男女別に求めると，以下のようになる．

$$
\begin{aligned}
\hat{y} &= \alpha + \beta_1\text{年齢} + \beta_2\text{教育年数} + \beta_3\text{男性ダミー} \qquad \cdots\text{回帰直線}\\
&= 25.71 + 0.04\ \text{年齢} + 1.75\ \text{教育年数} + 1.79\ \text{男性ダミー}\\
\text{男性：}\ \hat{y} &= 25.71 + 0.04 \times 40 + 1.75\ \text{教育年数} + 1.79 \times 1\\
&= 29.10 + 1.75\ \text{教育年数}\\
\text{女性：}\ \hat{y} &= 25.71 + 0.04 \times 40 + 1.75\ \text{教育年数} + 1.79 \times 0\\
&= 27.31 + 1.75\ \text{教育年数}
\end{aligned}
$$

上記の男性，女性の回帰式をもとに，教育年数と職業威信スコアの関連を男女別に図で示すと，図 12.1 のようになる．

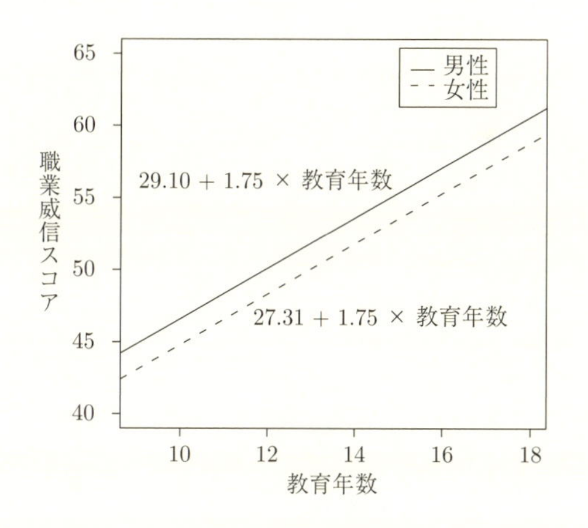


**図 12.1**　男女別教育年数と職業威信スコアの関連

図 12.1 を見ると，男性と女性では切片の値が異なる同じ傾きの 2 本の回帰直線を引くことができることがわかる．ダミー変数を利用すると，このように 1

本の回帰式から，カテゴリごとに異なる切片をもつ複数の回帰式を想定することになる．

以上の分析から，冒頭の問いにはどう答えられるだろうか．私たちは性別職域分離の観点から，男性よりも女性のほうが職業威信スコアの高い職業に就いているという仮説を検証した．ダミー変数を用いた回帰分析を行うことで，男性であることの効果を確認した．その結果，男性ダミーは有意な正の効果をもっていたため，仮説は棄却されることになった．つまり，女性が男性よりも職業威信の高い職業に就いているとはいえない．

## 12.2　3 カテゴリ以上ある場合のダミー変数の作成

式 (12.1) の回帰式では，男性 = 1，女性 = 0 とするダミー変数をモデルに含めていた．つまり，女性であることの効果は $\beta_3$ がないことによって表現されている．ダミー変数を用いることで，基準カテゴリを 0 とした場合の，あるカテゴリにいることの効果を示すことができる．

では，カテゴリが 3 つ以上になる場合は，どのようにダミー変数を作成すべきだろうか．これには，ダミー変数を増やして対応することができる．たとえば，中学卒，高校卒，短大・大学卒，大学院卒という最終学歴の効果を見たい場合，中学卒を 0，高校卒を 1，短大・大学卒を 2，大学院卒を 3 として変数を作成してはいけない．学歴はカテゴリ変数であって，1 単位の変化に意味がないからである．そこで分析では，中学卒を基準カテゴリとして，高校卒，短大・大学卒，大学院卒それぞれのダミー変数を作成する．それによって，高校卒，短大・大学卒，大学院卒であることの効果を，中学卒との比較によって調べることができる．このように，カテゴリ変数からダミー変数を作成する際には，基準カテゴリを 0 として，（カテゴリ数 −1）個のダミー変数が必要となる．

上の例を，学歴によって職業威信スコアが異なるという仮説を検証するモデルから具体的に考えてみよう．この場合，回帰モデルの式は式 (12.2) のように表現できる．式 (12.2) では，中学卒が基準カテゴリになっている．

$$
\begin{aligned}
y_i = \alpha + \beta_1 \text{年齢}_i + \beta_2 \text{男性ダミー}_i + \beta_3 \text{高校卒}_i \\
+ \beta_4 \text{短大・大学卒}_i + \beta_5 \text{大学院卒}_i + \varepsilon_i
\end{aligned}
\tag{12.2}
$$

式 (12.2) をもとに，学歴ごとの回帰モデルを書くと，次のように 4 本の式を書くことができる．

$$\text{高校卒}：y_i = \alpha + \beta_1 \text{年齢}_i + \beta_2 \text{男性ダミー}_i + \beta_3 + \varepsilon_i$$

$$\text{短大・大学卒}：y_i = \alpha + \beta_1 \text{年齢}_i + \beta_2 \text{男性ダミー}_i + \beta_4 + \varepsilon_i$$

$$\text{大学院卒}：y_i = \alpha + \beta_1 \text{年齢}_i + \beta_2 \text{男性ダミー}_i + \beta_5 + \varepsilon_i$$

$$\text{中学卒}：y_i = \alpha + \beta_1 \text{年齢}_i + \beta_2 \text{男性ダミー}_i + \varepsilon_i$$

基準カテゴリは中学卒であるため，$\beta_3 \sim \beta_5$ は中学卒と比べたときの，各学歴をもつ人の平均的な職業威信の高さを示している．このように，4 カテゴリの変数は，1 つを基準カテゴリとすることで，3 つのダミー変数を含めた回帰式で表現できる．

学歴を示す 3 つのダミー変数を加えて，職業威信スコアについての回帰分析を行った結果を示したのが表 12.2 のモデル 1 である．モデル 1 では，高校卒ダミー，大学卒ダミー，大学院卒ダミーのすべて 1%水準で，有意な正の効果が見られている．高校卒である場合には，中学卒である場合に比べて職業威信スコアが 2.97 高くなる．同様に，大学卒では 9.55，大学院卒では 18.70，中学卒の場合よりも高くなる．したがって，年齢，性別を統制すると，高校卒，大学卒，

**表 12.2**　学歴の職業的地位に対する効果の回帰分析
出典：SSM2005

| | モデル 1 | | | モデル 2 | | |
|---|---|---|---|---|---|---|
| | *B* | | *S.E.* | *B* | | *S.E.* |
| 切片 | 43.54 | ** | 0.69 | 53.08 | ** | 0.52 |
| 年齢 | 0.03 | ** | 0.01 | 0.03 | ** | 0.01 |
| 男性ダミー | 2.13 | ** | 0.25 | 2.13 | ** | 0.25 |
| 中学卒ダミー | | | | −9.55 | ** | 0.44 |
| 高校卒ダミー | 2.97 | ** | 0.39 | −6.58 | ** | 0.29 |
| 大学卒ダミー | 9.55 | ** | 0.44 | | | |
| 大学院ダミー | 18.70 | ** | 1.10 | 9.15 | ** | 1.06 |
| 調整済み決定係数 | 0.20 | | | 0.20 | | |
| *F* 値 | 200.60 | ** | | 200.60 | ** | |

$n = 4051, **p < 0.01$

大学院卒はすべて職業威信スコアを高める効果をもっていることがわかる．しかし，この結果はあくまでも中学卒と比べた場合の職業威信スコアの高さを示しているにすぎない．つまり，高校卒と大学卒で，職業威信スコアに統計的に意味のある差があるのかどうかは，モデル1からはわからない．

高校卒と大学卒の間に，職業威信スコアの差があるのかを調べるためには，モデル2のように，大学卒を基準カテゴリとした分析を行えばよい．モデル2の結果を見ると，高校卒ダミーには −6.58 という1%水準で有意な負の効果があることがわかる．したがって，大学卒である場合，高校卒である場合と比べて，職業威信スコアが6.58高くなるといえる．

表12.2の回帰分析から得られた予測値における，学歴ごとの平均値を示したものが，図12.2である．図12.2を見ると，職業威信スコアの予測値の平均値は，大学院が他の学歴と比べて特に高く，中学卒と高校卒の間には大きな差がないことがわかる．

ダミー変数の偏回帰係数が示すのは，あくまでも基準カテゴリとの間の従属変数の平均値の差である．したがって，表12.2の中学卒を基準カテゴリとした回帰分析では，他の学歴と中学卒の職業威信スコアの差が統計的に有意かどうかが検証される一方で，その他の3つの学歴間に統計的に有意な職業威信スコ

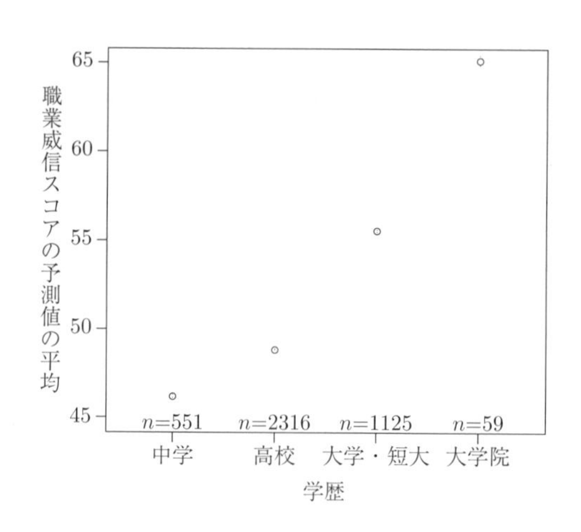


**図 12.2**　学歴別職業威信スコアの予測値

アの差があるかどうかはわからない．

このように，3 カテゴリ以上のカテゴリ変数をダミー変数として使用する場合には，どのカテゴリを基準カテゴリにすべきかを，よく検討する必要がある．

## 12.3　カテゴリ変数か連続変数か

概念を具体的な変数へと操作化する段階において，同じ概念を指しているにもかかわらず，カテゴリ変数と連続変数の両方が作成可能な場合がある．たとえば「個人が受けた教育」を操作化する際に，表 12.1 の分析のように連続変数として「教育年数」を作成することもできるし，表 12.2 のようにカテゴリ変数として「学歴」を作成することもできる．このように同じ変数からカテゴリ変数も連続変数も作成できる場合，どちらを使って分析を行うのが適切なのだろうか．第 8 章で述べたように，連続変数からカテゴリ変数を作成すると，もとの変数がもっていた細かい情報が失われてしまう．そのため，基本的には連続変数として使用したほうがよいと考えられる．

しかし，カテゴリ変数を利用することが適切な場合もある．連続変数として表現される「量」ではなく，カテゴリ変数として表現される「質」のほうが重要な場合がこれにあてはまる．たとえば教育年数と学歴の違いは，前者が「教育を受けた長さ」を示し「より長く教育を受けることの効果」を意味するのに対し，後者は「高校卒」や「大学卒」といった質的な学歴の違いを意味する．教育年数と学歴という，ある人の受けた教育についての操作化の違いは，受けた教育と所得との関連を考えるうえで重要となる．**人的資本論**の考えに立てば，長く教育を受けることによって形成された技能や能力（=**人的資本**）が，その人の生産性を高め，高い所得に結びつく．これに対し，**シグナリング理論**によれば，高い学歴が高い所得と結びつくのは，高い学歴が豊富な人的資本に結びつくからではない．高い学歴が示すのは，「高い能力をもっている」という「シグナル」である．企業が人の生産性を測るのは容易ではない．そこで，学歴が示すシグナルを利用し，高い能力をもっているに違いないという判断のもと，高学歴者を採用するのである．結果として，高学歴者はよりよい条件の職を得やすくなり，賃金が上がる．所得とその人の受けた教育の関連を考える際に，人

**表 12.3**　個人所得に対する教育年数と学歴の効果
出典：SSM2005

| | 教育年数モデル | | | 学歴モデル | | |
|---|---|---|---|---|---|---|
| | $B$ | | $S.E.$ | $B$ | | $S.E.$ |
| 切片 | −558.99 | ** | 39.16 | −397.87 | ** | 32.10 |
| 年齢 | 2.55 | ** | 0.37 | 2.62 | ** | 0.37 |
| 男性ダミー | 224.35 | ** | 9.15 | 228.62 | ** | 9.12 |
| 教育年数 | 14.52 | ** | 2.40 | | | |
| 中学卒ダミー | | | | −56.05 | ** | 14.25 |
| 短大卒以上ダミー | | | | 42.38 | ** | 11.13 |
| 職業威信スコア | 9.28 | ** | 0.57 | 9.52 | ** | 0.56 |
| 調整済み決定係数 | 0.27 | | | 0.27 | | |
| $F$ 値 | 329.70 | ** | | 263.30 | ** | |

$n = 3473, **p < 0.01$

的資本論の立場に立てば，その人の受けた教育の長さ（＝教育年数）が問題となり，シグナリング理論の立場に立てば，その人のもつシグナル（＝学歴）が問題となる．

表 12.3 は個人所得の規定要因を調べたものである．左のモデルには教育年数が，右のモデルには高校卒を基準カテゴリとした学歴が独立変数として含まれている．左のモデルを見ると，教育年数に有意な正の効果があり，非標準化係数は 14.52 となっている．これは教育年数が 1 年延びるごとに所得が 14.52 万円上がることを示している．一方，学歴モデルを見ると，中学卒ダミーには有意な負の効果が，短大卒以上ダミーには有意な正の効果が見られる．それぞれの非標準化係数は −56.05，42.38 となっており，中学卒の人は高校卒の人に比べ個人所得が 56 万円程度低く，短大卒以上の人は高校卒の人に比べ個人所得が 42 万円程度高いことがわかる．中学卒の所得への負の効果が比較的大きいことがわかるだろう．今回の分析では 2 つのモデルの調整済み決定係数の大きさはほぼ同じであり，説明力はどちらの変数を使っても大きく異ならない．しかし，学歴を教育年数として扱った場合には，1 年ごとに積み重なる人的資本が所得をどの程度上げるかを問題としており，学歴をカテゴリ変数として扱った場合には，それぞれの教育段階の卒業資格が労働市場でどのように評価されるのかを問題としているという，前提の違いがある．したがって，ある変数を連続変数として扱うのが適切であるのか，カテゴリ変数として扱うのが適切であるの

かということを考える際には，仮説をよく検討し，自分が何を問題としているのかを明確にする必要がある．

## 12.4 交互作用効果の検証

表 12.4 は，職業威信スコアに対する年齢，教育年数，父親威信の効果を男女別に示したものである．これを見ると，年齢は男性の職業威信スコアに対しては有意な正の効果をもつが，女性の職業威信スコアに対しては負の効果があることがわかる．男性では年齢が上がるごとに職業的地位も高くなるが，女性ではむしろわずかに低下するのである．また，教育年数と父親職業威信の効果についても，女性は男性よりも小さくなっている．しかし，この男女差が母集団で見た場合にも 0 ではない，つまり統計的に有意な差であるのかを確認するためには，交互作用効果を検証する必要がある．

**表 12.4** 男女別職業威信スコアの規定要因
出典：SSM2005

| | 男性 | | | 女性 | | |
|---|---|---|---|---|---|---|
| | $B$ | | $S.E.$ | $B$ | | $S.E.$ |
| 切片 | 31.93 | ** | 1.21 | 31.15 | ** | 1.39 |
| 年齢 | 0.10 | ** | 0.02 | −0.03 | * | 0.02 |
| 教育年数 | 1.55 | ** | 0.09 | 1.45 | ** | 0.11 |
| 父親職業威信 | 0.20 | ** | 0.03 | 0.08 | ** | 0.02 |
| 調整済み決定係数 | 0.22 | | | 0.17 | | |
| $F$ 値 | 167.40 | ** | | 108.00 | ** | |

男性：$n = 1750$，女性：$n = 1538$

職業威信スコアへの効果について，年齢や教育年数，父親の職業威信スコアの効果が性別によって異なるという交互作用項を含めたモデルを式で表現すると，以下の式 (12.3) のようになる．

$$
\begin{aligned}
y_i = \alpha &+ \beta_1 \text{年齢}_i + \beta_2 \text{男性}_i + \beta_3 \text{教育年数}_i + \beta_4 \text{父親職業威信}_i \\
&+ \beta_5 \text{年齢}_i \times \text{男性}_i + \beta_6 \text{教育年数}_i \times \text{男性}_i \\
&+ \beta_7 \text{父親職業威信}_i \times \text{男性}_i + \varepsilon_i
\end{aligned}
\tag{12.3}
$$

式 (12.3) の $\beta_5$年齢$_i$ × 男性$_i$ や $\beta_6$教育年数$_i$ × 男性$_i$，$\beta_7$父親職業威信$_i$ × 男性$_i$ のように，2つの変数が組み合わされることによって生じる効果[1]（$\beta_5$ や $\beta_6$）を交互作用効果と呼び，それに対応する回帰式の項（たとえば $\beta_5$年齢$_i$ × 男性$_i$）を**交互作用項**と呼ぶ．交互作用項は変数を掛け合わせることによって作成できる．また，交互作用効果と区別する意味で，1変数単独の効果（$\beta_2$ や $\beta_4$）をそれぞれの変数の**主効果**と呼ぶ．また，交互作用項を構成する変数のうち，ある変数の効果を変化させる側の変数のことを「**調整変数**」と呼ぶ．たとえば，「性別によって年齢の効果が異なる」という交互作用効果を検証する場合には，性別が調整変数にあたる．

式 (12.3) をもとに，男性の場合，女性の場合，それぞれ式がどのようになるかを考えてみる．男性の場合は 男性$_i = 1$，女性の場合は 男性$_i = 0$ となるので，式 (12.3) はそれぞれ以下のように変形できる．

$$\begin{aligned}
&\text{男性：} y_i = \alpha + \beta_2 + (\beta_1 + \beta_5)\,\text{年齢}_i + (\beta_3 + \beta_6) \\
&\quad \text{教育年数}_i + (\beta_4 + \beta_7)\,\text{父親職業威信}_i + \varepsilon_i \qquad \cdots \text{男性}_i = 1 \text{ を代入} \\
&\text{女性：} y_i = \alpha + \beta_1\text{年齢}_i + \beta_3\text{教育年数}_i + \beta_4 \\
&\quad \text{父親職業威信}_i + \varepsilon_i \qquad \cdots \text{男性}_i = 0 \text{ を代入}
\end{aligned}$$

上の2つの式を見比べると，回帰係数 $\beta_5$ は年齢の効果の，回帰係数 $\beta_6$ は教育年数の効果の，回帰係数 $\beta_7$ は父親職業威信スコアの効果の男女差にあたることがわかる．したがって，回帰係数 $\beta_5$，$\beta_6$，$\beta_7$ が統計的に有意であれば，男性と女性で年齢や教育年数，父親職業威信スコアの効果の大きさに差があるということができる．

ただし，交互作用効果の検証を行う際には注意すべき点がある．それは，第11章で見た多重共線性の問題が生じやすいことである．主効果の項と交互作用項には同じ変数が含まれており，多くの場合両者の相関は非常に高くなるため，多重共線性が生じやすい．多重共線性が生じることを避けるため，連続変数を用いて交互作用効果を検証する際には，交互作用項を作成する変数からそれぞれの平均値を引く**中心化**という処理を行うことが一般的である．

---

[1] 交互作用効果についての詳しい説明は第9章参照のこと．

表 12.5 中心化の有無による相関係数の違い

| | 中心化なし | | 中心化あり | |
|---|---|---|---|---|
| | 教育年数 | 父親職業威信 | 教育年数 | 父親職業威信 |
| 父親職業威信 | 0.36 | | 0.36 | |
| 教育年数*父親職業威信 | 0.81 | 0.83 | 0.15 | 0.42 |

$n = 3288$

表 12.6 中心化の有無による職業威信スコアに関する回帰分析の結果の違い
出典：SSM2005

| | 中心化なし | | | 中心化あり | | |
|---|---|---|---|---|---|---|
| | *B* | | *S.E.* | *B* | | *S.E.* |
| 切片 | 20.85 | ** | 1.26 | 49.73 | ** | 0.20 |
| 年齢 | 0.04 | ** | 0.01 | 0.04 | ** | 0.01 |
| 男性ダミー | 1.89 | ** | 0.28 | 1.89 | ** | 0.28 |
| 教育年数 | 1.56 | ** | 0.07 | 1.56 | ** | 0.07 |
| 父親職業威信 | 0.14 | ** | 0.02 | 0.14 | ** | 0.02 |
| 調整済み決定係数 | 0.22 | | | 0.22 | | |
| *F* 値 | 226.5 | ** | | 226.5 | ** | |

$n = 3288, **p < 0.01$

表 12.5 は，中心化をしていない場合と中心化をした場合の，父親職業威信スコア，教育年数，両者の交互作用項の相関関係を示したものである．中心化をしていない場合には，両者の交互作用項と教育年数，父親職業威信の間には 0.8 を超える強い相関がある．これに対し，中心化をした場合には，教育年数と交互作用項の相関は 0.15，父親職業威信スコアと交互作用項の相関は 0.42 まで低下していることがわかる．

表 12.6 は，中心化を行わない場合と行った場合で，職業威信スコアを従属変数とした回帰分析の結果を比較したものである．連続変数に対して中心化を行わないモデルと行ったモデルで，独立変数の係数や決定係数，$F$ 値に変化はない．唯一変化しているのは，切片の係数と標準誤差である．中心化を行うと，独立変数が平均値である場合に 0 をとるようになる．このため中心化を行った場合には，切片は中心化を行った独立変数が平均値であった場合の従属変数の平均値になる．一方，中心化しなかった場合には，切片は独立変数が 0 であったときの値をとる．連続変数を用いて交互作用効果を検証したい場合や，独立変数が 0 であることが実質的にあり得ず（たとえば日本では教育年数が 0 であるこ

**表 12.7**　職業威信スコアに対する性別と年齢，教育年数，父親職業威信スコアの交互作用効果の検証
出典：SSM2005

| | モデル 1 | | | モデル 2 | | |
|---|---|---|---|---|---|---|
| | *B* | | *S.E.* | *B* | | *S.E.* |
| 切片 | 47.89 | ** | 0.56 | 49.65 | ** | 0.21 |
| 年齢 | 0.04 | ** | 0.01 | −0.03 | | 0.02 |
| 男性ダミー | 1.89 | ** | 0.28 | 1.94 | ** | 0.28 |
| 教育年数 | 1.56 | ** | 0.07 | 1.45 | ** | 0.12 |
| 父親職業威信 | 0.14 | ** | 0.02 | 0.08 | ** | 0.03 |
| 男性ダミー＊年齢 | | | | 0.13 | ** | 0.02 |
| 男性ダミー＊教育年数 | | | | 0.09 | | 0.15 |
| 男性ダミー＊父親職業威信 | | | | 0.12 | ** | 0.04 |
| 調整済み決定係数 | 0.22 | | | 0.23 | | |
| $F$ 値 | 226.50 | ** | | 137.61 | ** | |
| $F$ 値 | | | | 15.47 | ** | |

$n = 3288, **p < 0.01$, 年齢，教育年数，父親職業威信は中心化している

とはまれである）切片を積極的に解釈するような場合には，中心化の処理を行うのが適切である．

表 12.7 は年齢，教育年数，父親職業威信スコアを中心化したうえで，これら 3 つの変数と男性ダミーの交互作用項をモデルに入れて，職業威信スコアについての回帰分析を行った結果を示したものである．交互作用効果を見ると，男性ダミーと年齢の交互作用項，男性ダミーと父親職業威信スコアの交互作用項には，それぞれ 1%水準で有意な正の効果がある．したがって，男女で年齢と父親職業威信スコアの効果が異なることがわかる．では，男性，女性それぞれで年齢と父親職業威信スコアはどの程度の効果をもっているのだろうか．これを調べるためには，交互作用効果の大きさだけを見ていてはいけない．主効果も重要になるからだ．先ほどの男女別に作った回帰モデルに重回帰分析によって得られた効果をあてはめると，そのことがよくわかる．

$$
\begin{aligned}
\text{男性：}\hat{y} &= \alpha + \beta_2 + (\beta_1 + \beta_5)\,\text{年齢} + (\beta_3 + \beta_6)\,\text{教育年数} \\
&\quad + (\beta_4 + \beta_7)\,\text{父親職業威信} \qquad \cdots\text{男性の回帰式} \\
&= 49.65 + 1.94 + 0.13\,\text{年齢} + 1.45\,\text{教育年数} \\
&\quad + (0.08 + 0.12)\,\text{父親職業威信} \qquad \cdots\text{表 12.6 の値を代入}
\end{aligned}
$$

$$
\begin{aligned}
\text{女性：}\hat{y} &= \alpha + \beta_1\text{年齢} + \beta_3\text{教育年数} + \beta_4\text{父親職業威信} \quad \cdots\text{女性の回帰式}\\
&= 49.65 + 1.45\,\text{教育年数} + 0.08\,\text{父親職業威信} \quad \cdots\text{表 12.6 の値を代入}
\end{aligned}
$$

モデル 2 において，年齢の主効果は有意ではない一方で，年齢と男性ダミーの交互作用項は有意な効果をもっている．つまり，年齢は男性の職業威信スコアにのみ有意な効果をもっている ($\beta_5 = 0.13$)．日本では，女性は結婚や出産などを機に仕事を辞める傾向にある．その後の再就職では，職業威信スコアの低い，非熟練職での就労が増える．その結果として，年齢が高くとも，職業威信スコアは高まらないのである．一方，日本型雇用慣行のもとでは，年齢が上がることによって管理的職業へと昇進するため，男性では年齢が上がるほど職業的地位が上がるのであろう．

父親職業威信の効果について見ると，男性における効果の大きさは $0.08 + 0.12 = 0.20$ となる．一方，女性では 0.08 と弱い効果にとどまる．したがって，女性においても父親の職業的地位が高いと本人の職業的地位が上がるという効果がわずかに見られるが，その影響は男性においてより大きいことがわかる．男性のほうがよりダイレクトに父親の職業的地位の影響を受けるのである．

一方，男性ダミーと教育年数の交互作用効果は有意ではなく，教育年数の効

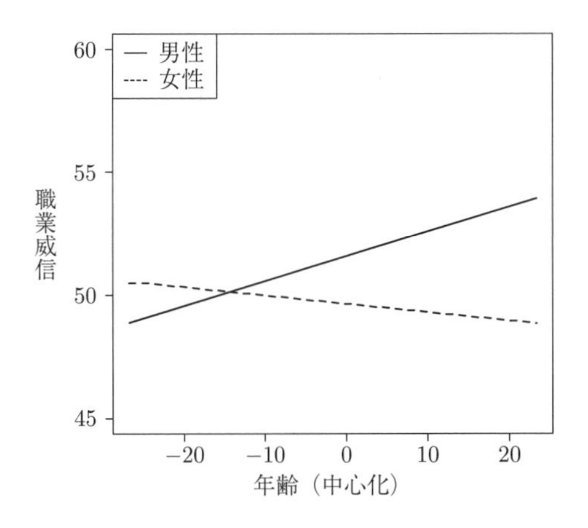


**図 12.3**　年齢と性別の職業威信スコアに対する交互作用効果

果は男女で異ならない．したがって，教育を長く受けることにより，職業的地位を高められる効果は，性別によらず同様だということがわかる．

交互作用効果を示すためには，グラフを用いることも多い．図 12.3 は表 12.7 の結果をもとに，年齢の効果の男女による違いを図示したものである．図 12.3 から，男性では年齢が上がるにつれて職業威信スコアが高まるという正の効果になるのに対し，女性ではわずかに負の効果が見られることが一目でわかる．

## 12.5　連続変数同士，カテゴリ変数同士の交互作用効果

表 12.7 の例では，カテゴリ変数（男性ダミー）と連続変数（年齢，教育年数，父親職業威信スコア）の交互作用項の効果を検証した．これと同様に，連続変数同士の交互作用項やカテゴリ変数同士の交互作用項を作成する場合もある．たとえば，職業威信スコアに対する父親職業威信スコアの効果が教育年数によって異なることが想定される場合には，連続変数同士の交互作用を検証することになる．また，女性の結婚とその際の離職が職業威信スコアを下げる効果をもっているのであれば，性別が職業威信スコアに与える影響は結婚経験の有無によって異なるかもしれない．この場合には，性別と結婚経験というカテゴリ変数同士の交互作用効果を検証することになる．

表 12.8 は，父親職業威信スコアと教育年数，性別と結婚経験の交互作用効果を，職業威信スコアについての回帰モデルに加えて分析した結果を示したものである．

この結果を見ると，教育年数と父親職業威信スコアの交互作用項には有意な正の効果が，男性ダミーと結婚経験なしダミーの交互作用には有意な負の効果があった．これらの結果はどう解釈できるだろうか．

まず教育年数と父親職業威信スコアの交互作用項について見ていこう．表 12.8 の分析の回帰式は，以下の式 (12.4) のように表現できる．

$$
\begin{aligned}
\hat{y} = \alpha &+ \beta_1 \text{年齢} + \beta_2 \text{男性} + \beta_3 \text{教育年数} + \beta_4 \text{父親職業威信} \\
&+ \beta_5 \text{結婚経験なし} \\
&+ \beta_6 \text{教育年数} \times \text{父親職業威信} \\
&+ \beta_7 \text{男性} \times \text{結婚経験なし}
\end{aligned}
\tag{12.4}
$$

**表 12.8**　職業威信スコアに対する教育年数と父親職業威信スコアの交互作用，性別と結婚経験の交互作用の検証
出典：SSM2005

| | $B$ | | $S.E.$ |
|---|---|---|---|
| 切片 | 49.21 | ** | 0.23 |
| 年齢 | 0.02 | | 0.01 |
| 男性ダミー | 2.74 | ** | 0.31 |
| 教育年数 | 1.52 | ** | 0.07 |
| 父親職業威信 | 0.11 | ** | 0.02 |
| 結婚経験なしダミー | 1.62 | ** | 0.58 |
| 教育年数*父親職業威信 | 0.04 | ** | 0.01 |
| 男性ダミー*結婚経験なしダミー | −4.79 | ** | 0.72 |
| 調整済み決定係数 | 0.23 | | |
| $F$ 値 | 143.90 | | |

$n = 3287, **p < 0.01$
年齢，教育年数，父親職業威信は中心化している

式 (12.4) の教育年数の効果に注目すると，教育年数の効果は，以下のような形でまとめられる．

$$\left(\beta_3 + \beta_6 \text{父親職業威信}\right) \text{教育年数}$$

表 12.8 から，対応する非標準化偏回帰係数の値を代入すると，以下のようになる．

$$\begin{aligned} &\left(\beta_3 + \beta_6 \text{父親職業威信}\right) \text{教育年数} \quad \cdots \text{回帰式の教育年数の効果部分} \\ &= (1.52 + 0.04 \times \text{父親職業威信}) \text{教育年数} \quad \cdots \text{表 12.8 の値の代入} \end{aligned}$$

父親職業威信スコアの値は中心化されているため，平均より大きければ正の値を，平均より小さければ負の値をとる．したがって，教育年数の効果は，父親職業威信スコアが平均よりも大きくなればなるほど大きくなり，父親職業威信スコアが平均よりも小さくなれば小さくなることがわかる．

もちろん，教育年数と父親職業威信スコアの交互作用項は逆の形でまとめることもできる．つまり，父親職業威信の効果が教育年数によってどう変わるのかという形で結果を解釈することも可能である．この場合，父親職業威信スコアの効果は以下のようになる．

$$\begin{aligned}&(\beta_4 + \beta_6\text{教育年数})\ \text{父親職業威信}\\&\qquad\qquad\qquad\cdots\text{回帰式の父親職業威信スコアの効果部分}\\&= (0.11 + 0.04 \times \text{教育年数})\ \text{父親職業威信}\\&\qquad\qquad\qquad\cdots\text{表 12.8 の値の代入}\end{aligned}$$

したがって，父親職業威信スコアの効果は，教育年数が平均よりも長いほど大きくなり，平均よりも短いほど小さくなる．

このように，交互作用項の解釈はどちらの変数に注目するかによって異なる．どちらに注目するかは仮説に依存するので，自分の仮説をよく見直し，適切な解釈をしなければならない．

次に，男性ダミーと結婚経験なしダミーの交互作用について見てみよう．先ほどと同様に，もとの回帰式の性別の効果についてまとめると，以下のように表現できる．

$$\bigl(\beta_2 + \beta_7 \times \text{結婚経験なし}\bigr)\ \text{男性}$$

表 12.8 の非標準化偏回帰係数を代入すると，以下のようになる．

$$\begin{aligned}&\bigl(\beta_2 + \beta_7 \times \text{結婚経験なし}\bigr)\ \text{男性}\quad\cdots\text{回帰式の男性ダミーの効果の部分}\\&= (2.74 + (-4.79) \times \text{結婚経験なし})\ \text{男性}\end{aligned}$$

この結果から，結婚経験がない場合には，男性ダミーの非標準化偏回帰係数は $2.74 - 4.79 = -2.05$，結婚経験がある場合には，男性ダミーの非標準化偏回帰係数は 2.74 となることがわかる．したがって，結婚経験がない場合には女性のほうが職業威信スコアが高いが，結婚経験がある場合には男性の職業威信スコアは女性よりも高いということがわかる．

カテゴリ変数同士の交互作用効果についても，他方の変数に注目した解釈が可能である．上の結果を結婚経験についてまとめると，次のようになる．

$$\begin{aligned}&(\beta_5 + \beta_7 \times \text{男性})\ \text{結婚経験なし}\quad\cdots\text{回帰式の結婚経験の効果の部分}\\&= (1.62 + (-4.79) \times \text{男性})\ \text{結婚経験なし}\end{aligned}$$

したがって，男性では結婚経験がない人のほうがある人に比べて職業威信スコアが低い $(1.62 - 4.79 = -3.17)$ のに対し，女性では係数が 1.62 となり，結婚経験がない人がある人に比べて職業威信スコアが高いことがわかる．

## 12.6 交互作用効果の検定

### 12.6.1 統計的検定がなぜ必要なのか

12.4 節の分析では，教育年数の効果が父親職業威信によって異なることがわかった．では，父親職業威信スコアが高いとき，低いとき，それぞれの場合で，教育年数は職業威信スコアに対してどのような効果をもつのだろうか．これを調べるのが，「**単純主効果**」の検定である．

なぜ単純主効果の検定が必要となるのか．交互作用項が有意であった場合には，ある独立変数の効果が調整変数となる他の独立変数によって異なっているということができる．しかし，12.4 節の例のように教育年数の効果が父親職業威信スコアが低いと弱まるという場合に，弱まった結果，統計的に有意でなくなっているのか，あるいは弱まっても正の効果があるのか，あるいは負の効果になっているのか，ということはわからない．そこで，交互作用項が統計的に有意な効果をもつことが確認された後は，調整変数が一定の値をとるときの独立変数の効果について，統計的に有意であるのかを検証する単純主効果の検定も，あわせて行う必要がある．

### 12.6.2 調整変数がカテゴリ変数の場合

調整変数がカテゴリ変数の場合における単純主効果の検定は比較的容易である．12.4 節の例では，性別によって年齢の効果が異なるのか，つまり，調整変数をカテゴリ変数とした連続変数との交互作用効果を検証していた．男性ダミーと年齢の交互作用項を加えているので，年齢の主効果は女性（男性ダミー $= 0$）の場合の年齢の効果を示している．表 12.7 の分析の結果では，年齢の主効果が統計的に有意でなく，年齢と男性ダミーの交互作用項が有意であったので，男性では年齢が有意な効果をもち，女性では有意な効果がないということが容易にわかった．

**表 12.9**　職業威信スコアに対する性別と年齢，教育年数，父親職業威信スコアの交互作用効果の検証
出典：SSM2005

| | $B$ | | $S.E.$ |
|---|---|---|---|
| 切片 | 51.59 | ** | 0.19 |
| 年齢 | 0.10 | ** | 0.02 |
| 女性ダミー | −1.94 | ** | 0.28 |
| 教育年数 | 1.55 | ** | 0.09 |
| 父親職業威信 | 0.20 | ** | 0.02 |
| 女性ダミー＊年齢 | −0.13 | ** | 0.02 |
| 女性ダミー＊教育年数 | −0.09 | | 0.15 |
| 女性ダミー＊父親職業威信 | −0.12 | ** | 0.04 |
| 調整済み決定係数 | 0.23 | | |
| $F$ 値 | 137.61 | ** | |

$n = 3288, **p < 0.01$
年齢，教育年数，父親職業威信は中心化している

もし年齢の主効果が有意で，かつ，交互作用項と符号が逆だった場合には，話はやや複雑になる．表 12.9 は表 12.7 の分析について，男性ダミーを女性ダミーに入れ替えて分析を行った結果を示したものである．表 12.9 を見ると，女性の年齢の効果は $0.10 + (-0.13) = -0.03$ となり，男性よりも小さいことがわかる．しかし，この女性の年齢の非標準化係数が統計的に有意といえるのか（母集団で 0 でないといえるのか）は，不明である．交互作用項・主効果，それぞれの有意性は検定されているが，それらを複合した効果に対しては有意性が検討されていない．したがって，「女性は男性と比べ，年齢の効果が小さい」だけなのか，「女性の場合，年齢の効果がない」のかがわからない．

ただし，調整変数がカテゴリ変数であるときには，基準カテゴリを入れ替えるだけでこの問題は解決できる．表 12.9 についても，性別の基準カテゴリを入れ替えて男性ダミーにすれば表 12.7 の結果が得られ，女性の年齢の主効果が有意でないことが確認される．

単純主効果の検定の方法は，カテゴリ変数同士の交互作用の場合も同様である．表 12.8 の男性ダミーと結婚経験なしダミーの効果を見ると，男性ダミーの主効果は 2.74，結婚経験なしダミーの主効果は 1.62，両者の交互作用効果は −4.79 で，すべて 1%水準で有意であった．これらの結果をまとめると，表 12.10

**表 12.10**　表 12.9 の性別と結婚経験のパターン別効果のまとめ

| | | 男性 | 女性 |
|---|---|---|---|
| | ダミー変数 | 1 | 0 |
| 結婚経験なし | 1 | 全体の効果<br>$2.74 + 1.62 - 4.79 = -0.43$ | 経験なしの主効果<br>1.62　$**$ |
| 結婚経験あり | 0 | 男性の主効果<br>2.74　$**$ | 基準カテゴリ<br>0 |

**表 12.11**　職業威信スコアに対する教育年数と父親職業威信スコアの交互作用，性別と結婚経験の交互作用の検証
出典：SSM2005

| | $B$ | | $S.E.$ |
|---|---|---|---|
| 切片 | 49.21 | ** | 0.23 |
| 年齢 | 0.02 | | 0.01 |
| 女性ダミー | 2.74 | ** | 0.31 |
| 教育年数 | 1.52 | ** | 0.07 |
| 父親職業威信 | 0.11 | ** | 0.02 |
| 結婚経験ありダミー | 1.62 | ** | 0.58 |
| 教育年数＊父親職業威信 | 0.04 | ** | 0.01 |
| 女性ダミー＊結婚経験ありダミー | −4.79 | ** | 0.72 |
| 調整済み決定係数 | 0.23 | | |
| $F$ 値 | 143.90 | | |

$n = 3288, **p < 0.01$

のようになる．

表 12.10 を見ると，性別と結婚経験の組み合わせによる 4 つのパターンのうち，「女性・結婚経験あり」の人が基準カテゴリとなることがわかる．この人に比べ，「女性・結婚経験なし」や「男性・結婚経験あり」の人が職業威信スコアが高いことは，性別や結婚経験の主効果を見ることによってわかる．一方，結婚経験がない場合に女性の職業威信スコアが男性の職業威信スコアよりも低い，すなわち，「女性・結婚経験なし」の係数 1.62 と「男性・結婚経験なし」の係数 −0.43 の間に有意な差があるといえるのかは，わからない．

この場合も，ダミー変数の基準カテゴリを入れ替えることで，注目したいカテゴリ間に統計的に有意な差があるのかを検証できる．表 12.11 は表 12.8 のダミー変数の基準カテゴリを入れ替えて分析したものである．男性ダミーは女性ダミーに，結婚経験なしダミーは結婚経験ありダミーになっている．結婚経験

がない場合（結婚経験ありダミーが0の場合）の性別の効果は性別の主効果であるので，女性ダミーの2.74がそれにあたる．この効果は1%水準で有意であり，確かに結婚経験がない場合には女性の職業威信スコアは男性よりも高いことが確認される．

### 12.6.3　調整変数が連続変数の場合

一方，連続変数同士の単純主効果の検定には，やや工夫が必要である．表12.8の結果からは，教育年数の効果は，父親職業威信スコアが低いときに弱まり，高いときに強まることがわかったが，高低それぞれの場合に有意な効果があるのだろうか．連続変数同士における交互作用効果の単純主効果を検証する際には，調整変数が平均から1標準偏差 ($1SD$) 離れた場合の，独立変数の効果について調べるのが一般的である．表12.8の例では，父親職業威信スコアが調整変数となる．父親職業威信スコアは中心化しているので平均は0，今回のデータでの標準偏差は8.43であった．そこで，単純主効果の検定のためには，父親職業威信スコアが8.43のときと，−8.43のときの教育年数の効果を調べることになる．

調整変数が平均よりも1標準偏差高い／低いときの独立変数の効果を調べるためには，調整変数から1標準偏差足した／引いた変数を作成し，その変数を調整変数の代わりにモデルに入れて，重回帰分析を行うという手続きをとる．1標準偏差足した場合について考えてみよう．この場合，もとの回帰モデルは，以下のように変形される．

$$
\begin{aligned}
y_i = \alpha &+ \beta_1 \text{年齢}_i + \beta_2 \text{男性}_i + \beta_3 \text{教育年数}_i + \beta_4 (\text{父親職業威信}_i + 1SD) \\
&+ \beta_5 \text{結婚経験なし}_i + \beta_6 \text{教育年数}_i \times (\text{父親職業威信}_i + 1SD) \\
&+ \beta_7 \text{男性}_i \times \text{結婚経験なし}_i + \varepsilon_i
\end{aligned}
$$

ある人の父親職業威信スコアがちょうど平均 $-\,1SD$ であったとしよう．その場合，上の回帰モデルにおける教育年数の非標準化係数は，$(\beta_3 + \beta_6(\text{父親職業威信}_i + 1SD))$ であるので，$\beta_3$ と一致する．つまり，上の式における教育年数の主効果は，父親職業威信スコアが1標準偏差低い場合の教育年数の効果となることがわかるだろう．調整変数が1標準偏差高い場合も同様である．実際に父親職業威信スコアから1標準偏差足した／引いた変数を作成し，単純主効果の分析を行った結果をまとめたのが表 12.12 である．表 12.12 を見ると，父親の職業威信スコアが低い場合，高い場合よりもその効果は弱いものの，教育年数の効果は正に有意であり，出身階層が低い場合でも教育を長く受けることによって，職業威信が高まる効果があることがわかる．この結果を図で示すと，図 12.4 のようになる．

**表 12.12** 表 12.9 の父親職業威信スコアと教育年数の交互作用効果に対する単純主効果の検定

| | $B$ | | $S.E.$ |
|---|---|---|---|
| 父親職業威信スコア低 $(-1SD)$ | 1.19 | ** | 0.09 |
| 父親職業威信スコア高 $(+1SD)$ | 1.85 | ** | 0.09 |

$**p < 0.01$

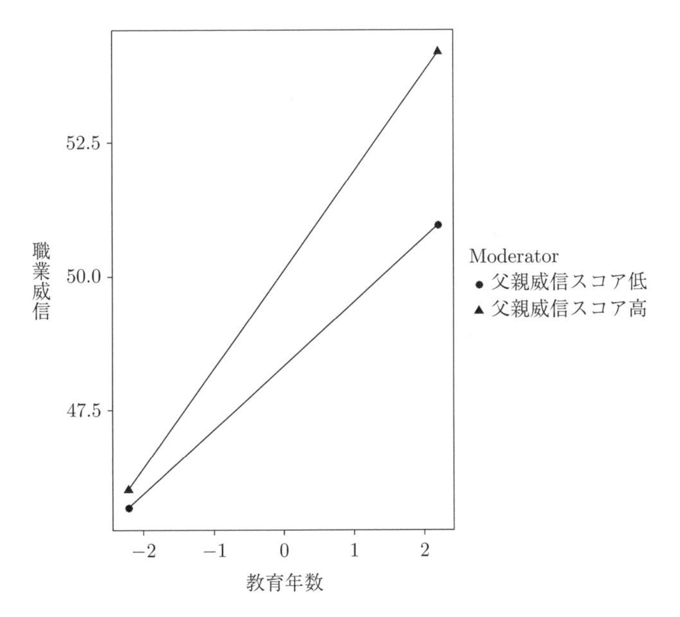


**図 12.4** 父親職業威信スコアによる教育年数の職業威信に対する効果の差

## 【R を用いたダミー変数と交互作用の利用】

### ・ダミー変数の利用

R では，カテゴリ変数を含めればそのままカテゴリのうちの1つを基準カテゴリとするダミー変数を作成してくれるので，ダミー変数を作る必要はない．表12.13の仮想データをもとに分析してみよう．この仮想データには，年齢 (`age`)，性別 (`gender`)，教育年数 (`eduyear`)，テレビ視聴頻度 (`tv`)，ある政治家の好感度 (`like`) が含まれている．ただし，テレビ視聴頻度は，値が小さいほど頻度が小さいことを示し，好感度は値が大きいほど高い好感度を示しているとし，両者とも連続変数として扱う．

まず，このデータを chap12.csv として保存し，`d12` という名前で R に読み込む．

```
> d12 <- read.csv("chap12.csv", header=TRUE)
> summary(d12)
```

**表 12.13**　年齢，性別，教育年数，テレビ視聴頻度，政治家好感度の仮想データ

| ID | age | gender | eduyear | tv | like |
|---|---|---|---|---|---|
| 1 | 57 | Male | 14 | 2 | 93 |
| 2 | 49 | Female | 12 | 2 | 47 |
| 3 | 50 | Male | 12 | 2 | 83 |
| 4 | 74 | Female | 15 | 2 | 42 |
| 5 | 48 | Female | 16 | 3 | 35 |
| 6 | 63 | Male | 14 | 3 | 66 |
| 7 | 66 | Male | 16 | 2 | 95 |
| 8 | 32 | Female | 14 | 3 | 43 |
| 9 | 18 | Female | 12 | 2 | 63 |
| 10 | 41 | Male | 12 | 2 | 80 |
| 11 | 34 | Female | 9 | 4 | 23 |
| 12 | 64 | Male | 16 | 2 | 97 |
| 13 | 75 | Female | 18 | 1 | 85 |
| 14 | 48 | Male | 16 | 3 | 67 |
| 15 | 41 | Male | 12 | 2 | 81 |
| 16 | 51 | Male | 14 | 3 | 66 |
| 17 | 54 | Male | 16 | 2 | 92 |
| 18 | 55 | Male | 16 | 2 | 89 |
| 19 | 58 | Female | 9 | 3 | 16 |
| 20 | 66 | Male | 9 | 3 | 63 |

```
summary(d12)
       ID             age           gender      eduyear          tv             like      
 Min.   : 1.00   Min.   :18.00   Female: 8   Min.   : 9.0   Min.   :1.0   Min.   :16.0  
 1st Qu.: 5.75   1st Qu.:46.25   Male  :12   1st Qu.:12.0   1st Qu.:2.0   1st Qu.:46.0  
 Median :10.50   Median :52.50               Median :14.0   Median :2.0   Median :66.5  
 Mean   :10.50   Mean   :52.20               Mean   :13.6   Mean   :2.4   Mean   :66.3  
 3rd Qu.:15.25   3rd Qu.:63.25               3rd Qu.:16.0   3rd Qu.:3.0   3rd Qu.:86.0  
 Max.   :20.00   Max.   :75.00               Max.   :18.0   Max.   :4.0   Max.   :97.0  
```

summary コマンドで概要を見ると，性別は Female が最初のカテゴリとして設定されていることがわかる．R では，自動的に最初のカテゴリが基準カテゴリとして採用されるため，年齢と性別，教育年数，テレビ視聴頻度を独立変数にして，好感度を従属変数とした回帰分析を行うと，性別の基準カテゴリは次のように女性になる．

```
> f12 <- lm(like~age+gender+eduyear+tv, d12)
> summary(f12)
```

```
> summary(f12)

Call:
lm(formula = like ~ age + gender + eduyear + tv, data = d12)

Residuals:
   Min     1Q Median     3Q    Max 
-9.689 -5.541 -1.133  6.063 12.027 

Coefficients:
            Estimate Std. Error t value     Pr(>|t|)    
(Intercept)  76.8260    15.3224   5.014     0.000154 ***
age          -0.2242     0.1289  -1.739     0.102467    
genderMale   33.4208     3.4037   9.819 0.0000000635 ***
eduyear       1.9587     0.7525   2.603     0.019978 *  
tv          -18.9651     2.8470  -6.661 0.0000075908 ***
---
Signif. codes:  0 '***' 0.001 '**' 0.01 '*' 0.05 '.' 0.1 ' ' 1

Residual standard error: 7.257 on 15 degrees of freedom
Multiple R-squared:  0.9319,	Adjusted R-squared:  0.9137 
F-statistic: 51.32 on 4 and 15 DF,  p-value: 0.00000001415
```

カテゴリ変数の基準カテゴリを変更したい場合には，relevel コマンドを用いる必要がある．relevel コマンドでは，括弧内で変更したいカテゴリ変数名と，基準カテゴリにしたいカテゴリ名を指定する．たとえば，変数 gender の基準カテゴリを"Male"にしたいのであれば，以下のように指定する．

```
> d12$gender <- relevel(d12$gender, ref="Male")
```

このうえで，もう一度重回帰分析を行うと，基準カテゴリが変更されていることがわかる．

```
> f12i <- lm(like~age+gender+eduyear+tv, d12)
> summary(f12i)
```

```
> summary(f12i)

Call:
lm(formula = like ~ age + gender + eduyear + tv, data = d12)

Residuals:
   Min     1Q Median     3Q    Max
-9.689 -5.541 -1.133  6.063 12.027

Coefficients:
             Estimate Std. Error t value     Pr(>|t|)
(Intercept)  110.2468    15.5763   7.078 0.0000037600 ***
age           -0.2242     0.1289  -1.739        0.102
genderFemale -33.4208     3.4037  -9.819 0.0000000635 ***
eduyear        1.9587     0.7525   2.603        0.020 *
tv           -18.9651     2.8470  -6.661 0.0000075908 ***
---
Signif. codes:  0 '***' 0.001 '**' 0.01 '*' 0.05 '.' 0.1 ' ' 1

Residual standard error: 7.257 on 15 degrees of freedom
Multiple R-squared:  0.9319,    Adjusted R-squared:  0.9137
F-statistic: 51.32 on 4 and 15 DF,  p-value: 0.00000001415
```

・交互作用項の利用

交互作用項を作成する場合には，lm コマンドの回帰式のなかに age*tv のような形で，変数を*でつなぐことによって，モデルに投入することができる．ただし，交互作用項を用いる際には，中心化をする必要があるだろう．中心化とは，変数からその変数の全体での平均を引くことなので，mean コマンドを用いて以下のように中心化を行うことができる．

```
> d12$age_c <- d12$age-mean(d12$age)
```

同様に，教育年数とテレビ視聴頻度も中心化し，eduy_c，tv_c として保存しておこう．そのうえで，年齢（中心化）変数とテレビ視聴頻度 (tv_c) との交互作用項の効果を検証してみる．

```
> f12j <- lm(like~age_c+gender+eduy_c+tv_c+age_c*tv_c, d12)
> summary(f12j)
```

```
> summary(f12j)

Call:
lm(formula = like ~ age_c + gender + eduy_c + tv_c + age_c *
    tv_c, data = d12)

Residuals:
    Min      1Q  Median      3Q     Max
-7.7499 -3.8752 -0.0812  3.6442  9.6459

Coefficients:
             Estimate Std. Error t value            Pr(>|t|)
(Intercept)   80.1940     1.8475  43.406 0.0000000000000025 ***
age_c         -0.2984     0.1157  -2.579             0.0219 *
genderFemale -37.6267     3.4131 -11.024 0.0000000275597384 ***
eduy_c         1.3493     0.6978   1.934             0.0736 .
tv_c         -20.3535     2.5308  -8.042 0.0000012878947374 ***
age_c:tv_c    -0.3948     0.1613  -2.447             0.0282 *
---
Signif. codes:  0 '***' 0.001 '**' 0.01 '*' 0.05 '.' 0.1 ' ' 1

Residual standard error: 6.287 on 14 degrees of freedom
Multiple R-squared:  0.9523,    Adjusted R-squared:  0.9353
```

```
F-statistic:  55.9 on 5 and 14 DF,  p-value: 0.0000000938
```

結果を見ると，年齢とテレビ視聴頻度の交互作用項に有意な負の効果がある．

上の分析では，mean コマンドを用いて中心化を行ったが，pequod パッケージの lmres コマンドを用いると，自動的に中心化を行ったり，単純主効果の検定ができるなどのメリットがある．まず，pequod パッケージをインストールし，読み込む．

```
> install.packages("pequod")
> library(pequod)
```

lmres コマンド内の回帰分析の書き方は lm コマンドと同様である．ただし，center=c("変数名", "変数名") という形で中心化する変数を指定することができる．

```
> f12k<- lmres(like~age+gender+eduyear+tv+age*tv, center=c ("age", "eduyear",
  "tv"), d12)
> summary(f12k)
```

```
> summary(f12k)
Formula:
like ~ age + genderFemale + eduyear + tv + age.XX.tv
<environment: 0x045cac0c>

Models
          R     R^2   Adj. R^2    F      df1  df2         p.value
Model  0.976  0.952      0.935 55.904  5.000    14 0.0000000094 ***
---
Signif. codes:  0  '***'  0.001  '**'  0.01  '*'  0.05  '.'  0.1  ' '  1

Residuals
   Min. 1st Qu.  Median    Mean 3rd Qu.    Max.
-7.7500 -3.8750 -0.0812  0.0000  3.6440  9.6460
```

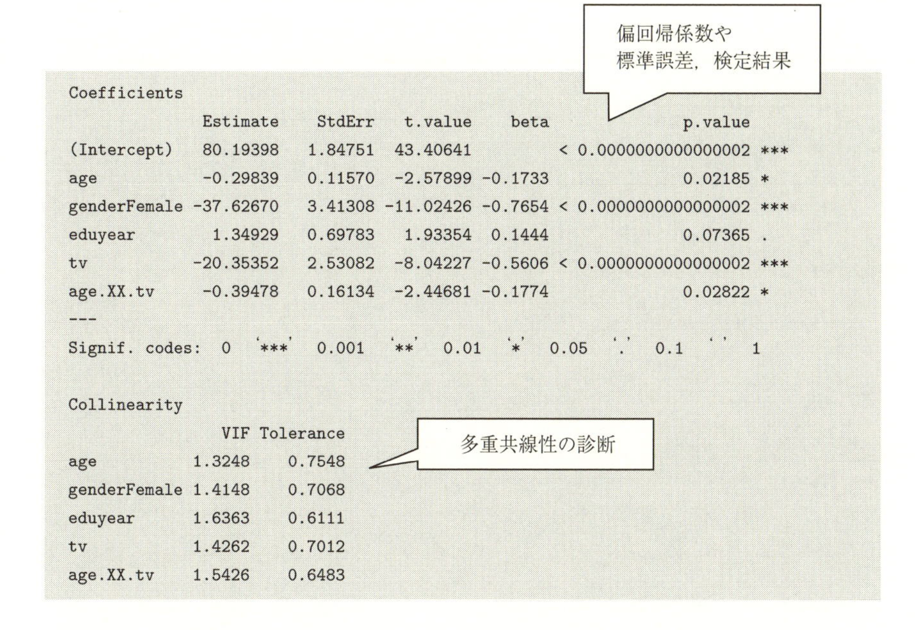

```
Coefficients
              Estimate   StdErr   t.value    beta                   p.value
(Intercept)   80.19398  1.84751  43.40641          < 0.0000000000000002 ***
age           -0.29839  0.11570  -2.57899 -0.1733               0.02185 *
genderFemale -37.62670  3.41308 -11.02426 -0.7654 < 0.0000000000000002 ***
eduyear        1.34929  0.69783   1.93354  0.1444               0.07365 .
tv           -20.35352  2.53082  -8.04227 -0.5606 < 0.0000000000000002 ***
age.XX.tv     -0.39478  0.16134  -2.44681 -0.1774               0.02822 *
---
Signif. codes:  0 '***' 0.001 '**' 0.01 '*' 0.05 '.' 0.1 ' ' 1

Collinearity
                VIF Tolerance
age          1.3248    0.7548
genderFemale 1.4148    0.7068
eduyear      1.6363    0.6111
tv           1.4262    0.7012
age.XX.tv    1.5426    0.6483
```



mean コマンドを用いて中心化した変数を使って分析した場合と，同じ結果が得られていることがわかるだろう．

上の分析結果では，年齢とテレビ視聴時間の交互作用項は有意な効果をもっていた．主効果とあわせてみれば，年齢の効果はテレビ視聴時間が長いほど強まり，短いほど弱まることがわかる．この交互作用効果について，テレビ視聴時間を調整変数として，単純主効果の検定を行ってみよう．

単純主効果の検定には，simpleSlope コマンドを用いるとよい．simpleSlope コマンドの括弧内では，検定を行いたい分析結果を指定した後，pred=として効果を検証したい独立変数（今回の場合は年齢）を，mod1=として調整変数（今回の場合はテレビ視聴時間）を指定する．

```
> in12k <- simpleSlope(f12k, pred="age", mod1="tv")
> summary(in12k)
```

```
> summary(in12k)

** Estimated points of like  **

                Low age (-1 SD) High age (+1 SD)
Low tv (-1 SD)           94.472           93.619
High tv (+1 SD)          74.478           58.206



** Simple Slopes analysis ( df= 14 ) **

                simple slope standard error t-value p.value
Low tv (-1 SD)       -0.0297         0.1370   -0.22  0.8315
High tv (+1 SD)      -0.5671         0.1792   -3.16  0.0069 **
---
Signif. codes:  0  '***'  0.001  '**'  0.01  '*'  0.05  '.'  0.1  ' '  1



** Bauer & Curran 95% CI **

   lower CI upper CI
tv  -3.3438  -0.2014
```

独立変数，調整変数が，それぞれ±1標準偏差のときの従属変数の値

調整変数が±1 標準偏差のときの単純主効果の検定結果

この結果を見ると，テレビの視聴時間が平均より 1 標準偏差短いときには，年齢は有意な効果をもたないが，テレビの視聴時間が平均より 1 標準偏差長い場合は，年齢が高いほど好感度が下がるという関連が見られることがわかる．

・交互作用効果の図示

交互作用効果を図示したい場合は，PlotSlope コマンドを用いるとよい．括弧内では単純主効果の結果を指定したうえで，調整変数の 2 つのカテゴリ名を namemod=で指定する．次いで，namex=で独立変数名を，namey=で従属変数名を指定する．

```
> PlotSlope(in12k, namemod=c("TV 視聴時間短", "TV 視聴時間長"), namex="年齢",
  namey="好感度")
```

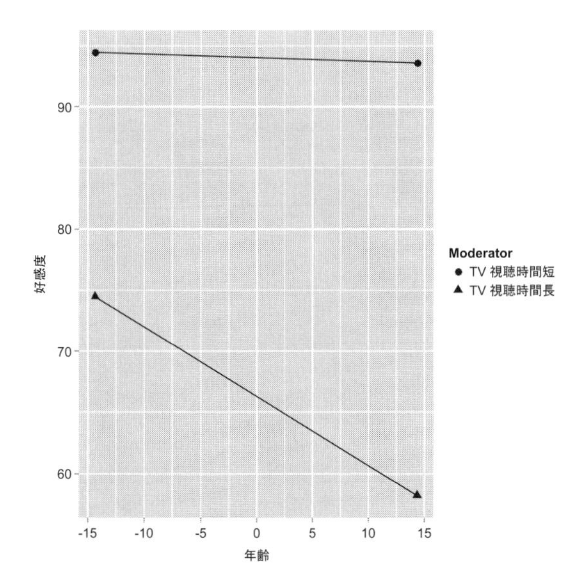


**図 12.5** 年齢とテレビ視聴時間の好感度に対する交互作用効果

simpleSlope は調整変数が平均より 1 標準偏差大きい／小さい場合の傾きを調べるため，カテゴリ変数を調整変数とした交互作用項の図示を行いたい場合には，rockchalk パッケージの plotSlopes コマンドが有効である．

```
> install.packages("rockchalk")
> library(rockchalk)
```

plotSlopes コマンドは lm コマンドの結果に対応しているため，lm コマンドを用いて交互作用効果の検討を行っておく．ここでは年齢と性別の交互作用項を見てみよう．

```
> f12l <- lm(like~age_c+gender+eduy_c+tv_c+age_c*gender, d12)
> summary(f12l)
```

```
> summary(f121)

Call:
lm(formula = like ~ age_c + gender + eduy_c + tv_c + age_c *
    gender, data = d12)

Residuals:
    Min      1Q  Median      3Q     Max
-5.8692 -3.2477  0.0398  1.1663 12.0712

Coefficients:
                   Estimate Std. Error t value            Pr(>|t|)
(Intercept)         78.1796     1.6990  46.014 < 0.0000000000000002 ***
age_c                0.3302     0.1943   1.700              0.11131
genderFemale       -32.5039     2.6480 -12.275        0.00000000699 ***
eduy_c               1.8693     0.5829   3.207              0.00633 **
tv_c               -21.2098     2.3040  -9.205        0.00000025785 ***
age_c:genderFemale  -0.7581     0.2280  -3.325              0.00501 **
---
Signif. codes:  0  '***'  0.001  '**'  0.01  '*'  0.05  '.'  0.1  ' '  1

Residual standard error: 5.615 on 14 degrees of freedom
Multiple R-squared:  0.9619,    Adjusted R-squared:  0.9484
F-statistic: 70.79 on 5 and 14 DF,  p-value: 0.000000001954
```

年齢と性別には有意な交互作用効果がある．plotSlopes コマンドの括弧内では，結果名を指定したうえで，modx=で調整変数を，plotx=で独立変数を指定する．ここでは xlab=，ylab=として $x$ 軸，$y$ 軸のタイトルも指定している．散布図の点を表示させたくない場合は，括弧内で plotPoints=F と指定する．また，今回は col=で色を指定している．

```
> plotSlopes(f121, modx="gender", plotx="age_c", xlab="年齢", ylab="好感度",
  col=c("black","gray60"))
```

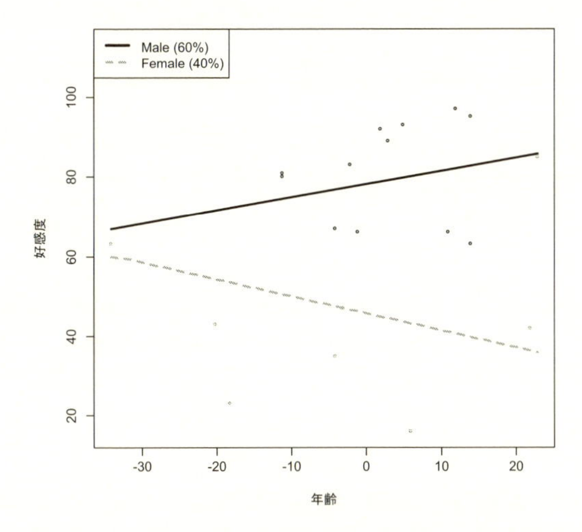


図 **12.6**　年齢と性別の好感度に対する交互作用効果

**問題 12.1**　表 12.13 の仮想データをもとにして，教育年数の効果が性別やテレビ視聴時間によってどのように異なるのかを調べなさい．その際，単純主効果の検定も行うこと．また，それぞれの交互作用効果を図示しなさい．

# 13 主成分分析

## 13.1 複数の変数から1つの指標を作る

行動科学の研究においては，いくつかの異なる変数を用いて1つの指標を作成することがある．たとえば，SSM2005データには，この社会における不公平についての8つの質問が含まれている．

質問　あなたは，次のような不公平が今の日本社会にあると思いますか．あなたの気持ちに最も近い番号を1つ選び，○をつけてください．

| | 大いにある | ある | あまりない | ない |
|---|---|---|---|---|
| ア）性別による不公平 | 1 | 2 | 3 | 4 |
| イ）年齢による不公平 | 1 | 2 | 3 | 4 |
| ウ）学歴による不公平 | 1 | 2 | 3 | 4 |
| エ）職業による不公平 | 1 | 2 | 3 | 4 |
| オ）家柄による不公平 | 1 | 2 | 3 | 4 |
| カ）所得による不公平 | 1 | 2 | 3 | 4 |
| キ）資産による不公平 | 1 | 2 | 3 | 4 |
| ク）人種・民族・国籍による不公平 | 1 | 2 | 3 | 4 |

質問はすべて不公平について聞いているため，これらの質問への回答を統合して，社会に対する「**全般的不公平感**」を捉えることを考えてみよう．この場合，最も単純な方法はすべての質問への回答の数値を足し合わせることである．単純に加算するということは，全般的不公平感を以下のように定義するということである．

$$
\begin{aligned}
\text{全般的不公平感} &= \text{性別不公平感} + \text{年齢不公平感} \\
&\quad + \text{学歴不公平感} + \text{職業不公平感} \\
&\quad + \text{家柄不公平感} + \text{所得不公平感} \\
&\quad + \text{資産不公平感} \\
&\quad + \text{人種・民族・国籍不公平感}
\end{aligned}
$$

この場合，それぞれの項目に対して，図 13.1 のように回答した A さんの全般的不公平感の得点は，以下のように求められる．

$$
\begin{aligned}
\text{A さんの全般的不公平感} &= 1 + 1 + 2 + 2 + 2 + 2 + 2 + 3 \\
&= 15
\end{aligned}
$$

上ではすべて加算して変数を作成したが，場合によっては全項目の平均値を加算変数とする場合もある．

しかし，すべてを加算するにせよ，平均をとるにせよ，これらの単純な方法は適切なのだろうか．A さん，B さん，C さんという 3 人の不公平感の質問への回答をまとめると，表 13.1 のようになったとしよう．3 人とも，回答の合計は 15 であり，全般的不公平感の程度は同じということになる．しかし，3 人が何に対して不公平感を感じているのかは，大きく異なっている．A さん，B さんは性別や年齢に基づく不公平があると感じているが，C さんは感じていない．C さんは家柄，所得，資産などに基づく不公平を感じているが，B さんは感じていない．単純加算で合成変数を作成した場合には，こうした感じ方の違いは無視されてしまう．

表 13.1 のア〜クの項目はすべて不公平感を測っていると考えられるが，実際

| | 大いにある | ある | あまりない | ない |
|---|---|---|---|---|
| ア）性別による不公平 | (1) | 2 | 3 | 4 |
| イ）年齢による不公平 | (1) | 2 | 3 | 4 |
| ウ）学歴による不公平 | 1 | (2) | 3 | 4 |
| エ）職業による不公平 | 1 | (2) | 3 | 4 |
| オ）家柄による不公平 | 1 | (2) | 3 | 4 |
| カ）所得による不公平 | 1 | (2) | 3 | 4 |
| キ）資産による不公平 | 1 | (2) | 3 | 4 |
| ク）人種・民族・国籍による不公平 | 1 | 2 | (3) | 4 |

**図 13.1**　A さんの不公平感についての回答

**表 13.1**　A さん，B さん，C さんの不公平感への回答

| | A さん | B さん | C さん |
|---|---|---|---|
| ア）性別 | 1 | 1 | 3 |
| イ）年齢 | 1 | 1 | 3 |
| ウ）学歴 | 2 | 1 | 2 |
| エ）職業 | 2 | 2 | 2 |
| オ）家柄 | 2 | 3 | 1 |
| カ）所得 | 2 | 3 | 1 |
| キ）資産 | 2 | 3 | 1 |
| ク）人種・民族・国籍 | 3 | 1 | 2 |
| 合計 | 15 | 15 | 15 |

には相互の関連は弱い可能性もある．その場合，これらの変数を合成して 1 つの指標とするのは不適切であろう．たとえば，もしもこのなかで性別や年齢についての不公平感が，家柄や所得，資産の不公平感と関連が弱かったとすれば，両者は異なるものを測定していることになる．そして，B さんと C さんの「不公平感」のあり方は，異なっているといえる．にもかかわらず，8 項目すべてを同じ重みづけで加算してしまうと，全般的不公平感の指標は異なる 2 つの要素の混ざった指標となってしまう．

そこで，合成変数を作成する際には，① 加算が妥当かどうかの確認をしたうえで加算変数を作成する，または，② **主成分分析**を行う，のいずれかの手法がとられることが多い．

## 13.2　信頼性係数 $\alpha$

まず ① の方法を見てみよう．加算が妥当かどうかの確認には，**信頼性係数** $\alpha$（**クロンバックの** $\alpha$）の計算が用いられる．信頼性係数とは，複数の項目が 1 つの指標を測るのに適切であるかを示す指標である．$\alpha$ は最大値 1，最小値 0 で，1 に近いほど信頼性が高いことを示す．この値は 0.8 以上であることが望ましいが，行動科学では 1 つの指標を構成する項目の数はそれほど多くないため，$\alpha$ 係数は低くなりやすい．そこで，一般に 0.6 を超えればよいとされる．上の不公平感の例の場合，$\alpha$ 係数は 0.87 であり，合成変数を作成するのに十分である．

加算によって合成変数を作成するということは，すべての変数が同じ重みで 1 つの指標を構成していると考えるということである．しかし，表 13.1 の A さん，B さん，C さんの回答をよく見ると，3 人とも「職業」に関する不公平感は 2 を選択している．したがって，3 人の全般的不公平感の程度の差に対して，「職業」に関する不公平感は反映されていない．つまり，単純加算で合成変数を作成した場合には，分散の大きい変数は合成変数への影響力が強く，分散の小さい変数は影響力が小さくなる．言い換えれば，単純加算は各変数を同じ重みで扱っているように見えるが，実際にはより分散の大きい変数に基づく個人の違いをより反映させる形で，合成変数を作成していることになる[1)]．

これに対し，すべての変数の情報から，それらの変数における個人差を最大化する形で合成変数を作成する手法が，主成分分析である．

## 13.3　主成分分析の考え方

主成分分析では，変数群 $X_1 \sim X_k$ について，以下の式 (13.1) のように重みづけして加算する形で，合成変数（主成分）を作成する．

$$\text{主成分}\ P = w_1X_1 + w_2X_2 + \cdots + w_kX_k \tag{13.1}$$

[1)] 詳しくは田中・脇本 (1983)，第 2 章を参照．

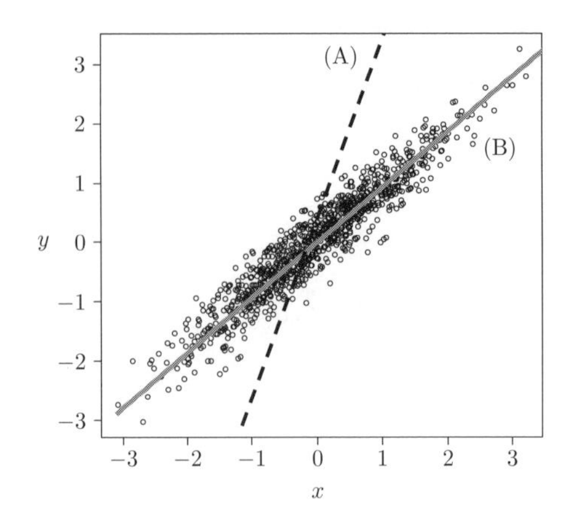


**図 13.2**　主成分分析の考え方

では，この重み $w_1 \sim w_k$ はどのように決まるのだろうか．主成分分析の基本的な考え方は「もとの変数群の情報を最もうまく要約できるような直線を引いていく」ということである．この直線が**主成分**となる．

ここでいう「もとの変数群の情報」とは，個体間の分散を指す．表 13.1 の例でいえば，個別の不公平感の指標を全般的不公平感という指標にまとめるにあたって，ある人は不公平を強く感じ，ある人は感じていない，という不公平感の散らばり（＝分散）を捉えるような指標を作ることが重要になる．

では分散を「最もうまく要約する」とは何を意味するのであろうか．ここでは「分散が最大になるように直線を引いていく」ことを意味する．図 13.2 の変数 $x, y$ に関する散布図の場合を考えてみよう．2 つの変数 $x, y$ における個体間の散らばりは，直線 A 上よりも直線 B 上において，よく捉えられている．この場合，直線 B が直線 A よりも，より多くの情報を縮約することに成功している．

分散が最大になるところに直線を引くことができれば，その直線のうえで，もとの変数における個体間の差が最も顕著に現れる．この点について，図をもとに説明しよう．

図 13.3 において「2 変数の情報を最もうまく要約する」直線とは，どのような直線だろうか．今変数 $X_1$ と $X_2$ の情報を，直線 P でまとめるとしよう．すると，各個体 A〜E のデータを表す変数 $(X_1, X_2)$ は，直線 P への垂線の足 $\mathrm{A}' \sim \mathrm{E}'$ へ

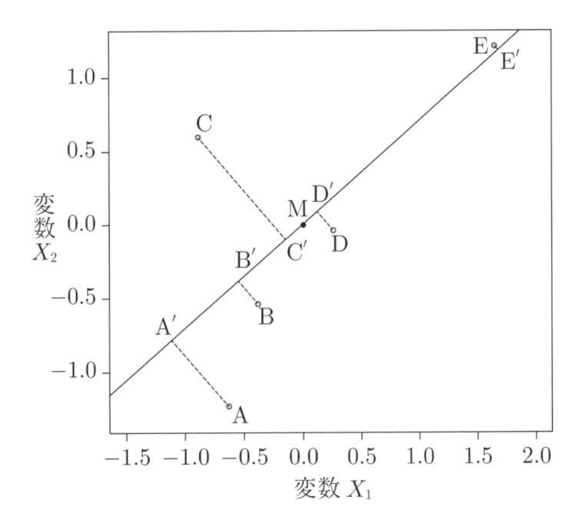


**図 13.3** 主成分の引かれ方

と縮約される．この際，各個体 (A〜E) とその個体の直線 P への射影[2)] A′ ∼ E′ との距離は図中の点線で表現される．この距離の分だけ，各個体の位置の情報が失われている．したがって，「2 変数の情報を最もうまく要約する」直線とは，この点線の距離の合計が最も小さくなる直線であることがわかる．

では，この点線の距離の合計が最も小さくなる直線とは，どのような直線だろうか．個体 B に注目すると，個体 B から $X_1 - X_2$ 座標上の点 A ∼ E の重心 $M$（変数 $X_1$，$X_2$ ともに平均値の点）までの距離 $\overline{\mathrm{BM}}$ は，三平方の定理から，$\overline{\mathrm{BM}}^2 = \overline{\mathrm{B'M}}^2 + \overline{\mathrm{BB'}}^2$ となる．$\overline{\mathrm{BM}}$ の距離はあらかじめ決まっているので，$\overline{\mathrm{BB'}}$ を最小にする直線を引くことは，$\overline{\mathrm{B'M}}$ を最大にする直線を引くことであることがわかるだろう．同じことは，他の個体 A，C，D，E についてもいえる．したがって，直線 P は，重心 M から A′〜E′ の距離が遠くなるように引かれる．

こうした手続きのもとで直線 P が引かれた場合, 直線 P 上の各点の射影 A′ ∼ E′ から重心 M までの距離の合計（すなわち直線 P における分散）が最大化されている．したがって，主成分は「その直線に沿って分散が最大になるように」引かれた直線になる．

---

[2)] 射影とは，複数の次元からなる空間における座標を，より少ない次元からなる空間上に縮約することを指す．例の場合，変数 $X_1$，$X_2$ という 2 次元上の座標（たとえば A）を，直線 P の上 (A′) に縮約している．このときの A′ を A の射影という．

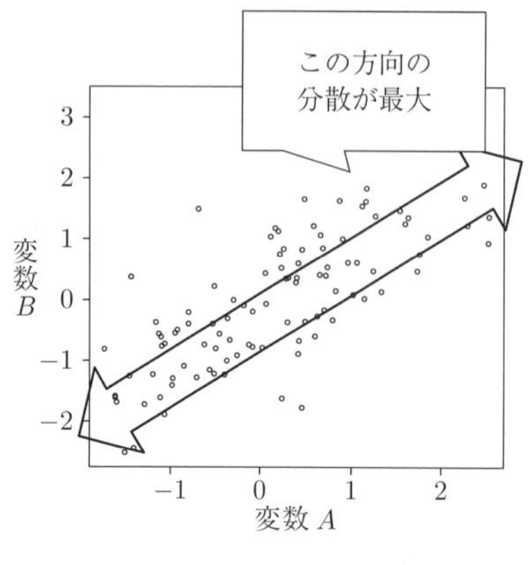


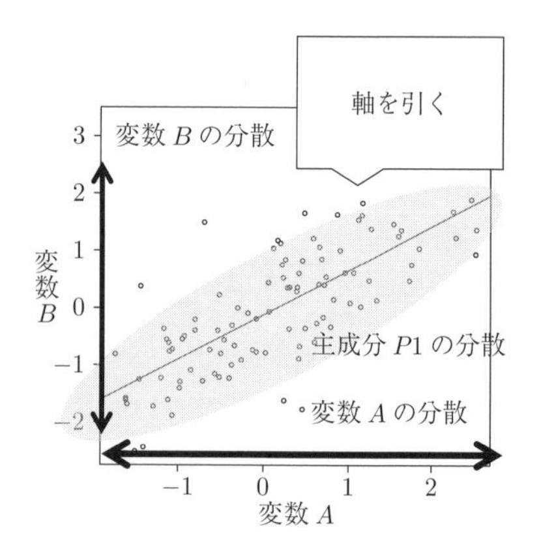

**図 13.4**　主成分分析の手順 ①　　　**図 13.5**　主成分分析の手順 ②

図 13.4 は，仮想データにおける変数 $A$ と変数 $B$ をもとにした散布図である．この 2 つの変数を主成分分析によって統合したいとする．これには，まずその方向に沿って個体の分散が最大になる（最も個体間の差が現れている）ところに注目し，第一の直線 P1（主成分 $P1$）を引く（図 13.5）．個体の散らばりが最大になるとは，直線 P1 に各個体から下ろした垂線との交点，すなわち各個体の予測値と，それらの平均値の間の距離の合計が最大となることを意味する．つまり，1 つの直線でより多くの個体の特性を示すことができているのである．図 13.5 を見ると，直線 P1 上の個体の分散が，変数 $A$ の分散と変数 $B$ の分散の両方をうまく捉えていることがわかる．この最も多くの分散を説明する主成分 $P1$ を，**第一主成分**と呼ぶ．

ところで，データ全体のばらつきとは，各個体からデータの重心（変数 $A$ と変数 $B$ ともに平均となる点）までの距離の和を意味する．第一主成分 $P1$ では，図 13.6 の矢印方向，すなわち第一主成分と直交する方向の分散は情報として表現できていない．そこで，この取りこぼした矢印方向の分散を表現できるように，2 番目の主成分 $P2$（**第二主成分**）を引く．具体的には，第二の直線 P2 は，第一の直線 P1 と垂直に交わり，かつその方向で個体の散らばりを最も説明で

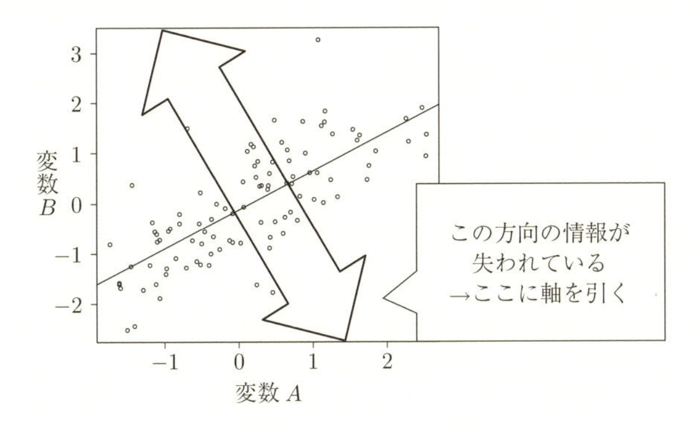


**図 13.6** 主成分分析の手順 ③

きるところに引く[3]. この際, 各軸はデータの重心を通り, 主成分同士は相互に独立となる. これによって, 個々のデータのもつ情報を重複することなく最大限表現することができる.

図 13.7 を使って, 第二軸の引き方を詳しく見てみよう. 個体 A から重心 M までの距離 $\overline{\mathrm{AM}}$ は

$$\overline{\mathrm{AM}}^2 = \overline{\mathrm{A'M}}^2 + \overline{\mathrm{AA'}}^2 \tag{13.2}$$

として表現された. 軸 P1 を引くことによって, もとの距離 $\overline{\mathrm{AM}}$ のうち $\overline{\mathrm{A'M}}$ は示されている. 残りの距離 $\overline{\mathrm{AA'}}$ は, 重心 M を通り直線 P1 に垂直な直線 P2 と, A から下ろした垂線の交点 A″ と M の距離と一致することは, 図 13.7 からわかるだろう. 2 変数の情報は, 2 つの主成分で漏らすことなく表現される[4]. このように, 主成分はもとの変数の数と同じ数だけ引くことができる.

---

[3] 今回の例は 2 変数なので, 第二主成分を引く方向は明らかであるが, 3 変数以上の場合は, 自由度が増えるためどの方向に引くかは自明ではない.

[4] 幾何学的には, もとの変数における座標 $(x_1, x_2)$ を新たな座標 $(p_1, p_2)$ へ座標変換している. ここに $p_1 = w_{11}x_1 + w_{12}x_2, p_2 = w_{21}x_1 + w_{22}x_2$ という関係式である.

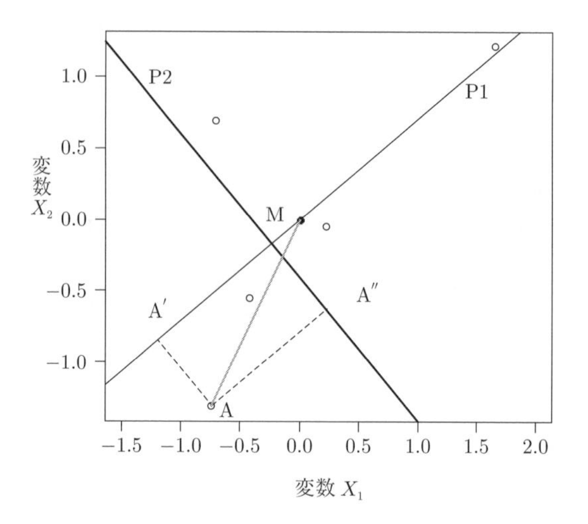


図 **13.7**　第二軸の引き方

## 13.4　主成分分析の計算

主成分をどのように引くのか，数式で見てみよう．主成分分析において，$X_1$ と $X_2$ という 2 変数からなる主成分 $P$ は，次の式で表すことができる．

$$P = w_1X_1 + w_2X_2$$

すでに述べたように，主成分 $P$ はそれを構成する変数 $X_1$ と $X_2$ の重みづけ加算変数となっている．そして，主成分分析では，主成分の分散 $V$ を最大にする重み $w_1$，$w_2$ を求める．分散 $V$ は以下の式で求めることができる．

$$V = \frac{1}{n-1}\sum_{i=1}^{n}(w_1X_{1i} + w_2X_{2i})^2 \tag{13.3}$$

ただし，この値は $w_1$，$w_2$ の値が大きくなるにつれて大きくなり，何らかの制約をおかないと 1 つの値に決めることができない．そこで，これらの重みについては 2 乗の和が 1 となる ($w_1^2 + w_2^2 = 1$) という制約をおく．また，単位の影響をなくすため，$X_1$ と $X_2$ は標準化しておくのが一般的である．

$w_1$，$w_2$ を求める際にはラグランジュの未定乗数法を用いる．この方法においては，未定乗数 $\lambda$ を用い，以下の $F$ が最大となる $w_1$，$w_2$，$\lambda$ の値を求める．

$$F = V - \lambda(w_1^2 + w_2^2 - 1)$$

このためには，右辺を $w_1$，$w_2$，$\lambda$ によって偏微分する．すると，以下の式を得ることができる．ただし $S_{x1}^2$，$S_{x2}^2$ はそれぞれ $X_1$ と $X_2$ の分散，$\mathrm{Cov}_{X1X2}$ は $X_1$ と $X_2$ の共分散となる．

$$\begin{bmatrix} s_{X1}^2 & \mathrm{Cov}_{X1X2} \\ \mathrm{Cov}_{X1X2} & s_{X2}^2 \end{bmatrix} \begin{bmatrix} w_1 \\ w_2 \end{bmatrix} = \lambda \begin{bmatrix} w_1 \\ w_2 \end{bmatrix}$$

このとき，$\lambda$ は行列 $\begin{bmatrix} s_{X1}^2 & \mathrm{Cov}_{X1X2} \\ \mathrm{Cov}_{X1X2} & s_{X2}^2 \end{bmatrix}$ の固有値，$\begin{bmatrix} w_1 \\ w_2 \end{bmatrix}$ は $\lambda$ に対応する固有ベクトルとなる．このとき，$\lambda$ の数は変数の数と一致するが，そのなかで大きいものから順に第一主成分，第二主成分，…，となる．

また，$\lambda$ は対応する主成分の分散と一致する．つまり，主成分 $P_\mathrm{k}$ の分散 $V$ は以下の式でも表すことができる．

$$V(P_\mathrm{k}) = \lambda_\mathrm{k} \tag{13.4}$$

さらに，13.3 節で述べたように，主成分は用いる変数と同じ数だけ作ることができ，その際にはもとの変数がもっていた情報をすべて表現することができる．つまり，$n$ 個の変数 $X_1, X_2, \cdots, X_n$ から主成分を作成するとき，以下の式が成り立つ．

$$\sum_{i=1}^{n} V(X_i) = \sum_{i=1}^{n} \lambda_\mathrm{i} \tag{13.5}$$

## 13.5　主成分分析を行う際の注意点

### 13.5.1　いくつの主成分を抽出するか

主成分分析において問題となるのは，いくつの主成分を抽出するかである．主成分分析は多くの変数の情報を，少ない変数で要約するために行う分析であるので，重要な情報を失わない範囲で，より少ない主成分を抽出したほうがよい．

上で扱った SSM2005 の不公平感についての 8 つの変数に対して主成分分析を行うと，表 13.2 のような結果が得られた．ただし，8 つの変数はすべて標準

**表 13.2**　不公平感についての主成分の固有値と寄与率
出典：SSM2005

| | 主成分 1 | 主成分 2 | 主成分 3 | 主成分 4 | 主成分 5 | 主成分 6 | 主成分 7 | 主成分 8 |
|---|---|---|---|---|---|---|---|---|
| 固有値 | 4.17 | 0.96 | 0.65 | 0.58 | 0.51 | 0.44 | 0.41 | 0.28 |
| 寄与率 | 0.52 | 0.12 | 0.08 | 0.07 | 0.06 | 0.06 | 0.05 | 0.04 |
| 累積寄与率 | 0.52 | 0.64 | 0.72 | 0.80 | 0.86 | 0.91 | 0.97 | 1.00 |

$n = 2317$

化している．表13.2を見ると，8つの変数を用いているので，8つの主成分が得られており，その固有値は第一主成分が最も大きく，第八主成分が最も小さくなっている．

抽出する主成分の数を決める際には，いくつかの基準がある．第一の基準は，表13.2にも示した**累積寄与率**に基づくものである．**寄与率**とは，その主成分が全体の分散のうち，どの程度の割合を説明できているのかを示すものであり，主成分 $P$ の寄与率は以下の式で求められる．

$$P\text{の寄与率} = \frac{\lambda_A}{\sum_{i=k}^{j} \lambda_i} \tag{13.6}$$

つまり，寄与率とは全主成分の固有値の和に占める主成分 $P$ の固有値の割合である．そして，第一主成分から順に主成分を抽出していった際の寄与率の合計を，累積寄与率と呼ぶ．この累積寄与率が一定以上（60%程度）を超えるところまで主成分を抽出するというのが，第一の基準である．これにより，もともとの変数の情報を過度に失うことなく，縮約することができる．例の場合であれば，2つの主成分が抽出されることになる．

第二の基準は変数を標準化したうえで主成分分析を行った際のものであり，固有値1以上の主成分のみを抽出するというものである．変数を標準化した場合，固有値の和は変数の個数（この場合 $\sum_{i=1}^{8} V(X_i) = \sum_{i=1}^{8} 1 = 8$）と一致する．そして，主成分の固有値が1以上とは，その主成分で変数1つ分以上の情報をもっているということを意味している．逆にいえば，固有値が1以下の主成分は変数1つ分以下の情報量しかもっていないことになる．この点を考慮して，変数1つ分以上の情報量をもつ主成分のみを抽出する．

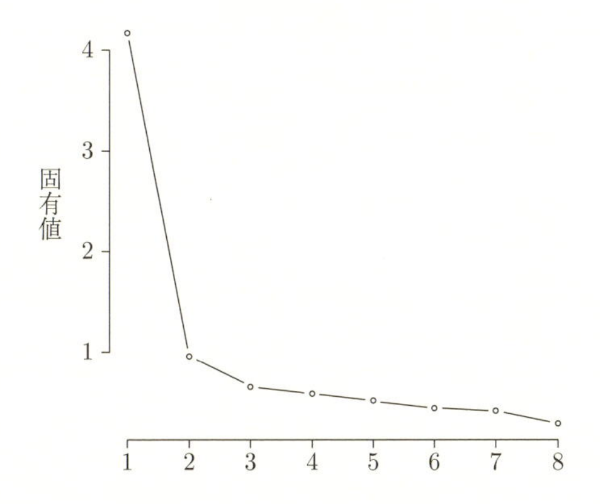


**図 13.8**　不公平感についての主成分分析のスクリープロット

第三の基準は，固有値の変化に着目し，変化量が小さくなったところで抽出をやめるというものである．これは新たに主成分を抽出することで説明される情報が十分に増加する場合のみ，主成分の抽出を行うということを意味する．図 13.8 は，各主成分の固有値を折れ線グラフで示した**スクリープロット**と呼ばれるものである．これを見ると，第二主成分以降の固有値は小さく，その後ほとんど変化していないことがわかる．

上記 3 つの基準のうち，今回は第一の基準を用い，第二主成分までを抽出する．

### 13.5.2　分析結果の解釈

主成分とは，各変数の重みづけ加算変数であった．したがって，抽出した主成分が何を表すものなのかを解釈するためには，個々の変数にどのような重みがつけられているのか，すなわち，どの変数の情報がより多く反映されているのかを知る必要がある．各変数の重みは主成分の固有ベクトルに現れる．ただし，実際に解釈を行う際には，主成分と各変数の相関を示す**主成分負荷量**を見ることが多い．

表 13.3 は，主成分分析によって抽出した第一主成分と第二主成分の主成分負荷量を示したものである．図 13.2 で見たように，主成分とは変数の散らばりを要約した軸であり，正負の符号は主成分と変数の関連の向き（正か負か）を示

**表 13.3**　第一主成分，第二主成分の主成分負荷量
出典：SSM2005

| | 第一主成分 | 第二主成分 |
|---|---|---|
| 性別 | 0.66 | 0.54 |
| 年齢 | 0.68 | 0.49 |
| 学歴 | 0.73 | 0.15 |
| 職業 | 0.79 | −0.03 |
| 家柄 | 0.71 | −0.27 |
| 所得 | 0.76 | −0.37 |
| 資産 | 0.76 | −0.43 |
| 人種・民族・国籍 | 0.69 | 0.04 |

$n = 2317$

す．つまり，負荷量が正の値になっているのは，値が「小さい」ことを示しているのではなく，主成分と変数の間に正の相関があることを示している．したがって，上で抽出された主成分は不公平感を感じているほど値が大きくなるものであり，「不公平感」の指標であるといえる．

表 13.3 の第一主成分の主成分負荷量を見ると，すべての変数が絶対値 0.65 以上と高くなっており，第一主成分はすべての不公平感と関連の強い全般的な不公平感を示すものだといえる．特に負荷量の絶対値が大きいのは，職業 (0.79)，所得 (0.76)，資産 (0.76) であり，社会経済的地位についての不公平感と関連が強い指標となっていることがわかる．

一方，第二主成分は年齢 (0.54) や性別 (0.49) の主成分負荷量が高いのに対し，他の変数の主成分負荷量は比較的小さく，資産 (−0.43) や所得 (−0.37) に対しては負の主成分負荷量が見られる．したがって，第二主成分は，年齢や性別といった属性に基づく不公平を大きく感じる一方，資産や所得といった獲得的な要素に基づく不公平の存在は否定する態度を示しているといえる．この第二主成分は，「生得的要素に関する不公平感」といえるだろう．

### 13.5.3　主成分分析の結果のまとめ方

主成分分析の結果は，表 13.4 のような形でまとめるのが一般的である．具体的には，表中では，主成分負荷量に加え，抽出した主成分の固有値や寄与率，累積寄与率を示す．

**表 13.4** 不公平感に関する主成分分析
出典：SSM2005

| | 第一主成分 | 第二主成分 |
|---|---|---|
| | 全般的不公平感 | 属性に関する不公平感 |
| 性別 | 0.66 | 0.54 |
| 年齢 | 0.68 | 0.49 |
| 学歴 | 0.73 | 0.15 |
| 職業 | 0.79 | −0.03 |
| 家柄 | 0.71 | −0.27 |
| 所得 | 0.76 | −0.37 |
| 資産 | 0.76 | −0.43 |
| 人種・民族・国籍 | 0.69 | 0.04 |
| 固有値 | 4.17 | 0.96 |
| 寄与率 | 0.52 | 0.12 |
| 累積寄与率 | 0.52 | 0.64 |

$n = 2317$

## 13.6 主成分得点

### 13.6.1 主成分得点の考え方

主成分分析を行う目的の1つは，複数の変数を統合して少数の指標を作成することにあった．しかし多くの場合，変数を縮約することそのものは研究の目的ではなく，縮約した指標を独立変数や従属変数とした分析を行うための準備作業として行われる．分析のためには，作成した指標における個々の個体の回答を変数として保存する必要があり，主成分における個人の回答を示すのが，**主成分得点**である．次の例をもとに見てみよう．

変数 $X_1$ と変数 $X_2$ について主成分分析を行ったところ，図 13.9 のように主成分 $P$ が抽出されたとする．このとき，ある個人Aの主成分得点は，Aから主成分の直線へと下ろした垂線と主成分の直線の交点 A$'$ の，主成分軸上の位置を意味する．つまり，その軸上のどの位置に個人がいるのかを示したのが，主成分得点だといえる．主成分軸はデータ全体の重心となる部分を通るため，主成分得点の平均は0になる．

数式で見れば，個人Aの主成分 $P$ における主成分得点 $P_a$ は，もとの式

$$P = w_1X_1 + w_2X_2$$

に各個体の $X_1X_2$ 座標上の個人Aの座標 $(X_{1a}, X_{2a})$ を代入することによって計

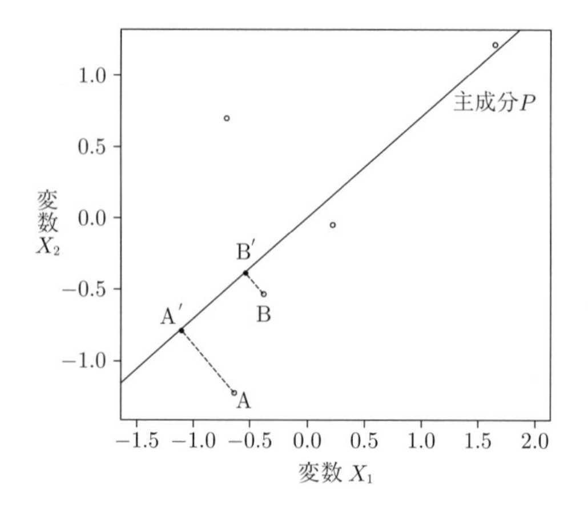


**図 13.9**　主成分得点の考え方

算できる．ただし，$X_1$，$X_2$ はともに標準化している．

### 13.6.2　単純加算と主成分分析

では単純加算と主成分分析，どちらを使うべきなのだろうか．この判断においては，① 主成分負荷量の変数ごとの差と，② 主成分を構成する変数の数が重要になる．

まず1点目，主成分負荷量の変数ごとの差について見ていこう．不公平感の例では，第一主成分の主成分負荷量の大きさはすべて0.7程度と近い値をとっていた．すでに述べたように，主成分得点は変数の重みづけ加算得点である．そして，この「重み」にあたる部分が固有ベクトルになる．もしもすべての変数がほぼ等しい固有ベクトルをもつのであれば，すべての変数が同程度の重みで加算されていることになるので，単純加算で作成した変数との差は小さくなる．実際，上の全般的不公平感については，単純加算で作成した指標と主成分分析によって得られた主成分得点の相関をとると，ほぼ1となり，非常に強い相関が見られた ($p < 0.01$)．このような場合には，単純加算で指標を作成した場合でも主成分得点を用いた場合でも，あまり差がないことになる．逆にいえば，主成分負荷量が変数によって大きく異なる場合には，個々の変数の重みが異なるので，単純加算ではなく主成分分析を行うべきであろう．第二主成分の主成

分負荷量は，性別と年齢は正の値，資産と所得は負の値をとり，その他の変数はきわめて小さかった．これは各変数の重みにばらつきがあることを意味している．この場合，単純加算で作成したものとの相関は低くなる．実際に，第二主成分と単純加算で作成した変数との相関は，$0.01(p = 0.65)$ ときわめて小さくなっている．

2 点目について見ると，一般に主成分分析は 3 変数以上の変数を統合する際に用いられる．2 変数であれば，変数間の共通性は相関を求めることで判別でき，主成分分析を行う必要性が小さい．また，主成分分析は情報縮約の手段であるが，2 変数が 1 変数に減るというのは，大きな情報の縮約にはならない．2 変数で主成分分析を行った場合，主成分負荷量は 2 変数の相関と一致する．

### 【R を用いた信頼性係数の計算と主成分分析】

#### ・信頼性係数の計算

R を用いて信頼性係数の計算を行うには psych パッケージの alpha コマンドを用いる．ここでは，表 13.5 の年齢，学歴，財産，職業，性別，人種による不公平感についての仮想データを用いて計算してみよう．

まず，上記のデータを chap13 という csv ファイルとして保存したうえで，d13 として R 上で保存する．

```
> d13 <- read.csv("chap13.csv", header=TRUE)
```

そのうえで，alpha コマンドでクロンバックの $\alpha$ 係数を計算する．alpha コマンドの括弧内では，$\alpha$ 係数を計算したい変数を指定すればよい．ここでは，ID を除く変数を用いるので，

```
> library(psych)
> alpha(d13[c("age_un", "edu_un", "wealth_un", "job_un", "sex_un", "race_un")])
```

と指定すればよい．このコマンドを実行すると，

表 13.5　不公平感の仮想データ

| ID | age_un | edu_un | wealth_un | job_un | sex_un | race_un |
|---|---|---|---|---|---|---|
| 1 | 4 | 4 | 3 | 3 | 5 | 5 |
| 2 | 5 | 2 | 4 | 4 | 2 | 5 |
| 3 | 2 | 1 | 2 | 3 | 1 | 4 |
| 4 | 3 | 1 | 1 | 2 | 1 | 3 |
| 5 | 3 | 2 | 3 | 3 | 2 | 5 |
| 6 | 2 | 0 | 1 | 4 | 1 | 2 |
| 7 | 2 | 2 | 1 | 2 | 2 | 1 |
| 8 | 2 | 1 | 1 | 2 | 1 | 2 |
| 9 | 4 | 3 | 2 | 4 | 4 | 4 |
| 10 | 3 | 1 | 2 | 3 | 1 | 4 |
| 11 | 1 | 1 | 1 | 3 | 1 | 1 |
| 12 | 1 | 1 | 1 | 3 | 1 | 2 |
| 13 | 2 | 2 | 1 | 3 | 2 | 1 |
| 14 | 5 | 4 | 4 | 4 | 4 | 5 |
| 15 | 2 | 2 | 1 | 4 | 2 | 2 |
| 16 | 4 | 3 | 2 | 3 | 4 | 4 |
| 17 | 1 | 2 | 2 | 5 | 2 | 3 |
| 18 | 3 | 2 | 2 | 2 | 2 | 4 |
| 19 | 3 | 1 | 4 | 3 | 1 | 5 |
| 20 | 2 | 1 | 2 | 2 | 1 | 4 |

```
> alpha(d13[c("age_un", "edu_un", "wealth_un", "job_un", "sex_un", "race_un")])

Reliability analysis
Call: alpha(x = d13[c("age_un", "edu_un", "wealth_un", "job_un", "sex_un",
    "race_un")])

  raw_alpha std.alpha G6(smc) average_r S/N ase mean   sd
      0.86      0.85    0.93      0.49 5.8 0.1  2.5 0.89

 lower alpha upper     95% confidence boundaries
0.66 0.86 1.06

 Reliability if an item is dropped:
          raw_alpha std.alpha G6(smc) average_r S/N alpha se
age_un         0.80      0.80    0.91      0.45 4.1     0.13
edu_un         0.82      0.81    0.86      0.46 4.3     0.13
wealth_un      0.82      0.81    0.87      0.46 4.3     0.13
job_un         0.89      0.89    0.95      0.63 8.4     0.11
sex_un         0.83      0.81    0.86      0.47 4.4     0.13
```

```
race_un        0.83      0.82    0.90      0.48 4.6      0.12

 Item statistics
           n raw.r std.r r.cor r.drop mean   sd
age_un    20  0.87  0.85  0.82   0.80  2.7 1.22
edu_un    20  0.81  0.82  0.83   0.73  1.8 1.06
wealth_un 20  0.83  0.82  0.82   0.75  2.0 1.08
job_un    20  0.41  0.46  0.32   0.26  3.1 0.85
sex_un    20  0.80  0.81  0.83   0.69  2.0 1.26
race_un   20  0.81  0.79  0.77   0.68  3.3 1.45

Non missing response frequency for each item
             0    1    2    3    4    5 miss
age_un    0.00 0.15 0.35 0.25 0.15 0.10    0
edu_un    0.05 0.40 0.35 0.10 0.10 0.00    0
wealth_un 0.00 0.40 0.35 0.10 0.15 0.00    0
job_un    0.00 0.00 0.25 0.45 0.25 0.05    0
sex_un    0.00 0.45 0.35 0.00 0.15 0.05    0
race_un   0.00 0.15 0.20 0.10 0.30 0.25    0
```

のようにクロンバックの $\alpha$ 係数が出力される[5]．raw_alpha は共分散を用いた値であり，std.alpha は相関を用いた値である．一般的には標準化した値を用いる．また，Reliability if an item is dropped のもとでは，その変数を除外した場合の値が表示されている．

上の計算ではクロンバックの $\alpha$ 係数の値は 0.85 と十分大きいので，単純加算で変数を作るとする．この場合，8 つの変数を合計した後 8 で割る計算式を書いて，その結果を新たな名前（ここでは unfair とする）で保存すればよい．

```
> d13$unfair
  <- (d13$age_un+d13$edu_un+d13$wealth_un+d13$job_un
  +d13$sex_un+d13$race_un)/8
```

この変数の記述統計量を見ると，以下のように，最小値 1，最大値 3.25，平均 1.86 となっていることがわかる．

[5] $\alpha$ 係数は 1 つでも反転項目があると計算が不正確になる．alpha コマンドでは，keys=で反転項目を指定すると，その項目を反転させてクロンバックの $\alpha$ の値を計算してくれる．

```
> summary(d13$unfair)
```

```
> summary(d13$unfair)
   Min. 1st Qu.  Median    Mean 3rd Qu.    Max.
  1.000   1.344   1.688   1.862   2.312   3.250
```

標準偏差を計算すると，0.67 であった．

```
> sd(d13$unfair)
```

```
> sd(d13$unfair)
[1] 0.6699617
```

### ・主成分分析

次に，主成分分析から変数を作成してみよう．主成分分析は，princomp コマンドによって行うことできる．princomp コマンドの括弧のなかには，主成分分析で用いたい変数を~変数+変数+...+変数の形で表現する．cor=TRUE とは，変数を標準化して分析を行うということであり，この場合には，共分散行列ではなく，相関行列を用いて分析が行われる．これにより，もとの変数の範囲や単位にかかわらず，情報を縮約することができる．標準化を行わない場合には，主成分分析の結果は用いる変数の単位に影響を受けるため，特に理由がなければ相関行列を用いたほうがよいだろう．

```
> f13 <- princomp(~age_un+ edu_un+ wealth_un+ job_un+ sex_un+ race_un, d13,
  cor=TRUE)
> summary(f13)
```

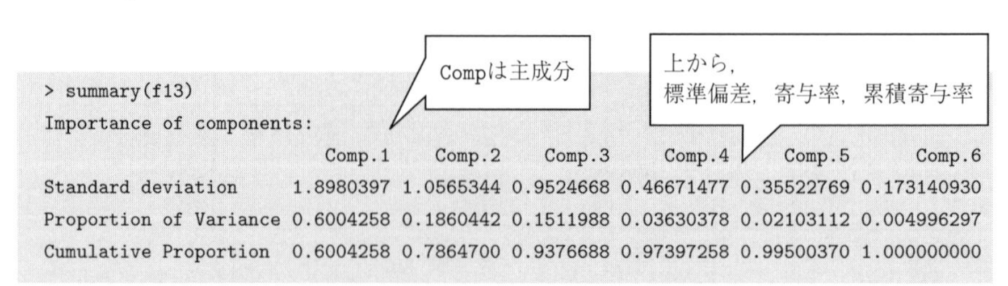

```
> summary(f13)
Importance of components:
                          Comp.1    Comp.2    Comp.3     Comp.4     Comp.5      Comp.6
Standard deviation     1.8980397 1.0565344 0.9524668 0.46671477 0.35522769 0.173140930
Proportion of Variance 0.6004258 0.1860442 0.1511988 0.03630378 0.02103112 0.004996297
Cumulative Proportion  0.6004258 0.7864700 0.9376688 0.97397258 0.99500370 1.000000000
```

前述の結果は, 各主成分の標準偏差 (Standard deviation) と寄与率 (Proportion of Variance), 累積寄与率 (Cumulative Proportion) を示したものである. ここでは, 8 変数を用いているため主成分は 8 つ抽出されている. princomp では固有値を出力しないが, 固有値は主成分の標準偏差の 2 乗で求められるため,

```
> f13$sdev^2
```

で求めることができる.

```
> f13$sdev^2
    Comp.1     Comp.2     Comp.3     Comp.4     Comp.5     Comp.6
3.60255476 1.11626500 0.90719307 0.21782268 0.12618671 0.02997778
```

また, スクリープロットを出力したい場合, screeplot(結果名) を入力すればよい. このとき, デフォルトでは棒グラフが出力されるが, 折れ線グラフで出力するために, type="lines"を指定する.

```
> screeplot(f13, type="lines")
```

上の結果を見ると, 固有値 1 以上の基準では 2 つの主成分を, 累積寄与率 60%以上やスクリープロットでは 1 つの主成分を抽出するのが妥当であろう. ここでは第一主成分のみを抽出するとする.

主成分負荷量を抽出するためには, 固有ベクトルに固有値の正の平方根を掛けたものを求める必要がある. これは以下の式で求められる. 今, f13$loadings が固有ベクトルを, f13$sdev が固有値の標準偏差 (平方根) を示す. デフォルトでは, 0.1 以下の固有ベクトルは省略されてしまうので, drop=FALSE でこれを解除する. t はベクトルを転置することを意味している.

```
> t(f13$sdev*t(f13$loadings))[, drop = FALSE]
```

上の式で求めると, 主成分負荷量は下記のようになる. 第一主成分に対しては, 職業に関する不公平感を除くと 0.8 程度の負荷量があることがわかる. すべての負荷量が負の値をとっているため, 第一主成分はもとの変数と負の関連があることがわかる.

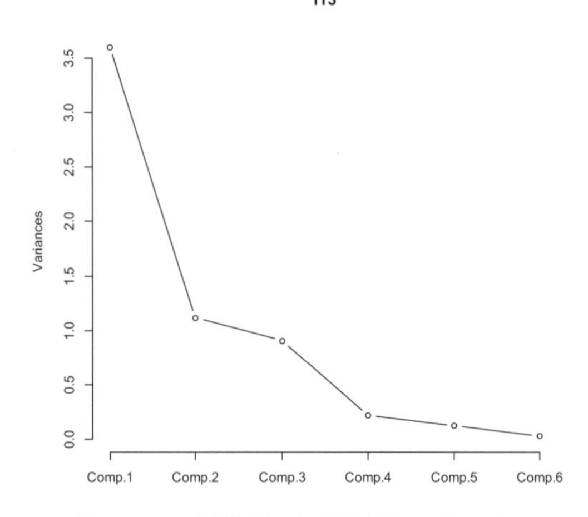


図 **13.10**　仮想データのスクリープロット

```
> t(f13$sdev*t(f13$loadings))[, drop = FALSE]
              Comp.1     Comp.2      Comp.3      Comp.4      Comp.5      Comp.6
age_un     -0.8869087 -0.1699096  0.17183790  0.39221513 -0.02925985 -0.01751018
edu_un     -0.8302129  0.4611628  0.23950537 -0.14623439 -0.08597488 -0.10925369
wealth_un -0.8264996 -0.4453238 -0.21506487 -0.13940669 -0.22364099  0.05369095
job_un     -0.3552877  0.3842196 -0.84832711  0.07246820  0.03190610 -0.01474693
sex_un     -0.8152146  0.5115042  0.22336631 -0.04208603  0.09301152  0.11607607
race_un    -0.8079532 -0.5168657 -0.06706488 -0.12707624  0.24135961 -0.03407288
```

主成分得点は scores で保存されている．第一主成分の主成分得点を unfair_p として d13 のなかに保存して，記述統計量を見てみよう．

```
> d13$unfair_p <- f13$scores[,1]
> summary(d13$unfair_p)
```

```
> summary(d13$unfair_p)
   Min. 1st Qu.  Median    Mean 3rd Qu.    Max.
-4.0850 -1.3070  0.5816  0.0000  1.3800  2.4880
```

主成分得点の平均は 0 になっていることが確認できる．最大値は 2.49，最小値は $-4.09$ となっている．また，標準偏差を計算すると，1.95 となっている．

```
> sd(d13$unfair_p)
```

```
> sd(d13$unfair_p)
[1] 1.947348
```

この第一主成分と先ほど作成した単純加算変数の相関をとると，以下のように，$-0.998$ という非常に強い相関があることがわかる．

```
> cor.test(d13$unfair, d13$unfair_p)
```

```
> cor.test(d13$unfair, d13$unfair_p)

        Pearson's product-moment correlation

data:  d13$unfair and d13$unfair_p
t = -67.742, df = 18, p-value < 0.0000000000000022
alternative hypothesis: true correlation is not equal to 0
95 percent confidence interval:
 -0.9992438 -0.9949479
sample estimates:
       cor
-0.9980445
```

**問題 13.1** 表は，生活 (life)，結婚 (marry)，余暇 (leisure)，仕事 (job)，収入 (income)，学歴 (edu) に対する満足度についての仮想データである．このデータをもとにして，以下の問いに答えなさい．

(1) クロンバックの $\alpha$ 係数を計算したうえで，単純加算によって合成変数を作成しなさい．

(2) 主成分分析を行い，累積寄与率 60%を基準として主成分を抽出しなさい．その際，抽出された主成分の固有値と主成分負荷量を求めること．また，主成分得点を変数として保存しなさい．

(3) 上の (1)，(2) で求めた変数の相関を計算しなさい．

**表**　満足度に関する仮想データ

| ID | life | marry | leisure | job | income | edu |
|---|---|---|---|---|---|---|
| 1 | 3 | 2 | 2 | 2 | 2 | 4 |
| 2 | 2 | 1 | 1 | 3 | 3 | 3 |
| 3 | 5 | 3 | 4 | 4 | 4 | 5 |
| 4 | 3 | 2 | 2 | 3 | 2 | 3 |
| 5 | 2 | 1 | 1 | 3 | 1 | 3 |
| 6 | 1 | 2 | 1 | 4 | 2 | 1 |
| 7 | 4 | 2 | 2 | 1 | 2 | 5 |
| 8 | 2 | 1 | 1 | 3 | 2 | 3 |
| 9 | 2 | 3 | 1 | 5 | 1 | 4 |
| 10 | 3 | 2 | 4 | 3 | 3 | 4 |
| 11 | 2 | 1 | 1 | 4 | 2 | 3 |
| 12 | 2 | 1 | 2 | 2 | 1 | 4 |
| 13 | 2 | 2 | 2 | 4 | 1 | 3 |
| 14 | 1 | 2 | 1 | 4 | 1 | 2 |
| 15 | 3 | 3 | 2 | 1 | 2 | 5 |
| 16 | 2 | 3 | 2 | 3 | 2 | 4 |
| 17 | 1 | 2 | 1 | 1 | 1 | 2 |
| 18 | 5 | 5 | 4 | 3 | 3 | 5 |
| 19 | 4 | 1 | 2 | 2 | 3 | 5 |
| 20 | 4 | 1 | 5 | 1 | 1 | 3 |

## 参考文献

田中 豊・脇本和昌：多変量統計解析法，現代数学社 (1983)，296 p

# 14 探索的因子分析

## 14.1　因子分析の考え方

第 13 章では，複数の変数を少数の変数に縮約する方法として，主成分分析を取り上げた．主成分分析では，複数の変数から共通点を抽出することで，少数の変数にまとめていた（図 14.1a）．変数を縮約する別の方法として「**因子分析**」が挙げられる．因子分析では，主成分分析とは逆の発想によって多くの変数をまとめている．すなわち，複数の変数が何かしらの観測できない共通のもの（たとえば個人がもっている考え方や傾向など）によって影響を受けていると考え，これを抽出する．つまり，変数群の背後に存在する，潜在的な共通要因を取り出す分析手法が，因子分析である[1]（図 14.1b）．この共通要因のことを「**因子**」と呼ぶ．言い換えれば，因子分析は，本来測定したい潜在的な共通要因（因子）が直接観測できないため，観測できる複数の変数を用いて，その共通要因を間接的に測定する方法であるといえる．

因子分析をモデルで表現した図 14.1b を見てみよう．図 14.1b では，「男性は外で働き，女性は家庭を守るべきである」，「男の子と女の子は違った育て方をすべきである」，「家事や育児には，男性よりも女性が向いている」に対する回答が，「**性別役割分業意識**」という共通要因（因子）の影響を受けていることが示されている．性別役割分業意識とは，社会のなかでの役割を性別に基づいて

---

[1] 主成分分析は観測された変数から共通要因を取り出すので，事後的に共通要因を抽出している．これに対して，因子分析は変数群が観測できない共通要因の発露であるという思想をもつ．この意味で，主成分分析とは逆の発想である．

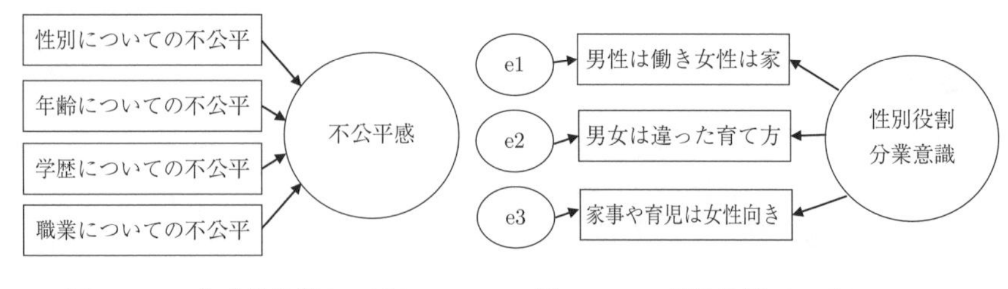


**図 14.1a**　主成分分析のモデル　　　**図 14.1b**　因子分析のモデル

分担することを支持する意識である.

このとき,「男性は外で働き, 女性は家庭を守るべきである」,「男の子と女の子は違った育て方をすべきである」,「家事や育児には, 男性よりも女性が向いている」という項目への回答は, 実際に測定できる. こうした観測された変数は, **観測変数**と呼ぶ. これに対し,「性別役割分業意識」は実際には観測することができない. 先に示した 3 つの質問は, いずれも「性別役割分業」という概念の一側面にすぎないからである. たとえば,「男の子と女の子は違った育て方をすべきである」と考えていても,「男性は外で働き, 女性は家庭を守るべき」という考えには反対する立場もある. また,「男性は外で働き, 女性は家庭を守るべき」という考えを支持しても,「家事や育児には, 男性よりも女性が向いている」とは考えない立場もある. 個々の変数はそれぞれ独自の含意をもつ. しかし,「性別役割分業意識」の高い人は, これら 3 つの質問すべてに対し, 肯定的な回答をするだろう.「性別役割分業意識」は個々の項目への回答としては回収されないが, すべてに共通して影響を与える意識であるといえる. このような実際に観測できない変数を**潜在変数**と呼ぶ. 因子分析とは, 複数の観測変数の背後に, それらの観測変数に影響を与える共通の潜在変数があるとの想定のもとで, その潜在変数を抽出する分析手法である.

図 14.1b には, それぞれの変数に独自に影響を与えている $e_1 \sim e_3$ の因子がある. つまり,「男性は外で働き, 女性は家庭を守るべきである」という質問への回答は, 共通因子である性別役割分業意識から影響を受ける部分と, 性別役割分業意識からは説明されない, この質問への回答の独自の要因による部分（**独自因子**, $e_1$）から構成されている.

観測変数と共通因子，独自因子の関連を数式で表すと，式 (14.1) のようになる．ただし，$f_1$ は性別役割分業意識，$x_1$ は「男性は外で働き，女性は家庭を守るべきである」への回答とする．分析結果が個々の変数の単位に影響を受けることを避けるため，観測変数 $x_1 \sim x_3$ は標準化することが一般的である．

$$x_1 = a_1 f_1 + d_1 e_1 \tag{14.1}$$

式 (14.1) からは，観測変数 $x_1$ は共通因子 $f_1$ と独自因子 $e_1$ によって規定されていることがわかる．「男の子と女の子は違った育て方をすべきである」を $x_2$，「家事や育児には，男性よりも女性が向いている」を $x_3$ とすると，この 2 変数についても以下のように表すことができる．

$$x_2 = a_2 f_1 + d_2 e_2$$

$$x_3 = a_3 f_1 + d_3 e_3$$

独自因子 $e_1$ は観測変数 $x_1$ のなかで共通因子 $f_1$ では説明できない部分であるので，独自因子 $e_1$ と共通因子 $f_1$ は独立である（相関がない）．さらに，観測変数 $x_1 \sim x_3$ の共通部分は共通因子 $f_1$ として表現されているので，それぞれの観測変数に影響を与える独自因子 $e_1$，$e_2$，$e_3$ もすべて互いに独立である．探索的因子分析のモデルにおいては，独自因子は互いに相関がなく，共通因子とも無相関なのである[2)]．$a_1 \sim a_3$ は**因子負荷量**と呼ばれ，個々の変数と共通因子の相関を示している．

因子分析の計算は，この因子負荷量を求めることを目的としているが，上記の数式において観測された値は $x_1 \sim x_3$ の 3 つしかなく，求めなければならないパラメータのほうが多い．そのため，このままだと解が 1 つに定まらない．方程式が 1 つしかないのに，未知数が 2 つある方程式を解くような状態と一緒である．そこで，いくつかのパラメータにあらかじめ値を与え固定することで，方程式を解けるようにする必要がある．固定の仕方は多様であり得るが，因子はすべて平均 0，分散 1 とするのが一般的である[3)]．

---

[2)] ただし，確証的因子分析においては，独自因子間に相関を仮定することも多い．

[3)] 確証的因子分析の応用である多母集団同時分析では，因子の平均構造を組み入れた（0 以外の平均を想定した）モデルを用いることもできる．詳しくは豊田 (1998) などを参照のこと．

## 14.2　因子分析の分析方法

14.1節の性別役割分業意識の例をもとにして，因子分析の分析方法を見てみよう．因子分析は変数の分散と，変数間の共分散の構造に注目する．式(14.1)に基づいてみると，観測変数 $x_1$ の分散 $V[x_1]$ は以下のように表すことができる．ただし，$i$ はあるケースを指す．

$$
\begin{aligned}
V\left[x_1\right] &= \frac{1}{n-1}\sum_{i=1}^{n}\left(a_1 f_{1i} + d_1 e_{1i}\right)^2 \\
&= \frac{1}{n-1}\left(a_1^2\sum_{i=1}^{n} f_{1i}^2 + 2a_1 d_1 \sum_{i=1}^{n} f_{1i}e_{1i} + d_1^2\sum_{i=1}^{n} e_{1i}^2\right) \\
&\qquad\qquad \cdots f_{1i} \text{ と } e_{1i} \text{ は無相関なので，} \sum_{i=1}^{n} f_{1i}e_{1i} \text{ は } 0 \\
&= a_1^2 V\left[f_1\right] + d_1^2 V\left[e_1\right]
\end{aligned}
$$

共通因子 $f_1$ と独自因子 $e_1$ の分散はともに1であり，観測変数 $x_1$ も標準化されているので，分散は1である．上の式にこれらの値を代入すると，$a_1^2 + d_1^2 = 1$ となる．このとき，$a_1^2$ を**共通性**，$d_1^2$ を**独自性**と呼ぶ．共通性は $x_1$ において共通因子によって説明できる部分であり，独自性は独自因子によって説明される部分である．共通性と独自性は足して1になる．

次に，$x_1$ と $x_2$ の共分散について計算する．共通因子と独自因子，独自因子間は無相関であるので，計算の結果は $a_1 a_2$ となる．

$$
\begin{aligned}
\mathrm{Cov}[x_1, x_2] &= \frac{1}{n}\sum_{i=1}^{n}\left(a_1 f_{1i} + d_1 e_{1i}\right)\left(a_2 f_{1i} + d_2 e_{2i}\right) \\
&= \frac{1}{n}\left\{\left(a_1 a_2 \sum_{i=1}^{n} f_{1i}^2\right) + \left(a_1 \sum_{i=1}^{n} f_{1i}e_{1i}\right) + \left(a_2 \sum_{i=1}^{n} f_{1i}e_{2i}\right)\right. \\
&\qquad \left. + \left(d_1 d_2 \sum_{i=1}^{n} e_{1i}e_{2i}\right)\right\} \\
&= a_1 a_2
\end{aligned}
$$

$x_1$ と $x_2$ は標準化されているため，共分散 $\mathrm{Cov}[x_1, x_2]$ は相関係数と等しくなる．変数間の相関はデータから求められるため，SSM2005 のデータを用いて分析したところ，$a_1a_2 = 0.378$ となっていた．同様に，$x_1$ と $x_3$ の共分散，$x_2$ と $x_3$ の共分散を求め，方程式を解くことで，因子負荷量を求める．ただし，方程式の解き方には，以降の節に示すようにいくつかの方法がある．

### 14.2.1　主因子法

**主因子法**は最も古典的な推定方法であり，推定方法が簡便であるため，長年用いられてきた．主因子法は，共通性 $a_1^2$ に適当な値を入れたうえで，**因子寄与**が最大になるように，計算する方法である．因子寄与は因子負荷量の 2 乗の和（例の場合，$a_1^2 + a_2^2 + a_3^2$）であり，共通因子がすべての観測変数の分散を説明するうえで，どの程度貢献するのかを示している．因子寄与が最大となるように因子の負荷量を推定していくので，後に説明する軸の回転を行わない場合には，主因子法による分析結果は主成分分析による分析結果と一致する．ただし，共通性にあてはめた初期値に分析結果が依存するため，初期値を入れ替えて何度も反復推定を行う必要がある．

### 14.2.2　最小二乗法

**最小二乗法**では，データから得られる共分散（相関）行列と，モデルから求められる共分散（相関）行列との誤差の 2 乗の和が小さくなるように推定を行う．つまり，よりデータに沿うように，値を推定していく方法だといえるだろう．ただし，最小二乗法においては，すべての変数の誤差を同じ重みで扱う．したがって，より共通性の低い（共通因子との関連が低い）変数が推定に大きな影響を与えてしまう．

この点を解決するため，共通性に応じて誤差に重みを受けたうえで，データから得られる共分散（相関）行列と，モデルから求められる共分散（相関）行列との誤差の 2 乗の和が小さくなるように推定を行う方法が用いられている．この方法を**一般化最小二乗法**または**重みづけ最小二乗法**という．

### 14.2.3　最尤法

**最尤法**では，データから得られる共分散（相関）行列をもとにして，そうした共分散をもつデータが得られる確率が高くなるようにモデルを推定する．より具体的には，現在得られているようなデータが得られる確率を**尤度**と呼び，この尤度が最大になるようなモデルのパラメータを求める[4]．

最尤法には，最小二乗法と同様にモデルとデータの適合度を計算することができる点や，一致性，漸近有効性，漸近正規性が成り立っており，標本が十分に大きければ誤差の小さい，正確な推定結果を得られる点などのメリットがある[5]．ただし，他の分析手法に比べ誤差の小さい推定が行える一方で，**不適解**が出やすくなるというデメリットもある．不適解とは，共通性が1を超えてしまうことを意味する．共通性は1以下という前提があるため，この場合には推定がうまくいっていないということになる．これは，標本が少ない場合や，モデルがデータに適合していない場合などに起こりやすい．

近年では最尤法を用いた推定を行うのが一般的である．しかし，上に述べたように，最尤法には不適解が生じやすいという問題がある．不適解が生じ，モデルを見直してもそれが改善されない場合には，一般化最小二乗法や主因子法を用いることになる．

図14.1bの3つの変数を用いて最尤法により実際に因子分析を行うと表14.1のような結果が得られた．ただし，回答は「そう思う」が4,「そう思わない」が1というように，数値が大きいほど性別役割分業に肯定的であるように得点が与えられている．ここでは，1因子を抽出している．負荷量を見ると,「男の子と女の子は違った育て方をすべきである」の負荷量がやや低いものの，どれ

**表 14.1**　性別役割分業意識の因子分析（最尤法）
出典：SSM2005

| | 負荷量 | 共通性 |
|---|---|---|
| 男性は働き女性は家 | 0.69 | 0.47 |
| 男女は違った育て方 | 0.55 | 0.31 |
| 家事や育児は女性向き | 0.66 | 0.43 |
| 固有値 | 1.21 | |

$n = 2576$

[4] 最尤推定についての詳しい説明は第15章を参照.

[5] 一致性は推定量 $\hat{\theta}$ が真の値 $\theta$ の近似であることを保証し，漸近有効性は標本が十分に大きくなると解は最も誤差が小さくなることを，漸近正規性は標本が十分に大きければ母集団での分布によらず正規分布に従うことを示す（狩野・三浦，2002；小杉・清水，2014）.

も 0.5 以上の負荷量を示しており，すべての項目が因子との関連が比較的強いことがわかる．

## 14.3　因子の数の決定

主成分分析のときと同様に，因子分析においても抽出する因子の数を決定する必要がある．これにはいくつかの基準がある．第一の基準は，理論的な想定に基づいたものである．たとえば図 14.1 で用いた 3 つの変数は，性別役割分業意識を構成する変数であるという想定があるため，この分析から抽出される因子は 1 つであると考えることができる．最尤法や一般化最小二乗法を用いた場合には，因子数を固定して因子分析を行ったうえで，その因子数のモデルがデータに即したものとなっているのか検定を行うことができる．

第二の基準は，固有値が 1 以上の因子のみを抽出するというものである．固有値は因子の説明力を意味するため，変数 1 つ分以上の情報をもっているもののみを抽出するという考え方である．

第三の基準は，因子数の増加にともなう固有値の変化に注目する方法である．この場合，固有値が変化しなくなる 1 つ前までの因子を抽出する．これは主成分分析のときと同様，スクリープロットを作成するとわかりやすい．図 14.2 は，性別役割分業意識についての因子分析を行った際の固有値の変化を示すスクリー

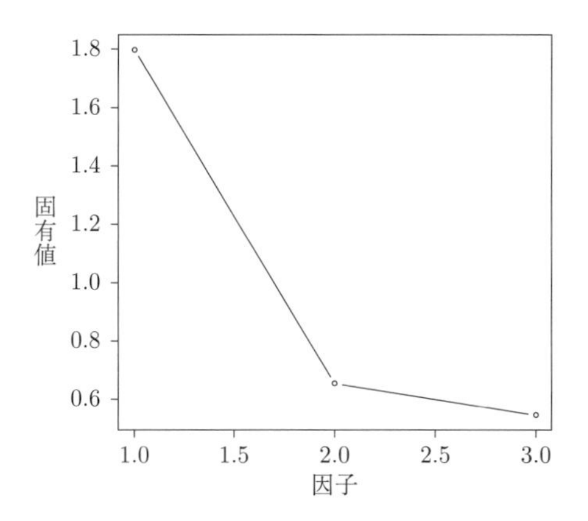


**図 14.2**　性別役割分業意識の因子分析についてのスクリープロット

プロットである．図 14.2 を見ると，第一因子から第二因子にかけて固有値が大幅に減少し，その後第三因子まで固有値の大きな変化はない．ここから，1 つの因子を抽出するのが妥当であると考えることができる．

## 14.4　因子得点

主成分分析と同様に因子分析を行った際にも，抽出した因子における個人の位置を**因子得点** ($f_{1i}, i = 1, \ldots, n$) として保存して用いることができる．表 14.1 の因子分析で得られた因子得点の平均値の男女差を調べたのが，表 14.2 である．これを見ると，性別役割分業意識の男女差は 1%水準で統計的に有意であり，男性は女性に比べて性別役割分業意識の程度が強いことがわかる．

**表 14.2**　性別役割分業意識の男女差
出典：SSM2005

| | 平均値 | $n$ |
|---|---|---|
| 男性 | 0.12 | 1231 |
| 女性 | −0.11 | 1345 |
| $t$ | 7.71 | ** |

$**p < 0.01$

## 14.5　軸の回転

次に，第 13 章で用いた不公平感について因子分析を行い，2 因子を抽出した．この不公平感についての因子分析の結果を示したのが表 14.3 である．

因子負荷量が小さい変数は，因子との相関関係が弱い変数になる．そのため，因子負荷量の大きい変数に注目して見ていく．一般には因子負荷量が 0.4 以上のものが，その因子から影響を受けている変数と考えられる．そこで，因子負荷量が 0.4 を超えたところを太字にしている．表 14.3 を見るとわかるように，すべての項目が第一因子についての負荷量が非常に大きく，第二因子には性別と年齢以外 0.4 を超える負荷量をもつものはない．また，固有値を見ても第一因子の固有値が 3.68 と大きいのに対し，第二因子は 0.57 しかない．

表 14.3 の因子負荷量をもとに変数をプロットしたのが図 14.3 である．横軸

**表 14.3**　不公平感の因子分析（最尤法）
出典：SSM2005

| | 第一因子 | 第二因子 |
|---|---|---|
| 性別 | **0.57** | **0.42** |
| 年齢 | **0.60** | **0.40** |
| 学歴 | **0.65** | 0.22 |
| 職業 | **0.73** | 0.12 |
| 家柄 | **0.65** | −0.03 |
| 所得 | **0.77** | −0.23 |
| 資産 | **0.80** | −0.33 |
| 人種・民族・国籍 | **0.61** | 0.12 |
| 固有値 | 3.68 | 0.57 |

$n = 2827$

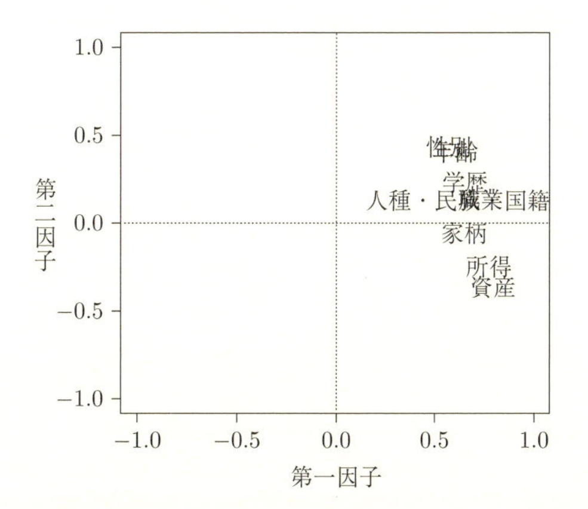


**図 14.3**　不公平感の因子負荷量のプロット（$n = 2827$，最尤推定法）

は第一因子の負荷量を，縦軸は第二因子の負荷量を示している．

因子分析は，複数の観測変数に影響を与えている因子を探す分析手法であり，分析においては因子負荷量をもとにしてそれぞれの軸（すなわち因子）が何を表しているのかを明らかにすることが重要である．図 14.3 の結果を見ると，第一軸はすべての項目の因子負荷量が高い．これに対し，第二軸は性別や年齢など個人の変わらない属性についての不公平感の因子負荷量が高い一方で，所得や資産など個人が獲得したものについての不公平感の因子負荷量が低い．ここから，第一軸は全般的な不公平感を，第二軸は生得的な属性についての不公平感を示しているように見える．しかし，すべての変数が近くに集まっているため，軸の特性を判断しにくい．個々の因子の特徴を知るためには，因子と強い正または負の相関をもつような変数があったほうがよい．因子に強い正または負の相関をもつ変数がある場合には，図 14.3 のように因子負荷量をもとに各変数をプロットしたときに，軸の両端に変数がある．

そこで，うまく軸の端に変数が現れるように軸を回転することによって，各軸の特徴を見やすくするという工夫が必要になる．軸の回転にはいくつかの方法があるが，大まかにいうと軸同士が直行している関係（軸同士に相関がない状態）を維持したままで回転する**直交回転**と，軸同士に相関を認めて回転する**斜交回転**に分けられる．

### 14.5.1　直交回転

直交回転の代表的なものとして，**バリマックス回転**が挙げられる．バリマックス回転は，因子負荷量の分散の 2 乗が最大になる，つまり，因子負荷量の散らばりが大きくなり，ある因子に対して負荷量の大きい変数と小さい変数が明確になるように軸を回転するものである．

不公平感の諸項目について，バリマックス回転を加えたうえで因子分析を行った結果が表 14.4 である．表 14.3 の結果と比べ，第一因子，第二因子のそれぞれについて，因子負荷量の高い項目と低い項目に分かれていることがわかる．第一因子に対しては，資産，所得，家柄についての因子負荷量が高くなっている．一方，第二因子に対しては，性別，年齢，学歴の因子負荷量が高くなっている．また，職業と人種・民族・国籍は，第一因子と第二因子の両方に対して因子負荷量が高くなっている．ここから，第一因子は経済的な属性についての不公平感，第二因子はその他の社会的な属性についての不公平感を示すものと解釈できる．また，固有値を見ると，第一因子は 2.20，第二因子は 2.05 と同等程度のものとなっている．

図 14.4 はバリマックス回転を加えたうえで，因子負荷量をプロットしたものである．図 14.4 を見ると，第一軸についての因子負荷量が図 14.3 に比べてばらけており，資産や所得との関連が強いことがわかりやすくなっている．

**表 14.4** 不公平感の因子分析（最尤法，バリマックス回転）
出典：SSM2005

| | 第一因子 | 第二因子 |
|---|---|---|
| 性別 | 0.19 | **0.68** |
| 年齢 | 0.23 | **0.68** |
| 学歴 | 0.38 | **0.57** |
| 職業 | **0.50** | **0.54** |
| 家柄 | **0.53** | 0.37 |
| 所得 | **0.75** | 0.29 |
| 資産 | **0.83** | 0.23 |
| 人種・民族・国籍 | **0.41** | **0.47** |
| 固有値 | 2.20 | 2.05 |

$n = 2827$

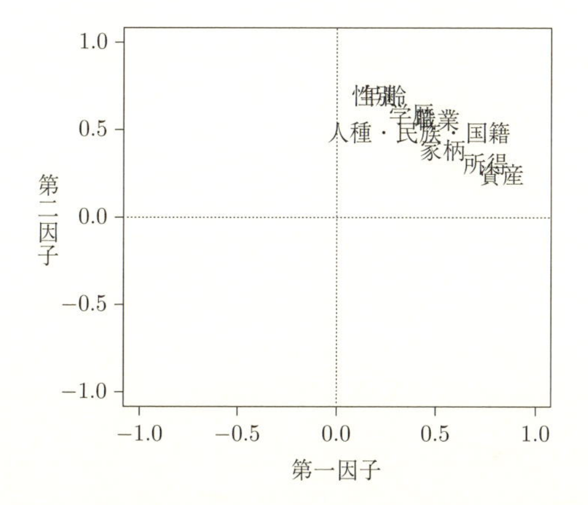


**図 14.4** 不公平感の因子負荷量のプロット（$n = 2827$，最尤推定法，バリマックス回転）

### 14.5.2 斜交回転

斜交回転の代表的なものとして，**プロマックス回転**が挙げられる．バリマックス回転などの直交回転では，因子の独立性を保ったまま，つまり 2 つの軸が直角に交わる関係を維持したまま，回転を行っていた．しかし，プロマックス回転では，因子間の相関を認め，2 つの軸を別々に回転させる．これによって，より柔軟な軸の回転が可能となり，単純な構造をもつ因子を抽出できる．

プロマックス回転を加えたうえで因子分析を行った結果を表 14.5 に示す．バリマックス回転を加えたものと結果はやや異なるものの，こちらも第一因子，第

**表 14.5**　不公平感の因子分析（最尤法，プロマックス回転）
出典：SSM2005

| | 第一因子 | 第二因子 |
|---|---|---|
| 性別 | **0.84** | −0.19 |
| 年齢 | **0.82** | −0.14 |
| 学歴 | **0.59** | 0.13 |
| 職業 | **0.47** | 0.32 |
| 家柄 | 0.22 | **0.47** |
| 所得 | −0.02 | **0.82** |
| 資産 | −0.15 | **0.97** |
| 人種・民族・国籍 | **0.42** | 0.25 |
| 固有値 | 2.19 | 2.06 |
| 因子間相関 | −0.75 | |

$n = 2827$

二因子のそれぞれについて，因子負荷量の高い項目と低い項目が分かれている．第一因子には，性別，年齢，学歴，職業，人種・民族・国籍の因子負荷量が高く，第二因子には資産，所得，家柄の因子負荷量が高い．この結果を見ても，第一軸は金銭に関すること以外の社会的なものに関する不公平感を，第二軸は経済的なことについての不公平感を，それぞれ捉えていると解釈できる．表 14.5 の結果も，先ほどの分析と同様，負荷量をプロットした（図 14.5）．図 14.5 を見ると，最初の分析結果（図 14.3）よりも大幅に，各軸のうえで因子負荷量のばらつきが見られる．

軸の回転法としては，以前は計算が容易で解釈がしやすいバリマックス回転が用いられることが多かった．しかし，直交回転は 2 つの因子が独立であるという仮定をおいており，行動科学の分野で用いる因子でこの仮定があてはまることはまれであるので，近年では斜交回転を用いるのが一般的となっている．

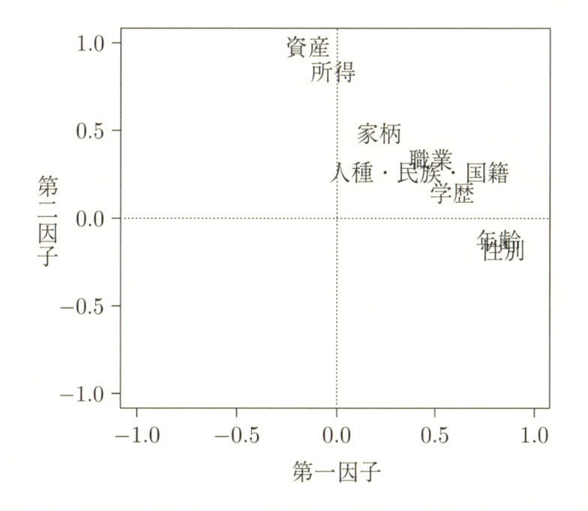


**図 14.5**　不公平感の因子負荷量のプロット（n=2827，最尤推定法，プロマックス回転）

**【R を用いた因子分析】**

R による因子分析は，`factanal` コマンドまたは `psy` パッケージの `fa` コマンドによって行うことができる．`factanal` コマンドでは最尤法が用いられるのに対し，`fa` はより多様な分析方法に対応している．ここでは，表 14.6 の仮想データについて，`factanal` を用いた分析方法を見ていく．ただし，表 14.6 のそれぞれの数値は値が大きいほど賛成であることを示している．

まず，上記のデータを chap14 という名前の csv ファイルで保存し，`data14` として読み込む（表中の括弧内の文字は入力しなくてよい）．

```
> d14 <- read.csv("chap14.csv", header=TRUE)
```

そのうえで，以下のようにコマンドを書く．ただし，`factanal` の内部では，データ名，因子数，回転方法，因子得点の計算方法の順で指定する．回転方法はデフォルトではバリマックス回転となっており，回転を行わないときは `"none"`，プロマックス回転を行うときは `"promax"` と記す．因子得点はデフォルトでは計算されない．計算する場合は，`"regression"`（回帰法）か `"Bartlett"`（バートレット法）から選択する．R では探索的因子分析を行う際も因子数をあらかじめ指定する必要がある．ここでは 1 因子を抽出する．データの部分が `d14[,2:4]` となっているのは，ID の列（1 列目）を分析から除外するためである．`d14[c("q1",`

表 14.6　性別役割分業意識の仮想データ

| ID | q1（男性は働き女性は家） | q2（男女は違った育て方） | q3（家事や育児は女性向き） |
|---|---|---|---|
| 1 | 3 | 3 | 3 |
| 2 | 3 | 4 | 5 |
| 3 | 2 | 4 | 4 |
| 4 | 1 | 1 | 2 |
| 5 | 2 | 2 | 3 |
| 6 | 4 | 3 | 5 |
| 7 | 2 | 2 | 3 |
| 8 | 3 | 4 | 4 |
| 9 | 2 | 2 | 4 |
| 10 | 2 | 3 | 4 |
| 11 | 3 | 3 | 3 |
| 12 | 1 | 3 | 3 |
| 13 | 2 | 2 | 4 |
| 14 | 2 | 2 | 2 |
| 15 | 1 | 2 | 3 |
| 16 | 2 | 3 | 3 |
| 17 | 3 | 4 | 3 |
| 18 | 1 | 1 | 2 |
| 19 | 4 | 4 | 5 |
| 20 | 4 | 4 | 5 |

"q2", "q3")] としても同じ限定ができる.

```
> f1 <- factanal(d14[,2:4], factors=1, rotation="none",
  scores="regression")
```

この結果は print(f1) によって見ることができる.

```
> print(f1)
```

```
> print(f1)

Call:
factanal(x = d14[, 2:4], factors = 1, scores = "regression",    rotation = "none")
```

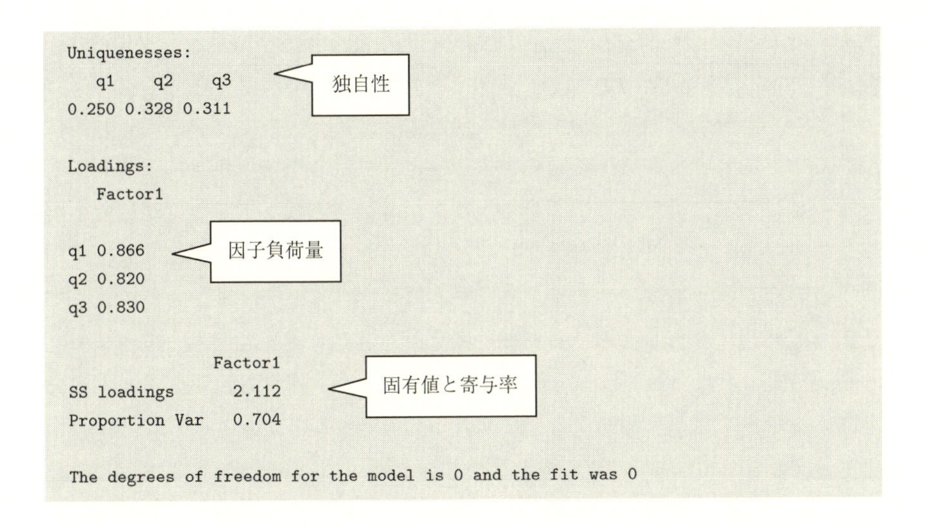

```
Uniquenesses:
   q1    q2    q3
0.250 0.328 0.311

Loadings:
   Factor1

q1 0.866
q2 0.820
q3 0.830

               Factor1
SS loadings      2.112
Proportion Var   0.704

The degrees of freedom for the model is 0 and the fit was 0
```



第一因子の固有値は 2.1 であり，変数 2 つ分の説明力を有している．また，因子負荷量はすべて 0.8 を超えており，因子との関連が強いことがわかる．因子得点は `scores` で得ることができる．そのため，下記のように示すことで，因子得点はデータファイルの `d14` に変数 `gen_at` として保存される．

```
> d14$gen_at <- f1$scores
> summary(d14$gen_at)
```

```
> summary(d14$gen_at)
    Factor1
 Min.   :-1.59857
 1st Qu.:-0.58145
 Median :-0.07712
 Mean   : 0.00000
 3rd Qu.: 0.55577
 Max.   : 1.54542
```

因子得点の平均は 0 であるため，ここで作成した性別役割分業意識 (gen_at) の平均値も 0 になっている．また，最大値は 1.55，最小値は −1.59 となっている．

ここでは因子が 1 つと想定したが，場合によっては何因子に分けるのが妥当かわからない場合もあるだろう．因子数があらかじめ決まっていない場合は，psych パッケージの fa.parallel コマンドを用いる．このコマンドでは，**平行分析**という手法を用いて，因子の数を決定する．平行分析では，実際の分析に用いたのと同じデータ数，変数の数のデータを，乱数を発生させて作成し，それをもとに因子分析を行う．そして，ランダムに作られたデータについての因子分析で得られた因子の固有値よりも，大きい固有値をもつ因子のみを抽出しようというものである．つまり，ランダムに発生させたデータから得られる因子よりも共通性がある因子であれば，意味があると考えるのだ．

fa.parallel のなかでは，分析に使用するデータ，推定方法，因子と主成分どちらを抽出するか，相関をもとにするか共分散をもとにするか，などが指定できる．推定方法 (fm) については，最小残差法 (minres) がデフォルトで，最尤法 (ml) や主因子法 (pa) を選択できる．抽出する対象 (fa) については，因子 (fa)，主成分 (pa)，両方 (both) が選択できる．相関を用いるか共分散を用いるかの指定 (cor) では，相関 (cor)，共分散 (cov) によって選択する[6)]．下の例では，最尤法，因子のみ抽出，相関に基づく計算が指定されている．

```
> library(psych)
> fa.parallel(d14[,2:4], fm="ml", fa="fa", cor="cor")
```

上記のコマンドを走らせると，図 14.6 のような図が出力されるとともに，何因子の抽出が適当かがコマンドプロンプトに結果として出力される．図 14.6 の点線は乱数に基づくデータから得られた因子の固有値の大きさで[7)]，実線が実際のデータから得られた因子の固有値の大きさである．実線が点線を上回っているのは 1 のところのみで，因子数が 2 になると実線が点線を下回っているのがわかる．したがって，1 因子のみを抽出するのが妥当と考えられる．文字による結果の記述においても，1 因子の抽出が妥当であることが指摘されている．

---

6) ほかにも，テトラコリック相関係数 (tet)，ポリコック相関係数 (poly) などをもとにした分析もできる．

7) 点線は乱数によるもの (simulated data)，破線はもとのデータからランダムにリサンプリングしたもの (resampled data) に基づいた計算による．一般にこの 2 つの結果はほぼ一致する．

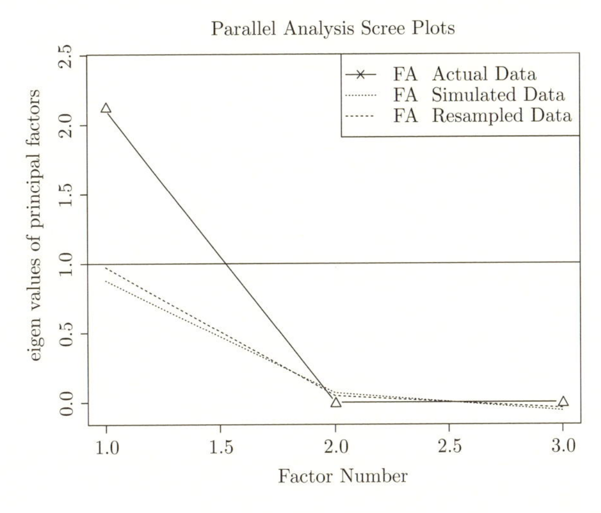


**図 14.6**　平行分析の結果

```
> library(psych)
> fa.parallel(d14[,2:4], fm="ml", fa="fa", cor="cor")
Parallel analysis suggests that the number of factors =  1  and the number of
   components =  NA
```

**問題 14.1**　表の仮想データは，学生 20 人に 6 種類の飲み物の好みを 0〜5 点で採点してもらったものである．6 種類の飲み物とは，コーヒー (cafe)，紅茶 (tea)，牛乳 (milk)，水 (water)，緑茶 (g_tea)，麦茶 (w_tea) である．得点が高いほどその飲み物が好きだということを意味する．データには性別 (sex) も含まれる．これをもとにして飲み物の好みについての因子分析を行い，適切な因子数の因子を抽出しなさい．また，それぞれの因子得点が示す飲み物の好みに男女差（1 が男性，2 が女性）があるかを調べなさい．

表 飲み物の好みの仮想データ

| ID | cafe | tea | milk | water | g_tea | w_tea | sex |
|---|---|---|---|---|---|---|---|
| 1 | 2 | 3 | 3 | 2 | 3 | 3 | 2 |
| 2 | 4 | 4 | 4 | 0 | 1 | 1 | 2 |
| 3 | 2 | 4 | 4 | 0 | 1 | 2 | 1 |
| 4 | 1 | 2 | 3 | 2 | 2 | 4 | 1 |
| 5 | 4 | 5 | 5 | 0 | 1 | 2 | 1 |
| 6 | 2 | 3 | 3 | 2 | 2 | 4 | 1 |
| 7 | 4 | 4 | 5 | 3 | 3 | 4 | 2 |
| 8 | 2 | 3 | 4 | 0 | 2 | 2 | 1 |
| 9 | 3 | 3 | 3 | 2 | 3 | 3 | 2 |
| 10 | 2 | 2 | 3 | 2 | 3 | 4 | 2 |
| 11 | 2 | 3 | 4 | 1 | 0 | 2 | 1 |
| 12 | 1 | 1 | 2 | 1 | 1 | 2 | 1 |
| 13 | 3 | 3 | 3 | 0 | 0 | 2 | 2 |
| 14 | 4 | 4 | 4 | 2 | 3 | 4 | 2 |
| 15 | 2 | 3 | 3 | 1 | 1 | 2 | 1 |
| 16 | 3 | 4 | 4 | 3 | 2 | 4 | 1 |
| 17 | 3 | 4 | 4 | 1 | 1 | 2 | 1 |
| 18 | 2 | 2 | 3 | 2 | 2 | 3 | 2 |
| 19 | 3 | 4 | 4 | 2 | 3 | 4 | 1 |
| 20 | 0 | 1 | 2 | 0 | 1 | 1 | 1 |

## 参考文献

狩野 裕・三浦麻子：AMOS, EQS, CALIS によるグラフィカル多変量解析, 現代数学社 (2002), 293 p
小杉考司・清水裕士：M-plus と R による構造方程式モデリング入門, 北大路書房 (2014), 323 p
豊田秀樹：共分散構造分析—構造方程式モデリング 入門編, 朝倉書店 (1998), 325 p

# 15 マルチレベル分析

## 15.1　マクロな要因の影響を考える

ここまでの14章では主に，個人のもつ属性や社会経済的地位が個人の意識や行動などに与える影響を分析してきた．しかし，個人の意識や行動に影響を与えるのは，個人の属性のみではない．

たとえば，次のような経験をしたことはないだろうか．自分自身の生活は安定しているけれど，地元の商店街はいつの間にかシャッター街になり，寂れていっているような気がする．近所の会社が倒産して，そこで働いている人は失業してしまったらしい．そんななかで，今後の自分の将来は大丈夫なんだろうかと不安になる．逆の場合もあるかもしれない．自分の生活は苦しいけれど，地元には新しい店がどんどん出店していて，勢いを感じる．起業して一発当てた人がいるという話も聞いた．今は苦しいけれど，もう少し頑張れば，先行きは明るいような気がする．この場合，「自分の将来が不安」とか「今後の先行きは明るい」という意識に影響を与えているのは，個人の状況ではなく，その人が暮らす地域の状況である．つまり，個人を超えた地域の要因が影響を与えているのである．

このような地域や国家，あるいは企業など，個人が所属する集団の特性（マクロな要因）が個人に与える影響を調べるために用いられる手法が，**マルチレベル分析**である．

## 15.2　マルチレベル分析の必要性

マクロな要因が個人に影響を与えているような場合には，マルチレベル分析を行うことが必要になる．というのも，マルチレベル分析によって，より誤差の少ない正確な推定が可能になるからである．具体的には，同じ集団に属する諸個人について，回帰式における誤差間に相関を仮定することで，より正確な推定ができるようになる．回帰分析の式を思い出してほしい．

$$y = \alpha + \beta x + \varepsilon$$

ここで，$\alpha$ は切片，$\beta$ は回帰係数，$\varepsilon$ は誤差である．

回帰分析では，この誤差 $\varepsilon$ にいくつかの仮定をおいているが，そのなかの1つが，「誤差は互いに独立．したがって，$\mathrm{Cov}(\varepsilon_i, \varepsilon_j) = 0$」というものである．しかし，上で挙げた例のように，地域の状況が個人に影響を与えているとすれば，同じ地域に住む人は考え方や行動が似てくるということが考えられる．この場合，地域の状況を統制しなければ，その影響は「誤差」として扱われる．結果として，同じ地域で暮らす人同士，「誤差」の間に相関が生じてしまうのだ．たとえば，経済的に衰退している地域の人々は，将来への不安を抱きやすくなるだろう．その場合，個人の社会経済的地位などの変数 $(x)$ を統制した後での，この地域に暮らす人々の不安感の誤差（回帰直線によって説明されない部分 $\varepsilon$）は，マイナスの方向，すなわち回帰直線よりも下側の方向に偏ることが予想できる．この場合，回帰分析の仮定を満たさないことになり，推定が不正確になり得る．

なぜ集団ごとの違いを考慮に入れる必要があるのか，もう少し詳しく見ていこう．図15.1（例①）は，2つの変数 $x$ と $y$ の関係を，集団Aと集団Bについて見たものである．この2つの集団をあわせて回帰分析を行うと，表15.1のような結果が得られる．この結果を見れば，$x$ は $y$ に対して1%水準で有意な効果をもっており，$x$ の値が増えると，$y$ の値が低下するという関連がある．

しかし，図15.1をよく見れば，集団Aと集団Bそれぞれのなかでは，$x$ と $y$ の間に関連がないことがわかるだろう．実際，集団Aと集団B，それぞれにデータを限定して回帰分析を行ったところ，$x$ と $y$ の間には関連が見られなかっ

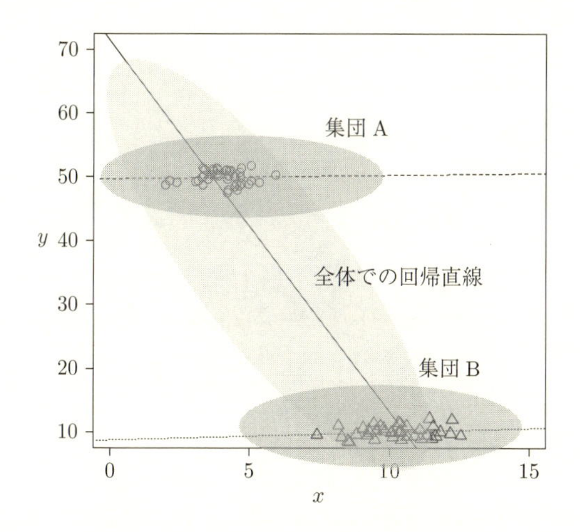


**図 15.1** 2 つの集団における変数 $x$ と変数 $y$ の関連 ①（仮想データ）

**表 15.1** $x$ の $y$ に対する効果の回帰分析

| | *B* | | *S.E.* |
|---|---|---|---|
| 切片 | 71.40 | ** | 1.75 |
| $x$ | −5.82 | ** | 0.22 |
| 調整済み R2 乗 | 0.90 | ** | |
| $n$ | 80 | | |

$**p < 0.01$

**表 15.2** 集団別の回帰分析

| | 集団 A | | | 集団 B | | |
|---|---|---|---|---|---|---|
| | *B* | | *S.E.* | *B* | | *S.E.* |
| 切片 | 49.69 | ** | 0.88 | 8.84 | ** | 1.26 |
| $x$ | 0.06 | | 0.21 | 0.12 | | 0.12 |
| 調整済み R2 乗 | 0.00 | | | 0.00 | | |
| $n$ | 40 | | | 40 | | |

$**p < 0.01$

た（表 15.2）．集団 A は集団 B に比べ，$x$ の値は小さく，$y$ の値は大きい．これらの 2 集団をまとめた結果として，$x$ と $y$ の間に関連があるように見えてしまうのだ．このように，集団間で独立変数や従属変数の平均値に差があるとき，集団をあわせて分析すると，変数間の関連を見誤る可能性がある．

次に図 15.2（例 ②）を見てみよう．今度も集団 A と集団 B という 2 つの集

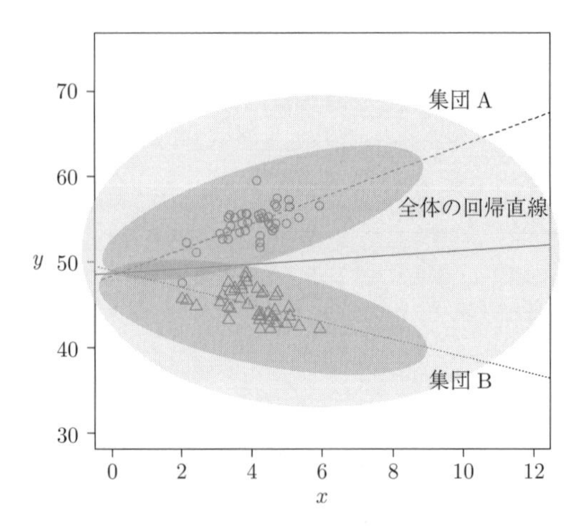


図 15.2　2 つの集団における変数 $x$ と変数 $y$ の関連 ②（仮想データ）

表 15.3　2 つの集団における変数 $x$ の変数 $y$ に対する効果の回帰分析 ②

| | 全体 | | | 集団 A | | | 集団 B | | |
|---|---|---|---|---|---|---|---|---|---|
| | *B* | | *S.E.* | *B* | | *S.E.* | *B* | | *S.E.* |
| 切片 | 48.73 | ** | 2.93 | 48.40 | ** | 1.28 | 49.06 | ** | 1.29 |
| $x$ | 0.25 | | 0.71 | 1.53 | ** | 0.31 | −1.01 | ** | 0.31 |
| 調整済み R2 乗 | −0.01 | | | 0.37 | ** | | 0.19 | ** | |
| $n$ | 80 | | | 40 | | | 40 | | |

$**p < 0.01$

団が含まれるデータを想定している．この 2 つのデータをあわせて $x$ と $y$ の関連を見ると，両者の間には特定の関連は見られない．実際，重回帰分析の結果も，$x$ は $y$ に対して 5%水準でも有意な効果をもっていないことが確認される（表 15.3）．

しかし，2 つの集団を別々に見れば，集団 A では $x$ が $y$ に対して正の効果を，集団 B では $x$ が $y$ に対して負の効果をもっているように見える．実際に，2 つの集団に対して別々に回帰分析を行えば，A，B ともに $x$ が $y$ に対して 1%水準で有意な効果をもっていることがわかるだろう（表 15.3）．このように，集団間で $x$ の $y$ に対する効果の向きが異なる場合も，集団を混ぜて分析すると，異なる効果の向きが互いに打ち消し合って，実際の効果が見えなくなる場合がある．

実際には，これらの問題はいくつかの方法で回避可能である．たとえば，最初に挙げた誤差の相関の問題は，第11章で見たような誤差の相関を仮定したモデルを用いて分析すれば回避できる．ただし，これは標準誤差の推定を正確にするものの，例①や例②のように $x$ と $y$ の関連が集団ごとの平均値の差や関連の違いによって影響を受ける場合は問題を回避できない．

**表 15.4** 例①，②におけるダミー変数の利用

| | 例①の場合 | | | 例②の場合 | | |
|---|---|---|---|---|---|---|
| | $B$ | | $S.E.$ | $B$ | | $S.E.$ |
| 切片 | 49.52 | ** | 0.48 | 48.40 | ** | 1.29 |
| $x$ | 0.10 | | 0.11 | 1.53 | ** | 0.31 |
| 集団 B | −40.49 | ** | 0.72 | 0.66 | | 1.82 |
| $x$ と集団 B の交互作用 | | | | −2.54 | ** | 0.44 |
| 調整済み R2 乗 | 1.00 | ** | | 0.90 | ** | |
| $n$ | 80 | | | 80 | | |

$**p < 0.01$

例①，②の問題に対処するには，個々の集団をダミー変数としてモデルに投入することが考えられる．たとえば例①については，集団Bのダミー変数を入れると集団Bへの所属が $y$ の平均値を40.49低下させる一方，$x$ は $y$ に対して有意な効果をもたないという結果が得られる（表15.4の左側）．例②についても，集団と $x$ の交互作用を入れることで，$x$ の主効果（つまり集団Aについての $x$ の $y$ に対する効果）は1.53と正であるのに対し，交互作用項は −2.54と負の効果をもっており，集団Bでの $x$ の $y$ に対する効果は $1.53 - 2.54 = -1.01$ と負になることが確認できる（交互作用効果の詳しい説明は第12章参照）．

しかし，これらの分析方法には，大きく分けて2つの欠点がある．第一に，集団数が多い場合には，ダミー変数を利用するとダミー変数ごとの係数（パラメータ）が多くなるとともに，解釈が困難になる．パラメータが多いということは，推定しないといけない数値が多いということである．たとえば，100個の集団がある分析では，99個ダミー変数を入れる必要があり，推定しなければならない値が99も増えてしまう．回帰分析では，サンプル・サイズは推定したいパラメータよりも少なくとも1多い必要があるが，ダミー変数でパラメータを大量に使用してしまうと，ほかに分析に用いることのできる変数が減ってし

まう．また，第12章で見たように，ダミー変数の効果はあくまでも基準カテゴリと比較した際の効果である．もし集団が100もあるようなデータだったとしたら，それらの集団ごとの効果を解釈するのは非常に難しいだろう．

第二に，集団レベルのどのような特性が集団の差を生んでいるのかがわからない．たとえば，複数の都道府県を合併したデータについて都道府県ダミーを入れて分析した結果，東京ダミーに効果があったとして，東京のどのような特性（都市規模やサービス産業の比率の高さ，年齢構成，経済力など）が影響しているのかわからない．

## 15.3　マルチレベル分析の考え方

マルチレベル分析では，従属変数の散らばりを，集団間の散らばりと集団内での個体間の散らばりに分け，それぞれに影響を与える要因を分析することで，集団レベルの要因の効果を検証することができる．図15.3を見てみると，例①におけるデータ全体の散らばりは，集団間の平均値の差に起因する部分と，集団A，Bそれぞれの内部での散らばりに起因する部分とに分けられる．前者の散らばりは集団の特性の違い，すなわちマクロな要因によってもたらされ，後者の散らばりは個人の特性の違い，すなわちミクロな要因によってもたらされるはずである．

このうち，前者のマクロな要因によってもたらされる散らばりの部分が大きいならば，個人の状況（ここでは$y$の値）は，マクロな要因の影響を強く受けているといえる．この全体の分散のうち，集団間の分散が占める割合のことを「**級内相関** (intraclass correlation coefficient, **ICC**)」と呼ぶ．級内相関が大きい場合，マクロな要因の影響を受ける部分が大きいことを意味し，マルチレベル分析を行うメリットが大きい．

級内相関に加え，**デザイン・エフェクト** (**design effect**) もまた，マルチレベル分析の必要性を検討する際に用いられる．デザイン・エフェクトとは，集団を抽出した後に個人を選ぶような調査設計が行われたときに，完全な無作為抽出を用いた調査と比べてどの程度標準誤差が過小に推定されるかを示す指標である．デザイン・エフェクトは式(15.1)で求められる．ここで，$\overline{n}_j$は集団に属

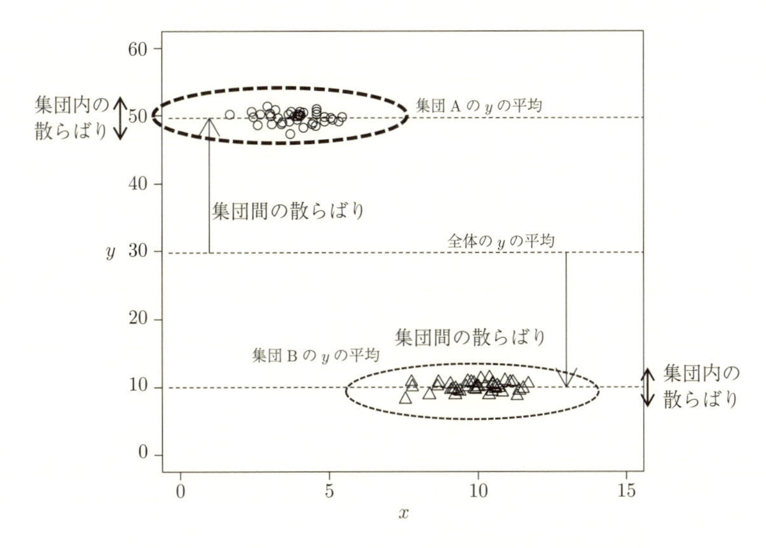


**図 15.3** 例 ① における $y$ の集団間誤差と集団内誤差

するサンプルサイズの平均を示す（$\overline{n}_j = \sum_{j=1}^{G} n_j/G$, $G$ は集団数）.

$$\text{design effect} = 1 + (\overline{n}_j - 1) \times \text{ICC} \tag{15.1}$$

デザイン・エフェクトが 2 を超える場合には，マルチレベル分析を用いたほうがよい (Munthén & Satorra, 1995).

ところで 15.2 節では，マルチレベル分析を適用すべき例として ① と ② の 2 つの例を挙げた．この 2 つの例は，それぞれ異なる種類のモデルとして扱われる．以下では，これらのモデルを順に見ていこう．

### 15.3.1 ランダム切片モデル

例 ① は，従属変数の平均値が集団によって異なるというマルチレベル分析の基本的なモデルであり，次の式で表現できる．ただし，$y_{ij}$ は集団 $j$ に属する，個人 $i$ の従属変数 $y$ の値とする．

$$y_{ij} = \beta_{0j} + r_{ij} \tag{15.2}$$

$$\beta_{0j} = \gamma_{00} + u_{0j} \tag{15.3}$$

まず式 (15.2) を見てみよう．$r_{ij}$ は集団によって異なる平均値 ($\beta_{0j}$) の影響を除いたときの個人ごとに異なる誤差を表している．一方 $\beta_{0j}$ は，添え字に集団を表す $j$ があるとおり，集団によって変化する．この部分がランダム切片モデルの特徴であり，個人の従属変数の値 ($y_{ij}$) が集団ごとに異なる切片をもつと考えているのである．式 (15.3) はこの集団ごとに異なる切片についての回帰式である．ここでは，集団を越えて共通する切片（$\gamma_{00}$，全体の切片の平均値）と集団ごとに異なる部分 ($u_{0j}$) によって，集団ごとに異なる切片 ($\beta_{0j}$）が決まっていることがわかる．$u_{0j}$ は，図 15.3 の集団間の散らばりとして示した部分に該当する．ここで，式 (15.3) の $\beta_{0j}$ を式 (15.2) に代入すれば，これら 2 つの式は 1 つにあわせることもできる．

$$y_{ij} = \gamma_{00} + u_{0j} + r_{ij} \tag{15.4}$$

式 (15.2) や式 (15.3) は，大きく 2 つの要素に分けられる．1 つは**固定効果**と呼ばれるもので，推定値として 1 つの値が得られるパラメータを指す．式 (15.3) では，$\gamma_{00}$ は全体の切片の平均値にあたる部分であり，1 つの推定値をとるため，固定効果である．もう 1 つの要素は，**ランダム効果**と呼ばれるものである．ランダム効果は一定のばらつきをもった確率変数であり，一定の確率に従って個人や集団に対してランダムに分布している．そのため，その値は個人や集団で異なり，固定効果のように 1 つの推定値が得られるパラメータではない．ランダム効果の考え方は少しわかりにくいかもしれないが，モデルに投入した変数の固定効果によっては説明されない，集団や個人ごとの $y$ のばらつきだと思えばよい．前述の式では，$r_{ij}$ は個人によって異なるランダム効果（個人レベルのランダム効果），$u_{0j}$ は集団によって異なるランダム効果（集団レベルのランダム効果）である．この 2 つのランダム効果である $r_{ij}$ と $u_{0j}$ はともに平均 0 の正規分布に従っていると仮定されており，両者は互いに独立である．

ここまでをまとめてみると，式 (15.4) は，個人の従属変数の値 ($y_{ij}$) が全体の切片の平均 ($\gamma_{00}$) からの所属集団ごとの散らばり ($u_{0j}$) とさらにそこからの個人の散らばり ($r_{ij}$) によって決まっていることを意味している．これは，図 15.3 で表現されたものと同じであることがわかるだろう．

全体のばらつきのなかで，集団間のばらつきが占める割合を示す級内相関

(ICC) は，上の式をもとにすると，

$$\mathrm{ICC}=\frac{\mathrm{Var}(u_{0j})}{\mathrm{Var}(u_{0j})+\mathrm{Var}(r_{ij})} \tag{15.5}$$

と表現される．ただし，Var($x$) は変数 $x$ の分散を示す．つまり，集団レベルのランダム効果の分散と個人レベルのランダム効果の分散の和で，集団レベルのランダム効果の分散を割ったものが，級内相関になる．ランダム効果の分散は，variance component を略して *V.C.* と表記されることがある．

15.1 節で見た例 ① について級内相関を計算してみると，以下のように求められる．

$$\begin{aligned}\mathrm{ICC} &= \frac{\mathrm{Var}(u_{0j})}{\mathrm{Var}(u_{0j})+\mathrm{Var}(r_{ij})} && \cdots\text{級内相関の公式}\\ &= \frac{397.47}{397.47+1.02} && \cdots\text{値の代入}\\ &= 0.9974\cdots\end{aligned}$$

例 ① の場合，級内相関は 0.997 と非常に高い値であり，従属変数の分散のほとんどが集団間の平均値の分散によるものであることがわかる．実際，図 15.1 で見たように，集団 A，集団 B の内部での従属変数 $y$ の散らばりは非常に小さく，2 つの集団間で大きく平均値が異なっていたことを思い出してほしい．このように級内相関が大きい，すなわち従属変数の散らばりの多くが所属集団の差に起因するものである場合には，マルチレベル分析を行うメリットがある．

式 (15.4) では何の独立変数も含まれていないが，たとえばこの従属変数 ($y_{ij}$) が，個人の収入 ($x_{1ij}$) と地域の失業率 ($z_{1j}$) によって影響を受けるとしよう．この場合，$y_{ij}$ の回帰モデルは次のようになる．

$$y_{ij} = \beta_{0j} + \beta_{10}x_{1ij} + r_{ij} \tag{15.6}$$

$$\beta_{0j} = \gamma_{00} + \gamma_{01}z_{1j} + u_{0j} \tag{15.7}$$

このとき，個人の収入や失業率の効果は一定であると仮定している（効果自体が個人や地域でランダムに異なるとは想定されていない）ため，ともに固定効果になる．

### 15.3.2　ランダム切片モデルの例

具体的な例を挙げて見てみよう．24の市区町村を対象とした「国際化と政治に関する市民意識調査」[1)] をもとに，「現在の日本の格差は大きすぎる」という意識（「そう思う」を5，「そう思わない」を1とする5点尺度）に対して，個人の社会経済的地位が与える効果を調べてみるとする．この格差意識は，個人だけではなく，地域の経済状況にも影響を受けていると考えられるため，マルチレベル分析を用いて分析を行う．分析の結果を表15.5に示した．

まず，マルチレベル分析を行う意義があるか，級内相関をもとに検討する．級内相関を求めるためには，独立変数を何も含まない，切片の固定効果とランダム効果のみを含んだモデルを分析する．このモデルを**ヌル・モデル**と呼び，表ではモデル0として表現している．マルチレベルモデルの分析結果を示す表では，表の上部に固定効果の係数と標準誤差，下部にランダム効果の分散を示すのが一般的である．表15.5から，集団レベルの切片のランダム効果 $u_{0j}$ の分散は0.03，個人レベルの切片のランダム効果 $r_{ij}$ の分散は1.17であることがわかる．したがって，級内相関は

$$\mathrm{ICC} = \frac{0.03}{1.17 + 0.03} = 0.025$$

となる．つまり，格差意識の分散の2.5%程度は，居住する市区町村の違いによって生じていることがわかる．この値は大きいとはいえない．

一方，デザイン・エフェクトを計算すると，

$$\text{design effect} = 1 + (68 - 1) \times 0.025 = 2.675$$

となり，2を超えている．級内相関は非常に小さいものの，デザイン・エフェクトの大きさからは，マルチレベル分析を行う意義があると考えられる．

モデル1では，ヌル・モデルに独立変数を加えている．個人レベル変数としては，年齢，性別，学歴（高等学歴か初等・中等学歴か），家庭の経済状況の変化

---

[1)]「国際化と政治に関する市民意識調査」はJSPS科研費25780305（「ミックスド・メソッド・アプローチによる反外国人意識形成メカニズムに関する研究」（研究代表：永吉希久子）の助成を受けたものある．データの使用に関しては，「国際化と政治に関する市民意識調査研究会」の許可を得た．

**表 15.5** ランダム切片モデルを用いた格差意識の規定要因
出典：国際化と政治に関する市民意識調査

| | モデル 0 | | | モデル 1 | | |
|---|---|---|---|---|---|---|
| | *B* | | *S.E.* | *B* | | *S.E.* |
| 固定効果 | | | | | | |
| 切片 | 3.53 | ** | 0.04 | 3.82 | ** | 0.14 |
| 年齢 | | | | 0.01 | ** | 0.00 |
| 男性 | | | | −0.11 | * | 0.05 |
| 女性 | | | | | | |
| 高等学歴 | | | | −0.38 | ** | 0.05 |
| 初等・中等学歴 | | | | | | |
| 経済状況の変化 | | | | −0.40 | ** | 0.04 |
| 集団レベル | | | | | | |
| 第一次産業割合 | | | | 0.01 | * | 0.01 |
| | *V.C.* | | | *V.C.* | | |
| ランダム効果 | | | | | | |
| 個人レベル | 1.17 | | | 1.03 | | |
| 集団レベル | 0.03 | | | 0.01 | | |
| deviance | 4906.50 | | | 4685.51 | | |
| AIC | 4912.50 | | | 4701.51 | | |
| BIC | 4928.69 | | | 4744.69 | | |

$n = 1632, **p < 0.01. *p < 0.05$, 最尤推定法

の認知（よくなったと感じる場合に得点が高くなるように得点化）を加え，集団（地域）レベル変数としては第一次産業従事者比率を加えた．分析の結果を見ると，年齢が若いほど，また経済状況がよくなったと感じている人ほど，「格差が大きすぎる」と認識しにくい傾向にあることがわかる．さらに，男性は女性に比べ，高等学歴の人は初等・中等学歴の人に比べ，「格差が大きすぎる」と認識しにくい傾向も確認された．しかし，マルチレベル分析において重要なのは，これらの個人の要因を統制したうえでの，集団レベルの要因の効果である．第一次産業割合の効果を見ると，個人の要因を統制したうえでも，第一次産業従事者の比率の高い地域ほど，格差が大きすぎると感じていることが示された．つまり，個人の社会経済的地位や経済状況の変化の認識によらず，第一産業割合の高い地域に居住していることが，個人の格差への意識を規定しているのである．マルチレベル分析を用いることにより，個人の意識が居住地域によって影響を受けることが示された．

モデル 0 とモデル 1 のランダム効果の分散を比べると，個人レベルのランダム効果の分散も集団レベルのランダム効果の分散もやや減少している．これは個人レベル，集団レベルの独立変数を加えることにより，ヌル・モデルでは説明できなかった個人や集団間の散らばりの一部が説明されたことを意味している．もう少し具体的に見ると，集団レベルのランダム効果については，

$$\frac{0.03 - 0.01}{0.03} = 0.666\cdots$$

とヌル・モデルの 67%程度の分散が第一産業従事者比率によって説明されたことがわかる．同様に，個人レベルのランダム効果については 12%程度が，個人の社会経済的地位や家庭の経済状況の変化の認知を投入することによって説明されている．

モデルの比較を行うときには，このようにランダム効果の分散がどの程度減少したか，つまり，独立変数を入れることによってどの程度説明されるようになったかを基準とするほかに，モデルの適合度を評価するための基準である情報量基準を用いる場合もある．表 15.5 に記載されている deviance（逸脱度），AIC（Akaike information criterion，赤池情報量規準），BIC（Baysian information criterion）という値がこの情報量規準にあたる．これらは以下の式で求めることができる．ただし，$n$ はサンプルサイズ，$LL(m)$ はモデル $m$ の対数尤度（対数尤度は英語で log likelihood と呼ばれるので，$LL$ と略記する），$k$ はパラメータ数を示す．

$$\text{deviance} = -2LL(m) \tag{15.8}$$

$$\text{AIC} = -2LL(m) + 2 \times k \tag{15.9}$$

$$\text{BIC} = -2LL(m) + k \times \ln(n) \tag{15.10}$$

対数尤度については次節で詳しく説明するが，尤度が高いほどデータにあてはまりのよいモデルだといえるので，それを $-2$ 倍している deviance，AIC，BIC ともに，値が小さくなるほどあてはまりのよいモデルだといえる．表 15.5 のモデル 0 とモデル 1 を比べれば，deviance，AIC，BIC のすべてにおいてモデル 1 のほうが，値が小さくなっている．ここから，独立変数を加えることでモデル

の適合度が高まっていることがわかる.

### 15.3.3 ランダム係数モデル

例 ① では, 集団によって $y$ の平均値のみが異なり, $x$ の効果については集団によらず一定であると考えていた. これに対し, 例 ② では, $x$ の効果についても集団によって異なるという想定がある. 独立変数 $x$ の係数がランダム効果をもつことから, こうしたモデルを**ランダム係数モデル**と呼ぶ.

ランダム係数モデルは, 以下の式で表現できる.

$$y_{ij} = \beta_{0j} + \beta_{1j}x_{1ij} + r_{ij} \tag{15.11}$$

$$\beta_{0j} = \gamma_{00} + \beta_{01}z_{0j} + u_{0j} \tag{15.12}$$

$$\beta_{1j} = \gamma_{10} + u_{1j} \tag{15.13}$$

式 (15.6) と式 (15.11) の違いは, $x_{1ij}$ の係数が固定効果であるか ($\beta_{10}$), ランダム効果をともなう係数であるか ($\beta_{1j}$) であるという点である. 前者の場合, $x_{1ij}$ の効果は集団を超えて共通するが, 後者の場合, 効果自体が集団によってばらついている (すなわち, $\beta_1$ の値が集団 $j$ ごとに異なる) ことが想定されている. この係数 $\beta_{1j}$ は, 式 (15.13) において定義されており, 集団を超えて共通の係数 $\gamma_{10}$ の部分と, 集団ごとにばらつくランダム効果 $u_{1j}$ によって構成されている. このとき, 係数のランダム効果 $u_{1j}$ についても平均 0 の正規分布に従っているという仮定がおかれている.

場合によっては, 個人レベルの変数の効果の大きさや向きが, 集団レベルのある変数によって決まっていることが想定されることもあるだろう. たとえば, 個人の経済状況が意識に与える効果は, 地域の経済状況によって異なるかもしれない. 個人の経済状況が悪くとも, 地域の景気が上向きのときには, そのことで将来の見通しが悪いとは感じにくくなると考えれば, 個人の経済状況の効果は地域の経済状況によって異なると考えられる. このような場合には, 以下のように, 式 (15.13) のランダム係数の回帰式に, 集団レベルの変数を加えることもできる.

$$\beta_{1j} = \gamma_{10} + \gamma_{11}z_{1j} + u_{1j} \tag{15.13$'$}$$

このとき，$\gamma_{11}$ は固定効果となる．このような集団レベルの変数が個人レベルの変数の効果を変えるという交互作用を，特に「**クロスレベル交互作用**」と呼ぶこともある．

### 15.3.4　ランダム係数モデルの例

表15.5の例をもとに，ランダム係数モデルの分析を行ってみよう（表15.6）．ここでは家庭の経済状況の変化についての認知の効果が，地域によって異なると想定し，経済状況の変化にランダム効果を仮定している．すなわち，以下のような式を想定している．

$$\beta_{\text{経済状況の変化}} = \gamma_{01} + u_{1j}$$

**表 15.6**　ランダム係数モデルによる格差意識の規定要因
出典：国際化と政治に関する市民意識調査

| | モデル2 | | | モデル3 | | |
|---|---|---|---|---|---|---|
| | *B* | | *S.E.* | *B* | | *S.E.* |
| 固定効果 | | | | | | |
| 切片 | 3.81 | ** | 0.14 | 3.81 | ** | 0.15 |
| 年齢 | 0.01 | ** | 0.00 | 0.01 | ** | 0.00 |
| 男性 | −0.11 | * | 0.05 | −0.11 | * | 0.05 |
| 女性 | | | | | | |
| 高等学歴 | −0.37 | ** | 0.05 | −0.37 | ** | 0.05 |
| 初等・中等学歴 | | | | | | |
| 経済状況の変化 | −0.40 | ** | 0.05 | −0.40 | ** | 0.06 |
| 集団レベル | | | | | | |
| 第一次産業割合 | 0.01 | * | 0.01 | 0.01 | | 0.01 |
| ∗経済状況の変化 | | | | 0.00 | | 0.01 |
| | *V.C.* | | | *V.C.* | | |
| ランダム効果 | | | | | | |
| 個人レベル | 1.03 | | | 1.03 | | |
| 経済状況の変化 | 0.01 | | | 0.01 | | |
| 集団レベル | 0.04 | | | 0.01 | | |
| 相関（経済状況集団レベル切片） | −0.999 | | | −0.999 | | |
| deviance | 4684.48 | | | 4684.47 | | |
| AIC | 4704.48 | | | 4706.47 | | |
| BIC | 4758.45 | | | 4765.85 | | |

$n = 1632, **p < 0.01, *p < 0.05$, 最尤推定法

モデル 2 の結果を見ると，ランダム効果の欄に経済状況の変化 $u_{1j}$ の行が加わっている．経済状況の変化のランダム効果 $u_{1j}$ の分散はほぼ 0 であり，経済状況の変化が格差意識に与える効果は，地域によって異なるとはいえないことがわかる．また，このランダム効果は切片のランダム効果との間に非常に強い負の相関がある．つまり，格差意識の強い地域ほど，経済状況の変化が与える効果は小さい．モデル 2 の AIC や BIC の値を，表 15.5 のモデル 1 の AIC や BIC の値と比較すると，モデル 2 のほうが大きい．したがって，経済状況の変化にはランダム効果をつけないほうが，適合度の高いモデルだといえる．しかし，ここではクロスレベル交互作用効果を確認するため，ランダム効果をつけたままで，その効果が第一産業従事者比率によって変わるかを調べてみよう．言い換えると，第一産業従事者比率と経済状況変化の認知のクロスレベル交互作用が存在するかどうかを検証する．

モデル 3 では，経済状況の変化の係数について，以下のような式を想定している．

$$\beta_{\text{経済状況の変化}} = \gamma_{01} + \gamma_{02} z_{\text{第一産業従事者比率}\ j} + u_{1j}$$

モデル 3 の結果を見ると，固定効果の欄に第一次産業従事者比率と経済状況の変化の交互作用 $\gamma_{02}$ の行が加わっている．しかし，その効果はほぼ 0 であり，統計的にも 5%水準で有意ではない．つまり，経済状況の変化が格差意識に与える効果は，地域の産業構成によっては影響を受けていないといえるだろう．

## 15.4 マルチレベル分析を行う際の注意点

マルチレベル分析を行う際には，いくつか注意点がある．ここでは特に，① 推定方法の問題，② 集団数の問題，③ 中心化の問題，④ ランダム効果の相関，について見ていこう．

### 15.4.1 推定方法

マルチレベル分析においては，通常の回帰分析とは異なり，最小二乗法ではなく，**最尤推定法**が用いられる．最尤推定法では得られたデータをもとに，そうしたデータの得られる確率が最も高いパラメータを推定する．このときの「そうしたデータが得られる確率」のことを尤度といい，最尤推定法では尤度が最も大きくなるような値をパラメータの推定値として求めることになる．

たとえば，ある確率 $p_1$ で表が出るコインを10回振ってみたところ，表が4回，裏が6回出たとする．このとき，このコインで表が出る確率 $p_1$ はどの程度だと推定できるだろうか．もし $p_1$ が0.5だとすると，表が4回出る確率は10回のうちのどの回に表が出るのかを考慮したうえで，それが出る確率を計算することになるので，${}_{10}C_4 0.5^4(1-0.5)^6 = 0.205$ と求めることができる．もし表が出る確率 $p_1$ が0.4だとすると，表が4回出る確率は ${}_{10}C_4 0.4^4(1-0.4)^6 = 0.251$ となる．つまり，$p_1$ を0.5とした場合よりも，$p_1$ を0.4としたほうが，現在あるようなデータが得られる可能性は高い．これらの値，0.205や0.251は，あるパラメータ $p_1$ のもとで「そうしたデータが得られる確率」であり，尤度にあたる．最尤推定法では，現在得られているデータをもとに，この尤度の値が最も高くなるパラメータを推定する．ただし，尤度を最大化するようなパラメータを求めることは容易ではない．そのため，自然対数を用いた対数変換を行ったうえで，−2を掛けた逸脱度[2)](deviance)を最小化するようなパラメータを求めることになる．

最尤推定法は，線形回帰では従属変数が正規分布に従っていることを仮定しているため，今回のような連続変数を従属変数としたマルチレベル分析でも，従属変数は正規分布に従っていることが仮定される．

マルチレベル分析では，通常の最尤法（**完全情報最尤法**と呼ばれることもある）だけでなく，**制限つき最尤法**が用いられることもある．制限つき最尤法では，固定効果をいったんすべて取り除いたうえで，ランダム効果の推定を行う．これにより，ランダム効果の推定がより正確になることが知られている．逆に，通常の最尤法を用いた場合には，ランダム効果の分散が過小に推定されることが知られている．ただし，集団数が30を超えたような場合には，両者の推定値はほぼ一致する．また，どちらの推定方法を用いても固定効果の推定には影響はない．

---

[2)] なぜ −1ではなく，−2を掛けるのか．それは，対数尤度に −2を掛けた逸脱度が，カイ二乗分布するため，検定等を行うのに都合がよいからである．詳しくは，Dobson (2002=2008)などを参照のこと．

通常の最尤法と制限つき最尤法のどちらを用いるべきだろうか．制限つき最尤法では，ランダム効果の推定がより正確になるというメリットがある．しかし，この場合，「固定効果をいったん取り除いたうえで，ランダム効果の推定を行う」という手続きを行っているため，「固定効果をもつ変数はすべて同じ」で，「ランダム効果の部分のみが異なる」モデルしか，適合度を比較できない．一般に行動科学で行う研究では，集団レベルのどのような要素が個人の状況や意識に影響をもつのかということに関心があるため，異なる固定効果をもつモデルの比較を行うことが多い．この場合には，通常の最尤法で推定を行ったほうが，モデル比較のためには有効である．

### 15.4.2 集団数

マルチレベル分析を行うためには，どの程度集団数が必要なのだろうか．最尤推定法においては，サンプル・サイズが大きいことが必要となる．しかし，行動科学で用いるデータでは，個人レベルのサンプル・サイズは十分な場合が多いが，集団数が限られる場合が少なくない．たとえば，JGSS や SSM などの大規模な調査をもとに，都道府県を集団として分析する場合には集団数は 47 になる．また，国際比較意識調査である International Social Survey Programme では年によって異なるものの，現在では 40 程度の国や地域が参加している[3)]．World Value Survey はより参加国が多く，2010〜2014 年の調査では 57 の国と地域が参加している．また，個人で調査を行い，そのデータを分析するような場合には，集団数はより少なくなるだろう．では，これらの集団数はマルチレベル分析を行うのに十分なのだろうか．

マルチレベル分析の集団数がどの程度必要かについては，シミュレーションによる研究が進められている (Maas & Hox, 2004, 2005)．これらの研究の結果をまとめると，表 15.7 のようになる．固定効果の係数や個人レベルのランダム効果の推定については，集団数が少なくても，誤差は小さいことが指摘されている．固定効果の標準誤差についても，30 以上の集団が含まれるような場合には誤差の少ない結果が得られている．しかし，集団数が 20 程度では固定効果の標準誤差が，また，集団数が 50 以下の場合には集団レベルのランダム効果の標

[3)] 2011 年では 29，2012 年では 37 の国と地域が参加している．

**表 15.7**　集団数の推定の誤差に対する影響

| | | 集団数による推定の誤差 |
|---|---|---|
| 固定効果 | 係数 | 集団数が少なくとも小さい. |
| | 標準誤差 | 20 程度では過小推定. 30 以上あれば誤差は小さい. |
| ランダム効果（集団レベル） | 係数 | 10 程度では過大に推定. 30 程度では誤差は小さい. |
| | 標準誤差 | 50 以下では過小に推定. |
| ランダム効果（個人レベル） | 係数 | 集団数が少なくとも小さい. |
| | 標準誤差 | 集団数が少なくとも小さい. |

準誤差が，それぞれ過小に評価される．

これらの結果から，以下の 3 つのことが指摘されている．① クロスレベルの交互作用効果を想定する場合は 30 以上の集団が必要となる．② ランダム効果について正確な標準誤差の推定を行うためには 50 以上の集団が必要となる．③ 集団数が 10 を下回るような場合でも，固定効果のみが関心の対象であれば許容できる (Snijder & Bosker, 1999)．ただし，集団数が 10 を下回るような場合には，ブートストラップ法など，他の推定法を用いることが適切であることも指摘されている．

このように集団数の大きさが問題となる一方，各集団に含まれるサンプル・サイズの大きさはそれほど重大な問題とはならない．ただし，集団数が少ないことに加え，サンプル・サイズが 5 を下回るような集団が大半を占めるような場合，あるいはサンプル・サイズが 1 の集団の割合が増えた場合には，固定効果，ランダム効果ともに推定の誤差が大きくなる (Bethany *et al.*, 2008; Theall *et al.*, 2011).

### 15.4.3　中心化の問題

マルチレベル分析を行うときに考えなければならない第三の問題として，中心化の問題が挙げられる．先ほどの格差意識の例について考えてみよう．この表 15.5 のモデル 1 では，経済状況の変化が日本の格差への意識に影響を与えていることが示されていた．しかし，この経済状況の変化の効果は，3 つのメカニズムを含み得る．第一のメカニズムは，ある地域に暮らす個人の経済状況が変化したことの効果である．それぞれの地域のなかにおいて，ある人の経済状況がよくなった，悪くなったということが格差意識に影響をしていると考える．第二のメカニズムは，個人の集積としての地域全体の経済状況が変化したことの効果である．個人は地域のなかで暮らすので，地域全体の経済状況の変化が個人の経済状況の変化についての認知に影響すると考えられる．つまり，経済状況の変化の認知という個人の要因は，実際には地域の経済状況の変化を反映したものである可能性がある．したがって，今個人の経済状況の変化として現れているのは，そうした人が多い地域で暮らすことの効果かもしれない．第三のメカニズムは，地域全体の経済状況の変化との比較で見た，個人の経済状況の変化がもたらす効果である．経済状況を同じように「よくなった」と感じていても，みんなが経済状況が「よくなった」と感じている地域に住んでいる人と，みんなが「悪くなった」と感じている地域の場合では，格差意識に対する影響の仕方が異なる可能性がある．前者の場合には，経済状況が「よくなった」のは普通のことだが，後者の場合には他の人よりも恵まれた，特別なことになるからだ．これら 3 つのメカニズムのうち，第一の効果を「**級内効果** ($\beta_w$)」，第二の効果を「**級間効果** ($\beta_b$)」，第三の効果を「**文脈効果** ($\beta_c$)」と呼ぶ．

3 つの効果を図で示したのが図 15.4 である．個人の経済状況認識の効果は級内効果，地域の平均的経済状況認識の効果は級間効果に該当する．そして，地域の平均的な経済状況認識によって異なる，個人の相対的な経済状況認識の効果が，文脈効果である．

図 15.5 では，3 つの効果の違いを，回帰直線との関連で表現している．図 15.5 は，A，B，C という 3 つの集団について，$x$ と $y$ の関連を示した散布図である．

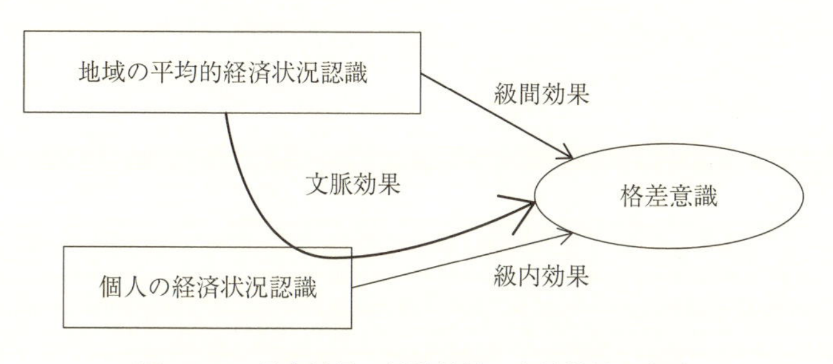


**図 15.4** 級内効果，級間効果，文脈効果の意味

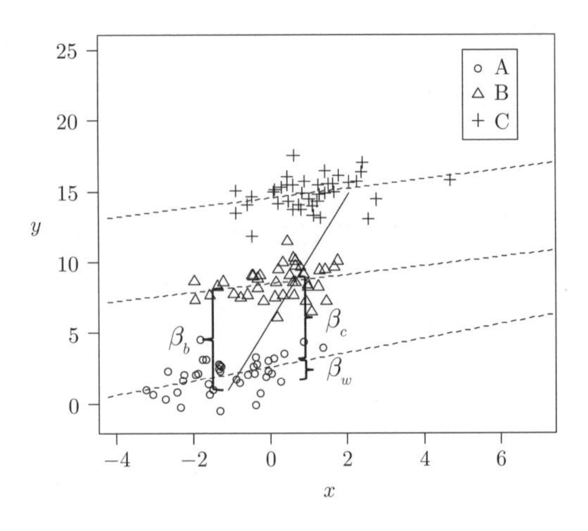


**図 15.5**　回帰直線における級内効果，級間効果，文脈効果の図 [4)]

点線は，各集団における $x$ を独立変数とした $y$ についての回帰直線を示し，実線は集団ごとの $x$ の平均値を通る直線である．この図からわかるように，$\beta_w$ は各集団内での $x$ の平均からの距離による $y$ の変化量にあたる（$x$ が増加することで，$y$ がどの程度変化するか）．一方，$\beta_b$ は集団ごとの $x$ の平均値の差によって生じる $y$ の値の差に該当する．そして文脈効果 ($\beta_c$) は，$\beta_c = \beta_b - \beta_w$ という関係にあることがわかる．つまり，文脈効果は，級間効果と級内効果の差になる．

独立変数 $x$ をそのままモデルに投入して分析した場合，係数の値はこれら 3 つの効果が混在したものになる．そこで，独立変数の効果が 3 つの効果のうちどれによって生じているのかを明確にするために，「**中心化**」を行う必要がある．中心化とは，独立変数から平均値を引く操作を指す．この操作には，集団ごとの平均値を引く場合（グループ平均での中心化；centering within cluster, CWC）と，データ全体での平均値を引く場合（全体平均での中心化；grand-mean centering, CGM）がある．重回帰分析の章（第 11 章）で説明した中心化は，このうちの全体平均での中心化である．

集団 $j$ における独立変数 $x$ のグループ平均 $\overline{x}_{.j}$ で中心化した場合，独立変数

4) Raudenbush & Bryk (2002) および村山　航:「階層線形モデルのセンタリングについての覚書」ウェブサイト（2010；2011 年 7 月 28 日にアクセス，koumurayama.com/koujapanese/centering.pdf）を参考に作成.

$(x_{ij} - \overline{x}_{.j})$ は，ある集団のなかで，独立変数が集団の平均から 1 単位離れたときの効果，すなわち級内効果を示す．したがって，その係数である $\beta_{10}$ は級内効果を示す．しかし，集団ごとの $x$ の平均値はモデルから除外されてしまうため，級間効果や文脈効果は得られない．

$$y_{ij} = \beta_{0j} + \beta_{10}\,(x_{ij} - \overline{x}_{.j}) + r_{ij}$$
$$\beta_{0\mathrm{j}} = \gamma_{00} + u_{0j}$$

そこで，グループ平均 $\overline{x}_{.j}$ を集団レベルの独立効果として投入する．

$$y_{ij} = \beta_{0j} + \beta_{10}(x_{ij} - \overline{x}_{.j}) + r_{ij}$$
$$\beta_{0j} = \gamma_{00} + \beta_{01}\overline{x}_{.j} + u_{0j}$$

こうすると，$\beta_w = \beta_{10}$，$\beta_b = \beta_{01}$ となり，純粋な級内効果，級間効果をともに得ることができる．また，$\beta_c = \beta_b - \beta_w$ という関係にあるので，$\beta_{01} - \beta_{10}$ によって文脈効果も得ることができる．ただし，この文脈効果が有意かどうかは，$\beta_b - \beta_w = 0$ という帰無仮説を検定する必要がある．

次に，全体平均で中心化した場合について考えてみよう．全体平均で中心化した場合の値 $(x_{ij} - \overline{x}_{..})$ は，式 (15.14) で示したように，集団内での各個体の集団平均からの距離 $(x_{ij} - \overline{x}_{.j})$ と，集団平均の全体平均からの距離 $(\overline{x}_{.j} - \overline{x}_{ij})$ に分けられる．

$$(x_{ij} - \overline{x}_{..}) = (x_{ij} - \overline{x}_{.j}) + (\overline{x}_{.j} - \overline{x}_{ij}) \tag{15.14}$$

したがって，全体平均で中心化した変数の効果には，級内効果と級間効果が混在してしまっている．このとき，全体平均で中心化した独立変数 $x$ の係数 $\beta$ は，級内効果と級間効果の重みづけ平均となり，両者の分離は困難である．

全体平均での中心化を行ったうえで，級内効果や級間効果を区別したい場合には，各集団での $x$ の平均 $(\overline{x}_{.j})$ をモデルに投入するとよい．この場合，

$$y_{ij} = \beta_{0j} + \beta_{10}\,(x_{ij} - \overline{x}_{..}) + r_{ij}$$
$$\beta_{0\mathrm{j}} = \gamma_{00} + \beta_{01}\overline{x}_{.j} + u_{0j}$$

と表記でき，それぞれの効果は $\beta_w = \beta_{10}$，$\beta_b = \beta_{10} + \beta_{01}$，$\beta_c=\beta_{01}$ に該当する．

これらの中心化の方法はどのように使い分ければよいのだろうか．判断の基準となるのは，分析の関心が個人レベル変数と集団レベル変数のどちらにあるのか，という点である．全体平均での中心化のみを行ったモデル（CGM モデル）は，個人レベルの独立変数の効果を見るのには適していない．しかし，個人レベル変数はあくまでも統制変数であり，集団レベルの独立変数の効果に関心がある場合には，個人レベル変数に関する集団間の平均値の違いも個人レベル変数 1 つで統制できるため，このモデルを用いるのが適している．

一方，個人レベル変数の効果に関心がある場合には，個人レベル変数をグループ平均で中心化したうえで集団レベルにグループ平均を変数として投入したモデル（CWC+ 集団平均モデル），または，個人レベルを全体平均で中心化＋集団レベルにグループ平均を変数として投入したモデル（CGM ＋集団平均モデル）を用いるべきだろう．これら 2 つのモデルの違いは，$\beta_{01}$ の解釈である．CGM+ 集団平均モデルでは，$\beta_{01}$ は文脈効果となる．一方 CWC+ 集団平均モデルでは，$\beta_{01}$ は級間効果となる．もちろん，どちらのモデルにおいても計算によって級間効果や文脈効果を求めることはできるが，新たに検定を行う必要性や結果の理解しやすさなどを考慮すれば，文脈効果に関心がある場合は CGM+ 集団平均モデル，級間効果に関心がある場合は CWC+ 集団平均モデルを使うのがより適しているといえるだろう．

これに加えて，判断の基準となるのは，クロスレベル交互作用効果の有無である．集団レベル変数と個人レベル変数のクロスレベル交互作用に関心がある場合には，グループ平均での中心化を行ったほうがよい．図 15.6 の場合を見てみよう．太線は集団 A，B，C をすべてあわせた場合の $x$ の全体平均を示している．全体平均で中心化した場合には，$x$ がこの位置にいる人の $y$ の値に対する集団の効果を比較していることになる．しかし，集団 A や集団 B の人はそもそもこの位置にほとんどいない．つまり，全体平均の位置にいることの意味は，集団によってかなり異なるのである．グループ平均で中心化すれば，それぞれの集団の平均的な人を基準として考えることができる．この際にはさらに，解釈をより容易にするため，また，多重共線性を回避するために，レベル 2 で加える集団平均についても，全体平均によって中心化したほうがよい（清水，2014）．

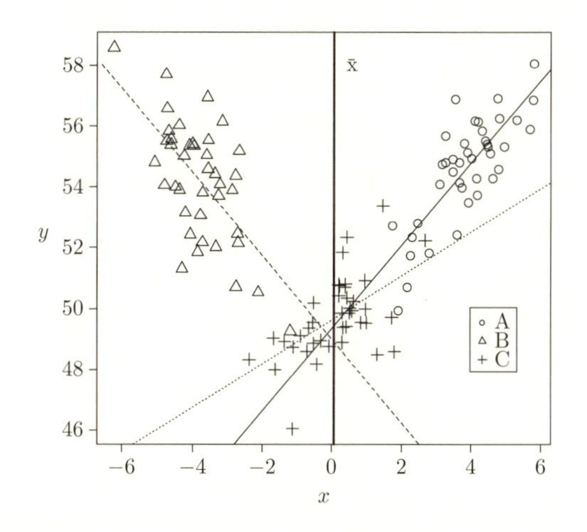


**図 15.6** グループ間の全体平均の位置の違い（仮想データ）

ここまで見てきた，それぞれの中心化を用いたモデルの特性をまとめると，表 15.8 のようになる．

### 15.4.4 ランダム効果の相関

表 15.8 の例では，ランダム効果間に相関を想定していた．マルチレベル分析では，個人レベルのランダム効果 ($r_{ij}$) と集団レベルのランダム効果 ($u_{0j}, u_{1j}, \ldots$) の間には相関がないことが仮定されているが，集団レベルのランダム効果間には相関を想定することができる．このランダム効果が集団間の説明されない差異であることを考慮すれば，集団レベルの係数と切片のランダム効果には相関があると考えたほうがよいだろう．しかし，ランダム効果を数多く想定すれば，それだけ推定しなければならないパラメータが増えてしまい，モデルが複雑になり，結果として推定がうまくいかないことも起こり得る．したがって，可能であれば，より少ないパラメータで推定したほうがよい．

こうした観点から，ランダム効果間の相関について，一定の仮定をおいた分析を行うこともできる．ここでは，そのいくつかを紹介しよう．第一の仮定は，集団レベルのランダム効果の分散は同じ，かつ，互いに無相関という仮定である．これは強い仮定ではあるが，推定すべきパラメータを分散 1 つにとどめる

**表 15.8** 中心化の種類と検出できる効果の関係のまとめ[5)]

| モデル | | | 効果 | | | 備考 |
|---|---|---|---|---|---|---|
| レベル 1（中心化の種類） | レベル 2（集団平均の投入） | 式 | 級内効果 ($\beta_w$) | 級間効果 ($\beta_b$) | 文脈効果 ($\beta_c$) | |
| 中心化なし | なし | $y_{ij}=\beta_{0j}+\beta_{10}x_{ij}+r_{ij}$<br>$\beta_{0j}=\gamma_{00}+u_{0j}$ | 混合 ($\beta_{10}=\frac{W_1\beta_b+W_2\beta_w}{W_1+W_2}$) | | — | 切片は $x$=0 のときの $y$ となり，実質的な意味がない場合がある. |
| CGM | なし | $y_{ij}=\beta_{0j}+\beta_{10}(x_{ij}-\bar{x}_{..})+r_{ij}$<br>$\beta_{0j}=\gamma_{00}+u_{0j}$ | 混合 ($\beta_{10}=\frac{W_1\beta_b+W_2\beta_w}{W_1+W_2}$) | | — | 切片は $x=\bar{x}_{..}$ のときの $y$ となり，実質的な意味をもつ．集団レベル変数に関心がある場合に有効. |
| CWC | なし | $y_{ij}=\beta_{0j}+\beta_{10}(x_{ij}-\bar{x}_{.j})+r_{ij}$<br>$\beta_{0j}=\gamma_{00}+u_{0j}$ | $\beta_{10}$ | — | — | 級間効果が完全に除去される. |
| CGM | あり | $y_{ij}=\beta_{0j}+\beta_{10}(x_{ij}-\bar{x}_{..})+r_{ij}$<br>$\beta_{0j}=\gamma_{00}+\beta_{01}x_{.j}+u_{0j}$ | $\beta_{10}$ | $\beta_{01}+\beta_{10}$ | $\beta_{01}$ | 3つの効果を識別可能. |
| CWC | あり | $y_{ij}=\beta_{0j}+\beta_{10}(x_{ij}-\bar{x}_{.j})+r_{ij}$<br>$\beta_{0j}=\gamma_{00}+\beta_{01}x_{.j}+u_{0j}$ | $\beta_{10}$ | $\beta_{01}$ | $\beta_{01}-\beta_{10}$ | 3つの効果を識別可能．クロスレベル交互作用を用いる場合に有効. |

[5)] Raudenbush & Bryk(2002)，村山 航:「階層線形モデルのセンタリングについての覚書」ウェブサイト（2010；2011年7月28日にアクセス，koumurayama.com/koujapanese/centering.pdf）を参考に作成.

ことができる.

第二の仮定は，ランダム効果の分散はそれぞれ異なるが，互いに無相関であるという仮定である．この場合，分散はランダム効果の数だけ推定する必要があるが，相関を 0 と仮定する分だけ，パラメータを節約できる.

第三の仮定は，ランダム効果の分散は同じであり，ランダム効果の間に相関を認めるが，すべての相関は同じであるというモデルである．この場合，推定すべきパラメータはランダム効果の共通の分散と共通の相関の 2 つでよくなる.

ほかにもさまざまな仮定のおき方が考えられるが，実際のデータの構造と乖離した仮定をおくことは避けるべきである．そこで，まずは何の仮定もおかず分析を行い，実際のランダム効果間の相関関係から考えて無理のない形で仮定をおき，推定するパラメータを減らしていくのがよいだろう.

**【R を用いたマルチレベル分析】**

R でマルチレベル分析（従属変数が連続変数の場合）を行う際には，`lme4` パッケージの `lmer` コマンドか，`nlme` パッケージの `lme` コマンドを用いるのが一般的である．以下では `nlme` パッケージの `lme` コマンドを用いた分析方法について紹介する [6]．使用するデータは，`nlme` パッケージのなかに入っている `MathAchieve` と `MathAchSchool` である．前者は 1982 年にアメリカで行われた調査での 160 の学校に通う 7185 人の生徒の数学の成績についてのデータ (Raudenbush & Bryk, 2002). であり，後者はこの 160 の学校についてのデータである．`nlme` パッケージをインストールし，読み込んだ後で，これら 2 つのデータをそれぞれ `d15i`，`d15s` として保存する.

```
> install.packages("nlme")
> library(nlme)
> d15i <- data.frame(MathAchieve)
> d15s <- data.frame(MathAchSchool)
```

`d15i` の先頭 10 行を見るとわかるように，各個人は `School` 変数でどの学校に

[6] ランダム効果間の相関の指定については，複雑であるため，ここでは紹介しない．`nlme` では `random=list()` のなかでより詳細な相関を設定することができる.

所属しているかがわかるようになっている．

```
> head(d15i)
```

```
> head(d15i)
  School Minority    Sex    SES MathAch MEANSES
1   1224       No Female -1.528   5.876  -0.428
2   1224       No Female -0.588  19.708  -0.428
3   1224       No   Male -0.528  20.349  -0.428
4   1224       No   Male -0.668   8.781  -0.428
5   1224       No   Male -0.158  17.898  -0.428
6   1224       No   Male  0.022   4.583  -0.428
```

一方，d15s の先頭 10 行を見ると，各学校ごとにさまざまな情報がまとめられていることがわかるだろう．

```
> head(d15s)
```

```
> head(d15s)
     School Size   Sector PRACAD DISCLIM HIMINTY MEANSES
1224   1224  842   Public   0.35   1.597       0  -0.428
1288   1288 1855   Public   0.27   0.174       0   0.128
1296   1296 1719   Public   0.32  -0.137       1  -0.420
1308   1308  716 Catholic   0.96  -0.622       0   0.534
1317   1317  455 Catholic   0.95  -1.694       1   0.351
1358   1358 1430   Public   0.25   1.535       0  -0.014
```

次に，これら 2 つのデータセットを d15 として合併する．合併には merge コマンドを用いる．d15i の各個人について，所属する学校のデータを組み合わせるので，merge コマンドの括弧内で学校 ID (School) をもとにデータを結びつけることを指定する．これは key=の後に結合の鍵となる変数を指定すればよい．

```
> d15 <- merge(d15i, d15s, key="School")
```

データが完成したら，数学の成績（MathAch，連続変数，値が大きいほど得点が高い）を従属変数として，個人の性別（Sex，男性は Male，女性は Female のカテゴリ変数），人種的マイノリティかどうか（Minority，マイノリティであれば Yes，そうでなければ No のカテゴリ変数），家庭の社会経済的地位（SES，連続変数，値が大きいほど社会経済的地位が高い)，学校における差別の程度（DISCLIM，連続変数，値が大きいほど差別の程度が強い）の影響を調べてみよう．

まず，切片のみを含むヌル・モデルを分析し，級内相関の程度を調べる．lme コマンドでは，まず固定効果についてのモデルを書き，次にランダム効果についてのモデルを書く．固定効果のモデルの書き方は，回帰分析の場合と同様であり，**従属変数~独立変数**，という形で書く．今は切片のみを含むモデルであるため，MathAch~1 という形になる．ランダム効果については，random=~ に続く形でランダム効果を指定したい変数を書き，その後に | と所属集団を示す変数を書く．次にデータを指定する．推定方法はデフォルトでは制限つき最尤法 (REML) であるが，ここでは最尤推定法 (ML) を指定している．この結果を，f1 として保存し，summary コマンドで結果を見る．

```
> f1 <- lme(MathAch~1,random=~1|School, data=d15, method="ML")
> summary(f1)
```

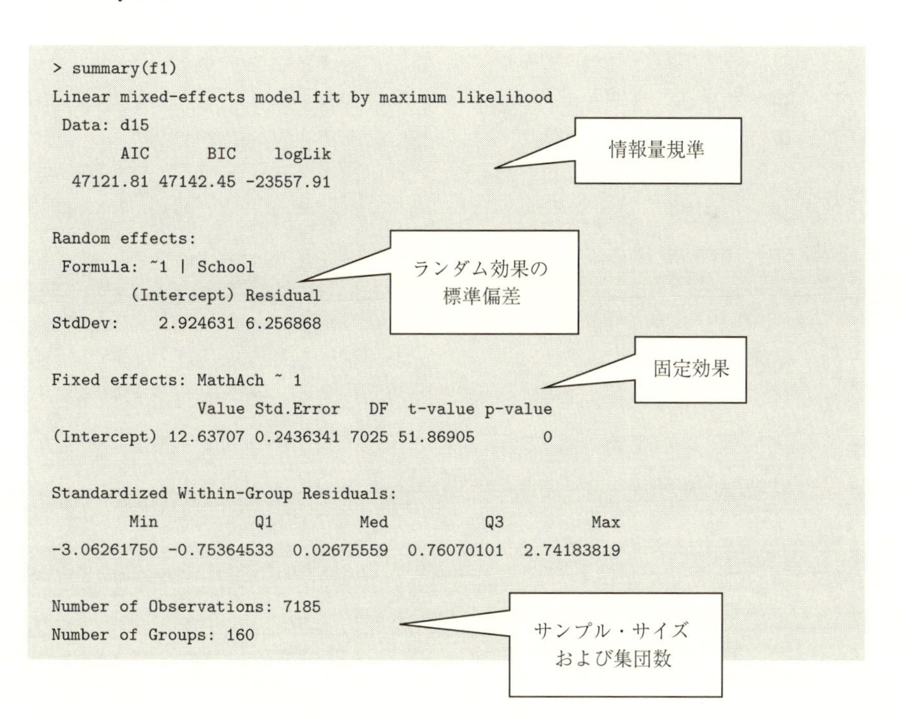

```
> summary(f1)
Linear mixed-effects model fit by maximum likelihood
 Data: d15
      AIC      BIC    logLik
  47121.81 47142.45 -23557.91

Random effects:
 Formula: ~1 | School
        (Intercept) Residual
StdDev:    2.924631 6.256868

Fixed effects: MathAch ~ 1
               Value Std.Error   DF  t-value p-value
(Intercept) 12.63707 0.2436341 7025 51.86905       0

Standardized Within-Group Residuals:
        Min          Q1         Med          Q3         Max
-3.06261750 -0.75364533  0.02675559  0.76070101  2.74183819

Number of Observations: 7185
Number of Groups: 160
```

出力された結果を見ると，まず情報量基準（AIC, BIC, 対数尤度 logLik）が表示されている．その下には，ランダム効果の標準偏差が示されている．Intercept が集団レベルの切片のランダム効果を，Residual が個人レベルのランダム効果を示している．これは標準偏差であるので，分散を得るためには，この数値を2乗しなければならない．ここから，この分析の級内相関は

$$\mathrm{ICC} = \frac{2.92^2}{2.92^2 + 6.26^2} = 0.1786\ldots$$

であり，18%程度の分散が所属集団（学校）の違いで説明されることがわかる．

次に固定効果の結果が示されており，切片の係数は12.64，標準誤差は0.24で，係数の値は1%水準で有意であることがわかる．結果の最後には，サンプル・サイズと集団数が示されている．

では，このモデルへ上に挙げた独立変数を加えていこう．また，マイノリティに属しているかどうかの効果は学校によって異なる可能性があるので，マイノリティ変数にランダム効果をつける．このためには，固定効果の部分に上に挙げた変数を加えるとともに，random=~の後にマイノリティ変数を加える．ここで注意すべき点は，集団レベル，個人レベルかかわりなく，固定効果として加えたい変数はすべて固定効果のモデルのなかに含めるという点である．

```
> f2 <- lme(MathAch~Sex+SES+Minority+DISCLIM, random =~ Minority | School,
  data=d15, method="ML")
> summary(f2)
```

分析結果を出力すると，次のようになる．基本的な見方は先ほどと同じであるが，ランダム効果の欄にマイノリティ変数が加えられていることがわかるだろう．そして，ランダム効果の標準偏差に加えて，マイノリティ変数の係数のランダム効果と集団レベルの切片のランダム効果の相関も示されている．

固定効果の欄には，独立変数の固定効果の係数や標準誤差，$t$値や，統計的検定の結果（$p$値）が示されている．カテゴリ変数については，SexFemale などの形で結果が表記されているが，これは男性を基準とした場合の女性であることの効果を示している．この結果を見ると，すべての変数が有意な効果をもち，女性は男性に比べ，マイノリティはそうでない人に比べ数学の得点が低く，ま

た家庭の社会経済的地位の低い生徒ほど，学校が差別的であるほど，点数が低くなることもわかる．

```
> summary(f2)
Linear mixed-effects model fit by maximum likelihood
 Data: d15
      AIC      BIC    logLik
  46346.1 46408.01 -23164.05

Random effects:
 Formula: ~Minority | School
 Structure: General positive-definite, Log-Cholesky parametrization
            StdDev   Corr
(Intercept) 1.536624 (Intr)
MinorityYes 1.250886 -0.201
Residual    5.976333

Fixed effects: MathAch ~ Sex + SES + Minority + DISCLIM
                Value Std.Error   DF   t-value p-value
(Intercept) 14.111221 0.1748481 7022  80.70561       0
SexFemale   -1.318338 0.1608174 7022  -8.19773       0
SES          2.048831 0.1053453 7022  19.44873       0
MinorityYes -3.032930 0.2320133 7022 -13.07223       0
DISCLIM     -1.150017 0.1486847  158  -7.73460       0
 Correlation:
            (Intr) SexFml SES    MnrtyY
SexFemale   -0.481
SES         -0.092  0.065
MinorityYes -0.333  0.013  0.178
DISCLIM      0.025  0.045  0.102 -0.014

Standardized Within-Group Residuals:
       Min         Q1        Med         Q3        Max
-3.2747969 -0.7219275  0.0365177  0.7601635  3.0011612

Number of Observations: 7185
Number of Groups: 160
```

ランダム効果の標準偏差と
ランダム効果間の相関

固定効果

今，家庭の社会経済的地位が高いことが数学の成績を上げるという結果が出ているが，これは個人の社会経済的地位の効果かもしれないし，社会経済的地位の高い家庭の子どもが多い学校に通う効果かもしれない．この級内効果と級間効果を分けるため，SES をグループ平均で中心化してみよう．

グループ平均変数の作成には，aggregate コマンドを用いる．以下のようにして，d15i の SES について，School ごとに平均を求め，それを sesmean という名前で保存する．

```
> sesmean <- aggregate(d15i["SES"],list(d15i$School),mean)
```

そのうえで，sesmean の各列に対して変数名をつけておく．

```
> names(sesmean) <- c("School","ses_m")
```

そして，先ほどと同様の手続きで，d15 データと sesmean データを，School を鍵として結合する．

```
> d15n <- merge(d15,sesmean, by="School")
```

この新しいデータセットをもとに，中心化を行う．グループ平均で中心化するためには，もとの変数からグループ平均を引けばよいので，以下のように新たな変数 ses_c を作成する．

```
> d15n$ses_c <- d15n$SES-d15n$ses_m
```

このグループ平均で中心化した家庭の社会経済的地位の変数と，家庭の社会経済的地位の集団平均を独立変数に含めて分析してみると，次のような結果になった．

```
> f3 <- lme(MathAch~Sex+ses_c+Minority+DISCLIM+ses_m,
   random =~Minority | School, data=d15n, method="ML")
> summary(f3)
```

```
> summary(f3)
Linear mixed-effects model fit by maximum likelihood
 Data: d15n
       AIC      BIC    logLik
  46312.33 46381.12 -23146.16

Random effects:
 Formula: ~Minority | School
 Structure: General positive-definite, Log-Cholesky parametrization
            StdDev   Corr
(Intercept) 1.298239 (Intr)
MinorityYes 1.293762 -0.145
Residual    5.974360

Fixed effects: MathAch ~ Sex + ses_c + Minority + DISCLIM + ses_m
                Value Std.Error   DF   t-value p-value
(Intercept) 14.051621 0.1616063 7022  86.94969       0
SexFemale   -1.301908 0.1594915 7022  -8.16287       0
ses_c        1.895495 0.1086215 7022  17.45046       0
MinorityYes -2.824473 0.2344956 7022 -12.04488       0
DISCLIM     -0.816848 0.1432993  157  -5.70029       0
ses_m        4.158390 0.3475419  157  11.96515       0
 Correlation:
            (Intr) SexFml ses_c  MnrtyY DISCLI
SexFemale   -0.519
ses_c       -0.076  0.051
MinorityYes -0.330  0.019  0.129
DISCLIM     -0.003  0.063  0.007  0.038
ses_m       -0.107  0.065  0.032  0.198  0.359

Standardized Within-Group Residuals:
        Min          Q1         Med          Q3         Max
-3.27316159 -0.72098104  0.03364213  0.76112271  3.00557117

Number of Observations: 7185
Number of Groups: 160
```

これを見ると，家庭の社会経済的地位については，級内効果，級間効果ともに有意であり，通っている生徒の社会経済的地位が高い学校では，平均的に数学の成績がよく，また，同じ学校のなかについて見ても家庭の社会経済的地位が高い生徒のほうが数学の成績はよいといえる．

最後に，マイノリティであることの効果が，学校の差別の程度によって異なるのか，クロスレベルの交互作用項を含めて分析してみよう．交互作用項についても，回帰分析の場合と同様に変数を*でつなぐことでモデルに含めることができる．

```
> f4 <- lme(MathAch~Sex+ses_c+Minority+DISCLIM+ses_m+Minority*DISCLIM,
  random=~Minority | School, data=d15n, method="ML")
> summary(f4)
```

```
> summary(f4)
Linear mixed-effects model fit by maximum likelihood
 Data: d15n
       AIC      BIC    logLik
  46293.03 46368.71 -23135.52

Random effects:
 Formula: ~Minority | School
 Structure: General positive-definite, Log-Cholesky parametrization
            StdDev    Corr
(Intercept) 1.3114784 (Intr)
MinorityYes 0.8654952 0.022
Residual    5.9707062

Fixed effects: MathAch ~ Sex + ses_c + Minority + DISCLIM + ses_m + Minority
   *      DISCLIM
                         Value Std.Error   DF   t-value p-value
(Intercept)          14.095022 0.1618792 7021  87.07125   0e+00
SexFemale            -1.302581 0.1594471 7021  -8.16936   0e+00
ses_c                 1.881699 0.1084663 7021  17.34824   0e+00
MinorityYes          -2.849565 0.2178310 7021 -13.08154   0e+00
DISCLIM              -0.552687 0.1545813  157  -3.57538   5e-04
ses_m                 4.108919 0.3491450  157  11.76852   0e+00
MinorityYes:DISCLIM -1.027530 0.2140148 7021  -4.80121   0e+00
 Correlation:
                    (Intr) SexFml ses_c  MnrtyY DISCLI ses_m
SexFemale           -0.518
ses_c               -0.079  0.052
MinorityYes         -0.312  0.020  0.143
DISCLIM              0.016  0.054 -0.010  0.025
ses_m               -0.097  0.064  0.034  0.203  0.329
MinorityYes:DISCLIM -0.047  0.012  0.047  0.042 -0.353  0.017
```

```
Standardized Within-Group Residuals:
        Min          Q1         Med          Q3         Max
-3.23196886 -0.72091562  0.03446833  0.75936865  3.12613103

Number of Observations: 7185
Number of Groups: 160
```

分析の結果を見ると，マイノリティの主効果，差別の程度の主効果ともに負で有意であるのに加え，マイノリティと差別の程度の交互作用も有意な負の効果 (−1.028) をもっている．ここから，マイノリティであることは数学の成績を低下させるが，特にその傾向は差別的な学校に通うことによって強く見られることがわかる．

**問題 15.1** 上のデータについて，家庭の社会経済的地位を中心化したうえで分析を行い，家庭の社会経済的地位に文脈効果があるかを調べよ．この際，グループ平均と全体平均のどちらで中心化したモデルが適切なのかについても考慮し，また，統制変数として性別とマイノリティかどうかを加えること．

**問題 15.2** 上のデータについて，学校が公立かカトリック系か (Sector) によって，家庭の社会経済的地位の効果が異なるのかについて調べよ．その際，グループ平均と全体平均のどちらで中心化したモデルが適切なのかについても考慮し，また，統制変数として性別とマイノリティかどうかを加えること．

## 参考文献

Bethany, A. B., Ferron, J. M., Kromrey, J. D.: Cluster size in multilevel models: the impact of sparse data structures on point and interval estimates in two-level models, *Proceedings of the Joint Statistical Meetings, Survey Research Methods Section*: 1122-1129 (2008)

Theall, K. P., Scribner, R., Broyles, S., *et al.*: Impact of small group size on neighbourhood influences in multilevel models, *Journal of Epidemiology and Community Health*, **65**: 688-95(2011)

Dobson, A. J.: *An Introduction to Generalized Linear Models, Second Edition*. Chapman & Hall/ CRC Press(2002), 332 p（= 田中 豊・森川敏彦・山中竹春・富田 誠 訳：一般化線形モデル入門 原書第 2 版，共立出版 (2008)，264 p）

Maas, C. J., Hox, J. J.: Sufficient sample sizes for multilevel modeling, *Methodology*, **1**: 86-92(2005).

Maas, C. J., Hox, J. J.: Robustness issues in multilevel regression analysis, *Statistica Neerlandica*, **58**: 127-37(2004)

Munthén, B. O., Satorra, A.: Complex sample data in structural equation modeling, *Sociological Methodology*, **25**: 267-316(1995)

Raudenbush, S. W., Bryk, A. S.: *Hierarchical Linear Models: Applications and Data Analysis Methods* 2nd Edition. Sage (2002), 509 p

清水裕士：個人と集団のマルチレベル分析，ナカニシヤ出版 (2014), 185 p

Snijder, T. A. B., Bosker, R.: *Multilevel analysis: An introduction to basic and advanced multilevel modeling*, Thousand Oak: Sage(1999), 274 p

# 付録

# 社会調査データ分析のための Rの使い方の基礎

## 1. Rの準備

### (1-1) Rのインストール

Rのインストールは，RjpWiki(http://www.okadajp.org/RWiki/) から行うとわかりやすい．RjpWiki では，Windows，Mac，Linux，Unix それぞれに対応したRのインストール方法が紹介されている．

**R のインストール**
http://www.okadajp.org/RWiki/?R%20%E3%81%AE%E3%82%A4%E3%83%B3%E3%82%B9%E3%83%88%E3%83%BC%E3%83%AB

[ トップ | Tips紹介 | 初級Q&A | R掲示板 | 日本語化掲示板 | リンク集 ]
[ 編集 | 凍結 | 差分 | バックアップ | 添付 | リロード ]　[ 新規 | 一覧 | 単語検索 | 最終更新 | ヘルプ ]

最新の30件
2015-06-16
- トップ頁へのコメント
2015-06-15
- Q&A (初級者コース)/16
2015-06-11
- R本リスト
2015-05-12
- RとFDA
- R と SAS
- Excel2007ファイルの読み書き
2015-05-10
- データベースとR
- RjpWiki カテゴリー別見取り図
- Windows による eps ファイル編集(ad*be ソフトに頼らない方法)
- LibreOffice
- RecentDeleted
- DeployR
2015-04-26
- RでGIS
2015-04-16
- R以外に使っているパッケージ
2015-04-12
- binom(二項分布の信頼区間)パッケージ中のオブジェクト一覧
2015-04-03
- ESS

R のインストール

Windows, Mac, Linux(redhat, yellowdog, vine,...), Unix のインストールのコツなどを付け足してください。

- Windows 版 R のインストール
  - Windows Vista での問題点
  - 参考リンク
- Mac 版 R のインストール
  - Mac OSX
  - 参考リンク
  - Fink 版 R のインストール
  - Mac Ports 版 R のインストール
  - バイナリの提供されていないないパッケージ
- Linux 版 R のインストール
  - Debian GNU/Linux (含む Knoppix)の場合 (インターネット経由でオリジナル版をインストールする場合)
  - openSUSE10.2 Linux 版インストール
  - Ubuntu Linux の場合:
- Unix 版 R のインストール
  - ソースからのコンパイル法 (含む Linux)
- REvolutionR(IntelMKL版R:マルチコア対応:Windows,MacOSX)
- Linuxでソースからのビルド(VineLinuxを例として)
- 興味のある分野のパッケージを丸ごとインストールする

**Windows 版 R** のインストール †

本書では，Windows 版でのインストール方法を紹介する．R のインストールに必要なファイルは，インターネットからダウンロードできる．まず，CRAN(The Comprehensive R Archive Network) のミラーサイト (http://cran.ism.ac.jp/bin/windows/base/) にアクセスする．最新版の R のインストールファイル（R*.*.*.exe，*のところはバージョンによって異なる数字が入る）がおかれているので，クリックしてダウンロードする．

ダウンロードした exe ファイルをダブルクリックし，インストールを実行する．この際，セキュリティの警告画面が出るので，「実行」を選択する．次に，インストール中に利用する言語を聞かれるが，「日本語」を選んでおこう．

すると，セットアップウィザードが開始される．「次へ」をクリックすると，ライセンスに関する情報が表示されるので，再び「次へ」をクリックする．

「インストール先の指定」のウィンドウが開くので，「参照」から適切なファイルを選んで「次へ」をクリックする．特に指定したいファイルがなければ，そのまま「次へ」をクリックすればよい．

「コンポーネントの選択」のウィンドウが開く．デフォルトでは「Core Files」と「32-bit Files」が選択されている．64 ビット対応のパソコンを使用しているのであれば，「32-bit Files」のチェックをはずし，「64-bit Files」を選択するといいだろう．必要なものにチェックがついていることを確認したら，「次へ」を選択する．

「起動時オプション」のウィンドウが開く．特に希望がなければ，デフォルトのままにして「次へ」をクリックする．

「プログラムグループの指定」のウィンドウが開く．スタートメニューにショートカットを作成するか聞かれるので，そのまま「次へ」をクリックする．

「追加タスクの選択」のウィンドウが開くので，必要な追加タスクにチェックがついていることを確認し，「次へ」をクリックする．すると，インストールが開始される．

インストールが終了したら「完了」をクリックし，セットアップを完了する．

### (1-2) R の初期設定

R を起動すると，コンソール画面が開く．もしこの画面が文字化けしているときには，「編集」の「GUI プリファレンス」から「Rgui 設定エディター」を開く．そして，Font を「Courier New」から「Ms Gothic」または「Ms Mincho」にする．

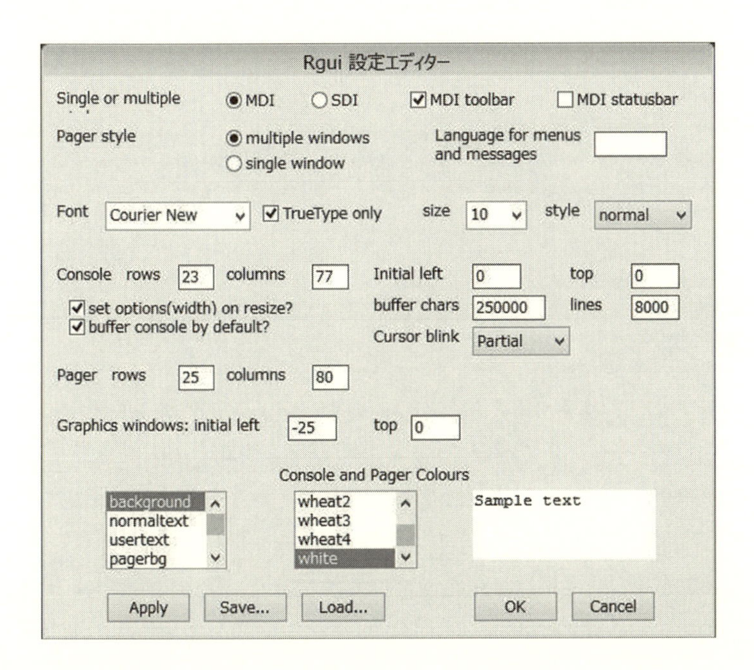


R では，コンソール画面にコマンドを入力することによって分析を行うことができる（第 1 章参照）．ただし，行った分析の確認のためには，スクリプトファイルを用いたほうがよい．

スクリプトファイルを作成するには，コンソール画面の「ファイル」から「新しいスクリプト」を選択する．開いた画面にコマンドを書き込み，そのコマンドを選択，あるいは，コマンドの行の末尾にカーソルを合わせ，Ctrl+R をクリックすることにより，実行できる．また，行の先頭に#を記入すると，その行はコマンドとしては認識されない．これを利用し，分析の覚書などを#をつけて記入しておくと，後で何の分析をしているのかわかりやすくなる．

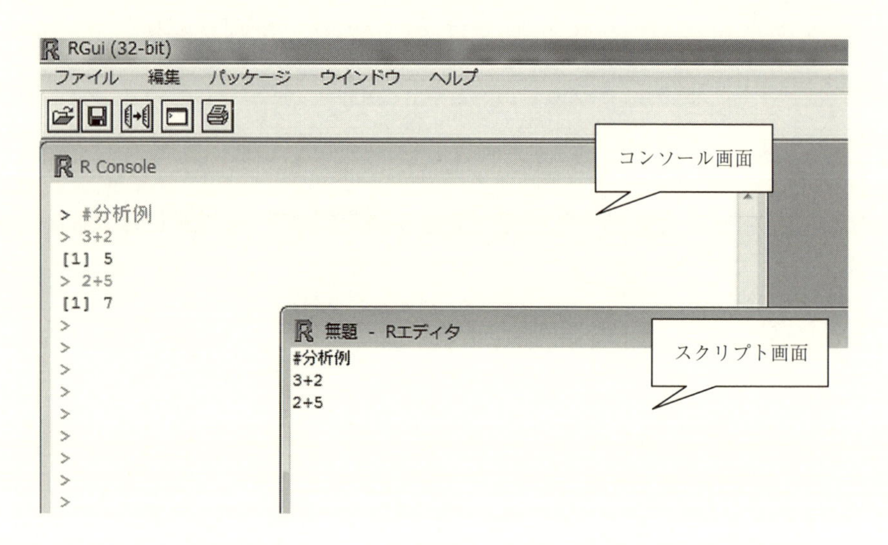


R では，「ディレクトリ」として指定されたフォルダに格納されたデータを読み込み，分析を行う．したがって，データファイルを用いて分析を行う際には，使用するデータファイルが入ったフォルダをディレクトリとして指定する必要がある．

ディレクトリの設定には，いくつかの方法がある．第一の方法は，`setwd` コマンドを用いる方法である．たとえば，C ドライブの R というフォルダをディレクトリとして指定したい場合は，下記のコマンドを実行すればよい．

```
> setwd("C:/R")
```

第二の方法は，コンソール画面の「ファイル」から「ディレクトリの変更」を選択する方法である．「フォルダの参照」という画面が開くので，データファイルを保存したフォルダを選択すればよい．

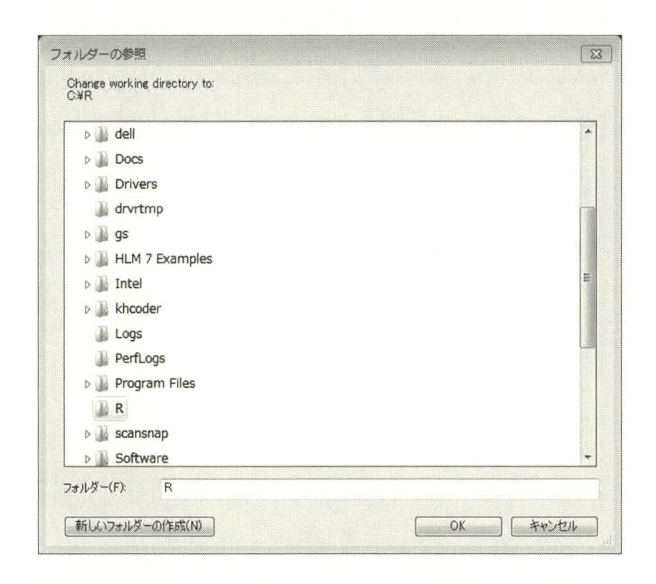


## 2. R の基本的操作

### (2-1) 分析に用いるデータの指定と指定の解除

同じデータを用いて複数の分析を行う場合には，分析に用いるデータを指定しておくと便利である．データの指定には，attach コマンドを用いる．たとえば，d1 という名前で保存したデータを用いることを指定するには，

```
> attach(d1)
```

と記入すればよい．逆に，d1 というデータの使用をやめる際には，detach コマンドを用いて，指定すればよい．

```
> detach(d1)
```

### (2-2) データの書き出し

分析中に加工したデータをテキスト形式や csv 形式，STATA データ，SPSS データとして書き出し，保存することもできる．これにより，R で加工したデータをもとにほかのソフトウェアを用いた分析が可能になる．

テキストデータとして書き出す場合には，write.table コマンドを用いる．たとえば，R 上で d1 という名前で保存されたデータを，sample.txt という名前で書き出す場合は，下記のようなコマンドになる．ここで，quote=F とは，データの値にクオテーション ("") をつけないことを，col.names=T とは，変数名を保存することを，append=T とは新しいファイルを作成することを，それぞれ意味している．データファイルを上書きしたい場合には，append=F とする．

```
> write.table(d1, "sample.txt", quote=F, col.names=T, append=T)
```

STATA データとして出力する場合には，foreign パッケージを読み込んだうえで，write.dta コマンドを用いる．

```
> library(foreign)
  write.dta(d1, "C:/sample.dta")
```

SPSS データとして出力する際には，データそのものは csv 形式で書き出され，csv 形式のデータを SPSS のシンタックスで読み込む形になる．たとえば，下記のコマンドでは，d1 データは，sample.csv という形で書き出され，それを SPSS で読み込むための sample.sps というシンタックスファイルが作成される．

```
> library(foreign)
> write.foreign(d1, datafile = "C:sample.csv",
  codefile = "C:sample.sps", package = "SPSS")
```

## 3. R を用いたデータの加工

### (3-1) 計算による変数の加工

社会調査データの分析を行う際には，すでにある変数をもとに新しい変数を作成することが頻繁にある．R 上でももちろんこうした変数の加工を行うことができる．

変数同士を足し合わせたり，引いたり，割ったりして新しい変数を作成したい場合には，通常の数値の計算と同じように行うことができる．たとえば，d1

データの変数 q1 と q2 の平均値をとって，変数 q3 を作成する場合には，下記のコマンドを実行する[1)].

```
> d1$q3 <- (d1$q1+d1$q2)/2
```

もう少し複雑な数値計算を行ったうえで変数を作成したい場合にも，変数を値と同様に扱って数式を書けばよい．たとえば，変数 q1 の正の平方根を変数 q1s として保存したい場合には，下記のように数値の正の平方根を計算するコマンド sqrt を用いて，実行できる．

```
> d1$q1s <- sqrt(d1$q1)
```

### (3-2) リコードによる変数の加工

カテゴリ変数のカテゴリを組み替えたり，連続変数をカテゴリに分けたりする値の「リコード」を行って，新しい変数を作成する場合もある．たとえば，「専門職」，「管理職」，「事務職」，「販売職」，「熟練職」，「半熟練職」，「非熟練職」，「農業」という職業 8 分類 (jobcat) をもとに，「上層ノンマニュアル職」，「下層ノンマニュアル職」，「マニュアル職」，「農業」という 4 分類からなる変数 job を作成したいとすると，コマンドは下記のようになる．

```
> d1$job[d1$jobcat==c("専門職", "管理職")] <- "上層ノンマニュアル"
> d1$job[d1$jobcat==c("事務職", "販売職")] <- "下層ノンマニュアル"
> d1$job[d1$jobcat==c("熟練職", "半熟練職", "非熟練職")] <- "マニュアル"
> d1$job[d1$jobcat=="農業"] <- "農業"
```

ただし，これらのコマンドを実行することで作成される変数 job は，文字列 (character) 形式の変数になる．しかし，後の分析のためには，因子 (factor) 形式の変数に変換しておいたほうがよい．因子形式への変換は，as.factor コ

---

[1)] attach コマンドでデータを指定している場合には，

```
> d1$q3 <- (q1+q2)/2
```

と書けば，同様の結果が得られる．この場合でも，q3 の前に d1$をつけないと変数が d1 のなかに含まれない点に注意すること．

マンドによって実行できる.

```
> d1$job <- as.factor(d1$job)
```

連続変数をもとにカテゴリ変数を作成する場合には，各カテゴリに含まれる値の範囲を指定すればよい．たとえば，年齢 (age) を 40 歳以下，41〜59 歳，60 歳以上という 3 カテゴリに分けた変数，年齢 3 分類 (age_c) を作成するには，下記のコマンドを実行する.

```
> d1$age_c[d1$age < = 40] <- "Young"
> d1$age_c[d1$age < 60 & d1$age > = 41] <- "Middle"
> d1$age_c[d1$age > = 60] <- "Old"
```

この場合も，age_c は文字列形式の変数となっているため，因子形式に変換する.

```
> d1$age_c <- as.factor(d1$age_c)
```

また，2 カテゴリの変数を作成する場合には，ifelse コマンドも有効である．ifelse コマンドでは，括弧内で条件式，それがあてはまった場合に割りあてる値，あてはまらなかった場合に割りあてる値を指定する．たとえば，教育年数 (edlevel) が 12 年以上の場合を高等学歴，11 年以下の場合を初等・中等学歴とする 2 カテゴリの変数 edu_c に置き換える場合には，下記のコマンドを実行すればよい．この場合も，文字列形式から因子形式に変換する必要がある.

```
> d1$edu_c <- ifelse(d1$edlevel > =12,"高等学歴","初等・中等学歴")
> d1$edu_c <- as.factor(d1$edu_c)
```

### (3-3) 欠損値の指定

変数がある値をとる場合を分析から除外したいときには，その値を欠損値として指定する．R 上では，NA として指定された値が欠損値となる．欠損値の指定には，リコードと同じ手続きをとればよい．たとえば，年齢が 70 歳以上の人を欠損値にしたい場合には，次のコマンドを実行する．この際，NA にはクオテーションマークは不要である．

```
> d1$age_c[d1$age > = 70] <- NA
```

## 4. データの選択

### (4-1) 条件にあてはまるケースのみの保存

データの一部のみを取り出したデータセットを作成したい場合には，subset コマンドを用いる．subset コマンドの括弧内では，もとのデータと，取り出すデータの条件式を指定する．たとえば，データ d1 から，性別 (sex) が「男性」の場合のみを取り出したデータ d1m を作成したい場合には，下記のコマンドを実行する．

```
> d1m <- subset(d1, d1["sex"]=="男性")
```

### (4-2) 欠損値のあるケースの削除

欠損値のあるケースを削除したデータセットを新たに作成したい場合には，complete.cases コマンドを用いるか，na.omit コマンドを利用する．d1 のなかで欠損値のあるデータを削除し，新たなデータセット d2 を作成する場合，下記のようなコマンドになる．

```
> d2 <- subset(d1, complete.cases(d1))
> d2 <- na.omit(d1)
```

ただし，上のコマンドでは，d1 に含まれるすべてのデータに欠損値がないケースだけが d2 に保存されることになる．しかし，分析に用いるいくつかの変数に限定したうえで，欠損値のあるケースを除外したデータセットを作成したい場合もあるだろう．このようなときには，あらかじめ必要な変数を指定したオブジェクトを作成し，そのオブジェクトに関してのみ complete.cases コマンドを実行すればよい．たとえば，d1 のうち，q1 と q2 についてのみ欠損値をもつケースを削除したい場合には，次のコマンドを実行する．

```
> mis <- c("q1","q2")
> d2 <- subset(d1, complete.cases(d1[mis]))
```

### (4-3) 変数の削除

変数が大量にあるデータセットを使用する場合，一部の変数だけを残したデータセットを作成し，分析に用いたほうが効率的なこともある．一部の変数のみを残したい場合には，(4-2) で見た，変数群のオブジェクトとしての指定を用いればよい．たとえば，`d1` のうち，`q1` と `q2` のみを残したデータセット `d2` を作成したい場合には，下記のコマンドを実行する．

```
> mis <- c("q1","q2")
> d2 <- d1[mis]
```

# 解　　答

## 第 1 章

**問題 1.1**　表の内容を csv 形式等で保存した後で，そのデータを d1_2 として R に保存する．性別 (sex) と住居形態 (house) はカテゴリ変数なので，`as.factor` で変換したうえで，概要を示すと，以下のようになる．

```
> summary(d1_2)
       ID              age           sex       eduy         house
 Min.   : 1.00   Min.   :27.00   1:8   Min.   : 9.0   1:2
 1st Qu.: 3.25   1st Qu.:33.50   2:2   1st Qu.:12.0   2:3
 Median : 5.50   Median :41.00         Median :13.0   3:5
 Mean   : 5.50   Mean   :41.20         Mean   :13.9
 3rd Qu.: 7.75   3rd Qu.:46.75         3rd Qu.:17.0
 Max.   :10.00   Max.   :56.00         Max.   :18.0
```

## 第 2 章

**問題 2.1**　B 国の所得の記述統計量，性別の度数分布表は以下のようになる．

**表 1**　B 国の所得の記述統計量

| | 平均値 | 中央値 | 最小値 | 最大値 | 第 1<br>四分位点 | 第 3<br>四分位点 | 分散 | 標準偏差 | 度数 |
|---|---|---|---|---|---|---|---|---|---|
| 所得 | 500.60 | 499.50 | 487 | 517 | 494.50 | 502.00 | 92.49 | 9.62 | 10 |

表 2　B 国の性別の度数分布表

| | 度数 | 割合 | 累積割合 |
|---|---|---|---|
| 男性 | 4 | 40% | 40% |
| 女性 | 6 | 60% | 100% |
| 合計 | 10 | 100% | |

**問題 2.2**　グラフはそれぞれ以下のようになる.

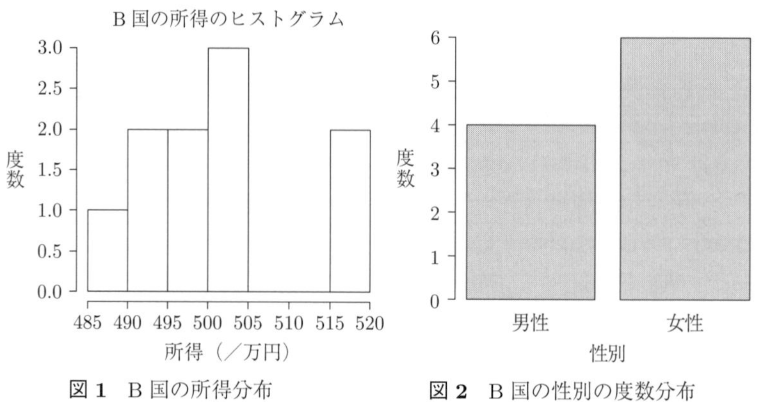


図 1　B 国の所得分布　　図 2　B 国の性別の度数分布

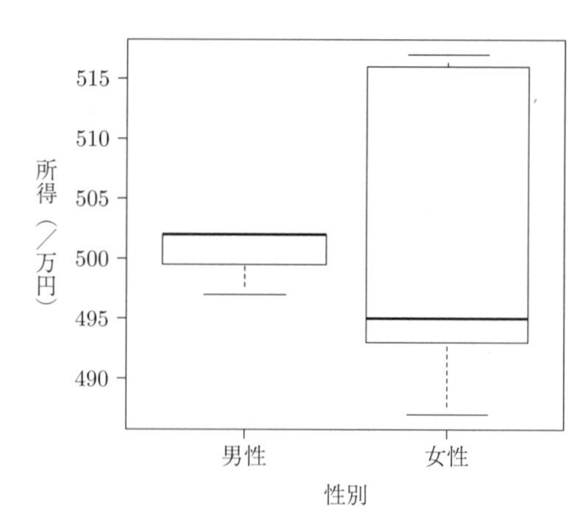


図 3　B 国の性別別所得分布

## 第3章

**問題 3.1**　今，サンプル・サイズが 100 であるので，標準正規分布を用いた信頼区間の計算ができる．95%信頼区間を求める際の $z$ の値は 1.96 であるので，この企業の労働時間の平均値の 95%信頼区間は下記のように計算できる．

$$\text{信頼区間} = 187.59 \pm 1.96 \times \frac{41.13}{\sqrt{100}} = 187.59 \pm 8.06$$

したがって，この企業の労働時間の平均値 ($\mu$) の 95%信頼区間は，

$$195.65 \leq \mu \leq 179.53$$

の範囲になることがわかる．

**問題 3.2**　表 3.3 の学習時間の標本平均は 1.75 であるので，母平均を 2 時間と想定して，区間推定を行った．この際のコマンドは，

```
> t.test(d3$st_time, mu=2)
```

となる．分析の結果，母平均 ($\mu$) の 95%信頼区間は

$$0.51 \leq \mu \leq 2.99$$

の範囲になることがわかる．

## 第4章

**問題 4.1**　母平均が 0.83 である場合に，現在のような標本平均が得られる確率がどの程度であるかを求める．この場合，$t$ 値は 1.84 となり，自由度は 9，$p$ 値は 0.10 となる．したがって，帰無仮説は 5%水準では棄却されず，「この大学の平均学習時間は 0.83 時間である」という帰無仮説が採択される．

**問題 4.2**　対立仮説が「母集団での平均学習時間は 0.83 時間より長い」であるので，片側検定を行う．この場合，$t$ 値は 1.84，自由度は 9，$p$ 値は 0.049 となる．したがって，帰無仮説は 5%水準で棄却され，「この大学の平均学習時間は 0.83 時間よりも長い」という対立仮説が採択される．

## 第5章

**問題 5.1**　性別と満足度の関連を示すクロス集計表は次のようになる．男性では不満足が 81.82%であるのに対し，女性では不満足の割合は 28.57%であり，男性よりも不満足の割合が 53.25 ポイント低い．カイ二乗検定の結果，両者の関連は 1%水準で有意であり，「性別

によって満足を感じる割合に差がない」という帰無仮説は棄却される．また，調整標準化残差の値を見ると，女性で「満足」と答える場合の値は 2.65 となっており，「女性で満足と答える場合の残差が 0 である」という帰無仮説は 5%水準で棄却される．したがって，女性は男性よりも満足と回答する傾向があるといえる．

また，性別と満足度の関連についてのクラメールの $V$ の値は 0.53 となり，両者の間には強い関連があることがわかる．

**表**　性別と満足度のクロス集計表
（表示は行%と調整標準化残差，括弧内は度数）

| | 不満足 | 満足 | 合計 |
|---|---|---|---|
| 女性 | 28.57% | 71.43% | 56.0% (14) |
| | −2.65 | 2.65 | |
| 男性 | 81.82% | 18.18% | 44.0% (11) |
| | 2.65 | −2.65 | |
| 合計 | 52.0% | 48.0% | 100.0% (25) |

$\chi^2 = 7.00, d.f. = 1, p < 0.01, Cramer's\ V = 0.53$

## 第 6 章

**問題 6.1**　表をもとに計算すると，男性と女性の平均値はそれぞれ 1.40 人，2.89 人であり，女性のほうが男性よりも相談相手の人数が多い．この差が母集団においても見られる統計的に有意な差といえるかどうか，統計的検定を行って検証する．帰無仮説は「性別によって悩みの相談相手の人数に差はない」，対立仮説は「性別によって悩みの相談相手の人数は異なる」である．帰無仮説について，ウェルチの $t$ 検定を用いて，検定を行う．計算の結果，$t$ 値は −2.31，自由度は 16.44，$p$ 値は 0.03 となり，帰無仮説は有意確率 5%水準で棄却される．したがって，「性別によって悩みの相談相手の人数は異なる」という対立仮説が採択され，女性は男性よりも悩みの相談相手の人数が多い傾向にあるといえる．

また，性別別の友人数の平均値を，95%信頼区間をつけて図示すると，次のようになる．この際，男性の信頼区間は $1.4 \pm 0.84$，女性の信頼区間は $2.9 \pm 0.95$ となっている．

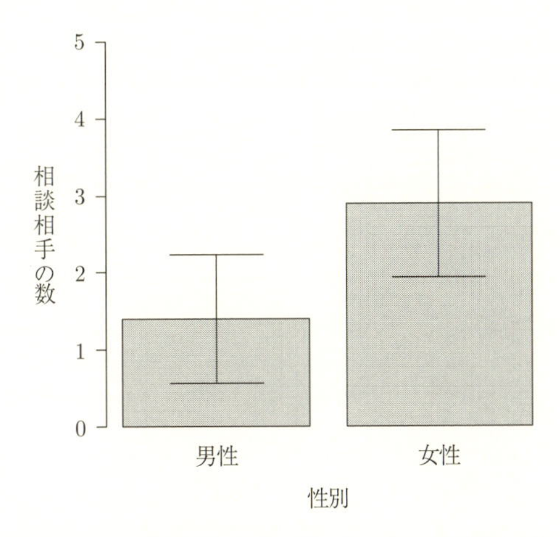


図　男女別相談相手の数の平均値（95%信頼区間）

## 第7章

**問題 7.1**　日本，アメリカ，ドイツの女性の家事時間について，ウェルチの分散分析を行った結果，$F(2, 17.99) = 15089.66$ となり，1%水準で有意な差があることが確認された．また，多重比較の結果，日本とドイツ，ドイツとアメリカ，アメリカと日本の差はすべて1%水準で有意であり，日本の女性はドイツ，アメリカの女性よりも家事時間が長く，ドイツの女性はアメリカの女性よりも家事時間が長い傾向にあることが示された．結果を表にまとめると，次のようになる．

表　日米独の女性の家事時間についての分散分析

| | 平均値 | 標準偏差 | 度数 |
|---|---|---|---|
| 日本 | 422.01 | 1.08 | 10 |
| アメリカ | 337.13 | 1.08 | 10 |
| ドイツ | 371.33 | 1.04 | 10 |
| 合計 | 376.82 | 35.48 | 30 |
| $F$ 値 (Welch) | 15089.66 | ** | |

$**p < 0.01$

## 第8章

**問題 8.1**　教育年数と収入の相関については，両方が連続変数であるので，ピアソンの積率相関係数を用いる．教育年数と階層帰属意識の相関については，階層帰属意識が順位変数であると考え，スピアマンの順位相関係数を用いる．教育年数と収入の相関は 0.66 である．この相関係数の $t$ 値は 3.69，自由度は 18 であり，$p$ 値は 0.00 となる．したがって，「母集団における教育年数と収入の相関は 0 である」という帰無仮説は棄却され，教育年数と収入の間には有意な正の相関があるといえる．

一方，教育年数と階層帰属意識の順位相関は 0.30 である．この相関の検定統計量 $s$ は 928.86，$n$ は 20 であり，$p$ 値は 0.20 となる．したがって，「母集団における教育年数と階層帰属意識の相関は 0 である」という帰無仮説は棄却できず，教育年数と階層帰属意識の間に有意な関連があるとはいえない．

## 第 9 章

**問題 9.1**　船室の等級と生存の有無の関連が，性別によってどのように異なるのかを調べるため，性別を層とした三重クロス集計表を作成したところ，表のようになった．表を見ると，男性では一等・二等船室と三等船室で生存の割合の差が 7 ポイント程度であるのに対し，女性では一等・二等船室の乗客は三等船室の乗客と比べ，47.3 ポイントも生存の割合が高い．船室の等級と生存率の関連について，カイ二乗検定を行ったところ，男女ともに 5%水準で有意な関連が見られた．しかし，両者の関連の強さは，男性ではクラメールの $V$ の値が 0.09 と非常に低いのに対し，女性では 0.28 と比較的高い値を示している．つまり，男女とも一等・二等船室の客は三等船室の客よりも生存する割合が高かったといえるが，生存の割合の差は女性でより顕著であるといえる．

**表**　男女別船室の等級と生存の有無の関連についてのクロス集計表
（表示は行%，括弧内は度数）

| | | 死亡 | 生存 | 合計 |
|---|---|---|---|---|
| 男性 | 一等・二等 | 75.76% | 24.23% | 100.00% (359) |
| | 三等 | 82.75% | 17.25% | 100.00% (510) |
| | 合計 | 79.86% | 20.14% | 100.00% (869) |
| 女性 | 一等・二等 | 6.77% | 93.22% | 100.00% (251) |
| | 三等 | 54.08% | 45.91% | 100.00% (196) |
| | 合計 | 27.52% | 72.48% | 100.00% (447) |
| 合計 | 一等・二等 | 47.38% | 52.62% | 100.00% (610) |
| | 三等 | 74.79% | 25.21% | 100.00% (706) |
| | 合計 | 62.08% | 37.92% | 100.00% (1316) |

男性：$\chi^2 = 6.38, d.f. = 1, p < 0.05$, Cramer's $V = 0.09$
女性：$\chi^2 = 123.50, d.f. = 1, p < 0.01$, Cramer's $V = 0.53$
全体：$\chi^2 = 104.45, d.f. = 1, p < 0.01$, Cramer's $V = 0.28$

**問題 9.2**　上司に対する総合的な評価と，部下をえこひいきしないことの評価のピアソンの相関を調べると，$r_{AB} = 0.43$ となり，5%水準で有意な正の相関が得られた ($t = 2.49, d.f. = 28, n = 30$)．しかし，部下の不満への対応についての評価を統制した偏相関係数は，$r_{AB,C} = -0.07$ にとどまり，母集団において両者の相関が 0 であるという帰無仮説は 5%水準で棄却できなかった ($t = -0.39, d.f. = 27, n = 30$)．また，部下の不満への対応についての評価は，上司に対する総合的な評価と，部下をえこひいきしないことの評価の双方に，1%水準で有意な正の相関がある（それぞれの相関係数は 0.83 と 0.56）．したがって，上司に対する総合的な評価と，部下をえこひいきしないことの評価の間の関連は，部下の不満への対応についての評価が両者に影響することによって生じた疑似相関だといえる．

## 第 10 章

**問題 10.1**　女性の職業威信スコアについての教育年数の効果を，回帰分析を用いて調べたところ，表のような結果が得られた．これを見ると，教育年数には 5%水準で有意な効果があり，教育年数が 1 年伸びると，職業威信スコアが 1.14 点上昇することがわかる．また，決定係数は 0.20 であり，仮想データの女性の職業威信スコアの分散の 19.6%が教育年数によって説明される．モデルの説明力についての $F$ 検定の結果，「母集団において，このモデルで説明される分散が 0 である」という帰無仮説は棄却され，モデルに有意な説明力があることがわかる．

**表**　女性の職業威信スコアの回帰分析

| | $B$ | | $S.E.$ |
|---|---|---|---|
| 切片 | 34.63 | ** | 6.29 |
| 教育年数 | 1.14 | * | 0.48 |
| 決定係数 | 0.20 | ** | |
| $F$ 値 | 5.63 | ** | |

$n = 20, **p < 0.01, *p < 0.05$

## 第 11 章

**問題 11.1**　父親威信をモデルに含めて分析した結果は，表のようになる．職業威信スコアに対し，父親職業威信スコアは有意な正の効果をもち，父親の職業威信スコアが 1 高まれば，本人の職業威信スコアが 1.30 高まることがわかる．標準化偏回帰係数の大きさは 0.63 と年齢や教育年数に比べ大きく，父親職業威信スコアの効果が相対的に強いことがわかる．また，決定係数の変化量とその検定結果を見ると，1%水準で有意な変化が見られ，父親職業威信スコアをモデルに投入することにより，本人の職業威信スコアについての説明力が高まっている．また，父親職業威信スコアを投入することにより，教育年数の効果は有意でなくなっており，本人の教育年数が職業威信スコアに与える影響は，父親職業威信スコアが教育年数と本人の職業威信スコアの両方に影響することによる疑似的なものであったことが示唆される（実際に，教育年数を従属変数として年齢と父親職業威信スコアの効果を調べると，父親職業威信スコアが高いほど教育年数が高まるという，5%水準で有意な正の効果が見られた）．多重共線性を調べたところ，VIF の値は年齢，教育年数，父親職業威信スコアとも 2 を下回っており（それぞれ 1.12，1.38，1.32），多重共線性の問題は生じていない．

**表**　職業威信スコアに対する階層的重回帰分析

| | モデル 1 | | | | モデル 2 | | | |
|---|---|---|---|---|---|---|---|---|
| | $B$ | | $S.E.$ | $\beta$ | $B$ | | $S.E.$ | $\beta$ |
| 切片 | 13.77 | | 14.87 | | −28.06 | | 17.35 | |
| 年齢 | 0.14 | | 0.13 | 0.23 | 0.06 | | 0.11 | 0.10 |
| 教育年数 | 2.40 | * | 1.01 | 0.51 | 0.94 | | 0.91 | 0.20 |
| 父親職業威信 | | | | | 1.30 | ** | 0.39 | 0.63 |
| 調整済み決定係数 | 0.17 | | | | 0.48 | | | |
| F 値 | 2.99 | + | | | 6.78 | ** | | |
| Δ 決定係数 | | | | | 0.30 | ** | | |

$n = 20, **p < 0.01, *p < 0.05$

## 第 12 章

**問題 12.1**　教育年数と性別，テレビ視聴時間との交互作用項をモデルに投入し，重回帰分析を行ったところ，表 1 のような結果が得られた．この結果を見ると，教育年数とテレビ視聴時間の交互作用項には 1%水準で有意な負の効果があることがわかる．この効果について単純主効果の検定を行った結果，表 2 の結果が得られた．これを見ると，テレビ視聴時間が短いときには，教育年数の効果があるが，テレビ視聴時間が長い場合には，教育年数の効果が見られないことがわかる．この効果を図示すると，図 1 のようになる．テレビ視聴時間の短い人は好感度が高く，教育年数が上がるほどその傾向が強い．一方，テレビ視聴時間の長い人は好感度が低く，教育年数が上がっても，好感度が上がらない傾向があることがわかる．

一方，男性ダミーと教育年数の交互作用項は有意ではない．つまり，性別によって教育年数の好感度に対する効果に差はない．この結果を図で示したのが，図 2 である．これを見ると，男性は女性よりも高い好感度をもっているが，教育年数が上がるほど好感度が上がる効果には，男女差がないことがわかる．

**表 1**　好感度についての重回帰分析

| | $B$ | | $S.E.$ |
|---|---|---|---|
| 切片 | 41.81 | ** | 2.27 |
| 年齢 | −0.41 | ** | 0.11 |
| 男性ダミー | 37.59 | ** | 2.77 |
| 教育年数 | 2.85 | ** | 0.83 |
| テレビ視聴時間 | −19.36 | ** | 2.21 |
| 教育年数*テレビ視聴時間 | −2.42 | ** | 0.64 |
| 教育年数*男性ダミー | −0.52 | | 1.04 |
| 調整済み決定係数 | 0.95 | | |
| $F$ 値 | 64.26 | ** | |

$n = 20, **p < 0.01$

**表 2**　テレビ視聴時間と教育年数の交互作用についての単純主効果の検定

| | $B$ | | $S.E.$ |
|---|---|---|---|
| テレビ視聴時間低 ($-1SD$) | 4.49 | ** | 1.05 |
| テレビ視聴時間高 ($+1SD$) | 1.21 | | 0.81 |

$n = 20, **p < 0.01$

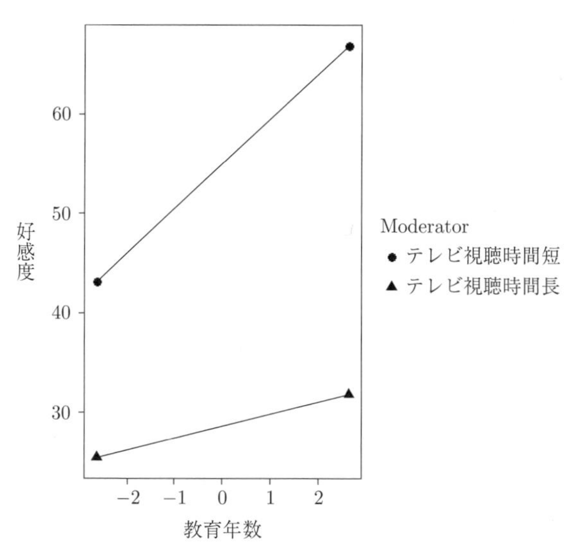


**図 1**　教育年数とテレビ視聴時間の好感度に対する交互作用効果

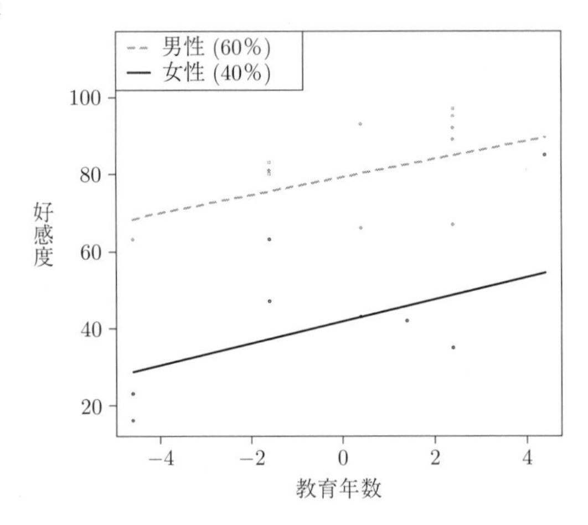


**図 2**　教育年数と性別の好感度に対する交互作用効果

## 第 13 章

**問題 13.1**　クロンバックの $\alpha$ は 0.71 となる．そのまま `alpha` コマンド用いて計算すると，職業への満足度 (`job`) を反転させた値が出力されるので，`keys=FALSE` として，反転をさせないように指示する必要がある．単純加算で作成した変数は，平均値が 2.5，標準偏差が 0.71 となる．

**問題 13.2**　累積寄与率 60%を基準とすると，第二主成分までが抽出される．それぞれの主成分の固有値や主成分負荷量は，以下の表のとおりである．また，第一主成分の主成分得点は，平均値 0，最大値 2.39，最小値 −3.80，標準偏差 1.80，第二主成分の主成分得点は，平均値 0.00，最大値 1.84，最小値 −2.46，標準偏差 1.14 となる．

**表**　満足度の主成分分析の結果（仮想データ）

| | 第一主成分 | 第二主成分 |
|---|---:|---:|
| 主成分負荷量 | | |
| 生活 | −0.95 | −0.11 |
| 結婚 | −0.54 | 0.53 |
| 余暇 | −0.79 | −0.15 |
| 仕事 | 0.25 | 0.90 |
| 収入 | −0.69 | 0.31 |
| 学歴 | −0.84 | −0.08 |
| 固有値 | 3.07 | 1.23 |
| 寄与率 | 0.51 | 0.20 |
| 累積寄与率 | 0.51 | 0.72 |

$n = 20$

**問題 13.3**　単純加算で作成した満足度と第一主成分の主成分得点によって作成した満足度の相関は −0.93，単純加算で作成した満足度と第二主成分の主成分得点によって作成した満足度の相関は 0.35 となる．

## 第 14 章

**問題 14.1**　まず，取り出す因子数を決定するため，最尤法で因子分析を行い，スクリープロットを出力した（図 1）．これを見ると，因子数が 3 のところで，実際のデータから得られた結果の固有値がランダムに作成したデータに基づく固有値を下回っているため，2 個の因子を抽出するのが適当であると判断できる．そこで，プロマックス回転を加えた最尤法による因子分析を行い，2 因子を抽出した結果が，表 1 になる．これを見ると，第一因子は紅茶，牛乳，コーヒーの因子負荷量が大きく，第二因子は麦茶，水，緑茶の因子負荷量が大きい．そこで，第一因子を味の濃い飲み物因子，第二因子を味の薄い飲み物因子と名づける．両者の間には 0.15 という弱い正の相関が見られ，味の濃い飲み物が好きな人は，味の薄い飲み物が好きな傾向にあった．

これらの因子の因子得点を保存し，性別によって平均値の差があるのかを，ウェルチの $t$ 検定で検証した結果を表 2 に示した．これを見ると，どちらの飲み物の好みについても統計的に有意な男女差はないことがわかる．

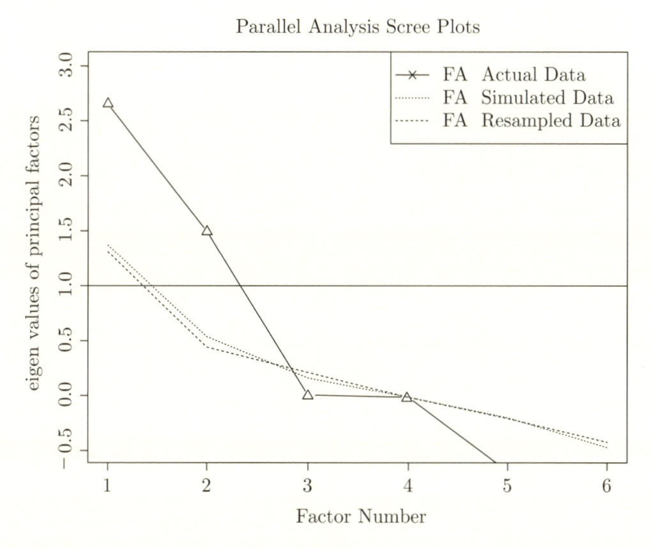


**図 1**　飲み物の好みに関する因子分析のスクリープロットの結果（最尤法）

**表 1** 飲み物の好みに関する因子分析の結果（最尤法，プロマックス回転）

| | 第一因子<br>味の濃い飲み物 | 第二因子<br>味の薄い飲み物 | 共通性 |
|---|---|---|---|
| コーヒー | 0.86 | 0.07 | 0.75 |
| 紅茶 | 1.00 | −0.06 | 0.99 |
| 牛乳 | 0.90 | −0.01 | 0.81 |
| 水 | −0.06 | 0.94 | 0.86 |
| 緑茶 | 0.01 | 0.79 | 0.63 |
| 麦茶 | 0.03 | 0.95 | 0.91 |
| 固有値 | 2.55 | 2.41 | |
| 相関 | 0.15 | | |

$n = 20$

**表 2** 飲み物の好みについての男女差の $t$ 検定

| | 味の濃い飲み物 | 味の薄い飲み物 |
|---|---|---|
| 男性 | −0.01 | −0.20 |
| 女性 | 0.01 | 0.31 |
| 合計 | 0.00 | 0.00 |
| $t$ 値 (Welch) | −0.05 | −1.12 |

$n = 20$

## 第 15 章

**問題 15.1** 文脈効果の検証がしたいので，家庭の社会経済的地位は全体平均で中心化し，社会経済的地位の学校平均を集団レベル変数としてモデルに加える．分析の結果は，以下の表のようにまとめられる．この表を見ると，社会経済的地位の学校平均には有意な正の効果があり，同じ社会経済的地位の家庭をもつ子であっても，家庭の社会経済的地位が平均的に高い学校に通うことによって成績が上がるという，文脈効果があることがわかる．また，中心化した社会経済的地位にも有意な正の効果があるため，同じ学校のなかでも，家庭の社会経済的地位の高い子どもほど成績がよいことがわかる．

**表**　成績に対するマルチレベル分析

| | モデル 1 | | |
|---|---|---|---|
| | $B$ | | $S.E.$ |
| 固定効果 | | | |
| 切片 | 14.07 | ** | 0.17 |
| 女性ダミー | −1.22 | ** | 0.16 |
| マイノリティ | −2.73 | ** | 0.20 |
| 社会経済的地位（全体平均中心化） | 1.93 | ** | 0.11 |
| 集団レベル | | | |
| 社会経済的地位（学校平均） | 2.88 | ** | 0.37 |
| ランダム効果 | $V.C.$ | | |
| 集団レベル | 2.40 | | |
| 個人レベル | 35.89 | | |
| deviance | 46333.26 | | |
| AIC | 46347.27 | | |
| BIC | 46395.43 | | |

$n = 7185, **p < 0.01$

**問題 15.2**　社会経済的地位の効果が学校によってどう異なるかというクロスレベル交互作用を検証するためには，社会経済的地位を集団平均で中心化するのが適切である．分析の結果は，表のようにまとめられる．この表を見ると，カトリックダミーと社会経済的地位の交互作用項には有意な負の効果がある．また，社会経済的地位の主効果は正である．ここから，同じ学校内では，家庭の社会経済的地位の高い生徒ほど成績がよい傾向にあるが，カトリック系の学校ではその効果が弱まることが示された．また，カトリックダミーに有意な正の効果があることから，カトリック系の学校は公立学校に比べて，平均的な成績がよい傾向にある．

表 成績に対するマルチレベル分析

| | モデル 1 | | |
|---|---|---|---|
| | $B$ | | $S.E.$ |
| 固定効果 | | | |
| 切片 | 13.31 | ** | 0.20 |
| 女性ダミー | –1.22 | ** | 0.16 |
| マイノリティ | –2.78 | ** | 0.20 |
| 社会経済的地位（集団平均中心化） | 2.43 | ** | 0.15 |
| 集団レベル | | | |
| 社会経済的地位（学校平均） | 4.05 | ** | 0.34 |
| カトリックダミー | 1.71 | ** | 0.27 |
| ∗社会経済的地位（集団平均中心化） | –1.16 | ** | 0.23 |
| ランダム効果 | | | |
| 集団レベル | 1.74 | | |
| 社会経済的地位 | 0.17 | | |
| 個人レベル | 35.67 | | |
| 相関 | | | |
| 社会経済的地位–集団レベル切片 | 0.01 | | |
| deviance | 46269.06 | | |
| AIC | 46291.06 | | |
| BIC | 46366.74 | | |

$n = 7185, **p < 0.01$

# 付表 A　標準正規分布

$$I(z) = \frac{1}{\sqrt{2\pi}} \int_0^z e^{-x^2/2} dx$$

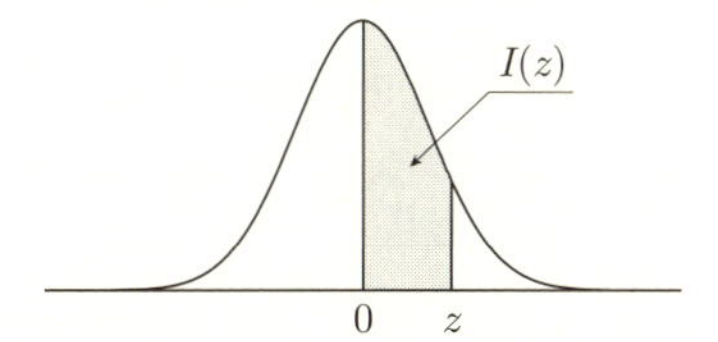


| $z$ | 0.00 | 0.01 | 0.02 | 0.03 | 0.04 | 0.05 | 0.06 | 0.07 | 0.08 | 0.09 |
|---|---|---|---|---|---|---|---|---|---|---|
| 0.0 | 0.00000 | 0.00399 | 0.00798 | 0.01197 | 0.01595 | 0.01994 | 0.02392 | 0.02790 | 0.03188 | 0.03586 |
| 0.1 | 0.03983 | 0.04380 | 0.04776 | 0.05172 | 0.05567 | 0.05962 | 0.06356 | 0.06749 | 0.07142 | 0.07535 |
| 0.2 | 0.07926 | 0.08317 | 0.08706 | 0.09095 | 0.09483 | 0.09871 | 0.10257 | 0.10642 | 0.11026 | 0.11409 |
| 0.3 | 0.11791 | 0.12172 | 0.12552 | 0.12930 | 0.13307 | 0.13683 | 0.14058 | 0.14431 | 0.14803 | 0.15173 |
| 0.4 | 0.15542 | 0.15910 | 0.16276 | 0.16640 | 0.17003 | 0.17364 | 0.17724 | 0.18082 | 0.18439 | 0.18793 |
| 0.5 | 0.19146 | 0.19497 | 0.19847 | 0.20194 | 0.20540 | 0.20884 | 0.21226 | 0.21566 | 0.21904 | 0.22240 |
| 0.6 | 0.22575 | 0.22907 | 0.23237 | 0.23565 | 0.23891 | 0.24215 | 0.24537 | 0.24857 | 0.25175 | 0.25490 |
| 0.7 | 0.25804 | 0.26115 | 0.26424 | 0.26730 | 0.27035 | 0.27337 | 0.27637 | 0.27935 | 0.28230 | 0.28524 |
| 0.8 | 0.28814 | 0.29103 | 0.29389 | 0.29673 | 0.29955 | 0.30234 | 0.30511 | 0.30785 | 0.31057 | 0.31327 |
| 0.9 | 0.31594 | 0.31859 | 0.32121 | 0.32381 | 0.32639 | 0.32894 | 0.33147 | 0.33398 | 0.33646 | 0.33891 |
| 1.0 | 0.34134 | 0.34375 | 0.34614 | 0.34849 | 0.35083 | 0.35314 | 0.35543 | 0.35769 | 0.35993 | 0.36214 |
| 1.1 | 0.36433 | 0.36650 | 0.36864 | 0.37076 | 0.37286 | 0.37493 | 0.37698 | 0.37900 | 0.38100 | 0.38298 |
| 1.2 | 0.38493 | 0.38686 | 0.38877 | 0.39065 | 0.39251 | 0.39435 | 0.39617 | 0.39796 | 0.39973 | 0.40147 |
| 1.3 | 0.40320 | 0.40490 | 0.40658 | 0.40824 | 0.40988 | 0.41149 | 0.41309 | 0.41466 | 0.41621 | 0.41774 |
| 1.4 | 0.41924 | 0.42073 | 0.42220 | 0.42364 | 0.42507 | 0.42647 | 0.42785 | 0.42922 | 0.43056 | 0.43189 |
| 1.5 | 0.43319 | 0.43448 | 0.43574 | 0.43699 | 0.43822 | 0.43943 | 0.44062 | 0.44179 | 0.44295 | 0.44408 |
| 1.6 | 0.44520 | 0.44630 | 0.44738 | 0.44845 | 0.44950 | 0.45053 | 0.45154 | 0.45254 | 0.45352 | 0.45449 |
| 1.7 | 0.45543 | 0.45637 | 0.45728 | 0.45818 | 0.45907 | 0.45994 | 0.46080 | 0.46164 | 0.46246 | 0.46327 |
| 1.8 | 0.46407 | 0.46485 | 0.46562 | 0.46638 | 0.46712 | 0.46784 | 0.46856 | 0.46926 | 0.46995 | 0.47062 |
| 1.9 | 0.47128 | 0.47193 | 0.47257 | 0.47320 | 0.47381 | 0.47441 | 0.47500 | 0.47558 | 0.47615 | 0.47670 |
| 2.0 | 0.47725 | 0.47778 | 0.47831 | 0.47882 | 0.47932 | 0.47982 | 0.48030 | 0.48077 | 0.48124 | 0.48169 |
| 2.1 | 0.48214 | 0.48257 | 0.48300 | 0.48341 | 0.48382 | 0.48422 | 0.48461 | 0.48500 | 0.48537 | 0.48574 |
| 2.2 | 0.48610 | 0.48645 | 0.48679 | 0.48713 | 0.48745 | 0.48778 | 0.48809 | 0.48840 | 0.48870 | 0.48899 |
| 2.3 | 0.48928 | 0.48956 | 0.48983 | 0.49010 | 0.49036 | 0.49061 | 0.49086 | 0.49111 | 0.49134 | 0.49158 |
| 2.4 | 0.49180 | 0.49202 | 0.49224 | 0.49245 | 0.49266 | 0.49286 | 0.49305 | 0.49324 | 0.49343 | 0.49361 |
| 2.5 | 0.49379 | 0.49396 | 0.49413 | 0.49430 | 0.49446 | 0.49461 | 0.49477 | 0.49492 | 0.49506 | 0.49520 |
| 2.6 | 0.49534 | 0.49547 | 0.49560 | 0.49573 | 0.49585 | 0.49598 | 0.49609 | 0.49621 | 0.49632 | 0.49643 |
| 2.7 | 0.49653 | 0.49664 | 0.49674 | 0.49683 | 0.49693 | 0.49702 | 0.49711 | 0.49720 | 0.49728 | 0.49736 |
| 2.8 | 0.49744 | 0.49752 | 0.49760 | 0.49767 | 0.49774 | 0.49781 | 0.49788 | 0.49795 | 0.49801 | 0.49807 |
| 2.9 | 0.49813 | 0.49819 | 0.49825 | 0.49831 | 0.49836 | 0.49841 | 0.49846 | 0.49851 | 0.49856 | 0.49861 |
| 3.0 | 0.49865 | 0.49869 | 0.49874 | 0.49878 | 0.49882 | 0.49886 | 0.49889 | 0.49893 | 0.49896 | 0.49900 |
| 3.1 | 0.49903 | 0.49906 | 0.49910 | 0.49913 | 0.49916 | 0.49918 | 0.49921 | 0.49924 | 0.49926 | 0.49929 |
| 3.2 | 0.49931 | 0.49934 | 0.49936 | 0.49938 | 0.49940 | 0.49942 | 0.49944 | 0.49946 | 0.49948 | 0.49950 |
| 3.3 | 0.49952 | 0.49953 | 0.49955 | 0.49957 | 0.49958 | 0.49960 | 0.49961 | 0.49962 | 0.49964 | 0.49965 |
| 3.4 | 0.49966 | 0.49968 | 0.49969 | 0.49970 | 0.49971 | 0.49972 | 0.49973 | 0.49974 | 0.49975 | 0.49976 |
| 3.5 | 0.49977 | 0.49978 | 0.49978 | 0.49979 | 0.49980 | 0.49981 | 0.49981 | 0.49982 | 0.49983 | 0.49983 |

上側 $\alpha$ 点

| $\alpha$ | 0.500 | 0.400 | 0.300 | 0.200 | 0.100 | 0.050 | 0.025 | 0.010 | 0.005 | 0.001 |
|---|---|---|---|---|---|---|---|---|---|---|
| $z(\alpha)$ | 0.000 | 0.253 | 0.524 | 0.842 | 1.282 | 1.645 | 1.960 | 2.326 | 2.576 | 3.090 |

# 付表 B　カイ二乗分布

自由度 $n$ のカイ二乗分布の上側 $\alpha$ 点

$$P(\chi^2 \geq \chi^2_n(\alpha)) = \alpha$$

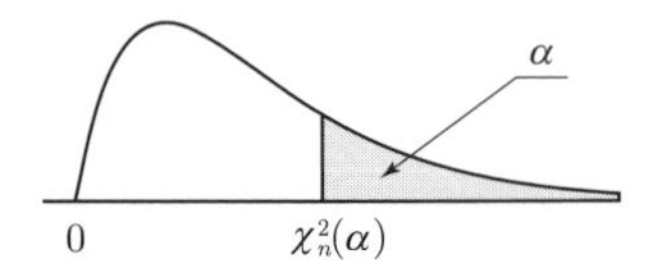


| $n$ \ $\alpha$ | 0.995 | 0.990 | 0.975 | 0.950 | 0.050 | 0.025 | 0.010 | 0.005 |
|---|---|---|---|---|---|---|---|---|
| 1 | $0.0^4393$ | $0.0^3157$ | $0.0^3982$ | $0.0^2393$ | 3.8415 | 5.0239 | 6.6349 | 7.8794 |
| 2 | 0.0100 | 0.0201 | 0.0506 | 0.1026 | 5.9915 | 7.3778 | 9.2103 | 10.5966 |
| 3 | 0.0717 | 0.1148 | 0.2158 | 0.3518 | 7.8147 | 9.3484 | 11.3449 | 12.8382 |
| 4 | 0.2070 | 0.2971 | 0.4844 | 0.7107 | 9.4877 | 11.1433 | 13.2767 | 14.8603 |
| 5 | 0.4117 | 0.5543 | 0.8312 | 1.1455 | 11.0705 | 12.8325 | 15.0863 | 16.7496 |
| 6 | 0.6757 | 0.8721 | 1.2373 | 1.6354 | 12.5916 | 14.4494 | 16.8119 | 18.5476 |
| 7 | 0.9893 | 1.2390 | 1.6899 | 2.1673 | 14.0671 | 16.0128 | 18.4753 | 20.2777 |
| 8 | 1.3444 | 1.6465 | 2.1797 | 2.7326 | 15.5073 | 17.5345 | 20.0902 | 21.9550 |
| 9 | 1.7349 | 2.0879 | 2.7004 | 3.3251 | 16.9190 | 19.0228 | 21.6660 | 23.5894 |
| 10 | 2.1559 | 2.5582 | 3.2470 | 3.9403 | 18.3070 | 20.4832 | 23.2093 | 25.1882 |
| 11 | 2.6032 | 3.0535 | 3.8157 | 4.5748 | 19.6751 | 21.9200 | 24.7250 | 26.7568 |
| 12 | 3.0738 | 3.5706 | 4.4038 | 5.2260 | 21.0261 | 23.3367 | 26.2170 | 28.2995 |
| 13 | 3.5650 | 4.1069 | 5.0088 | 5.8919 | 22.3620 | 24.7356 | 27.6882 | 29.8195 |
| 14 | 4.0747 | 4.6604 | 5.6287 | 6.5706 | 23.6848 | 26.1189 | 29.1412 | 31.3193 |
| 15 | 4.6009 | 5.2293 | 6.2621 | 7.2609 | 24.9958 | 27.4884 | 30.5779 | 32.8013 |
| 16 | 5.1422 | 5.8122 | 6.9077 | 7.9616 | 26.2962 | 28.8454 | 31.9999 | 34.2672 |
| 17 | 5.6972 | 6.4078 | 7.5642 | 8.6718 | 27.5871 | 30.1910 | 33.4087 | 35.7185 |
| 18 | 6.2648 | 7.0149 | 8.2307 | 9.3905 | 28.8693 | 31.5264 | 34.8053 | 37.1565 |
| 19 | 6.8440 | 7.6327 | 8.9065 | 10.1170 | 30.1435 | 32.8523 | 36.1909 | 38.5823 |
| 20 | 7.4338 | 8.2604 | 9.5908 | 10.8508 | 31.4104 | 34.1696 | 37.5662 | 39.9968 |
| 21 | 8.0337 | 8.8972 | 10.2829 | 11.5913 | 32.6706 | 35.4789 | 38.9322 | 41.4011 |
| 22 | 8.6427 | 9.5425 | 10.9823 | 12.3380 | 33.9244 | 36.7807 | 40.2894 | 42.7957 |
| 23 | 9.2604 | 10.1957 | 11.6886 | 13.0905 | 35.1725 | 38.0756 | 41.6384 | 44.1813 |
| 24 | 9.8862 | 10.8564 | 12.4012 | 13.8484 | 36.4150 | 39.3641 | 42.9798 | 45.5585 |
| 25 | 10.5197 | 11.5240 | 13.1197 | 14.6114 | 37.6525 | 40.6465 | 44.3141 | 46.9279 |
| 26 | 11.1602 | 12.1981 | 13.8439 | 15.3792 | 38.8851 | 41.9232 | 45.6417 | 48.2899 |
| 27 | 11.8076 | 12.8785 | 14.5734 | 16.1514 | 40.1133 | 43.1945 | 46.9629 | 49.6449 |
| 28 | 12.4613 | 13.5647 | 15.3079 | 16.9279 | 41.3371 | 44.4608 | 48.2782 | 50.9934 |
| 29 | 13.1211 | 14.2565 | 16.0471 | 17.7084 | 42.5570 | 45.7223 | 49.5879 | 52.3356 |
| 30 | 13.7867 | 14.9535 | 16.7908 | 18.4927 | 43.7730 | 46.9792 | 50.8922 | 53.6720 |
| 40 | 20.7065 | 22.1643 | 24.4330 | 26.5093 | 55.7585 | 59.3417 | 63.6907 | 66.7660 |
| 50 | 27.9907 | 29.7067 | 32.3574 | 34.7643 | 67.5048 | 71.4202 | 76.1539 | 79.4900 |
| 60 | 35.5345 | 37.4849 | 40.4817 | 43.1880 | 79.0819 | 83.2977 | 88.3794 | 91.9517 |
| 70 | 43.2752 | 45.4417 | 48.7576 | 51.7393 | 90.5312 | 95.0232 | 100.4252 | 104.2149 |
| 80 | 51.1719 | 53.5401 | 57.1532 | 60.3915 | 101.8795 | 106.6286 | 112.3288 | 116.3211 |
| 90 | 59.1963 | 61.7541 | 65.6466 | 69.1260 | 113.1453 | 118.1359 | 124.1163 | 128.2989 |
| 100 | 67.3276 | 70.0649 | 74.2219 | 77.9295 | 124.3421 | 129.5612 | 135.8067 | 140.1695 |

# 付表 C　$t$ 分布

自由度 $n$ の $t$ 分布の上側 $\alpha$ 点

$$P(t \geq t_n(\alpha)) = \alpha$$

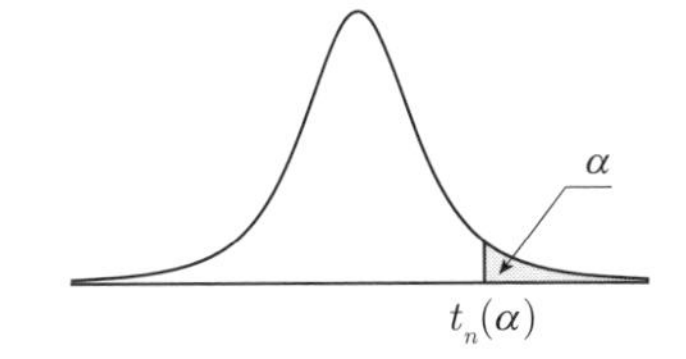


| $n$ \ $\alpha$ | 0.250 | 0.200 | 0.150 | 0.100 | 0.050 | 0.025 | 0.010 | 0.005 | 0.001 |
|---|---|---|---|---|---|---|---|---|---|
| 1 | 1.00000 | 1.37638 | 1.96261 | 3.07768 | 6.31375 | 12.70620 | 31.82052 | 63.65674 | 318.30884 |
| 2 | 0.81650 | 1.06066 | 1.38621 | 1.88562 | 2.91999 | 4.30265 | 6.96456 | 9.92484 | 22.32712 |
| 3 | 0.76489 | 0.97847 | 1.24978 | 1.63774 | 2.35336 | 3.18245 | 4.54070 | 5.84091 | 10.21453 |
| 4 | 0.74070 | 0.94096 | 1.18957 | 1.53321 | 2.13185 | 2.77645 | 3.74695 | 4.60409 | 7.17318 |
| 5 | 0.72669 | 0.91954 | 1.15577 | 1.47588 | 2.01505 | 2.57058 | 3.36493 | 4.03214 | 5.89343 |
| 6 | 0.71756 | 0.90570 | 1.13416 | 1.43976 | 1.94318 | 2.44691 | 3.14267 | 3.70743 | 5.20763 |
| 7 | 0.71114 | 0.89603 | 1.11916 | 1.41492 | 1.89458 | 2.36462 | 2.99795 | 3.49948 | 4.78529 |
| 8 | 0.70639 | 0.88889 | 1.10815 | 1.39682 | 1.85955 | 2.30600 | 2.89646 | 3.35539 | 4.50079 |
| 9 | 0.70272 | 0.88340 | 1.09972 | 1.38303 | 1.83311 | 2.26216 | 2.82144 | 3.24984 | 4.29681 |
| 10 | 0.69981 | 0.87906 | 1.09306 | 1.37218 | 1.81246 | 2.22814 | 2.76377 | 3.16927 | 4.14370 |
| 11 | 0.69745 | 0.87553 | 1.08767 | 1.36343 | 1.79588 | 2.20099 | 2.71808 | 3.10581 | 4.02470 |
| 12 | 0.69548 | 0.87261 | 1.08321 | 1.35622 | 1.78229 | 2.17881 | 2.68100 | 3.05454 | 3.92963 |
| 13 | 0.69383 | 0.87015 | 1.07947 | 1.35017 | 1.77093 | 2.16037 | 2.65031 | 3.01228 | 3.85198 |
| 14 | 0.69242 | 0.86805 | 1.07628 | 1.34503 | 1.76131 | 2.14479 | 2.62449 | 2.97684 | 3.78739 |
| 15 | 0.69120 | 0.86624 | 1.07353 | 1.34061 | 1.75305 | 2.13145 | 2.60248 | 2.94671 | 3.73283 |
| 16 | 0.69013 | 0.86467 | 1.07114 | 1.33676 | 1.74588 | 2.11991 | 2.58349 | 2.92078 | 3.68615 |
| 17 | 0.68920 | 0.86328 | 1.06903 | 1.33338 | 1.73961 | 2.10982 | 2.56693 | 2.89823 | 3.64577 |
| 18 | 0.68836 | 0.86205 | 1.06717 | 1.33039 | 1.73406 | 2.10092 | 2.55238 | 2.87844 | 3.61048 |
| 19 | 0.68762 | 0.86095 | 1.06551 | 1.32773 | 1.72913 | 2.09302 | 2.53948 | 2.86093 | 3.57940 |
| 20 | 0.68695 | 0.85996 | 1.06402 | 1.32534 | 1.72472 | 2.08596 | 2.52798 | 2.84534 | 3.55181 |
| 21 | 0.68635 | 0.85907 | 1.06267 | 1.32319 | 1.72074 | 2.07961 | 2.51765 | 2.83136 | 3.52715 |
| 22 | 0.68581 | 0.85827 | 1.06145 | 1.32124 | 1.71714 | 2.07387 | 2.50832 | 2.81876 | 3.50499 |
| 23 | 0.68531 | 0.85753 | 1.06034 | 1.31946 | 1.71387 | 2.06866 | 2.49987 | 2.80734 | 3.48496 |
| 24 | 0.68485 | 0.85686 | 1.05932 | 1.31784 | 1.71088 | 2.06390 | 2.49216 | 2.79694 | 3.46678 |
| 25 | 0.68443 | 0.85624 | 1.05838 | 1.31635 | 1.70814 | 2.05954 | 2.48511 | 2.78744 | 3.45019 |
| 26 | 0.68404 | 0.85567 | 1.05752 | 1.31497 | 1.70562 | 2.05553 | 2.47863 | 2.77871 | 3.43500 |
| 27 | 0.68368 | 0.85514 | 1.05673 | 1.31370 | 1.70329 | 2.05183 | 2.47266 | 2.77068 | 3.42103 |
| 28 | 0.68335 | 0.85465 | 1.05599 | 1.31253 | 1.70113 | 2.04841 | 2.46714 | 2.76326 | 3.40816 |
| 29 | 0.68304 | 0.85419 | 1.05530 | 1.31143 | 1.69913 | 2.04523 | 2.46202 | 2.75639 | 3.39624 |
| 30 | 0.68276 | 0.85377 | 1.05466 | 1.31042 | 1.69726 | 2.04227 | 2.45726 | 2.75000 | 3.38518 |
| 35 | 0.68156 | 0.85201 | 1.05202 | 1.30621 | 1.68957 | 2.03011 | 2.43772 | 2.72381 | 3.34005 |
| 40 | 0.68067 | 0.85070 | 1.05005 | 1.30308 | 1.68385 | 2.02108 | 2.42326 | 2.70446 | 3.30688 |
| 45 | 0.67998 | 0.84968 | 1.04852 | 1.30065 | 1.67943 | 2.01410 | 2.41212 | 2.68959 | 3.28148 |
| 50 | 0.67943 | 0.84887 | 1.04729 | 1.29871 | 1.67591 | 2.00856 | 2.40327 | 2.67779 | 3.26141 |
| ∞ | 0.67449 | 0.84162 | 1.03643 | 1.28155 | 1.64485 | 1.95996 | 2.32635 | 2.57583 | 3.09023 |

$n = \infty$ は標準正規分布である．

# 付表 D　$\boldsymbol{F}$ 分布

自由度 $(n_1, n_2)$ の $F$ 分布の上側 $\alpha$ 点

$$P(F \geq F_{n_2}^{n_1}(\alpha)) = \alpha$$

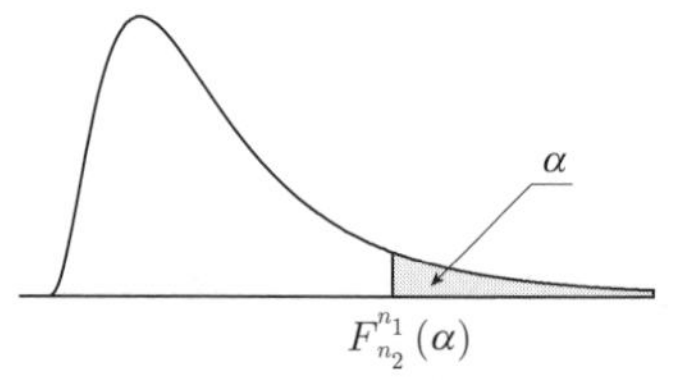


$\alpha = 0.01$

| $n_2$ \ $n_1$ | 1 | 2 | 3 | 4 | 5 | 6 | 7 | 8 | 9 |
|---|---|---|---|---|---|---|---|---|---|
| 1 | 4052.18 | 4999.50 | 5403.35 | 5624.58 | 5763.65 | 5858.99 | 5928.36 | 5981.07 | 6022.47 |
| 2 | 98.5025 | 99.0000 | 99.1662 | 99.2494 | 99.2993 | 99.3326 | 99.3564 | 99.3742 | 99.3881 |
| 3 | 34.1162 | 30.8165 | 29.4567 | 28.7099 | 28.2371 | 27.9107 | 27.6717 | 27.4892 | 27.3452 |
| 4 | 21.1977 | 18.0000 | 16.6944 | 15.9770 | 15.5219 | 15.2069 | 14.9758 | 14.7989 | 14.6591 |
| 5 | 16.2582 | 13.2739 | 12.0600 | 11.3919 | 10.9670 | 10.6723 | 10.4555 | 10.2893 | 10.1578 |
| 6 | 13.7450 | 10.9248 | 9.7795 | 9.1483 | 8.7459 | 8.4661 | 8.2600 | 8.1017 | 7.9761 |
| 7 | 12.2464 | 9.5466 | 8.4513 | 7.8466 | 7.4604 | 7.1914 | 6.9928 | 6.8400 | 6.7188 |
| 8 | 11.2586 | 8.6491 | 7.5910 | 7.0061 | 6.6318 | 6.3707 | 6.1776 | 6.0289 | 5.9106 |
| 9 | 10.5614 | 8.0215 | 6.9919 | 6.4221 | 6.0569 | 5.8018 | 5.6129 | 5.4671 | 5.3511 |
| 10 | 10.0443 | 7.5594 | 6.5523 | 5.9943 | 5.6363 | 5.3858 | 5.2001 | 5.0567 | 4.9424 |
| 11 | 9.6460 | 7.2057 | 6.2167 | 5.6683 | 5.3160 | 5.0692 | 4.8861 | 4.7445 | 4.6315 |
| 12 | 9.3302 | 6.9266 | 5.9525 | 5.4120 | 5.0643 | 4.8206 | 4.6395 | 4.4994 | 4.3875 |
| 13 | 9.0738 | 6.7010 | 5.7394 | 5.2053 | 4.8616 | 4.6204 | 4.4410 | 4.3021 | 4.1911 |
| 14 | 8.8616 | 6.5149 | 5.5639 | 5.0354 | 4.6950 | 4.4558 | 4.2779 | 4.1399 | 4.0297 |
| 15 | 8.6831 | 6.3589 | 5.4170 | 4.8932 | 4.5556 | 4.3183 | 4.1415 | 4.0045 | 3.8948 |
| 16 | 8.5310 | 6.2262 | 5.2922 | 4.7726 | 4.4374 | 4.2016 | 4.0259 | 3.8896 | 3.7804 |
| 17 | 8.3997 | 6.1121 | 5.1850 | 4.6690 | 4.3359 | 4.1015 | 3.9267 | 3.7910 | 3.6822 |
| 18 | 8.2854 | 6.0129 | 5.0919 | 4.5790 | 4.2479 | 4.0146 | 3.8406 | 3.7054 | 3.5971 |
| 19 | 8.1849 | 5.9259 | 5.0103 | 4.5003 | 4.1708 | 3.9386 | 3.7653 | 3.6305 | 3.5225 |
| 20 | 8.0960 | 5.8489 | 4.9382 | 4.4307 | 4.1027 | 3.8714 | 3.6987 | 3.5644 | 3.4567 |
| 22 | 7.9454 | 5.7190 | 4.8166 | 4.3134 | 3.9880 | 3.7583 | 3.5867 | 3.4530 | 3.3458 |
| 24 | 7.8229 | 5.6136 | 4.7181 | 4.2184 | 3.8951 | 3.6667 | 3.4959 | 3.3629 | 3.2560 |
| 26 | 7.7213 | 5.5263 | 4.6366 | 4.1400 | 3.8183 | 3.5911 | 3.4210 | 3.2884 | 3.1818 |
| 28 | 7.6356 | 5.4529 | 4.5681 | 4.0740 | 3.7539 | 3.5276 | 3.3581 | 3.2259 | 3.1195 |
| 30 | 7.5625 | 5.3903 | 4.5097 | 4.0179 | 3.6990 | 3.4735 | 3.3045 | 3.1726 | 3.0665 |
| 32 | 7.4993 | 5.3363 | 4.4594 | 3.9695 | 3.6517 | 3.4269 | 3.2583 | 3.1267 | 3.0208 |
| 34 | 7.4441 | 5.2893 | 4.4156 | 3.9273 | 3.6106 | 3.3863 | 3.2182 | 3.0868 | 2.9810 |
| 36 | 7.3956 | 5.2479 | 4.3771 | 3.8903 | 3.5744 | 3.3507 | 3.1829 | 3.0517 | 2.9461 |
| 38 | 7.3525 | 5.2112 | 4.3430 | 3.8575 | 3.5424 | 3.3191 | 3.1516 | 3.0207 | 2.9151 |
| 40 | 7.3141 | 5.1785 | 4.3126 | 3.8283 | 3.5138 | 3.2910 | 3.1238 | 2.9930 | 2.8876 |
| 45 | 7.2339 | 5.1103 | 4.2492 | 3.7674 | 3.4544 | 3.2325 | 3.0658 | 2.9353 | 2.8301 |
| 50 | 7.1706 | 5.0566 | 4.1993 | 3.7195 | 3.4077 | 3.1864 | 3.0202 | 2.8900 | 2.7850 |
| 60 | 7.0771 | 4.9774 | 4.1259 | 3.6490 | 3.3389 | 3.1187 | 2.9530 | 2.8233 | 2.7185 |
| 70 | 7.0114 | 4.9219 | 4.0744 | 3.5996 | 3.2907 | 3.0712 | 2.9060 | 2.7765 | 2.6719 |
| 80 | 6.9627 | 4.8807 | 4.0363 | 3.5631 | 3.2550 | 3.0361 | 2.8713 | 2.7420 | 2.6374 |
| 90 | 6.9251 | 4.8491 | 4.0070 | 3.5350 | 3.2276 | 3.0091 | 2.8445 | 2.7154 | 2.6109 |
| 100 | 6.8953 | 4.8239 | 3.9837 | 3.5127 | 3.2059 | 2.9877 | 2.8233 | 2.6943 | 2.5898 |
| $\infty$ | 6.6349 | 4.6052 | 3.7816 | 3.3192 | 3.0173 | 2.8020 | 2.6393 | 2.5113 | 2.4073 |

$\alpha = 0.01$

| 10 | 15 | 20 | 25 | 30 | 35 | 40 | 50 | 100 | ∞ |
|---|---|---|---|---|---|---|---|---|---|
| 6055.85 | 6157.28 | 6208.73 | 6239.83 | 6260.65 | 6275.57 | 6286.78 | 6302.52 | 6334.11 | 6365.86 |
| 99.3992 | 99.4325 | 99.4492 | 99.4592 | 99.4658 | 99.4706 | 99.4742 | 99.4792 | 99.4892 | 99.4992 |
| 27.2287 | 26.8722 | 26.6898 | 26.5790 | 26.5045 | 26.4511 | 26.4108 | 26.3542 | 26.2402 | 26.1252 |
| 14.5459 | 14.1982 | 14.0196 | 13.9109 | 13.8377 | 13.7850 | 13.7454 | 13.6896 | 13.5770 | 13.4631 |
| 10.0510 | 9.7222 | 9.5526 | 9.4491 | 9.3793 | 9.3291 | 9.2912 | 9.2378 | 9.1299 | 9.0204 |
| 7.8741 | 7.5590 | 7.3958 | 7.2960 | 7.2285 | 7.1799 | 7.1432 | 7.0915 | 6.9867 | 6.8800 |
| 6.6201 | 6.3143 | 6.1554 | 6.0580 | 5.9920 | 5.9444 | 5.9084 | 5.8577 | 5.7547 | 5.6495 |
| 5.8143 | 5.5151 | 5.3591 | 5.2631 | 5.1981 | 5.1512 | 5.1156 | 5.0654 | 4.9633 | 4.8588 |
| 5.2565 | 4.9621 | 4.8080 | 4.7130 | 4.6486 | 4.6020 | 4.5666 | 4.5167 | 4.4150 | 4.3105 |
| 4.8491 | 4.5581 | 4.4054 | 4.3111 | 4.2469 | 4.2005 | 4.1653 | 4.1155 | 4.0137 | 3.9090 |
| 4.5393 | 4.2509 | 4.0990 | 4.0051 | 3.9411 | 3.8948 | 3.8596 | 3.8097 | 3.7077 | 3.6024 |
| 4.2961 | 4.0096 | 3.8584 | 3.7647 | 3.7008 | 3.6544 | 3.6192 | 3.5692 | 3.4668 | 3.3608 |
| 4.1003 | 3.8154 | 3.6646 | 3.5710 | 3.5070 | 3.4606 | 3.4253 | 3.3752 | 3.2723 | 3.1654 |
| 3.9394 | 3.6557 | 3.5052 | 3.4116 | 3.3476 | 3.3010 | 3.2656 | 3.2153 | 3.1118 | 3.0040 |
| 3.8049 | 3.5222 | 3.3719 | 3.2782 | 3.2141 | 3.1674 | 3.1319 | 3.0814 | 2.9772 | 2.8684 |
| 3.6909 | 3.4089 | 3.2587 | 3.1650 | 3.1007 | 3.0539 | 3.0182 | 2.9675 | 2.8627 | 2.7528 |
| 3.5931 | 3.3117 | 3.1615 | 3.0676 | 3.0032 | 2.9563 | 2.9205 | 2.8694 | 2.7639 | 2.6530 |
| 3.5082 | 3.2273 | 3.0771 | 2.9831 | 2.9185 | 2.8714 | 2.8354 | 2.7841 | 2.6779 | 2.5660 |
| 3.4338 | 3.1533 | 3.0031 | 2.9089 | 2.8442 | 2.7969 | 2.7608 | 2.7093 | 2.6023 | 2.4893 |
| 3.3682 | 3.0880 | 2.9377 | 2.8434 | 2.7785 | 2.7310 | 2.6947 | 2.6430 | 2.5353 | 2.4212 |
| 3.2576 | 2.9779 | 2.8274 | 2.7328 | 2.6675 | 2.6197 | 2.5831 | 2.5308 | 2.4217 | 2.3055 |
| 3.1681 | 2.8887 | 2.7380 | 2.6430 | 2.5773 | 2.5292 | 2.4923 | 2.4395 | 2.3291 | 2.2107 |
| 3.0941 | 2.8150 | 2.6640 | 2.5686 | 2.5026 | 2.4542 | 2.4170 | 2.3637 | 2.2519 | 2.1315 |
| 3.0320 | 2.7530 | 2.6017 | 2.5060 | 2.4397 | 2.3909 | 2.3535 | 2.2997 | 2.1867 | 2.0642 |
| 2.9791 | 2.7002 | 2.5487 | 2.4526 | 2.3860 | 2.3369 | 2.2992 | 2.2450 | 2.1307 | 2.0062 |
| 2.9335 | 2.6546 | 2.5029 | 2.4065 | 2.3395 | 2.2902 | 2.2523 | 2.1976 | 2.0821 | 1.9557 |
| 2.8938 | 2.6150 | 2.4629 | 2.3662 | 2.2990 | 2.2494 | 2.2112 | 2.1562 | 2.0396 | 1.9113 |
| 2.8589 | 2.5801 | 2.4278 | 2.3308 | 2.2633 | 2.2135 | 2.1751 | 2.1197 | 2.0019 | 1.8718 |
| 2.8281 | 2.5492 | 2.3967 | 2.2994 | 2.2317 | 2.1816 | 2.1430 | 2.0872 | 1.9684 | 1.8365 |
| 2.8005 | 2.5216 | 2.3689 | 2.2714 | 2.2034 | 2.1531 | 2.1142 | 2.0581 | 1.9383 | 1.8047 |
| 2.7432 | 2.4642 | 2.3109 | 2.2129 | 2.1443 | 2.0934 | 2.0542 | 1.9972 | 1.8751 | 1.7374 |
| 2.6981 | 2.4190 | 2.2652 | 2.1667 | 2.0976 | 2.0463 | 2.0066 | 1.9490 | 1.8248 | 1.6831 |
| 2.6318 | 2.3523 | 2.1978 | 2.0984 | 2.0285 | 1.9764 | 1.9360 | 1.8772 | 1.7493 | 1.6006 |
| 2.5852 | 2.3055 | 2.1504 | 2.0503 | 1.9797 | 1.9271 | 1.8861 | 1.8263 | 1.6954 | 1.5404 |
| 2.5508 | 2.2709 | 2.1153 | 2.0146 | 1.9435 | 1.8904 | 1.8489 | 1.7883 | 1.6548 | 1.4942 |
| 2.5243 | 2.2442 | 2.0882 | 1.9871 | 1.9155 | 1.8619 | 1.8201 | 1.7588 | 1.6231 | 1.4574 |
| 2.5033 | 2.2230 | 2.0666 | 1.9652 | 1.8933 | 1.8393 | 1.7972 | 1.7353 | 1.5977 | 1.4272 |
| 2.3209 | 2.0385 | 1.8783 | 1.7726 | 1.6964 | 1.6383 | 1.5923 | 1.5231 | 1.3581 | 1.0000 |

自由度 $(n_1, n_2)$ の $F$ 分布の上側 $\alpha$ 点

$$P(F \geq F_{n_2}^{n_1}(\alpha)) = \alpha$$

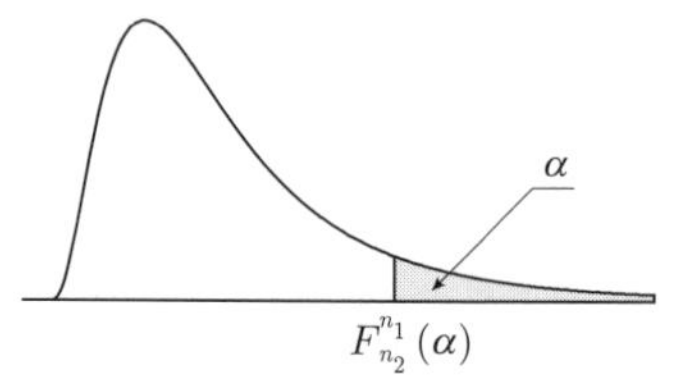


$\alpha = 0.025$

| $n_2$ \ $n_1$ | 1 | 2 | 3 | 4 | 5 | 6 | 7 | 8 | 9 |
|---|---|---|---|---|---|---|---|---|---|
| 1 | 647.789 | 799.500 | 864.163 | 899.583 | 921.848 | 937.111 | 948.217 | 956.656 | 963.285 |
| 2 | 38.5063 | 39.0000 | 39.1655 | 39.2484 | 39.2982 | 39.3315 | 39.3552 | 39.3730 | 39.3869 |
| 3 | 17.4434 | 16.0441 | 15.4392 | 15.1010 | 14.8848 | 14.7347 | 14.6244 | 14.5399 | 14.4731 |
| 4 | 12.2179 | 10.6491 | 9.9792 | 9.6045 | 9.3645 | 9.1973 | 9.0741 | 8.9796 | 8.9047 |
| 5 | 10.0070 | 8.4336 | 7.7636 | 7.3879 | 7.1464 | 6.9777 | 6.8531 | 6.7572 | 6.6811 |
| 6 | 8.8131 | 7.2599 | 6.5988 | 6.2272 | 5.9876 | 5.8198 | 5.6955 | 5.5996 | 5.5234 |
| 7 | 8.0727 | 6.5415 | 5.8898 | 5.5226 | 5.2852 | 5.1186 | 4.9949 | 4.8993 | 4.8232 |
| 8 | 7.5709 | 6.0595 | 5.4160 | 5.0526 | 4.8173 | 4.6517 | 4.5286 | 4.4333 | 4.3572 |
| 9 | 7.2093 | 5.7147 | 5.0781 | 4.7181 | 4.4844 | 4.3197 | 4.1970 | 4.1020 | 4.0260 |
| 10 | 6.9367 | 5.4564 | 4.8256 | 4.4683 | 4.2361 | 4.0721 | 3.9498 | 3.8549 | 3.7790 |
| 11 | 6.7241 | 5.2559 | 4.6300 | 4.2751 | 4.0440 | 3.8807 | 3.7586 | 3.6638 | 3.5879 |
| 12 | 6.5538 | 5.0959 | 4.4742 | 4.1212 | 3.8911 | 3.7283 | 3.6065 | 3.5118 | 3.4358 |
| 13 | 6.4143 | 4.9653 | 4.3472 | 3.9959 | 3.7667 | 3.6043 | 3.4827 | 3.3880 | 3.3120 |
| 14 | 6.2979 | 4.8567 | 4.2417 | 3.8919 | 3.6634 | 3.5014 | 3.3799 | 3.2853 | 3.2093 |
| 15 | 6.1995 | 4.7650 | 4.1528 | 3.8043 | 3.5764 | 3.4147 | 3.2934 | 3.1987 | 3.1227 |
| 16 | 6.1151 | 4.6867 | 4.0768 | 3.7294 | 3.5021 | 3.3406 | 3.2194 | 3.1248 | 3.0488 |
| 17 | 6.0420 | 4.6189 | 4.0112 | 3.6648 | 3.4379 | 3.2767 | 3.1556 | 3.0610 | 2.9849 |
| 18 | 5.9781 | 4.5597 | 3.9539 | 3.6083 | 3.3820 | 3.2209 | 3.0999 | 3.0053 | 2.9291 |
| 19 | 5.9216 | 4.5075 | 3.9034 | 3.5587 | 3.3327 | 3.1718 | 3.0509 | 2.9563 | 2.8801 |
| 20 | 5.8715 | 4.4613 | 3.8587 | 3.5147 | 3.2891 | 3.1283 | 3.0074 | 2.9128 | 2.8365 |
| 22 | 5.7863 | 4.3828 | 3.7829 | 3.4401 | 3.2151 | 3.0546 | 2.9338 | 2.8392 | 2.7628 |
| 24 | 5.7166 | 4.3187 | 3.7211 | 3.3794 | 3.1548 | 2.9946 | 2.8738 | 2.7791 | 2.7027 |
| 26 | 5.6586 | 4.2655 | 3.6697 | 3.3289 | 3.1048 | 2.9447 | 2.8240 | 2.7293 | 2.6528 |
| 28 | 5.6096 | 4.2205 | 3.6264 | 3.2863 | 3.0626 | 2.9027 | 2.7820 | 2.6872 | 2.6106 |
| 30 | 5.5675 | 4.1821 | 3.5894 | 3.2499 | 3.0265 | 2.8667 | 2.7460 | 2.6513 | 2.5746 |
| 32 | 5.5311 | 4.1488 | 3.5573 | 3.2185 | 2.9953 | 2.8356 | 2.7150 | 2.6202 | 2.5434 |
| 34 | 5.4993 | 4.1197 | 3.5293 | 3.1910 | 2.9680 | 2.8085 | 2.6878 | 2.5930 | 2.5162 |
| 36 | 5.4712 | 4.0941 | 3.5047 | 3.1668 | 2.9440 | 2.7846 | 2.6639 | 2.5691 | 2.4922 |
| 38 | 5.4463 | 4.0713 | 3.4828 | 3.1453 | 2.9227 | 2.7633 | 2.6427 | 2.5478 | 2.4710 |
| 40 | 5.4239 | 4.0510 | 3.4633 | 3.1261 | 2.9037 | 2.7444 | 2.6238 | 2.5289 | 2.4519 |
| 45 | 5.3773 | 4.0085 | 3.4224 | 3.0860 | 2.8640 | 2.7048 | 2.5842 | 2.4892 | 2.4122 |
| 50 | 5.3403 | 3.9749 | 3.3902 | 3.0544 | 2.8327 | 2.6736 | 2.5530 | 2.4579 | 2.3808 |
| 60 | 5.2856 | 3.9253 | 3.3425 | 3.0077 | 2.7863 | 2.6274 | 2.5068 | 2.4117 | 2.3344 |
| 70 | 5.2470 | 3.8903 | 3.3090 | 2.9748 | 2.7537 | 2.5949 | 2.4743 | 2.3791 | 2.3017 |
| 80 | 5.2184 | 3.8643 | 3.2841 | 2.9504 | 2.7295 | 2.5708 | 2.4502 | 2.3549 | 2.2775 |
| 90 | 5.1962 | 3.8443 | 3.2649 | 2.9315 | 2.7109 | 2.5522 | 2.4316 | 2.3363 | 2.2588 |
| 100 | 5.1786 | 3.8284 | 3.2496 | 2.9166 | 2.6961 | 2.5374 | 2.4168 | 2.3215 | 2.2439 |
| $\infty$ | 5.0239 | 3.6889 | 3.1161 | 2.7858 | 2.5665 | 2.4082 | 2.2875 | 2.1918 | 2.1136 |

$\alpha = 0.025$

| 10 | 15 | 20 | 25 | 30 | 35 | 40 | 50 | 100 | ∞ |
|---|---|---|---|---|---|---|---|---|---|
| 968.627 | 984.867 | 993.103 | 998.081 | 1001.41 | 1003.80 | 1005.60 | 1008.12 | 1013.17 | 1018.26 |
| 39.3980 | 39.4313 | 39.4479 | 39.4579 | 39.4646 | 39.4693 | 39.4729 | 39.4779 | 39.4879 | 39.4979 |
| 14.4189 | 14.2527 | 14.1674 | 14.1155 | 14.0805 | 14.0554 | 14.0365 | 14.0099 | 13.9563 | 13.9021 |
| 8.8439 | 8.6565 | 8.5599 | 8.5010 | 8.4613 | 8.4327 | 8.4111 | 8.3808 | 8.3195 | 8.2573 |
| 6.6192 | 6.4277 | 6.3286 | 6.2679 | 6.2269 | 6.1973 | 6.1750 | 6.1436 | 6.0800 | 6.0153 |
| 5.4613 | 5.2687 | 5.1684 | 5.1069 | 5.0652 | 5.0352 | 5.0125 | 4.9804 | 4.9154 | 4.8491 |
| 4.7611 | 4.5678 | 4.4667 | 4.4045 | 4.3624 | 4.3319 | 4.3089 | 4.2763 | 4.2101 | 4.1423 |
| 4.2951 | 4.1012 | 3.9995 | 3.9367 | 3.8940 | 3.8632 | 3.8398 | 3.8067 | 3.7393 | 3.6702 |
| 3.9639 | 3.7694 | 3.6669 | 3.6035 | 3.5604 | 3.5292 | 3.5055 | 3.4719 | 3.4034 | 3.3329 |
| 3.7168 | 3.5217 | 3.4185 | 3.3546 | 3.3110 | 3.2794 | 3.2554 | 3.2214 | 3.1517 | 3.0798 |
| 3.5257 | 3.3299 | 3.2261 | 3.1616 | 3.1176 | 3.0856 | 3.0613 | 3.0268 | 2.9561 | 2.8828 |
| 3.3736 | 3.1772 | 3.0728 | 3.0077 | 2.9633 | 2.9309 | 2.9063 | 2.8714 | 2.7996 | 2.7249 |
| 3.2497 | 3.0527 | 2.9477 | 2.8821 | 2.8372 | 2.8046 | 2.7797 | 2.7443 | 2.6715 | 2.5955 |
| 3.1469 | 2.9493 | 2.8437 | 2.7777 | 2.7324 | 2.6994 | 2.6742 | 2.6384 | 2.5646 | 2.4872 |
| 3.0602 | 2.8621 | 2.7559 | 2.6894 | 2.6437 | 2.6104 | 2.5850 | 2.5488 | 2.4739 | 2.3953 |
| 2.9862 | 2.7875 | 2.6808 | 2.6138 | 2.5678 | 2.5342 | 2.5085 | 2.4719 | 2.3961 | 2.3163 |
| 2.9222 | 2.7230 | 2.6158 | 2.5484 | 2.5020 | 2.4681 | 2.4422 | 2.4053 | 2.3285 | 2.2474 |
| 2.8664 | 2.6667 | 2.5590 | 2.4912 | 2.4445 | 2.4103 | 2.3842 | 2.3468 | 2.2692 | 2.1869 |
| 2.8172 | 2.6171 | 2.5089 | 2.4408 | 2.3937 | 2.3593 | 2.3329 | 2.2952 | 2.2167 | 2.1333 |
| 2.7737 | 2.5731 | 2.4645 | 2.3959 | 2.3486 | 2.3139 | 2.2873 | 2.2493 | 2.1699 | 2.0853 |
| 2.6998 | 2.4984 | 2.3890 | 2.3198 | 2.2718 | 2.2366 | 2.2097 | 2.1710 | 2.0901 | 2.0032 |
| 2.6396 | 2.4374 | 2.3273 | 2.2574 | 2.2090 | 2.1733 | 2.1460 | 2.1067 | 2.0243 | 1.9353 |
| 2.5896 | 2.3867 | 2.2759 | 2.2054 | 2.1565 | 2.1205 | 2.0928 | 2.0530 | 1.9691 | 1.8781 |
| 2.5473 | 2.3438 | 2.2324 | 2.1615 | 2.1121 | 2.0757 | 2.0477 | 2.0073 | 1.9221 | 1.8291 |
| 2.5112 | 2.3072 | 2.1952 | 2.1237 | 2.0739 | 2.0372 | 2.0089 | 1.9681 | 1.8816 | 1.7867 |
| 2.4799 | 2.2754 | 2.1629 | 2.0910 | 2.0408 | 2.0037 | 1.9752 | 1.9339 | 1.8462 | 1.7495 |
| 2.4526 | 2.2476 | 2.1346 | 2.0623 | 2.0118 | 1.9744 | 1.9456 | 1.9039 | 1.8151 | 1.7166 |
| 2.4286 | 2.2231 | 2.1097 | 2.0370 | 1.9862 | 1.9485 | 1.9194 | 1.8773 | 1.7874 | 1.6873 |
| 2.4072 | 2.2014 | 2.0875 | 2.0145 | 1.9634 | 1.9254 | 1.8961 | 1.8536 | 1.7627 | 1.6609 |
| 2.3882 | 2.1819 | 2.0677 | 1.9943 | 1.9429 | 1.9047 | 1.8752 | 1.8324 | 1.7405 | 1.6371 |
| 2.3483 | 2.1412 | 2.0262 | 1.9521 | 1.9000 | 1.8613 | 1.8313 | 1.7876 | 1.6935 | 1.5864 |
| 2.3168 | 2.1090 | 1.9933 | 1.9186 | 1.8659 | 1.8267 | 1.7963 | 1.7520 | 1.6558 | 1.5452 |
| 2.2702 | 2.0613 | 1.9445 | 1.8687 | 1.8152 | 1.7752 | 1.7440 | 1.6985 | 1.5990 | 1.4821 |
| 2.2374 | 2.0277 | 1.9100 | 1.8334 | 1.7792 | 1.7386 | 1.7069 | 1.6604 | 1.5581 | 1.4357 |
| 2.2130 | 2.0026 | 1.8843 | 1.8071 | 1.7523 | 1.7112 | 1.6790 | 1.6318 | 1.5271 | 1.3997 |
| 2.1942 | 1.9833 | 1.8644 | 1.7867 | 1.7315 | 1.6899 | 1.6574 | 1.6095 | 1.5028 | 1.3710 |
| 2.1793 | 1.9679 | 1.8486 | 1.7705 | 1.7148 | 1.6729 | 1.6401 | 1.5917 | 1.4833 | 1.3473 |
| 2.0483 | 1.8326 | 1.7085 | 1.6259 | 1.5660 | 1.5201 | 1.4835 | 1.4284 | 1.2956 | 1.0000 |

自由度 $(n_1, n_2)$ の $F$ 分布の上側 $\alpha$ 点

$$P(F \geq F^{n_1}_{n_2}(\alpha)) = \alpha$$

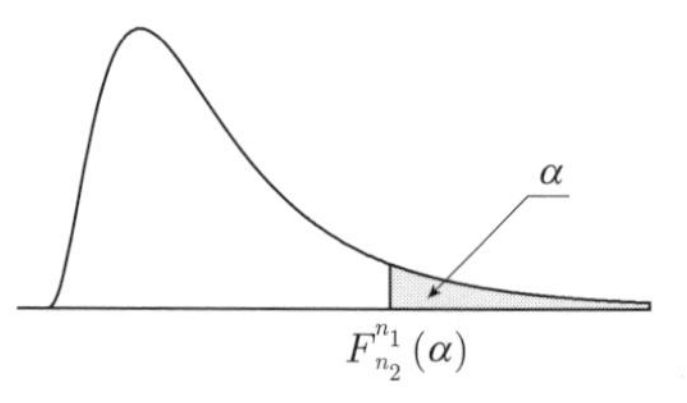


$\alpha = 0.05$

| $n_2$ \ $n_1$ | 1 | 2 | 3 | 4 | 5 | 6 | 7 | 8 | 9 |
|---|---|---|---|---|---|---|---|---|---|
| 1 | 161.448 | 199.500 | 215.707 | 224.583 | 230.162 | 233.986 | 236.768 | 238.883 | 240.543 |
| 2 | 18.5128 | 19.0000 | 19.1643 | 19.2468 | 19.2964 | 19.3295 | 19.3532 | 19.3710 | 19.3848 |
| 3 | 10.1280 | 9.5521 | 9.2766 | 9.1172 | 9.0135 | 8.9406 | 8.8867 | 8.8452 | 8.8123 |
| 4 | 7.7086 | 6.9443 | 6.5914 | 6.3882 | 6.2561 | 6.1631 | 6.0942 | 6.0410 | 5.9988 |
| 5 | 6.6079 | 5.7861 | 5.4095 | 5.1922 | 5.0503 | 4.9503 | 4.8759 | 4.8183 | 4.7725 |
| 6 | 5.9874 | 5.1433 | 4.7571 | 4.5337 | 4.3874 | 4.2839 | 4.2067 | 4.1468 | 4.0990 |
| 7 | 5.5914 | 4.7374 | 4.3468 | 4.1203 | 3.9715 | 3.8660 | 3.7870 | 3.7257 | 3.6767 |
| 8 | 5.3177 | 4.4590 | 4.0662 | 3.8379 | 3.6875 | 3.5806 | 3.5005 | 3.4381 | 3.3881 |
| 9 | 5.1174 | 4.2565 | 3.8625 | 3.6331 | 3.4817 | 3.3738 | 3.2927 | 3.2296 | 3.1789 |
| 10 | 4.9646 | 4.1028 | 3.7083 | 3.4780 | 3.3258 | 3.2172 | 3.1355 | 3.0717 | 3.0204 |
| 11 | 4.8443 | 3.9823 | 3.5874 | 3.3567 | 3.2039 | 3.0946 | 3.0123 | 2.9480 | 2.8962 |
| 12 | 4.7472 | 3.8853 | 3.4903 | 3.2592 | 3.1059 | 2.9961 | 2.9134 | 2.8486 | 2.7964 |
| 13 | 4.6672 | 3.8056 | 3.4105 | 3.1791 | 3.0254 | 2.9153 | 2.8321 | 2.7669 | 2.7144 |
| 14 | 4.6001 | 3.7389 | 3.3439 | 3.1122 | 2.9582 | 2.8477 | 2.7642 | 2.6987 | 2.6458 |
| 15 | 4.5431 | 3.6823 | 3.2874 | 3.0556 | 2.9013 | 2.7905 | 2.7066 | 2.6408 | 2.5876 |
| 16 | 4.4940 | 3.6337 | 3.2389 | 3.0069 | 2.8524 | 2.7413 | 2.6572 | 2.5911 | 2.5377 |
| 17 | 4.4513 | 3.5915 | 3.1968 | 2.9647 | 2.8100 | 2.6987 | 2.6143 | 2.5480 | 2.4943 |
| 18 | 4.4139 | 3.5546 | 3.1599 | 2.9277 | 2.7729 | 2.6613 | 2.5767 | 2.5102 | 2.4563 |
| 19 | 4.3807 | 3.5219 | 3.1274 | 2.8951 | 2.7401 | 2.6283 | 2.5435 | 2.4768 | 2.4227 |
| 20 | 4.3512 | 3.4928 | 3.0984 | 2.8661 | 2.7109 | 2.5990 | 2.5140 | 2.4471 | 2.3928 |
| 22 | 4.3009 | 3.4434 | 3.0491 | 2.8167 | 2.6613 | 2.5491 | 2.4638 | 2.3965 | 2.3419 |
| 24 | 4.2597 | 3.4028 | 3.0088 | 2.7763 | 2.6207 | 2.5082 | 2.4226 | 2.3551 | 2.3002 |
| 26 | 4.2252 | 3.3690 | 2.9752 | 2.7426 | 2.5868 | 2.4741 | 2.3883 | 2.3205 | 2.2655 |
| 28 | 4.1960 | 3.3404 | 2.9467 | 2.7141 | 2.5581 | 2.4453 | 2.3593 | 2.2913 | 2.2360 |
| 30 | 4.1709 | 3.3158 | 2.9223 | 2.6896 | 2.5336 | 2.4205 | 2.3343 | 2.2662 | 2.2107 |
| 32 | 4.1491 | 3.2945 | 2.9011 | 2.6684 | 2.5123 | 2.3991 | 2.3127 | 2.2444 | 2.1888 |
| 34 | 4.1300 | 3.2759 | 2.8826 | 2.6499 | 2.4936 | 2.3803 | 2.2938 | 2.2253 | 2.1696 |
| 36 | 4.1132 | 3.2594 | 2.8663 | 2.6335 | 2.4772 | 2.3638 | 2.2771 | 2.2085 | 2.1526 |
| 38 | 4.0982 | 3.2448 | 2.8517 | 2.6190 | 2.4625 | 2.3490 | 2.2623 | 2.1936 | 2.1375 |
| 40 | 4.0847 | 3.2317 | 2.8387 | 2.6060 | 2.4495 | 2.3359 | 2.2490 | 2.1802 | 2.1240 |
| 45 | 4.0566 | 3.2043 | 2.8115 | 2.5787 | 2.4221 | 2.3083 | 2.2212 | 2.1521 | 2.0958 |
| 50 | 4.0343 | 3.1826 | 2.7900 | 2.5572 | 2.4004 | 2.2864 | 2.1992 | 2.1299 | 2.0734 |
| 60 | 4.0012 | 3.1504 | 2.7581 | 2.5252 | 2.3683 | 2.2541 | 2.1665 | 2.0970 | 2.0401 |
| 70 | 3.9778 | 3.1277 | 2.7355 | 2.5027 | 2.3456 | 2.2312 | 2.1435 | 2.0737 | 2.0166 |
| 80 | 3.9604 | 3.1108 | 2.7188 | 2.4859 | 2.3287 | 2.2142 | 2.1263 | 2.0564 | 1.9991 |
| 90 | 3.9469 | 3.0977 | 2.7058 | 2.4729 | 2.3157 | 2.2011 | 2.1131 | 2.0430 | 1.9856 |
| 100 | 3.9361 | 3.0873 | 2.6955 | 2.4626 | 2.3053 | 2.1906 | 2.1025 | 2.0323 | 1.9748 |
| $\infty$ | 3.8415 | 2.9957 | 2.6049 | 2.3719 | 2.2141 | 2.0986 | 2.0096 | 1.9384 | 1.8799 |

$\alpha = 0.05$

| 10 | 15 | 20 | 25 | 30 | 35 | 40 | 50 | 100 | ∞ |
|---|---|---|---|---|---|---|---|---|---|
| 241.882 | 245.950 | 248.013 | 249.260 | 250.095 | 250.693 | 251.143 | 251.774 | 253.041 | 254.314 |
| 19.3959 | 19.4291 | 19.4458 | 19.4558 | 19.4624 | 19.4672 | 19.4707 | 19.4757 | 19.4857 | 19.4957 |
| 8.7855 | 8.7029 | 8.6602 | 8.6341 | 8.6166 | 8.6039 | 8.5944 | 8.5810 | 8.5539 | 8.5264 |
| 5.9644 | 5.8578 | 5.8025 | 5.7687 | 5.7459 | 5.7294 | 5.7170 | 5.6995 | 5.6641 | 5.6281 |
| 4.7351 | 4.6188 | 4.5581 | 4.5209 | 4.4957 | 4.4775 | 4.4638 | 4.4444 | 4.4051 | 4.3650 |
| 4.0600 | 3.9381 | 3.8742 | 3.8348 | 3.8082 | 3.7889 | 3.7743 | 3.7537 | 3.7117 | 3.6689 |
| 3.6365 | 3.5107 | 3.4445 | 3.4036 | 3.3758 | 3.3557 | 3.3404 | 3.3189 | 3.2749 | 3.2298 |
| 3.3472 | 3.2184 | 3.1503 | 3.1081 | 3.0794 | 3.0586 | 3.0428 | 3.0204 | 2.9747 | 2.9276 |
| 3.1373 | 3.0061 | 2.9365 | 2.8932 | 2.8637 | 2.8422 | 2.8259 | 2.8028 | 2.7556 | 2.7067 |
| 2.9782 | 2.8450 | 2.7740 | 2.7298 | 2.6996 | 2.6776 | 2.6609 | 2.6371 | 2.5884 | 2.5379 |
| 2.8536 | 2.7186 | 2.6464 | 2.6014 | 2.5705 | 2.5480 | 2.5309 | 2.5066 | 2.4566 | 2.4045 |
| 2.7534 | 2.6169 | 2.5436 | 2.4977 | 2.4663 | 2.4433 | 2.4259 | 2.4010 | 2.3498 | 2.2962 |
| 2.6710 | 2.5331 | 2.4589 | 2.4123 | 2.3803 | 2.3570 | 2.3392 | 2.3138 | 2.2614 | 2.2064 |
| 2.6022 | 2.4630 | 2.3879 | 2.3407 | 2.3082 | 2.2845 | 2.2664 | 2.2405 | 2.1870 | 2.1307 |
| 2.5437 | 2.4034 | 2.3275 | 2.2797 | 2.2468 | 2.2227 | 2.2043 | 2.1780 | 2.1234 | 2.0658 |
| 2.4935 | 2.3522 | 2.2756 | 2.2272 | 2.1938 | 2.1694 | 2.1507 | 2.1240 | 2.0685 | 2.0096 |
| 2.4499 | 2.3077 | 2.2304 | 2.1815 | 2.1477 | 2.1229 | 2.1040 | 2.0769 | 2.0204 | 1.9604 |
| 2.4117 | 2.2686 | 2.1906 | 2.1413 | 2.1071 | 2.0821 | 2.0629 | 2.0354 | 1.9780 | 1.9168 |
| 2.3779 | 2.2341 | 2.1555 | 2.1057 | 2.0712 | 2.0458 | 2.0264 | 1.9986 | 1.9403 | 1.8780 |
| 2.3479 | 2.2033 | 2.1242 | 2.0739 | 2.0391 | 2.0135 | 1.9938 | 1.9656 | 1.9066 | 1.8432 |
| 2.2967 | 2.1508 | 2.0707 | 2.0196 | 1.9842 | 1.9581 | 1.9380 | 1.9092 | 1.8486 | 1.7831 |
| 2.2547 | 2.1077 | 2.0267 | 1.9750 | 1.9390 | 1.9124 | 1.8920 | 1.8625 | 1.8005 | 1.7330 |
| 2.2197 | 2.0716 | 1.9898 | 1.9375 | 1.9010 | 1.8740 | 1.8533 | 1.8233 | 1.7599 | 1.6906 |
| 2.1900 | 2.0411 | 1.9586 | 1.9057 | 1.8687 | 1.8414 | 1.8203 | 1.7898 | 1.7251 | 1.6541 |
| 2.1646 | 2.0148 | 1.9317 | 1.8782 | 1.8409 | 1.8132 | 1.7918 | 1.7609 | 1.6950 | 1.6223 |
| 2.1425 | 1.9920 | 1.9083 | 1.8544 | 1.8166 | 1.7886 | 1.7670 | 1.7356 | 1.6687 | 1.5943 |
| 2.1231 | 1.9720 | 1.8877 | 1.8334 | 1.7953 | 1.7670 | 1.7451 | 1.7134 | 1.6454 | 1.5694 |
| 2.1061 | 1.9543 | 1.8696 | 1.8149 | 1.7764 | 1.7478 | 1.7257 | 1.6936 | 1.6246 | 1.5471 |
| 2.0909 | 1.9386 | 1.8534 | 1.7983 | 1.7596 | 1.7307 | 1.7084 | 1.6759 | 1.6060 | 1.5271 |
| 2.0772 | 1.9245 | 1.8389 | 1.7835 | 1.7444 | 1.7154 | 1.6928 | 1.6600 | 1.5892 | 1.5089 |
| 2.0487 | 1.8949 | 1.8084 | 1.7522 | 1.7126 | 1.6830 | 1.6599 | 1.6264 | 1.5536 | 1.4700 |
| 2.0261 | 1.8714 | 1.7841 | 1.7273 | 1.6872 | 1.6571 | 1.6337 | 1.5995 | 1.5249 | 1.4383 |
| 1.9926 | 1.8364 | 1.7480 | 1.6902 | 1.6491 | 1.6183 | 1.5943 | 1.5590 | 1.4814 | 1.3893 |
| 1.9689 | 1.8117 | 1.7223 | 1.6638 | 1.6220 | 1.5906 | 1.5661 | 1.5300 | 1.4498 | 1.3529 |
| 1.9512 | 1.7932 | 1.7032 | 1.6440 | 1.6017 | 1.5699 | 1.5449 | 1.5081 | 1.4259 | 1.3247 |
| 1.9376 | 1.7789 | 1.6883 | 1.6286 | 1.5859 | 1.5537 | 1.5284 | 1.4910 | 1.4070 | 1.3020 |
| 1.9267 | 1.7675 | 1.6764 | 1.6163 | 1.5733 | 1.5407 | 1.5151 | 1.4772 | 1.3917 | 1.2832 |
| 1.8307 | 1.6664 | 1.5705 | 1.5061 | 1.4591 | 1.4229 | 1.3940 | 1.3501 | 1.2434 | 1.0000 |

# 付表 E スチューデント化された範囲の $q$ 分布

（群数 $k$，誤差自由度 $\nu$ の限界値，上側確率5%）

注：Tukey-Kramer 検定には $\sqrt{2}$ で割った値を使う．

| $\nu$ \ $k$ | 2 | 3 | 4 | 5 | 6 | 7 | 8 | 9 |
|---|---|---|---|---|---|---|---|---|
| 2 | 6.085 | 8.331 | 9.798 | 10.881 | 11.734 | 12.434 | 13.027 | 13.538 |
| 3 | 4.501 | 5.910 | 6.825 | 7.502 | 8.037 | 8.478 | 8.852 | 9.177 |
| 4 | 3.927 | 5.040 | 5.757 | 6.287 | 6.706 | 7.053 | 7.347 | 7.602 |
| 5 | 3.635 | 4.602 | 5.218 | 5.673 | 6.033 | 6.330 | 6.582 | 6.801 |
| 6 | 3.460 | 4.339 | 4.896 | 5.305 | 5.629 | 5.895 | 6.122 | 6.319 |
| 7 | 3.344 | 4.165 | 4.681 | 5.060 | 5.359 | 5.605 | 5.814 | 5.995 |
| 8 | 3.261 | 4.041 | 4.529 | 4.886 | 5.167 | 5.399 | 5.596 | 5.766 |
| 9 | 3.199 | 3.948 | 4.415 | 4.755 | 5.023 | 5.244 | 5.432 | 5.594 |
| 10 | 3.151 | 3.877 | 4.327 | 4.654 | 4.912 | 5.124 | 5.304 | 5.460 |
| 11 | 3.113 | 3.820 | 4.256 | 4.574 | 4.823 | 5.028 | 5.202 | 5.353 |
| 12 | 3.081 | 3.773 | 4.199 | 4.508 | 4.750 | 4.949 | 5.118 | 5.265 |
| 13 | 3.055 | 3.734 | 4.151 | 4.453 | 4.690 | 4.884 | 5.049 | 5.192 |
| 14 | 3.033 | 3.701 | 4.111 | 4.407 | 4.639 | 4.829 | 4.990 | 5.130 |
| 15 | 3.014 | 3.673 | 4.076 | 4.367 | 4.595 | 4.782 | 4.940 | 5.077 |
| 16 | 2.998 | 3.649 | 4.046 | 4.333 | 4.557 | 4.741 | 4.896 | 5.031 |
| 17 | 2.984 | 3.628 | 4.020 | 4.303 | 4.524 | 4.705 | 4.858 | 4.991 |
| 18 | 2.971 | 3.609 | 3.997 | 4.276 | 4.494 | 4.673 | 4.824 | 4.955 |
| 19 | 2.960 | 3.593 | 3.977 | 4.253 | 4.468 | 4.645 | 4.794 | 4.924 |
| 20 | 2.950 | 3.578 | 3.958 | 4.232 | 4.445 | 4.620 | 4.768 | 4.895 |
| 21 | 2.941 | 3.565 | 3.942 | 4.213 | 4.424 | 4.597 | 4.743 | 4.870 |
| 22 | 2.933 | 3.553 | 3.927 | 4.196 | 4.405 | 4.577 | 4.722 | 4.847 |
| 23 | 2.926 | 3.542 | 3.914 | 4.180 | 4.388 | 4.558 | 4.702 | 4.826 |
| 24 | 2.919 | 3.532 | 3.901 | 4.166 | 4.373 | 4.541 | 4.684 | 4.807 |
| 25 | 2.913 | 3.523 | 3.890 | 4.153 | 4.358 | 4.526 | 4.667 | 4.789 |
| 26 | 2.907 | 3.514 | 3.880 | 4.141 | 4.345 | 4.511 | 4.652 | 4.773 |
| 27 | 2.902 | 3.506 | 3.870 | 4.130 | 4.333 | 4.498 | 4.638 | 4.758 |
| 28 | 2.897 | 3.499 | 3.861 | 4.120 | 4.322 | 4.486 | 4.625 | 4.745 |
| 29 | 2.892 | 3.493 | 3.853 | 4.111 | 4.311 | 4.475 | 4.613 | 4.732 |
| 30 | 2.888 | 3.487 | 3.845 | 4.102 | 4.301 | 4.464 | 4.601 | 4.720 |
| 31 | 2.884 | 3.481 | 3.838 | 4.094 | 4.292 | 4.454 | 4.591 | 4.709 |
| 32 | 2.881 | 3.475 | 3.832 | 4.086 | 4.284 | 4.445 | 4.581 | 4.698 |
| 33 | 2.877 | 3.470 | 3.825 | 4.079 | 4.276 | 4.436 | 4.572 | 4.689 |
| 34 | 2.874 | 3.465 | 3.820 | 4.072 | 4.268 | 4.428 | 4.563 | 4.680 |
| 35 | 2.871 | 3.461 | 3.814 | 4.066 | 4.261 | 4.421 | 4.555 | 4.671 |
| 36 | 2.868 | 3.457 | 3.809 | 4.060 | 4.255 | 4.414 | 4.547 | 4.663 |
| 37 | 2.865 | 3.453 | 3.804 | 4.054 | 4.249 | 4.407 | 4.540 | 4.655 |
| 38 | 2.863 | 3.449 | 3.799 | 4.049 | 4.243 | 4.400 | 4.533 | 4.648 |
| 39 | 2.861 | 3.445 | 3.795 | 4.044 | 4.237 | 4.394 | 4.527 | 4.641 |
| 40 | 2.858 | 3.442 | 3.791 | 4.039 | 4.232 | 4.388 | 4.521 | 4.634 |

| $\nu$ \ $k$ | 2 | 3 | 4 | 5 | 6 | 7 | 8 | 9 |
|---|---|---|---|---|---|---|---|---|
| 41 | 2.856 | 3.439 | 3.787 | 4.035 | 4.227 | 4.383 | 4.515 | 4.628 |
| 42 | 2.854 | 3.436 | 3.783 | 4.030 | 4.222 | 4.378 | 4.509 | 4.622 |
| 43 | 2.852 | 3.433 | 3.779 | 4.026 | 4.217 | 4.373 | 4.504 | 4.617 |
| 44 | 2.850 | 3.430 | 3.776 | 4.022 | 4.213 | 4.368 | 4.499 | 4.611 |
| 45 | 2.848 | 3.428 | 3.773 | 4.018 | 4.209 | 4.364 | 4.494 | 4.606 |
| 46 | 2.847 | 3.425 | 3.770 | 4.015 | 4.205 | 4.359 | 4.489 | 4.601 |
| 47 | 2.845 | 3.423 | 3.767 | 4.011 | 4.201 | 4.355 | 4.485 | 4.597 |
| 48 | 2.844 | 3.420 | 3.764 | 4.008 | 4.197 | 4.351 | 4.481 | 4.592 |
| 49 | 2.842 | 3.418 | 3.761 | 4.005 | 4.194 | 4.347 | 4.477 | 4.588 |
| 50 | 2.841 | 3.416 | 3.758 | 4.002 | 4.190 | 4.344 | 4.473 | 4.584 |
| 60 | 2.829 | 3.399 | 3.737 | 3.977 | 4.163 | 4.314 | 4.441 | 4.550 |
| 80 | 2.814 | 3.377 | 3.711 | 3.947 | 4.129 | 4.278 | 4.402 | 4.509 |
| 100 | 2.806 | 3.365 | 3.695 | 3.929 | 4.109 | 4.256 | 4.379 | 4.484 |
| 120 | 2.800 | 3.356 | 3.685 | 3.917 | 4.096 | 4.241 | 4.363 | 4.468 |
| 240 | 2.786 | 3.335 | 3.659 | 3.887 | 4.063 | 4.205 | 4.324 | 4.427 |
| 360 | 2.781 | 3.328 | 3.650 | 3.877 | 4.052 | 4.193 | 4.312 | 4.413 |
| $\infty$ | 2.772 | 3.314 | 3.633 | 3.858 | 4.030 | 4.170 | 4.286 | 4.387 |

# 付表 F　スピアマン順位相関係数の限界値（両側検定）

| データ数 $n$ | $\alpha=0.05$ | $\alpha=0.01$ | $\alpha=0.001$ |
|---|---|---|---|
| 1 | | | |
| 2 | | | |
| 3 | | | |
| 4 | | | |
| 5 | 1.000 | | |
| 6 | 0.886 | 1.000 | |
| 7 | 0.786 | 0.929 | 1.000 |
| 8 | 0.738 | 0.881 | 0.976 |
| 9 | 0.700 | 0.833 | 0.933 |
| 10 | 0.648 | 0.794 | 0.903 |
| 11 | 0.618 | 0.755 | 0.873 |
| 12 | 0.587 | 0.727 | 0.846 |
| 13 | 0.560 | 0.703 | 0.824 |
| 14 | 0.538 | 0.679 | 0.802 |
| 15 | 0.521 | 0.654 | 0.779 |
| 16 | 0.503 | 0.635 | 0.762 |
| 17 | 0.485 | 0.615 | 0.748 |
| 18 | 0.472 | 0.600 | 0.728 |
| 19 | 0.460 | 0.584 | 0.712 |
| 20 | 0.447 | 0.570 | 0.696 |
| 25 | 0.398 | 0.511 | 0.630 |
| 30 | 0.362 | 0.467 | 0.580 |
| 35 | 0.335 | 0.433 | 0.539 |
| 40 | 0.313 | 0.405 | 0.507 |
| 45 | 0.294 | 0.382 | 0.479 |
| 50 | 0.279 | 0.363 | 0.456 |
| 60 | 0.255 | 0.331 | 0.418 |
| 70 | 0.235 | 0.307 | 0.388 |
| 80 | 0.220 | 0.287 | 0.363 |
| 90 | 0.207 | 0.271 | 0.343 |
| 100 | 0.197 | 0.257 | 0.326 |

# 索　引

## ■ 数字・欧文



## ■ あ



## ■ か

■ さ

■ た

[著者紹介]

永吉　希久子（ながよし　きくこ）

2010年　大阪大学大学院人間科学研究科博士後期課程修了
現　在　東北大学大学院文学研究科 准教授，博士（人間科学）
専　門　社会学
主　著　「計量社会学入門」（分担執筆）世界思想社 (2015)

クロスセクショナル統計シリーズ 5

行動科学の統計学
社会調査のデータ分析

*Series on Cross-disciplinary Statistics: Vol.5*
*Statistics for Behavioral Science Research :Quantitative Analysis of Social Survey Data*

2016年8月30日　初版1刷発行
2023年9月10日　初版3刷発行

検印廃止
NDC 350.1, 361.9, 417

ISBN 978–4–320–11121–9

著　者　永吉希久子　© 2016

発行者　南條光章

発行所　**共立出版株式会社**

〒112–0006
東京都文京区小日向4丁目6番19号
電話（03）3947–2511（代表）
振替口座 00110–2–57035
URL www.kyoritsu-pub.co.jp

印　刷
製　本　藤原印刷

一般社団法人
自然科学書協会
会員

Printed in Japan